第二次青藏高原综合科学考察研究（2019QZKK0802）
新疆维吾尔自治区重大科技专项（2018A03004）、重点研发专项（2019B00011）
国家科技支撑计划项目（2011BAB06B05、2015BAB05B03、2006BAB07B01-04）
新疆维吾尔自治区人民政府国家三〇五项目办公室，新疆维吾尔自治区“天池英才”引进计划

西昆仑地区优势矿产资源成矿规律与找矿靶区评价

王　核　马华东　朱炳玉　著

科学出版社
北　京

内 容 简 介

本书依托国家科技支撑计划项目，总结了西昆仑地区地质矿产调查的最新成果，对区域成矿地质背景、各类矿床特征、成矿规律及找矿预测等进行了全面剖析。系统梳理了区域大地构造、地层分布及岩浆活动等地质背景，详细介绍了铁矿、铜矿、铅锌矿、金矿及稀有金属矿床等，并深入剖析其地质特征与成因机制。进一步从区域尺度揭示成矿规律，划分了 3 个成矿带、7 个成矿亚带及 22 个找矿远景区，并初步建立了三种成矿模式。开展地球物理方法实验，对多个典型矿床的找矿靶区进行了评价，提出了适合区域特点的找矿模式与技术方法，为西昆仑地区地质矿产研究提供了科学依据。

本书可供地质矿产研究人员、高等院校相关专业师生参考使用，也可供对西昆仑地区地质矿产感兴趣的读者阅读。

图书在版编目（CIP）数据

西昆仑地区优势矿产资源成矿规律与找矿靶区评价 / 王核，马华东，朱炳玉著. -- 北京 ：科学出版社，2025. 7. -- ISBN 978-7-03-081008-3

Ⅰ. P612；P624

中国国家版本馆 CIP 数据核字第 2025GT0964 号

责任编辑：郭勇斌　冷　玥　刘霄莹 / 责任校对：樊雅琼
责任印制：徐晓晨 / 封面设计：义和文创

科学出版社出版
北京东黄城根北街 16 号
邮政编码：100717
http://www.sciencep.com
北京九天鸿程印刷有限责任公司印刷
科学出版社发行　各地新华书店经销
*
2025 年 7 月第　一　版　开本：787×1092　1/16
2025 年 7 月第一次印刷　印张：16 3/4
字数：380 000
定价：149.00 元
（如有印装质量问题，我社负责调换）

前　　言

昆仑山，素有“万山之祖”的美誉，堪称中国第一神山。2006 年，我们有幸承担了“十一五”国家科技支撑计划项目“新疆大型矿集区预测与勘查开发关键技术研究”专题“西昆仑恰耳隆[①]—大同一带斑岩型铜钼矿成矿条件研究和大型矿床靶区评价技术与应用研究”（编号 2006BAB07B01-04），自此与昆仑山结下不解之缘。初次来到西昆仑，感觉此处与之前的工作地区如天山、阿尔泰山截然不同。由于西昆仑地处高寒缺氧地区，自然地理条件极为恶劣，地质和矿产资源调查程度是全国最低的地区之一，区域地质调查基本停留在 1∶50 万，区内只完成过 1 幅 1∶20 万地质图（克孜勒幅）。以往的科研工作也主要沿中巴公路、新藏公路开展，山区绝大部分地段缺少公路，交通不便，野外地质工作开展困难重重。当时，西昆仑地区矿床研究开发程度低，大多数矿床处在矿点检查程度，少量进行过普查，详细勘探的矿床只有几个，如布伦口铜矿床（卡拉玛矿区和东大沟矿区）、切列克其铁矿床、特格里曼苏铜矿床及塔木—卡兰古铅锌矿床等早期发现的矿床。我们的第一站便是阿克陶县恰尔隆乡 1 处牧民报的矿点——喀依孜钼矿点，由此正式开启了对西昆仑地区矿产调查研究的征程。光阴似箭，一晃到昆仑山工作已步入第 18 个年头，其间也经历了诸多难忘的故事：2006 年 6 月在喀依孜钼矿点住在牧民堆放杂物的地窝子，夜间屋顶有动物踩踏声响，出去一看是一只雪豹前来觅食，从此也多次在山中与雪豹不期而遇；2007 年 4 月，在皮山县桑珠河上游检查 1 处铜矿点，我们和向导一路历时 52 个小时，蹚着刺骨的冰河，翻了 3 处达坂才到达矿点，返回营地时，因为冰冻及不停地行走，脚掌多处开裂出血，袜子被血痂粘连难以脱下；2012 年 7～8 月，在大同乡一带野外调查，恰好赶上“封斋月”（白天不能开火做饭），大家靠着馕、火腿肠和水熬过来的，二十余天下来基本没有沾热水，直到一天凌晨，一位乡干部带我们到一家牧民毡房，每人喝了一碗热乎乎的羊杂汤，那一刻的幸福感至今难忘；2016 年 7 月在大红柳滩阿克萨依铁矿区，在海拔 5300m，我们遭遇了车辆刹车失灵翻车而命悬一线的险况。往事历历在目，而我们在昆仑山的工作从未停歇。我们研究团队经过艰苦努力，克服高原缺氧、交通艰难、山洪、泥石流、暴风雪等各种困难，对西昆仑一带的地质、矿产等做了大量的研究工作，有了一些新的重要发现。现将主要成果概述如下。

（1）对研究区 316 个矿床（点）进行了整理，将西昆仑地区重要矿床类型进行了划分。铁矿划分为 9 类、铜矿划分为 11 类、铅锌矿划分为 6 类、金矿划分为 3 类，另外还有沉积型锰矿、伟晶岩型稀有金属矿和岩浆热液型钨矿等。其中沉积变质型铁矿、层控

---

① “恰耳隆”同“恰尔隆”。

型铅锌铜矿、伟晶岩型稀有金属矿、沉积型锰矿、韧性剪切带型金矿和斑岩型铜矿具有优越的成矿条件，具备形成大型-超大型矿床的潜力。

（2）找矿预测取得较好进展。新发现了喀拉果如木铜多金属矿床、南屏雪山铁多金属矿床、托喀什吉勒嘎铅锌矿床、琼巴额什金矿床、白龙山超大型锂铍多金属矿床、雪凤岭锂矿床、喀依孜钼矿点、阿克希腊克铅锌矿点、马乃克铜矿点、干达迭尔铜矿点、阿克吉勒嘎铜矿点等一批矿床（点）。优选了 12 个找矿靶区，对南屏雪山铁多金属矿找矿靶区、喀拉果如木铜多金属矿找矿靶区、琼巴额什金矿找矿靶区、喀依孜钼矿找矿靶区、阿克希腊克铅锌矿找矿靶区、马乃克铜矿找矿靶区和托喀什吉勒嘎铅锌矿找矿靶区进行了评价。预测 333＋334 资源量为：金 29.51t，铜 30.25 万 t，铅锌 25.97 万 t，铁 4530.21 万 t。

（3）对南屏雪山铁多金属矿的矿床地质特征、成矿年代学、成因和深部预测进行了较为系统的研究。首次对南屏雪山铁多金属矿床及赋矿岩层开展精确的定年，依据矿区侵入岩年龄和甜水海岩群的硅质碎屑岩-碳酸盐岩最大沉积年龄，限定沉积成矿时代为 593～532Ma，变质变形时代约为 480Ma，提出该矿床成因类型为特殊的条带状铁建造（banded iron formation，BIF）类型，成矿时代为新元古代—早寒武纪，具 BIF 特性。

（4）在西昆仑地区首次发现斑岩型钼矿（喀依孜钼矿点）和斑岩型铜矿（喀拉果如木铜多金属矿床）。对斑岩型铜钼矿的成岩、成矿时代进行研究，填补了西昆仑地区斑岩型铜钼矿成矿时代的数据空白。西昆仑造山带加里东中期成矿以小同钼矿点、拉依布拉克铜钼矿点、塔尔铜矿点、布伦木莎铜钼矿点、库地一带铜铁矿为代表，含矿岩体为石英闪长岩，矿床类型为斑岩-夕卡岩型铜钼矿床，辉钼矿 Re-Os 年龄 483Ma。西昆仑造山带海西晚期以喀依孜钼矿点为代表，矿床类型为斑岩型钼矿床，辉钼矿 Re-Os 年龄为 253.2Ma。对喀拉果如木铜多金属矿床赋矿围岩开展高精度锆石 LA-ICP-MS U-Pb 定年，测得年龄为（189.3±2.8）Ma，首次在该区获得早侏罗世岩浆岩的年代学证据。

（5）对布伦阔勒群铁矿床地质特征及成因进行了系统研究。首次对布伦阔勒群含铁岩性段中塔阿西、叶里克、赞坎—莫喀尔矿区中斜长角闪片岩和黑云母石英片岩锆石 U-Pb 年龄分析认为布伦阔勒群形成于 510Ma，变质年龄在 463Ma；对布伦阔勒群中斜长角闪片岩及黑云母石英片岩进行原岩恢复，认为斜长角闪片岩主要由洋岛玄武岩经过区域变质作用而形成；黑云母石英片岩是在岩浆喷发过程中，受陆源碎屑物质影响，并经区域变质作用而形成；认为布伦阔勒群中磁铁矿主要形成于还原环境，海水与热液流体混合为成矿流体主要来源。

（6）成矿规律研究取得新进展。将研究区划分为塔里木成矿带、西昆仑成矿带和喀喇昆仑成矿带，进一步划分了 7 个成矿亚带，同时在 7 个成矿亚带中又划分出 22 个找矿远景区：塔木—卡兰古 MVT 型铅锌矿找矿远景区，布琼—苏玛兰铜金矿找矿远景区，昆盖山 VMS 型铜矿找矿远景区，特格里曼苏砂岩型铜多金属矿找矿远景区，喀依孜—

恰尔隆斑岩型铜钼矿找矿远景区，班迪—瓦恰铜铅锌多金属矿找矿远景区，大同铜钼矿找矿远景区，西合休铅锌多金属矿找矿远景区，库地夕卡岩型铁铜矿找矿远景区，库尔良铜镍矿找矿远景区，奥尔托喀讷什—库木别勒锰矿找矿远景区，木吉乌孜别里金矿找矿远景区，哈拉墩—布伦口铁铜多金属矿找矿远景区，赞坎—老并沉积变质铁矿找矿远景区，塔吐鲁沟铁铜多金属矿找矿远景区，黑恰铁铜铅锌多金属矿找矿远景区，大红柳滩伟晶岩型稀有金属、沉积改造型铁铅多金属矿找矿远景区，天神大阪—甜水海铅锌矿找矿远景区，火烧云—温泉铅锌矿找矿远景区，阿然保泰斑岩型铜多金属矿找矿远景区，明铁盖热液型铜钨多金属矿找矿远景区和西若—乃扎塔麻扎斑岩型铜钼矿找矿远景区。初步建立新元古代沉积变质型赤铁矿成矿模式、早古生代沉积变质型磁铁矿成矿模式、喀喇昆仑斑岩型铜矿成矿模式。

（7）应用 EH4 连续电导率成像仪对西昆仑地区的南屏雪山铁多金属矿床、琼巴额什金矿床、阔克吉勒嘎金矿床、托喀什吉勒嘎铅锌矿床、马乃克铜矿点等进行了方法实验，发现了多处矿化引起的地球物理异常。与南屏雪山铁多金属矿床钻孔进行对比研究，发现这种方法在西昆仑高海拔地区使用方便快速，效果良好。

本书前言由王核编写，各章节编写人员如下：第 1 章由王核、刘建平编写，第 2 章由王核、马华东、朱炳玉、魏小鹏编写，第 3 章由王核、朱炳玉、王威、胡军、黄朝阳、任广利编写，第 4 章由王核、马华东、胡军、黄朝阳、董瑞编写，第 5 章由王核、刘建平、吴玉峰、慕生禄编写，第 6 章由王核、马华东、陈谋、任广利编写，第 7 章由王核、马华东、张晓宇、闫庆贺、王威、周恺麟、高昊编写，第 8 章由王核、李沛、朱炳玉、刘金恒编写，第 9 章由王核、马华东、朱炳玉编写，第 10 章由王核、刘建平、胡军、李沛编写，第 11 章由王核编写。最后，由王核、马华东、朱炳玉共同整理定稿。

在调查研究过程中，得到新疆维吾尔自治区人民政府国家三〇五项目办公室、中国科学院广州地球化学研究所、中国地质调查局西安地质调查中心、有色金属矿产地质调查中心、新疆维吾尔自治区地质矿产勘查开发局（简称新疆地矿局）、新疆维吾尔自治区有色地质勘查局（简称新疆有色地勘局）、新疆地矿局第二地质大队、河北省地质矿产勘查开发局（简称河北省地矿局）第五地质大队、塔什库尔干塔吉克自治县人民政府、阿克陶县人民政府、叶城县人民政府、新疆新地地质勘查有限公司、新疆国源矿业发展集团有限公司、新疆名都矿业有限公司、喀什富亿城新科技有限公司、喀什天昆商贸有限公司、喀什西凯矿业有限责任公司等诸多部门领导和专家的大力支持和指导。在此，一并表示最诚挚的谢意。

中国科学院广州地球化学研究所深地过程与战略矿产资源全国重点实验室、中国科学院地球化学研究所关键矿产成矿与预测全国重点实验室、自然资源部同位素地质重点实验室、中山大学包裹体实验室、新疆有色地勘局测试中心、新疆地矿局第一区域地质调查大队化验室、新疆地矿局第二地质大队化验室等许多人员为研究所需的样品测试付出了辛勤劳动；陈毓川院士，吴福元院士，徐义刚院士，肖文交院士，毛景文院士，邓军院士，何宏平院士，中国科学院广州地球化学研究所王强研究员、牛贺才研究员、王焰研究员、赵振华研究员、陈华勇研究员、袁超研究员，中国科学院地质与地球物理研究所秦克章研究员、李晓峰研究员、申萍研究员、徐兴旺研究员，中国地质科学院陈正乐研究员、李建康研究员、杨富全研究员，北京矿产地质研究院王京彬教授、李月臣教授，中山大学夏斌教授、孙晓明教授，新疆地矿局董连慧教授、冯京教授、庄道泽教授，中国地质大学（北京）薛春纪教授，北京大学陈衍景教授、何国琦教授、朱永峰教授，新疆地矿局第二地质大队郝延海高工等在地质矿产等研究方面给予了指导帮助，在此表示衷心的感谢！

由于研究者水平有限，以及工作中某些方面的不足，书中若有不当之处，敬请批评指正，笔者不胜感谢。

作　者

2024 年 11 月 30 日

目　录

第1章 绪　论

1.1 研究区地理位置

研究区位于我国新疆境内塔里木盆地的西南部，东起甜水海，南部与克什米尔地区相连，西与阿富汗、塔吉克斯坦和吉尔吉斯斯坦毗邻，为青藏高原西北缘和塔里木盆地西南缘的结合部，地理坐标：东经 74°30′～80°00′；北纬 35°00′～39°15′，面积约 80 000km^2，行政区属于新疆维吾尔自治区喀什地区、和田地区和克孜勒苏柯尔克孜自治州。

研究区有两条横跨西昆仑山和喀喇昆仑山系的公路，一条为西部的中巴公路，另一条是中部的新藏公路。除此以外，各乡之间有简易土路相连。但总体来看，研究区公路稀少，山区绝大部分地段缺少公路，交通不便，野外地质工作十分困难。

研究区内山脉走向呈 NW 向，山体巍峨、地势险峻，海拔一般在 3200～5000m。主峰乔戈里峰（8611m）、公格尔山（7719m）和慕士塔格山（7509m）均超过 7000m，雄伟挺拔，高耸入云，现代冰川发育。研究区气候属于寒冷干旱的高山-山地荒漠、半荒漠气候。冬、夏季温度变化剧烈，夜晚气温低，白天太阳辐射强，日温差大，一般可达 15～20℃。西昆仑山北麓平原地区年降水量一般为 50～100mm，山区可达 100～400mm，但山区水系发育。随高度增加气温降低，在海拔 4000m 左右，年平均气温在 0℃以下，积雪常年不化。最佳野外工作时间为 6～9 月，其他季节山区多被积雪覆盖。研究区人烟稀少，当地居民以柯尔克孜族、塔吉克族、维吾尔族等少数民族为主。当地经济欠发达，以牧业为主。

1.2 研究区工作现状

由于西昆仑地处高寒缺氧地区，自然地理条件极其恶劣，所以西昆仑地区仍是全国地质和矿产资源调查程度最低的地区之一。对西昆仑地区的地质工作最早可以追索到中华人民共和国成立以前，并且一直延续至现在，大致可以划分为四个阶段。

（1）1949 年以前为第一阶段

中华人民共和国成立前，该区的地质工作几乎是空白，仅有少数国外地质学家，如德国的德捷拉埃特林克尔，瑞典的诺林，苏联的 H.A 别良耶夫斯基等人，先后在本地区进行过路线地质调查。

（2）1950～1979 年为第二阶段

中华人民共和国成立以后，国家开始在西昆仑造山带安排大量的基础地质和矿产资源调查项目；1952～1953 年，苏联地质矿产部第十三航测队在喀什地区开展了 1∶20 万地质测量和矿产普查工作；新疆维吾尔自治区地质局和田地质大队（简称和田地质大队）

对叶尔羌河—喀拉喀什一带开展了 1∶100 万路线地质调查（1961 年）。新疆地矿局测绘大队在木吉—塔什库尔干一带和布伦口—恰尔隆地区进行 1∶100 万路线地质和矿产普查调查，发现了一大批金属矿床和矿化点，如切列克其铁矿床、米什干大沟砂金矿化点、哈拉墩铁铜（金）矿床、卡拉玛铜矿床、沙子沟铜铁矿床、塔木—卡兰古铅锌矿带、特格里曼苏铜矿床、阿克塔什铜矿床和大红柳滩锂矿床等，并且正式出版了这两个地区的 1∶100 万地质图以及路线地质和矿产调查报告（1967 年），为以后该地区矿产资源普查评价工作奠定了基础。新疆地矿局测绘大队在赞比勒—玉代格里克一带（1965 年）、苏巴什地区（1965 年）、阿合奇地区（1967 年）、乌什地区（1967 年）、博孜艾格尔山口（1967 年）、民丰—于田地区（1972 年）及苦牙克地区（1972 年）等地进行了 1∶20 万地质调查，并正式出版了这些地区的 1∶20 万地质图。新疆地矿局第二地质大队在塔什库尔干县热土坎南东维布隆一带（1959 年）、热土坎地区伟晶岩分布区（1967 年）、阿克陶县塔木水晶矿产区（1972 年）、乌依塔克矿区（1979 年）等进行了地质和矿产调查。在境外，1974～1985 年苏联、印度、意大利和巴基斯坦共同实施了“帕米尔-喜马拉雅计划”，找到了一批铁、锰、铜矿。

（3）1980～2000 年为第三阶段

新疆地矿局第二地质大队在 1980～1985 年，对西昆仑和喀喇昆仑西部地区开展了 1∶50 万地质图和矿产图的编图和总结工作；和田地质大队于 1987～1989 年在西昆仑和喀喇昆仑东部地区完成了 1∶50 万地质图和矿产图的编图和总结工作。新疆地矿局第二区域地质调查大队在昆盖山北坡（1995～1998 年）、塔什库尔干瓦恰地区（1997～1998 年）开展了 1∶5 万区域地质调查。1995 年中国地质调查局西安地质调查中心（原西安地质矿产研究所，以下简称西安地质调查中心）和新疆地矿局第二区域地质调查大队完成了地质矿产部科研项目“西昆仑块状硫化物型铜（多金属）矿床成矿条件及成矿预测研究”，1999 年贾群子等出版了《西昆仑块状硫化物矿床成矿条件和成矿预测》。同时开展的项目还有“新疆天山（独山子）—昆仑山（泉水沟）地学断面地质-地球物理综合研究”（1997 年），“青藏高原岩石圈结构、隆升机制及其效应”（1990～1995 年），“青藏高原隆升的地质记录及机制”（1996～2000 年）。

国家三〇五项目办公室对西昆仑地质矿产开展了一系列的研究，如由中国地质科学院矿床地质研究所承担的“西昆仑贵金属、有色金属大型矿床成矿远景及靶区预测”项目，中国地质大学（北京）承担的“西昆仑金刚石宝玉石找矿评价研究”项目，中国科学院遥感应用研究所承担的“航天遥感技术在昆仑—阿尔金找矿预测及靶区优选中的应用研究”项目，中国科学院地质研究所承担的“昆仑—阿尔金地区大地构造格局、蛇绿岩及其与成矿的关系”项目，中国科学院地球化学研究所承担的“昆仑—阿尔金岩浆活动及成矿作用”项目。其中 1996～2000 年实施的“西昆仑贵金属、有色金属大型矿床成矿远景及靶区预测”项目，对本区铜、铅、锌等金属矿产进行了较为系统的研究。2003 年，孙海田等出版了《西昆仑金属成矿省概论》。与此同时，1996～1997 年，新疆鑫汇地质矿业公司编制了乌恰县地质矿产图（1∶10 万），提交了《新疆克孜勒苏州乌恰县地质调查工作报告》，1999～2001 年，有色金属矿产地质调查中心新疆地质调查所与中南大学合作，确立了塔木—卡兰古一带铅锌矿属密西西比河谷型层控矿床。

这期间，来自全国各地的地质学家在西昆仑地区展开了多方面的科研工作，但这些研究成果和认识多数是从沿着中巴公路和新藏公路观察到的地质现象中获得的。如1980～1983年中国地质科学院地质研究所姜春发等与青海、新疆地矿局第一区域地质调查大队联合对昆仑山进行地质调查，1992年出版了《昆仑开合构造》专著，首次对昆仑山地质进行了系统总结研究，2000年出版了《中央造山带开合构造》。1986～1988年，中国科学院青藏高原综合科学考察队（潘裕生等）对西昆仑及喀喇昆仑地区地质、地理等进行了全面考察，1992～2000年先后出版了“青藏高原喀喇昆仑山—昆仑山地区科学考察丛书”共4部，重新提出了西昆仑存在原特提斯洋，划分出了第五、第四和第三缝合带。邓万明（1989）对喀喇昆仑—西昆仑地区基性-超基性岩进行了初步考察；许荣华等（1994）研究了西昆仑山北部早古生代构造-岩浆带；张志德等（1987）论述了康西瓦断裂的地质特征及形成和发展；杨克明（1994）讨论了西昆仑大陆边缘构造演化及塔里木西南盆地类型；彭昌文和高振家（1984）在西昆仑山北坡铁克里克一带晚前寒武纪中发现古植物和叠层石；李洁等（1991）在乌斯腾塔格—喀拉米兰晚三叠世发现植物化石；李永安等（1984）探讨了古塔里木地块晚前寒武纪古地磁的特征；马世鹏等（1989）讨论了西昆仑山北坡的震旦系，并且进一步讨论了西昆仑山北坡陆台盖层型元古宇的基本特征（马世鹏等，1991）；丁道桂（1996）系统地研究了西昆仑造山带构造形迹和构造演化；潘裕生（1989）初步探索了昆仑山区构造区的划分。

（4）2001年至今为第四阶段

2000年后，中国地质调查局在西昆仑地区部署了“空白区”地质大调查工作，陕西省地质调查院完成了于田县幅、伯力克幅、康西瓦幅、岔路口幅、恰哈幅、阿克萨依湖幅、麻扎幅、神仙湾幅、塔吐鲁沟幅、斯卡杜幅等1∶25万区调工作；河南省地质调查院完成了叶城县幅、塔什库尔干县幅、库尔干幅、艾提开尔丁萨依幅、英吉沙幅1∶25万区调工作；山西省地质调查院完成了叶依克幅、黑石北湖幅1∶25万区调工作；新疆地质调查院完成了“新疆克里雅河流域1∶50万水系沉积物测量”；陕西省地质调查院完成了“西藏月亮湖一带1∶20万水系沉积物测量”和“新疆维吾尔自治区西昆仑叶尔羌河上游1∶50万区域化探”；湖北省地质调查院2004年完成了“新疆维吾尔自治区西昆仑玉龙喀什河地球化学图说明书1/50万”；新疆地矿局第二地质大队完成了“新疆西昆仑西部地球化学图说明书”。同时中国煤炭地质总局航测遥感局完成了“西昆仑地区遥感找矿异常提取方法研究”（2002年）；中国国土资源航空物探遥感中心完成了“艾提开尔丁萨依幅、英吉莎县幅1∶25万遥感解译”（2003年）；陕西省地质调查院完成了“新疆西昆仑叶尔羌河地区矿产资源综合评价”（2003年）、“西昆仑库地蛇绿构造混杂岩带专题研究”（2004年）等。

2006年以来，中国地质调查局在西昆仑的木吉、塔什库尔干、麻扎达拉、恰尔隆、马尔洋、库地、三十里营房、大红柳滩、甜水海、乔尔天山等许多地区开展1∶5万区域调查工作，布置了大调查项目并开展相关的科研研究工作，如西安地质调查中心承担的“西昆仑—阿尔金成矿带基础地质综合研究”（2010～2012年）以及“青藏高原基础地质调查成果集成和综合研究”（2006～2010年）和“新疆维吾尔自治区矿产资源潜力评价”（2007～2013年）等项目。其中由西安地质调查中心完成的《昆仑山及邻区地质图》

是资料较全面的一份基础地质图件。2008 年，国土资源部与新疆维吾尔自治区人民政府实施《合作开展新疆公益性地质调查和重要矿产勘查协议》，即“358”项目，在西昆仑地区实施了一大批矿产勘查类项目以及勘查基金项目。

国家三〇五项目办公室开展了“十一五”“十二五”国家科技支撑计划的项目、课题的科研与成矿预测研究，其间中国科学院广州地球化学研究所承担的“西昆仑恰耳隆—大同一带斑岩型铜钼矿成矿条件研究和大型矿床靶区评价技术与应用研究”（编号2006BAB07B01-04）、“西昆仑—帕米尔优势矿产资源预测和靶区评价”（编号2011BAB06B05）对西昆仑地区典型矿床和成矿规律进行了系统研究；中国科学院地球化学研究所承担的“西昆仑成矿带碳酸盐岩层控型铅锌银矿预测和找矿靶区评价技术与应用研究”（编号 2006BAB07B04-04）对西昆仑地区的层控型铅锌矿等做了较为系统的研究。

1.3 主要科学问题

对于西昆仑地区大型矿床靶区的预测和隐伏大矿的寻找，需要解决的主要科学问题有：

（1）西昆仑成矿带产出的地球动力学背景

不同矿种的形成和大型-超大型矿床（矿产地）的分布与其所处的大地构造背景密切相关。由于西昆仑成矿带处于古亚洲构造域和特提斯构造域的结合部，属天山、塔里木、秦祁昆和特提斯四大构造岩浆成矿域的交汇地段，岩浆岛弧、活动陆缘、大陆裂谷等各种不同的构造单元形成的各类矿床的地球动力学背景尚不清晰。

（2）与沉积变质型铁矿关系密切的地层层序、时代问题

在古元古界布伦阔勒群中发现沉积变质型铁矿，铁矿体产在该岩群的硅铁建造中富磁铁矿层位，从苏巴什到赞坎一带产出有苏巴什钛磁铁矿、吉尔铁克沟铁矿、老并铁矿、赞坎铁矿、塔吐鲁沟铁矿、叶里克铁矿、塔阿西铁矿、赞坎东铁矿等，在地表构成长约 110km，宽约 15km，呈北北西向延伸的巨型铁矿带。关于布伦阔勒岩形成时代及构造属性问题目前争议较多，存在多种见解，厘清其地层层序和时代归属，对探讨铁矿成因和指导进一步找矿意义重大。

（3）西昆仑成矿带斑岩型铜矿成矿前景问题

西昆仑成矿带中酸性侵入岩十分发育，前人对研究区中酸性侵入岩开展了一系列的研究工作，但总体上研究程度较低。研究区作为重要成矿带，发育大量与中酸性岩石密切的矿床，但是其成矿机理和成矿背景还不是很清楚，尤其是对与中酸性侵入岩有关的矿床，特别是斑岩型铜矿的研究较少，制约了区域找矿工作。

（4）西昆仑成矿带矿床成因问题

西昆仑地区是欧亚大陆上重要的铁铜铅锌富集区之一，成矿地质条件优越，矿产资源丰富，矿种多样，类型复杂，资源潜力巨大。研究区典型矿床成因研究相对薄弱，如沉积变质的赞坎铁矿是否是典型的 BIF 型铁矿床；布伦口铜矿的成因一直存在争议，有人认为其是碳酸盐型铜矿、热液型铜矿等，近年来在其深部发现有斑岩型铜矿化，其是否会属斑岩型铜矿床；塔木—卡兰古一带的铅锌矿有人认为是密西西比型矿床，也有人

认为其与典型的密西西比型矿床不同。对研究区典型矿床成因的研究对完善区域成矿理论和指导区域找矿意义重大。

（5）西昆仑成矿带成矿规律研究

西昆仑地区处于古亚洲构造域和特提斯构造域的结合部，属塔里木、秦祁昆和特提斯三大构造岩浆成矿域的交汇地段，构造演化复杂，揭示成矿规律难度大，进而影响了勘查找矿。要在西昆仑地区实现寻找大型-超大型矿床的重大突破，其根本途径是加强区域成矿背景、典型矿床、成矿规律和综合勘查技术的有效结合。而成矿规律的研究可以解决成矿时空分布问题，即到哪个时代的地层或岩体、到什么位置去寻找哪类矿床。

第2章　区域地质背景

横亘于青藏高原西北缘、塔里木西南缘的西昆仑造山带处于古亚洲构造域与特提斯构造域的结合部位，总体呈现为北西—南东走向的巨型反“S”状展布（图2.1），具有演化历史漫长，构造复杂的特点（Bershaw et al.，2012；Jia et al.，2013；Zhang et al.，2011；董连慧等，2010；肖文交等，2000；肖序常等，1990；潘裕生等，2000；潘桂棠等，2004；张传林等，2007）。其地层发育齐全、岩浆活动频繁，构造演化与原特提斯和古特提斯洋俯冲、早古生代—早中生代地块碰撞相关，中生代受印度板块和亚洲板块碰撞的远程效应影响，发生变形（Mattern and Schneider，2000；Jiang et al.，2013；Xiao et al.，2002，2003；Matte et al.，1996）。新生代高原隆升和帕米尔构造结的形成使该区地质变得更为复杂（Burtman，2010；Xiao et al.，2009，2010；Windley，2007）。

2.1　区域大地构造单元

西昆仑地区经历了多期复杂的构造演化历史，存在多条缝合带和多个地体（Xiao et al.，2001；Mattern and Schneider，2000；潘裕生等，1990，1994a，1996；丁道桂等，1996；任纪舜等，1980；张良臣等，1990；李继亮等，2000；肖文交等，2000），伴随有蛇绿岩带记录了原特提斯洋—古特提斯洋的开合演化过程，由于多条缝合带的汇聚以及阿尔金断裂和喀喇昆仑断裂的影响，西昆仑内消减，走滑作用强烈，分布着多条重要断裂，如麻扎—康西瓦断裂、乔尔天山—红山湖断裂等，因此对其的地质构造认识仍然存在许多争议，对西昆仑造山带构造单元划分还没有一个固定的模式（李荣社等，2008；计文化等，2004，2009，2011；袁超等，2005；姜春发，2002；Dong et al.，2004；Pirajno，2013）。本书结合前人资料，将西昆仑造山带由北向南划分为：北昆仑地体、奥依塔格—库地—其曼于特缝合带、南昆仑地体、麻扎—康西瓦缝合带，塔什库尔干—甜水海地体、乔尔天山—红山湖缝合带、喀喇昆仑地体（图2.1）。

（1）北昆仑地体

北接塔里木盆地，南以奥依塔格—库地—其曼于特缝合带为界，其基底是塔里木板块南缘的延伸部位，主要出露在铁克里克隆起带，分布了喀拉喀什群、埃连卡特群、赫罗斯坦岩群。在阿卡孜—许许沟一带发育古元古代（2.42～2.2Ga）花岗岩，前寒武纪基底在新元古代（1.0～0.9Ga）经历了角闪岩相变质（Matte et al.，1996；Yuan et al.，2002，2003；Xiao et al.，2003；张传林等，2003，2007）。王超（2011）在铁克里克地区赫罗斯坦岩群角闪斜长片麻岩中获得了2.27Ga的侵位结晶年龄和1.83Ga的变质作用年龄。基底上覆一套浅变质的新元古代（震旦纪：800～570Ma）盖层，为一套裂谷成因的沉积序列（Mattern and Schneider，2000；潘裕生等，1996）。随着裂谷的不断扩张，其曼于特洋盆

（原特提斯洋分支）在晚震旦纪—早古生代开始形成，奥依塔格—库地—其曼于特缝合带为该洋残留的证据（潘裕生等，1994a，1996；Mattern and Schneider，2000；袁超等，2005）。在早古生代，原特提斯洋南向俯冲，在奥依塔格—库地—其曼于特缝合带附近，形成了早古生代花岗岩带（Jiang et al.，2013）。在志留纪时，塔里木和西昆仑地块的碰撞使得其曼于特洋盆闭合（潘裕生等，1996；Jiang et al.，2013）。

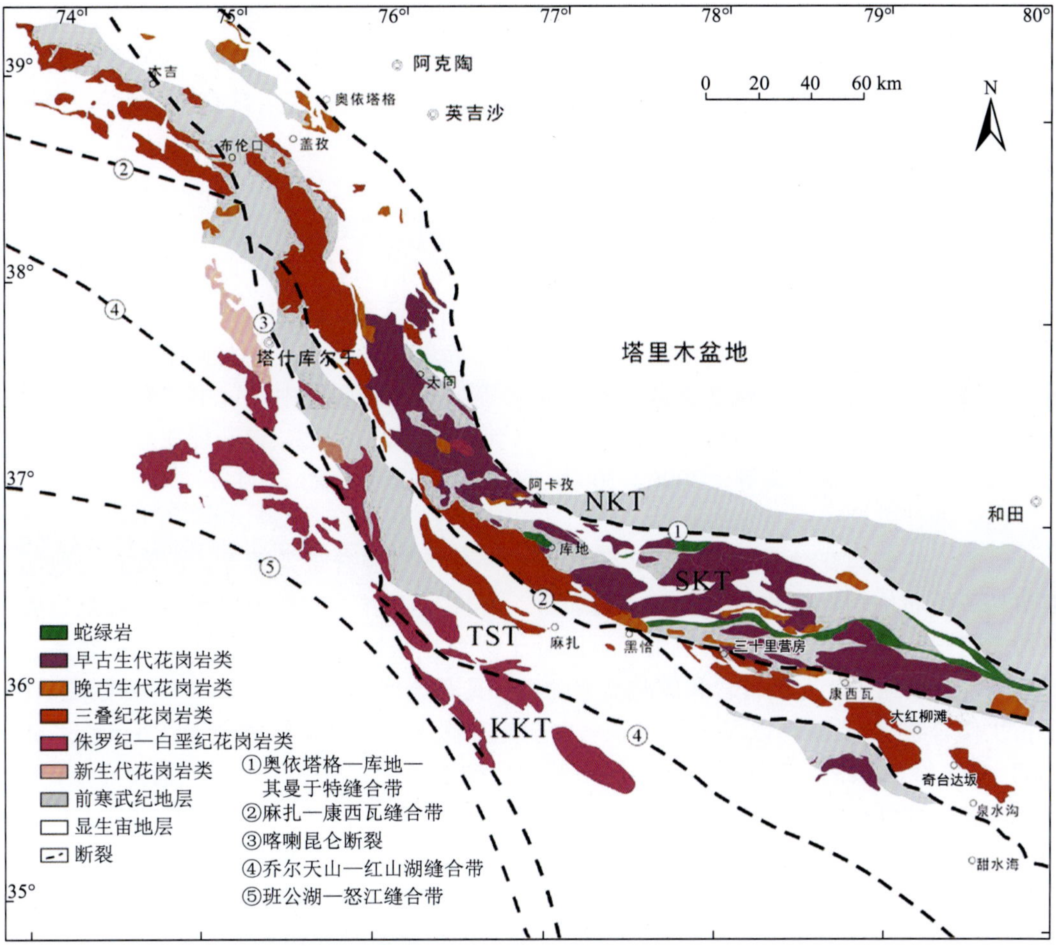

图2.1　西昆仑造山带大地构造简图（据 Hu et al.，2016）

NKT为北昆仑地体；SKT为南昆仑地体；TST为塔什库尔干—甜水海地体；KKT为喀喇昆仑地体

（2）奥依塔格—库地—其曼于特缝合带

东起于田，向西北至喀拉喀什河转变为东西向，经过库地北又折为北西向，经柯岗、奥依塔格，延伸出国境后与北帕米尔北断裂相接，全长约850km，最宽可达15km左右（韩芳林等，2002；于晓飞，2010）。缝合带内分布有典型的蛇绿岩：库地蛇绿岩、柯岗蛇绿岩、其曼于特蛇绿岩（方爱民等，2003；韩芳林，2006；李荣社等，2008；吴玉峰，2013）。

（3）南昆仑地体

南昆仑地体的基底岩系主要由古元古代—中元古代变质杂岩组成，东段主要分布在麻扎—康西瓦断裂以北桑株塔格群为代表，西段以塔什库尔干县以南布伦阔勒群为代表。基底岩系和北昆仑有诸多相似之处（Yuan et al.，2002，2003）。上覆盖层主要由晚古生代—中生代硅质碎屑岩、碳酸盐岩、钙碱性火山岩组成（潘裕生等，1994b）。除了志留系—中奥陶统地层外，显生宙地层在北昆仑和南昆仑地块均广泛分布，大量的晚古生代—早中生代中酸性花岗岩侵入其中，集中在加里东期和海西—印支期（张玉泉等，1989，1998；张传林等，2005，2007；Jiang et al.，2013；吴玉峰等，2013），具有两期岛弧的叠加复合性质，代表了这一时期沿麻扎—康西瓦缝合带向北俯冲所形成的岩浆弧（肖文交等，1998）。

（4）麻扎—康西瓦缝合带

该带是区内规模最大的主干断裂，为长期活动的韧性走滑剪切带（许志琴等，2007），是塔里木地块和羌塘地块两个一级构造单元的分界线。该缝合带西起乌孜别里山口、经玉其卡帕、麻扎、喀拉喀什河上游、向东延伸至苏巴什，长约 1000km，宽 3～5km，呈反“S”形，控制着麻扎—康西瓦—苏巴什一带的岩浆活动、沉积作用、变质变形作用甚至成矿作用，与西昆仑造山过程息息相关。缝合带东部苏巴什地区发育蛇绿岩套，由橄榄岩、辉石岩、辉绿岩、枕状玄武岩和硅质岩等组成，硅质岩中发现中二叠世的放射虫化石，表明该蛇绿岩形成时间早于中二叠世（计文化等，2004）。该断裂在麻扎一带发现麻扎构造混杂岩（李博秦等，2006，2007；陕西省地质调查院，2004）。

（5）塔什库尔干—甜水海地体

以麻扎—康西瓦缝合带为北界，乔尔天山—红山湖缝合带为南界。前寒武纪地层主要有西段的布伦阔勒群和东段的甜水海岩群、赛图拉岩群，上部盖层包括寒武纪、奥陶纪和志留纪及晚古生代沉积。中生界该区处于强烈拉张环境，沉积了巨厚的三叠系、侏罗系、白垩系地层，为碎屑岩和碳酸盐岩建造，具有典型的浊流相沉积（于晓飞，2010）。早古生代岩浆-变质事件以及三叠纪末—白垩纪花岗岩侵入活动较为普遍（Jiang et al.，2002；吴玉峰，2013）。塔什库尔干—甜水海地体构造单元划分和归属存在诸多争议，Xiao 等（2005）和 Liu 等（2015）认为塔什库尔干—甜水海地体属于松潘—甘孜带的西部延伸，在早中生代拼贴到西昆仑南部边缘。Yuan 等（2003）和张传林等（2007）认为其属于南昆仑地体的组成部分。潘桂棠等（2004）和李荣社等（2008）认为其是北羌塘地块的西部延伸。计文化等（2011）支持塔什库尔干—甜水海微地块存在。

（6）乔尔天山—红山湖缝合带

乔尔天山—红山湖缝合带东起塔什库尔干县塔阿西一带沿河谷分布，向东经乔尔天山、红山湖，与金沙江缝合带相连（丁道桂等，1996；潘桂棠等，2002）。断裂两侧同为俯冲相关的增生杂岩，南部变质程度较浅，年代较新（肖文交等，2003；吴玉峰等，2013）。

（7）喀喇昆仑地体

喀喇昆仑地体以乔尔天山—红山湖缝合带为北界，以班公湖—怒江缝合带为南界。该地体主要由寒武系、奥陶系至三叠系地层组成（Matte et al.，1992；潘裕生等，1996）。主体为一套厚层且局部发生变质的碎屑海相沉积序列，具有类复理石特征，具体岩性包括硅质碎屑浊积岩、砂屑灰岩等（Mattern and Schneider，2000）。侵入岩以燕山晚期—喜马拉雅期 S 型花岗岩为特征（Jiang et al.，2002；Mattern and Schneider，2000；Xiao et al.，2005）。

2.2 区域地层

西昆仑地区在地层分区上，以奥依塔格—库地—其曼于特缝合带及麻扎—康西瓦缝合带为界，由北东到南西可以分为塔南地层分区、西昆仑地层分区、喀喇昆仑地层分区。

塔南地层分区以古元古界为变质基底，其上发育蓟县系碳酸盐岩-碎屑岩组合、下—中奥陶统碎屑岩-碳酸盐岩组合、上泥盆统碎屑岩组合、石炭系碳酸盐岩-碎屑岩组合、中二叠统碎屑岩-碳酸盐岩夹火山岩组合、中生界陆相沉积组合、古近系及新近系不发育、第四系冲洪积及冰碛层沿沟谷发育。

西昆仑地层分区以元古界为变质基底，并占据该区大面积区域；未分奥陶—志留系以碎屑岩、碳酸盐岩建造为主夹中基性火山岩；石炭系以发育复理石-火山岩建造为特征；下白垩统以碎屑岩、碳酸盐岩互层为特征；新生界不发育，仅有下更新统山间磨拉石建造及全—更新统山麓洪积相松散堆积，另见有冰碛层。

喀喇昆仑地层分区以古元古界为变质基底，下志留统以碎屑-碳酸盐岩为主夹少量火山岩；上石炭统主体为碳酸盐岩；中二叠统为碎屑岩-碳酸盐岩夹火山岩；三叠—侏罗系为碳酸盐岩、硅质岩、火山岩；第四系发育河谷及阶地冲洪积相、山麓堆积相及高山冰碛相。

2.2.1 元古界

1. 古元古界

西昆仑地区古元古界十分发育，属最古老的变质基底，出露于塔南、喀喇昆仑地层分区，主要有赫罗斯坦岩群（Pt_1H），埃连卡特岩群（Pt_1A），布伦阔勒群（Pt_1B）。

1）塔南地层分区的古元古界

赫罗斯坦岩群（Pt_1H）：零星出露于叶城县南部的奥土腊格也尔和喀拉瓦什克尔，阿克陶县的也希尔达坂及沙黑孜阿勒克等地。赫罗斯坦岩群主要岩性为黑云二长片麻岩、角闪二长片麻岩、黑云斜长片麻岩、黑云二长浅粒岩等。侵入该岩群的阿卡孜岩体年龄为（2261±95）Ma（锆石 U-Pb），为该套地层提供了界定依据（河南省地质调查院，2004b）。

埃连卡特岩群（Pt_1A）：出露于铁克里克拉木龙河和博斯腾塔河、克里阳河中游一带。主要岩性为黑云石英片岩、白云石英片岩夹石榴斜长二云母石英片岩、浅粒岩、大理岩。

2）西昆仑地层分区的古元古界

布伦阔勒群（Pt_1B）：分布在喀喇昆仑断裂以东，与西昆仑的总体构造格局一致，呈北北东向分布，是角闪岩相区域变质岩。岩石组合下部为浅灰色黑云石英片岩、黑云片岩；中部为石榴黑云石英片岩、十字石榴白云石英片岩、二云母石英片岩、夕线石榴黑云斜长片麻岩、黑云斜长变粒岩夹斜长角闪片岩；上部为黑云斜长变粒岩、角闪斜长变粒岩、斜长黑云石英片岩夹大理岩，为一套副变质岩（孔兹岩系），原岩主体属碎屑岩类（李荣社等，2008；吴玉峰等，2013）。在塔什库尔干一带的布伦阔勒群中，目前已发现多处大中型沉积变质型磁铁矿，如老并铁矿、赞坎铁矿、莫喀尔铁矿等，为西昆仑地区的铁矿的主要含矿地层（陈登辉等，2013；黄朝阳，2014）。孙海田等（2003）在布伦口湖岸边黑云斜长片麻岩中获得锆石 U-Pb 年龄为（2772±177）Ma。韩芳林（2006）获得布伦口西卡拉玛混合岩化黑云斜长片麻岩继承锆石年龄为 2500～650Ma，故一般认为布伦阔勒群属于古元古代。陈曹军（2012）和燕长海等（2012）根据老并铁矿区的长英质片岩和黑云石英片岩中碎屑锆石的年龄，认为布伦阔勒群含铁岩段形成时代为早古生代，年龄范围为 540～510Ma。

2. 中元古界

中元古界地层被剥蚀得较为厉害，地层出露较少。出露在塔南地层分区有长城系塞拉加兹塔格群（Ch*ST*）、蓟县系博查特塔格组（Jx*bc*）、蓟县系苏玛兰组（Jx*sm*）、蓟县系桑株塔格群（Jx*S*），西昆仑地层分区有库浪那古岩群（Pt_2K）、长城系赛图拉岩群（Ch*ST*）、长城系甜水海岩群（Ch*T*）、蓟县系桑株塔格群（Jx*S*）。

1）塔南地层分区的中元古界

长城系塞拉加兹塔格群（Ch*ST*）：主要分布在博查特塔格山及赛图拉以北，主要岩性有细碧岩、石英斑岩、霏细岩、正长斑岩、玄武玢岩、玄武岩、酸性和基性熔结凝灰岩及沉凝灰岩，夹砂岩、页岩、灰岩、千枚岩及片岩。新藏公路阿卡孜南坡为基性火山岩夹薄层大理岩及细碎屑岩，局部夹薄层硅质岩。在新藏公路 112km 处还发育枕状构造玄武岩，在 127km 道班，发育一套双峰式火山岩，由玄武岩（下段）和流纹岩（上段）组成，其上部角斑岩的年龄值（Rb-Sr 法）为 1764Ma（汪玉珍和方锡廉，1987），故将其暂置于长城纪。

蓟县系桑株塔格群（Jx*S*）：主要出露于也提木苏达坂、恰尔隆萨依、库斯拉甫西、克森达坂、克音勒克达坂一带。下部为碎屑岩，主要岩性为灰黄色变砂岩、灰黑色粉砂质板岩；上部为灰黄、灰绿色细晶灰岩，单层厚度较薄，常发生轻微变质形成大理岩。

蓟县系博查特塔格组（Jx*bc*）：广泛分布于坎地里克—苏库里克—坎埃孜一带。主要有微晶灰岩、粉晶灰岩、泥质灰岩、砾屑灰岩、硅质条带泥晶灰岩、白云岩、白云质灰岩。在坎地里克、许许达腊等地见玄武岩、安山岩及安山质角砾岩、碎屑岩夹层，与下伏赫罗斯坦岩群呈角度不整合接触，上被上泥盆统奇自拉夫组超覆。

蓟县系苏玛兰组（Jx*sm*）：主要分布于叶城一带，下部为紫红色叠层石灰岩、砂屑灰岩、粉砂质泥岩互层；中部为褐红色泥质粉砂岩与粉砂质泥岩互层；上部以杂色砾屑（竹叶状）灰岩或叠层石灰岩与粉砂岩或硅质岩互层，属滨-浅海环境。

2）西昆仑地层分区的中元古界

库浪那古岩群（Pt_2K）：主体分布在柯岗断裂和大同西岩体之间，与周围地层呈断层接触。下部岩段以各种结晶片岩（白云母片岩、黑云石英片岩、二云母片岩、二云母石英片岩、斜长角闪片岩等）、石英岩为主，其次为大理岩、片麻岩类夹少量变火山岩；上部岩段为大理岩。侵入于该群的大同西岩体 U-Pb 年龄为（480.43±5）Ma、新藏公路 128km 岩体 U-Pb 年龄为 495Ma、K-Ar 年龄为 527.6Ma，故时代定为中元古代（河南省地质调查院，2004b）。

长城系赛图拉岩群（Ch*ST*）：主要为一套中深变质碎屑岩夹中基性火山岩，岩石为黑云母斜长片麻岩、二云斜长片麻岩、石榴二云母石英片岩、黑云斜长石英片岩、黑云片岩、黑云斜长变粒岩、斜长浅粒岩、石英岩夹斜长角闪片岩等，被奥陶—志留纪花岗岩体侵入（李荣社等，2008；陕西省地质调查院，2006b）。汪玉珍（1983）根据坎里东南侵入于赛图拉岩群的花岗岩 Rb-Sr 年龄为 1576Ma，将其定为长城系。

长城系甜水海岩群（Ch*T*）：夹持于大红柳滩—郭扎错断裂与肖尔克谷地断裂之间，主要为一套滨海相-浅滨海相浅变质碎屑岩夹碳酸盐岩，下部岩性以强变形硬绿泥石千枚岩、泥质板岩为主；上部主要为泥质板岩夹粉砂岩、石英硬绿泥石千枚岩等。崔建堂等（2005）在该群的上部采集到了大量叠层石化石。

蓟县系桑株塔格群（Jx*S*）：出露在阿特奥伊纳克以北地区，下部为变砂岩、粉砂质板岩；上部为细晶灰岩，常变质成大理岩；西昆仑构造带下部为厚层大理岩、微晶大理岩夹板岩；中部为炭泥质板岩、变石英砂岩、粉砂岩夹灰岩及少量大理岩；上部为中厚层砂质灰岩夹千枚岩、粉砂岩等，属大陆较稳定浅海沉积。

3. 新元古界

主要分布在喀喇昆仑地层分区。

青白口群苏库罗克组（Q_b*sk*）：分布于塔里木盆地南缘的苏库里克至吉格代勒克一带，下部以紫红色为主，以泥质粉砂岩与（竹叶状）灰岩不等厚互层为特征，岩层较薄，水平层理发育；中部以灰黑色、浅灰色为主，以薄层状粉砂岩夹砂岩为特征，水平层理发育；上部为一套灰色硅质岩、粉砂质泥岩、杂砂岩，水平层理发育。

震旦系恰克马克力克组（Z_1q）：分布于新藏公路附近阿其克拜勒都尔一带及其以东地区，属铁克里克小区。其为一套以滨-浅海陆源碎屑岩和冰碛岩，下部主要为砂岩、复成分砾岩，底部砾岩也是其与下伏苏库罗克组的分组标志岩层；中部为冰碛层，为含砾钙质粉砂岩或含砾粉砂质灰岩；上部为长石砂岩、石英砂岩夹一层冰碛成因的含砾石英粗砂岩。

震旦系库尔卡克组（Z_2k）：主要在新藏公路两侧附近，下部以黑色、灰红色页岩为主，与砂岩不等厚互层，夹含砾石英杂砂岩，并发育石膏薄膜，底部有少量砾岩、玫瑰色白云岩；上部以灰色石英砂岩、岩屑砂岩为主，夹少量粉砂质泥岩；顶部为一层含硅质白云岩，并有石膏沉积，总体为一套潮坪潟湖-浅海环境沉积。

震旦系克孜苏胡木组（Z_2kz）：分布在叶城县新藏公路以西克孜苏胡木沟一带，向西到哈拉斯坦河一带，下部以泥质粉砂岩与粉砂质（砂质）白云岩不等厚互层为特征；上部以白云岩为主，偶夹灰绿色石英砂岩。

2.2.2 古生界

1. 下古生界

1）塔南地层分区的下古生界

玛列兹肯群（$O_{1\text{-}2}M$）：在柯岗一带为一套富含生物的碎屑岩-碳酸盐岩组合，主要有石英砾岩、石英砂岩、砂质灰岩、生物灰岩，总体为滨-浅海沉积。在库克西里克一带岩体之间分布奥陶—志留系地层，为一套低绿片岩相区域变质岩，岩石类型有板岩（粉砂质板岩、泥质板岩、硅质板岩）、结晶灰岩、变砂岩及少量变火山岩夹层。

2）西昆仑地层分区的下古生界

未分奥陶—志留系：主要分布在库克西里克、司热洪、阿特巴希达坂一带，此外在被提克古尔、阳给达坂等地零星出露，并被岩体大面积侵吞。岩石类型有板岩（粉砂质板岩、泥质板岩、硅质板岩）、结晶灰岩、变砂岩及少量变火山岩夹层。

3）喀喇昆仑地层分区的下古生界

寒武系甜水湖组（ϵt）：出露于肖尔克谷及甜水湖一带，下部为灰黑色碳质板岩、碳质粉砂岩；上部为深灰色片理化细晶白云岩夹生物碎屑灰岩、浅灰色大理岩化灰岩、深灰色片理化细晶白云岩等（李荣社等，2008）。

奥陶系冬瓜山群（$O_{1\text{-}2}D$）：与下伏甜水海群呈角度不整合接触，为一套由浅海相碳酸盐岩夹少量碎屑岩，岩性为灰岩、砂质泥质灰岩、生物碎屑灰岩夹千枚状页岩、钙质砂岩、钙质泥质粉砂岩，以及少量基性火山岩，产腹足类、三叶虫、腕足类、头足类等化石，时代为早—中奥陶世（潘裕生等，2000；计文化等，2007；于晓飞，2010）。

下志留统温泉沟群（S_1W）：在黑恰、达布达尔、木吉一带，由变长石石英杂砂岩、变细砂岩、变石英粉砂岩、变细粒长石砂岩、绢云母板岩夹少量火山岩、硅质岩、粉晶灰岩等组成，该群沉积韵律发育，具深水浊积岩特征（王世炎等，2003；李荣社，2008）。

中—上志留统达坂沟群（$S_{2\text{-}3}D$）：分布在木吉和布伦口一带，为西昆仑重要菱铁矿含矿层位，下部为变钙质石英砂岩、变长石石英砂岩、变石英粉砂岩；中部为灰岩、长石石英砂岩；上部为变长石石英粉砂岩和变长石石英砂岩；顶部为绿泥绢云石英千枚岩，少量粉砂岩。

未分志留系：分布在木吉和布伦口一带，由黑云绢云石英片岩、含红柱石二云母片岩、黑云变粒岩、黑云绢云板岩、绢云黑云片岩等组成。

2. 上古生界

分布于东北部塔南地层分区、中南部西昆仑地层分区和南部—西北部喀喇昆仑地层分区。

1）塔南地层分区的上古生界

（1）泥盆系

在盖孜—克孜勒陶一带广泛出露，在阿卡孜以北有少量分布。出露地层为中泥盆统阿克巴西麻扎尔组（D_2a）、克孜勒陶组（D_2kz）和上泥盆统奇自拉夫组（D_3qz）。

阿克巴西麻扎尔组（D_2a）：指平行不整合于克孜勒陶组之下的一套碎屑岩，含孢粉化石。主要岩性为灰紫色中层中-细粒石英杂砂岩、灰褐色中层细粒石英砂岩，少量含砾石英杂砂岩、灰绿色细粒石英杂砂岩、灰黑色含砂质泥岩及灰白色中层中粒石英砂岩。

克孜勒陶组（D_2kz）：在克孜勒陶一带厚度较小，主要为泥质石英粉砂岩、粉砂质泥岩，少量钙质石英粉砂岩、细粒石英砂岩、微晶砂屑灰岩、生物屑泥晶灰岩。在库山河一带厚度较大，下部为玄武岩、安山质凝灰岩、中-细粒砂岩杂砂岩；中部主要为石英杂砂岩、变质砾岩、白云岩、变石英砂岩及微晶灰岩，少量变细粒石英砂岩；上部主要为石英砂岩，局部夹粉砂质泥岩和细砾岩。在盖孜一带上部夹灰黑色泥岩及深灰色含生物屑灰岩。

奇自拉夫组（D_3qz）：在克孜勒陶一带厚度较小，下部为红、绿色相间的细粒石英砂岩、粉砂质泥（板）岩及少量粉砂质板岩；中部为绿色石英砂岩与粉砂质板岩互层；上部为红色细粒长石石英砂岩，少量紫红色砾岩、含砾中粒石英砂岩、石英粉砂岩。在库山河一带下部为巨厚层含砾岩屑杂砂岩、厚层中粒岩屑杂砂岩，夹变泥质粉砂岩及砾岩；中部为粉砂岩、石英砂岩、含砾石英砂岩；上部为石英砂岩、粉砂岩、含砾石英砂岩、泥质粉砂岩。

（2）石炭系

出露在奥依塔格—恰尔隆、库斯拉甫东—翁库尔力克阿格孜、沿库地断裂带以北的阿克萨依一带。自下而上分为克里塔克组、和什拉甫组、卡拉乌依组、阿孜干组及塔哈奇组。

克里塔克组（C_1k）：分布在艾古阔达坂、鲁克也尔西，以碳酸盐岩为标志与下伏上泥盆统奇自拉夫组分界。与上覆和什拉甫组为整合或与卡拉乌依组为断层接触。主要岩石有亮晶鲕粒灰岩、亮晶含砂屑鲕粒灰岩、亮晶砂屑灰岩、亮晶砾屑砂屑灰岩、砾屑白云岩、含鲕粒微晶白云岩、泥晶鲕粒核形石白云岩、含砂质泥晶砂屑白云岩及中细晶白云岩、粉晶白云岩。

和什拉甫组（C_1h）：分布于依其拜勒提东—库木奇阿孜西、艾古阔达坂西一带，系富含蜓、珊瑚、腕足类化石的一套碎屑岩、碳酸盐岩建造。下部为褐红色纹层状钙质石英粉砂岩与褐红色薄层状钙质细粒岩屑石英砂岩夹灰白、灰绿色粗-中粒石英砂岩及深灰色厚层状亮晶砂屑鲕粒灰岩、中-薄层状泥晶生物屑灰岩、泥晶灰岩；上部为泥质粉砂岩、粉砂质页岩、薄-中层状细粒石英砂岩夹粉砂质微晶球粒灰岩、含生物泥晶灰岩及泥晶灰岩。

卡拉乌依组（C_2k）：分布于东亚—库勒东—普沙煤矿南一带。为一套富含蜓、珊瑚、腕足类化石的碳酸盐岩、碎屑岩建造。岩石组合为细-中粒石英砂岩、细粒岩屑石英砂岩、石英粉砂岩、泥质粉砂岩、碳质粉砂岩、灰黑色页岩、泥晶生物屑灰岩、生物屑泥晶灰岩、泥晶砂屑灰岩、泥晶灰岩。

阿孜干组（C_2a）：分布大体同卡拉乌依组，整合于卡拉乌依组与塔哈奇组之间。该组为富含蜓、珊瑚、腕足类、海百合化石的一套碳酸盐岩夹极少量粉砂质页岩或页岩建造。岩性下部为泥晶灰岩、生物屑泥晶灰岩夹粉砂质页岩，中部为含燧石条带泥晶灰岩、含生物屑砂屑泥-粉晶灰岩，顶部为微-泥晶灰岩，并以紫红色疙瘩状灰岩为顶与塔哈奇组分界。

塔哈奇组（C_2-P_1t）：北起阿尔塔什西，经库木托喀依、新藏公路向东延至曲日西南。该组以富含蜓、珊瑚、海百合、腕足类化石的碳酸盐岩为主。为厚层状亮晶鲕粒灰岩、中厚层状条带状泥晶灰岩、泥晶-亮晶（含生物屑）砂屑灰岩、薄层状泥晶灰岩、中层状含生物屑泥晶灰岩，顶部出现灰黑色砂质页岩。

（3）二叠系

棋盘组（P_2q）：分布于阿尔塔什南—棋盘河—新藏公路一带，为一套碎屑岩夹浅海碳酸盐岩建造，岩性为长石石英砂岩、岩屑长石砂岩、钙质长石粉砂岩、石英粉砂岩、粉砂质泥岩、碳质泥岩及页岩夹含粉砂生物屑泥晶灰岩、含生物屑泥晶灰岩、泥晶生物屑灰岩，极少量含铁粉砂质粉晶白云岩，其颜色以灰黄-灰绿-灰色为主，下部夹紫红色。

达里约尔组（P_3d）：主要分布于喀拉吐孜煤矿至特普俄斯一带，为一套灰红、紫红色夹灰绿、绿色陆相碎屑岩建造，岩性为灰绿色厚-薄层状粗-细粒钙质石英砂岩，灰红色薄层状钙质石英粉砂岩，紫红、暗灰红色薄层状泥岩夹绿色泥质页岩。

2）西昆仑地层分区的上古生界

未分上石炭统：主要分布在塔什库尔干县沙阿依克拉、卡特巴特然达坂、巴什克可、喀拉木莫、舌拉列尔西等地，为灰色含粉砂泥岩、黄灰色薄层状钙质细粒长石砂岩、灰色中层细粒石英砂岩、灰黑色薄层状含碳硅质岩及硅质泥岩透镜体、黄灰色薄层状硅质团块泥晶灰岩、深灰色中层含粉砂泥晶灰岩。上部由英安岩夹英安质角砾熔岩构成，顶部为英安岩。在卡特巴特然达坂及巴什克可等地以碎屑岩为主，见有厚层状生物碎屑灰岩。

3）喀喇昆仑地层分区的上古生界

由石炭系上石炭统恰提尔群及未分中二叠统两部分组成，前者为一套富含化石的碳酸盐岩沉积，后者为一套浅变质沉积层，二者为断层接触。

上石炭统恰提尔群（C_3Q）：主要分布在琼沙热里克—卡拉其古—琼塔什沟一带，为一套富含蜓、珊瑚、腕足类化石的碳酸盐岩沉积，为泥晶灰岩、含生物屑泥晶灰岩、亮晶生物屑灰岩、含生物屑鲕粒灰岩及少量细晶灰岩、细晶白云质灰岩（黄朝阳，2014）。东段主要分布在红山湖和多坦塔格山一带，为一套细碎屑岩夹碳酸盐岩沉积，其下部为砂岩、粉砂岩夹砂质灰岩，上部为灰岩、生屑灰岩夹钙质砂岩，构造环境为活动大陆边缘。

未分中二叠统：广泛出露，甜水海陆块南北两侧为黄羊岭群，岩性主要为灰色、灰黑色浅变质的薄层砂岩、粉砂岩、砂质页岩的韵律层，夹灰岩透镜体。南部为神仙湾群和温泉山组，前者由两部分组成，其一为含有大量崩塌相灰岩、玄武岩块体的深水相硅质岩夹薄层状灰岩、互层状粉砂质板岩组合，其二为碎屑复理石为主夹硅质岩和紫红色纹层状泥质灰岩组合；后者为一套台地相的碳酸盐岩沉积（计文化，2005；陕西省地质调查院，2006a）。

2.2.3 中生界

1. 塔南地层分区的中生界

1）侏罗系

在库尔干塔格—克孜勒陶—阿克布拉克达坂一带，出露有下侏罗统康苏组、下—中侏罗统叶尔羌群和上侏罗统库孜贡苏组，其总体为一套湖沼相的含煤碎屑岩建造。

康苏组（J_1k）：分布于昔力必里、色斯克铁盖—阿克达拉牧场一带、齐特克能恰特—阿克其依一带及阿帕勒克西南一带，岩性以砂岩为主。

叶尔羌群（$J_{1-2}Y$）：在克孜勒达坂一带与上覆库孜贡苏组和克孜勒苏群分别为整合和角度不整合接触。下段为灰绿色砾岩夹中细粒砂岩及少量粉砂岩；中段为浅灰绿色、灰色砂岩、粉砂岩；上段为深灰色含碳粉砂质泥岩、碳质泥岩夹褐灰色石英砂岩、砂砾岩、薄层状生物泥灰岩及薄铁矿条带。为滨浅湖相—浅水湖沼相沉积，时代为早—中侏罗世。

库孜贡苏组（J_3k）：零星出露于托格腊克吉勒嘎西北及东南，与下伏叶尔羌群和上覆克孜勒苏群均为整合接触，为灰、红色粗碎屑岩建造，主要岩性为厚层状复成分砾岩夹细粒石英砂岩透镜体，为冲积扇沉积。

2）白垩纪

在塔木—卡拉古一带东部出露克孜勒苏群（K_1K）和英吉沙群（K_2Y）。

克孜勒苏群（K_1K）：与下伏库孜贡苏组及上覆英吉沙群均为整合接触，以砖红-鲜红色为特征，岩石组合为厚层状复成分砾岩、细粒长石石英、石英砂岩、钙质细粒长石石英砂岩及厚层状含砾中粒长石石英砂岩夹细砾岩透镜体，顶部 2m 为鲜红色泥岩，为冲积扇沉积。

英吉沙群（K_2Y）：小面积出露于库斯拉甫东，主要为灰绿色泥岩、灰岩、红色生物灰岩和红色膏泥岩及石膏层，其厚度也是向南东变薄。

2. 西昆仑地层分区的中生界

仅发育下白垩统下拉夫底群，分布在亚希洛夫达坂和热布特卡巴克—哈布斯喀来—班迪尔北一带，角度不整合覆盖在布伦阔勒群和未分上石炭统之上。主要岩性为灰色厚层状粗-中砾岩、黄灰色薄层状细粒长石砂岩，黄褐色薄层状钙质石英粉砂岩、黄灰色薄层状含粉砂泥晶灰岩及灰色中层泥晶灰岩、浅灰色粉砂质泥岩、粉砂质页岩，偶夹石膏层。

3. 喀喇昆仑地层分区的中生界

未分三叠系：分布于萨雷阔勒岭—希托克阿勒一带，厚度大于 500m，主要岩性为黄灰色厚层状泥晶灰岩与黄灰色厚层状泥晶灰岩互层，为开阔台地沉积。

三叠系巴颜喀拉山群（TB）：主要分布于塔什库尔干—甜水海地体，总体为一套复理石建造，岩石以砂岩为主，粉砂岩、板岩和灰岩次之。下组（TB_1）岩性主要为细粒长石石英砂岩、含钙石英砂岩夹少量粉砂质板岩；中组（TB_2）岩性主要为深灰色粉砂质板岩、绢云母板岩夹变质中细粒长石砂岩；上组（TB_3）岩性主要为灰-灰褐色变质细粒石英砂岩夹石英粉砂岩、粉砂质板岩及泥灰岩等。

未分三叠—侏罗系：零星分布在索斯达坂附近。主要岩性为黄绿色岩屑长石砂岩、灰白色钙质粉砂岩、灰色含钙质泥岩互层，并以后者为主，可能为湖泊-三角洲平原相沉积。

下—中侏罗统龙山组（$J_{1-2}l$）：分布于果尔斯坦乌托克南，主要为紫红色泥岩夹粉砂岩、紫红色砂岩、黄褐色灰岩及少量灰白色-白色白云岩组成，部分层段见有砾岩及石膏，发育透镜状层理、板状交错层理，属具障壁岛的潮坪-潟湖沉积体系。

白垩系铁流滩组（K_2t）：为一套紫红、砖红、粉红色为主，黄灰、灰白色为次的生物碎屑灰岩夹泥灰岩，局部见砂岩、粉砂岩、泥灰岩和泥岩，下部局部夹石膏，底部有时可见砾岩。

2.2.4　新生界

古近系—新近系：分布较少，在塔里木盆地为潟湖相、海相沉积的碎屑岩。

第四系：为松散沉积物。在塔里木盆地，以冲洪积扇为主；在山区河谷地带，以冰碛、冰水沉积为特征。

2.3　区域岩浆岩

西昆仑地区岩浆岩发育，分布面积广，自元古代至中、新生代均有发育。火山岩中产出的块状硫化物矿床是该区重要的矿床类型。侵入岩以中酸性花岗岩类广泛分布为特点。

2.3.1　火山岩

西昆仑地区火山活动在各个时期都有规模不等的发育，其元古代、早古生代火山活动较弱，晚古生代（C-P）活动强烈，中生代火山活动不发育。古元古界库浪那古群原岩为碎屑岩-碳酸盐岩夹基性火山岩建造（李荣社等，2008）。中元古代长城系和蓟县系火山岩活动较古元古代强，为海相火山岩（贾群子等，1999）。长城系塞拉加兹塔格群火山岩，主体为溢流相，少量爆发相和火山沉积相火山岩，主要出露为典型的细碧角斑岩建造（中国科学院青藏高原综合科学考察队，2000；李荣社等，2008），对阿卡孜变火山岩的研究显示火山岩形成于板内裂解环境（袁超等，2005；郭坤一等，2004）。蓟县系博查特格组（坎地里克北部）、桑珠塔格群中火山岩多以夹层出现，该时代火山岩主要为石英角斑岩、变安山岩（角斑岩）、变玄武岩（细碧岩）等（贾群子等，1999）。

晚古生代（C-P）是西昆仑最重要的火山岩活动期，火山活动主要为海相，部分为海陆交互相。其中以石炭纪海相火山活动最为强烈，是西昆仑块状硫化物矿床重要的赋矿地层。早石炭世乌鲁阿特组火山岩以细碧岩（玄武岩）为主，其次为安山岩（角碧岩）及火山碎屑岩，分布在东起盖孜河附近，西至卡拉特河上游一带。晚石炭世火山岩分布在由东向西从苏古鲁克到国境线，以中酸性火山岩为主，属钙碱性火山岩为主的岛弧火山岩。

二叠纪火山岩主要发生早二叠世，分布在昆盖山北坡的阿克赛巴什组和赛力亚克达坂的赛力亚克组和棋盘许许沟一带的棋盘组（贾群子等，1999）。

喀喇昆仑一带二叠系火山岩主要岩性为安山质晶屑、岩屑凝灰岩和杏仁状玄武安山岩，为拉张环境的断陷盆地火山喷发（李荣社等，2008）。根据阿然保泰一带灰岩与中、基性火山岩共生出露的特征，推测其为洋岛玄武岩（任广利等，2010）。

中生代侏罗系上部为一套中酸性火山碎屑岩和火山熔岩，顶为紫红色火山碎屑岩。其底部与下伏大理岩为火山喷发接触，向上韵律为英安质角砾凝灰熔岩（底部）或英安质晶屑凝灰熔岩→英安岩→流纹岩，由爆发相到熔岩相。到顶部变为紫红色，说明更趋于氧化环境。可能为古特提斯洋盆封闭后的残余海盆或前陆盆地拉张环境下的火山喷发产物。

中、基性岩浆岩在前寒武纪主要出露于西昆仑中间地块新藏公路以西至布伦口、木吉一带，岩性为玄武岩、安山岩等，并发生中高级正变质作用，矿床地球化学表明区域铁-铜-金矿床的成矿物质很可能来自此时段岩浆。

2.3.2　基性-超基性侵入岩

西昆仑基性-超基性侵入岩分为蛇绿岩组合和非蛇绿岩组合两大类型，如柯岗超基性岩（橄榄岩、橄辉岩、辉石岩等）（河南省地质调查院，2004b），库地—其曼于特蛇绿岩带中库地超基性岩（方辉橄榄岩、纯橄岩）、其曼于特蛇绿混杂岩超基性岩（蚀变橄榄岩、蚀变橄榄辉石岩、辉石岩）。苏巴什蛇绿岩中的橄榄岩、辉长岩等，属于前者；塔什库尔干河东方辉橄榄岩岩体、木吉西南一带出露的基性-超基性岩体，属于后者。它们分别代表了大洋盆地、弧后盆地的构造位置的岩石圈残留体和受板内重要断裂作用的深成侵入体。

1. 柯岗蛇绿岩

出露于塔什库尔干县大同乡栏杆村一带，受奥依塔格—柯岗—库地—苏巴什缝合带控制。岩性主要为蚀变橄榄岩、蚀变方辉橄榄岩和辉长岩。橄榄岩外侧多与辉长岩接触，接触面上见斜长花岗岩脉贯入或呈断层接触关系。该斜长花岗岩可能为辉长岩结晶分异晚期的产物。

我们通过柯岗辉长岩锆石 LA-ICP-MS-U-Pb 的测定，确定柯岗蛇绿岩中辉长岩形成年龄为（488.8±2.6）Ma，为西昆仑原特提斯洋形成年代提供了年龄证据（黄朝阳，2014）。

2. 库地超基性岩

库地北蛇绿岩（超基性岩体）在新藏公路的 157～163km，位于库地桥西的布孜完达坂和托排士达坂之间。汪玉珍（1983）提出库地蛇绿岩套为古洋壳残片，这一认识得到广大学者的认同。计文化等（2004）在布孜完沟北侧镁铁-超镁铁质堆晶岩下部的方辉橄榄岩获锆石 SHRIMP 年龄为（502±13）Ma；张传林等（2004）在伟晶辉长岩中获锆石 SHRIMP 年龄为（525±2.9）Ma。

2.3.3 中酸性侵入岩

汪玉珍和方锡廉（1987）最早系统研究西昆仑地区花岗岩，将西昆仑花岗岩由北东向南西分为 5 个岩带：元古代柯岗岩带、早古生代却普—他龙岩带、晚古生代公格尔—阿卡阿孜山岩带、中生代东帕米尔—喀喇昆仑岩带、新生代塔什库尔干岩带。中国科学院青藏高原综合科学考察队对中巴公路和新藏公路沿线的花岗岩类进行了研究，从北到南分为 5 条岩带，即早古生代西昆仑北带（库地—他龙），晚古生代到早中生代西昆仑南带（麻扎—康西瓦），晚中生代喀喇昆仑北带（红其拉甫—红山湖），晚中生代晚期班公—东巧带，新生代冈底斯带西段（冈仁波齐—狮泉河）。近年来，越来越多西昆仑地区花岗岩年代学和地球化学的论文发表，为研究西昆仑花岗岩类时空分布积累了大量资料（Jiang et al.，2013）。

我们将西昆仑地区花岗岩分为元古代花岗岩、早古生代花岗岩、晚古生代花岗岩、三叠纪花岗岩、中生代侏罗纪—白垩纪花岗岩、新生代花岗岩六个时期。其中，早古生代奥陶纪—志留纪、三叠纪、中生代侏罗纪—白垩纪是西昆仑地区三个岩浆活动最为发育的时期，在空间上分别形成了三个显著的花岗岩带：喀依孜—库地—塔马尔特花岗岩带、木吉—慕士塔格—麻扎—奇台达坂花岗岩带和卡拉其古—四湖沟花岗岩带。

元古代花岗岩出露较少，研究程度低，又可以分为古元古代和新元古代（长城纪—青白口纪）两期。古元古代花岗岩类多为陆核形成的产物，具有英云闪长岩-奥长花岗岩-花岗闪长岩（tonalite-trondhjemite-granodiorite，TTG）性质的中酸性侵入岩，主要有在塔里木南缘分布的探勒克片麻状细粒英云闪长岩体、阿卡孜二长花岗岩体和布维吐卫片麻状细中粒黑云二长花岗岩体，这些岩体侵入古元古代赫罗斯坦群中。其中对阿卡孜岩体研究程度较高，获得该岩体 K-Ar 年龄为 1508Ma（汪玉珍和方锡廉，1987）和锆石不一致曲线上交点年龄为 2261Ma（中国科学院青藏高原综合科学考察队，2000），单颗粒锆石 SHRIMP 年龄为（2426±46）Ma。新元古代（长城纪—青白口纪）花岗岩，在西昆仑各构造区都有发育，塔里木南缘的柯岗断裂以北一带发育，有托赫塔卡鲁姆山、阿克乔克、阿孜别里地等岩体。托赫塔卡鲁姆山岩体出露面积最大（136km^2），片麻状石英二长闪长岩，岩体角闪石 Rb-Sr 等时线年龄为 1567Ma（汪玉珍和方锡廉，1987）。

西昆仑造山带早古生代花岗岩类极为发育，主要有位于塔里木盆地南缘桑株河附近的库尔良岩体、桑株河东岩体和桑株河中游岩体，位于西昆仑地块北缘库斯拉甫一带的云吉于孜岩体和马拉喀喀奇阔岩体（黄建国等，2013），以及位于麻扎—康西瓦断裂南侧的哈巴克北岩体、康西瓦南岩体和南屏雪山岩体（Hu et al.，2016）。对西昆仑寒武纪中酸性岩浆岩的构造背景有两种观点，第一种观点认为岩浆作用与岛弧作用有关，认为是原特提斯洋在寒武纪俯冲背景下形成的（黄建国等，2013），另一种观点认为西昆仑寒武纪岩浆作用是在裂解背景下形成的（崔建堂等，2006）。西昆仑地区奥陶纪花岗岩类主要分布于西昆仑地块，在塔里木南缘有少量出露。塔里木地块南缘有布雅岩体和易陡维塔格岩体，布雅岩体含大量暗色包体及钾长石斑晶，被认为是在造山后俯冲板片拆离环境中形成的（Ye et al.，2008）。西昆仑地块的奥陶纪中酸性岩浆岩极为发育，并且主要分布在喀依孜和康西瓦之间，有大同岩体、布隆岩体、要隆岩体、尤仑岩体、128 岩体，开克如木达坂岩体、达里亚岩体、他龙岩体、库尔良岩体、三十里营房岩体、塔马尔特岩体等，在喀依孜—库地段为北北西走向展布，在库地—康西瓦段为东西走向展布。大同岩体位于大同西侧，出露面积达 1959km^2，其西北端侵入年龄为 473～446Ma（Liao et al.，2012；高晓峰等，2013；于晓飞，2010），岩体中含有大量暗色包体，一般认为大同岩体与原特提斯洋俯冲有关。西昆仑地区志留纪花岗类主要出露于西昆仑地块，有库地北岩体、苏盖提力克岩体、克里洋河岩体、蒙古包岩体等。

西昆仑地区晚古生代花岗岩类岩体出露分散，面积较小。泥盆纪花岗岩类很少，只有塔什库尔干断裂西侧的卓勒托克铁热克沟岩体和喀拉托克铁热克山被认为是泥盆纪岩体。石炭纪花岗岩类主要分布在奥依塔格附近，有奥依塔格岩体、奥依塔格小岩体、波斯坦铁列克岩体、萨罗依岩体等，以斜长花岗岩、奥长花岗岩、花岗闪长岩、石英闪长岩等为主，被认为是大洋斜长花岗岩或者与石炭纪地幔柱活动有关（康磊等，2012；李广伟等，2009；张传林等，2006）。二叠纪花岗岩类主要分布在西昆仑地体上，岩体分布广，出露面积较小，在云吉于孜一带、要隆、黑恰—康西瓦一带分布。

三叠纪是西昆仑造山带构造岩浆活动的发育阶段，在西昆仑造山带形成了一条西起帕米尔，东到奇台达坂连续的花岗岩带，绵延数百公里，岩体主要沿麻扎—康西瓦断裂南北两侧分布（图 2.1）。在空间上可大致分为三段：①木吉—布伦口—慕士塔格一带：出露有卡拉阿尔特二长花岗岩、库勒别木孜套石英闪长岩、沙热塔什黑云母花岗闪长岩体、却普吉勒嘎能英云闪长岩体、倭鱼巴勒牲黑云英云闪长岩体、琼阿坡力别克英云闪长岩体、求库台复式岩体、布伦口南花岗闪长岩-英云闪长岩体、慕士塔格黑云母二长花岗岩体、玉其卡帕片麻状二长花岗岩-正长花岗岩体、上其木干正长花岗岩体、卡拉塔什闪长岩-英云闪长岩体、塔尔二长花岗岩体等。②阿卡阿孜山—黑恰一带：出露有阿卡阿孜山花岗闪长岩-二长花岗岩体、胜利桥岩体、丘克苏岩体、273km 北沟二长花岗岩体、麻扎黑云二长花岗岩体等。③三十里营房—奇台达坂一带：出露有谢依拉达坂黑云母花岗闪长岩体、三十里营房南二长花岗岩体、大红柳滩二长花岗岩体、奇台达坂复式岩体，岩体呈东西向展布，位于麻扎—康西瓦断裂南侧。该带岩体之前被认为是早侏罗纪岩体，本书的研究表明，这一岩浆带的花岗岩类的年龄为三叠纪。

西昆仑侏罗纪—白垩纪花岗岩类主要分布在研究区西南喀喇昆仑地区，在西昆仑一带也有零星分布。喀喇昆仑一带主体为白垩纪花岗岩，从西北的阿然保泰岩体到东部的四湖沟岩体。岩体分布在龙木措—乔戈里峰断裂两侧，呈北东向展布。

西昆仑地区新生代花岗岩主要在塔什库尔干一带，主要为碱性花岗岩，有卡英代—卡日巴生岩体、苦子干岩体、赞坎岩体三个岩体。对该带岩体年代学、矿物学研究较多（中国科学院青藏高原综合科学考察队，2000；罗照华等，2003；柯珊，2006），其中卡英代—卡日巴生岩体主体为二长花岗岩，靠近苦子干岩体为正长花岗岩。苦子干岩体为富钾、富碱和富钙的一套钾质碱性花岗岩类。赞坎岩体主体为正长岩，钾长石 Ar-Ar 年龄为（12.1±0.2）Ma，苦子干岩体钾长石 Ar-Ar 年龄为（17.3±0.3）Ma（林清茶等，2006）。卡英代—卡日巴生岩体获得了11.4Ma年龄（中国科学院青藏高原综合科学考察队，2000）。

2.4 区域地球物理场特征

西昆仑地区是我国除青藏高原外重力值最低的地区。在喀喇昆仑山至泉水沟一带，异常强度$-520\times10^{-5}m/s^2$。该异常向东南方延伸，与全国布格重力异常最低的青藏高原重力低相连。包括两条重力梯度带：①喀什—塔什库尔干重力异常梯度带，长 400km，主要呈近南北向展布，是新疆布格重力异常变化最大、最复杂的地区。异常等值线西部十分密集，东部较稀疏，等值线方向也发生变化，转向北西。②昆仑山—阿尔金山重力异常梯度带，该带横贯全区，是全疆分布范围最大、延伸长度最长的重力异常梯度带，由昆仑山经阿尔金山向东延伸，向南与青藏高原重力带相连。与区域重力场相对应，沿昆仑山—阿尔金山及喀什—红其拉甫一线各存在一条地壳厚度陡变带。

根据“青藏高原中西部航磁调查”（熊盛青等，2001），全区区域磁场总体格架为：

（1）西昆仑强烈正磁异常变化带：沿该带分布一条强度较大、梯度强烈变化的北西向正磁异常带，异常强度一般为 200～300nT，梯度变化为 20～30nT / km。整条异常带以中部阿塔孜—塔吐鲁沟北东方向为界，西北段与东南段有明显的差别。西北段塔什库尔干地区以正负伴生的条带正磁异常和数值不大的负磁异常为主，而东南段从阿塔孜经康西瓦至卡拉孔木达坂则为强度较大的北西向线性磁异常带。异常宽度为 40～60km，向北西延伸至区外，向南东止于卡拉孔木达坂。

（2）羌塘变化磁异常区：在藏北高原磁异常略显平静的背景下，出现有一系列北东走向和东西走向的局部磁异常，异常强度为 100～200nT，明显区分于冈底斯北西西走向强度大的磁异常带。

（3）塔里木强度较大宽缓正磁异常区：塔里木盆地为一系列强度较大而宽缓的磁异常分布，完全不同于西昆仑及青藏高原总体磁异常较弱的特征，一般磁异常强度可达 300～500nT，梯度变化为 10～20nT/km。在南部地区为数条互相平行的北东向正磁异常，异常宽度为 60～100km。其中，盆地南部一系列北东走向磁异常带延至盆地边缘与西昆仑山的交界处，完全被北西走向的磁异常带所截。

2.5 区域地球化学特征

新疆西昆仑地区区域化探工作比例尺主要是 1∶50 万水系沉积物测量，以全国高寒山区 39 种元素含量平均值为标准，西昆仑地区相对富集系数大于 1.1 的元素或氧化物依次为 Hg、CaO、Sr、Mn、Mo、Sb、MgO、Na_2O、Cu、Fe_2O_3、Ni、Co 共 12 种，相对富集系数最大的元素是 Hg，为 2.67，其他元素，如 Mo 为 1.36，Sb 为 1.35，Cu 为 1.17，属明显富集的元素；相对富集系数小于 0.9 的元素依次为 Y、Ti、Ag、Be、Sn、W、Zr 等 7 种元素，相对富集系数在 0.70～0.89；其他元素含量相当，相对富集系数在 0.9～1.1，包括 Au、Pb、Zn 等元素。

（1）金元素的富集区出现在乌孜别里山口、卡拉玛—乌依塔克一带、瓦卡、阿克晓、俘虏沟等地，与铜富集区比较，相对较为分散，最大的富集区位于布伦口—乌依塔克地区。Au 在志留系—泥盆系中含量平均达 6.26×10^{-9}，高于北疆丰度值（0.5×10^{-9}），而且高于地壳克拉克值（4×10^{-9}），因此，志留系—泥盆系过渡带是找金的有利层位。

（2）铅、锌元素的富集趋势非常明显，主要集中在黑卡—岔路口一线，单个富集区面积达万余平方千米，是西昆仑，也是新疆最为醒目的铅、锌富集区，找矿潜力巨大；此外，铅的富集还出现在塔什库尔干西和大红柳滩一带，其他地段则比较零散。在各地层中的含量平均值/地壳克拉克值均大于 1（C 值为 1.0～5.5），侏罗系最高可达 5.5。锌元素则只在一部分层位中富集，而在另一部分层位中较贫化。这说明该地区具有丰富的铅、锌成矿物质来源。

（3）铜元素的富集区出现在乌孜别里山口、卡拉玛、乌依塔克、恰尔隆、西若、阿克晓、杜瓦、麻扎大拉、岔路口北、阿羌和上其汗等地，以恰尔隆、杜瓦、麻扎大拉和岔路口北规模较大，它们多与构造线方向一致，呈带状展布，其中西若—瓦恰一带规模巨大的铜钼金化探异常，异常面积大、峰值高、元素套合好、分带清晰，在异常边缘附近已经发现斑岩型铜矿化点。卡拉玛铜矿床赋存于古元古界布伦阔勒群，昆盖山的几处铜金黄铁矿点，均分布在下二叠统的阿克赛巴什群中的基性喷发岩与火山碎屑岩中。

（4）锂元素异常集中分布于麻扎—康西瓦断裂带以南地区，主要有木吉西—布伦口、明铁盖—卡拉其古、红旗拉普、麻扎、三十里营房、大红柳滩、河尾滩北、克里雅山口—黄羊岭等异常，另外乌孜别里山口—布伦口、公格尔东分布有一定范围异常。在木吉地区，锂元素的浓集中心与该地区稀有金属矿点相关，在大红柳滩附近的异常浓集中心，显然是由大红柳滩稀有金属矿集区引起，其南部的河尾滩、苦水湖、甜水海锂异常集中区主要与盐湖（苦水湖锂硼矿床、红山湖锂矿床等）有关。

（5）汞的大面积富集区有两个：一个位于南部的乔戈里—神仙湾—岔路口一线，与这一地区铅锌的富集区大体一致；另一个位于东部的黄羊岭地区，与这一地区锑的富集区基本同位。锑只有一个显著富集区，位于东部的库牙克断裂东南的黄羊岭地区。汞锑的富集区都具备或接近地球化学省规模，蕴藏着巨大的找矿潜力。

第3章 区域矿床与矿产概况

3.1 区域矿产概况

西昆仑地区是欧亚大陆上重要的铁、铜、铅、锌富集区之一，成矿地质条件优越，矿产资源丰富，资源潜力巨大。目前已发现金属矿床、矿点、矿化点数百处，就金属矿产矿种而论，区域资源优势较为明显的主要有铅、锌、铜、铁、锂、锰等矿产，总体显示铁矿床主要分布在喀喇昆仑构造带布伦阔勒群变质岩中；铅、锌矿床主要分布在塔什库尔干—甜水海地体和塔里木盆地西南缘，其次为西昆仑构造带；铜矿床主要分布在喀喇昆仑构造带及西昆仑北段；锂、铍、锑、钨矿床主要分布在喀喇昆仑东段大红柳滩一带和西段木吉伟晶岩发育地区。

近年来在西昆仑地区的找矿取得了较大突破，新发现赞坎铁矿、老并铁矿、叶里克铁矿、阿克萨依铁矿等大中型沉积变质型铁矿，火烧云铅锌铜矿、阿克希腊克铅锌铜矿、俘虏沟铅锌铜矿等层控型铅锌铜矿，喀拉果如木铜多金属矿、干乡吉列铜矿、赫勒瓦特铜矿等斑岩型铜矿，喀依孜钼矿、大同钼矿等斑岩型钼矿，大红柳滩锂矿、白龙山锂矿等伟晶岩型锂矿，反映了西昆仑地区具有形成大型沉积变质型铁矿、大型层控型铅锌铜矿、大型伟晶岩型锂矿和大型斑岩型铜矿的优越成矿条件，有望成为我国新的战略资源接替与储备基地（王核等，2008，2010，2011）。

铜矿主要分布在木吉—布伦口—苏巴什—阿然保泰一带和昆盖山北坡—奥依塔格一带，有斑岩型、砂岩型、块状硫化物型、热液型、夕卡岩型等。研究区内的卡拉玛铜矿床赋存于古元古界布伦阔勒群，属热液型铜矿，深部有斑岩型矿化；特格里曼苏铜矿床出露地层主要为石炭系，矿体主要产于红色铁质砂岩所夹的薄层灰白色石英岩、石英砂岩中，矿床类型属于砂岩型铜矿。块状硫化物矿床（点）在西昆仑地区发现30余处，包括小型矿床 2 处，控矿地层主要为下石炭统乌鲁阿特组和上石炭统克孜里奇曼组的一套中基性-中酸性火山沉积岩系。喀拉果如木铜多金属矿床赋存于斜长花岗斑岩中，具有斑岩型铜矿特征。

铁矿是西昆仑地区的优势矿产资源，按成因可分为沉积变质型铁矿、沉积型铁矿、夕卡岩型铁矿、热液型铁矿、层控碳酸盐岩型铁矿等。库地一带夕卡岩型铁矿找矿前景良好，如布完孜铁矿床、库地铁铜矿床等；沉积型铁矿以切列克其大型含铜菱铁矿为代表。在西昆仑塔什库尔干一带新发现一批沉积变质型铁矿，产于布伦阔勒群铁硅质岩中，其中有老并铁矿、吉尔铁克沟铁矿、赞坎铁矿、莫喀尔铁矿、叶里克铁矿等大中型铁矿勘查基地（任广利，2013）。

目前喀喇昆仑甜水海一带铅锌矿找矿取得重大突破，如岔路口—甜水海地区相继发现了火烧云铅锌矿、萨岔口铅锌矿、多宝山铅锌矿、甜水海铅锌矿、天柱山铅锌矿、宝塔山铅锌矿、天神铅锌矿等铅锌矿（杜红星等，2012，2013；董连慧等，2015），使得该区域找矿工作取得了较大突破，显示出巨大的找矿潜力，引起地学界的广泛关注和重视。

稀有金属主要分布在喀喇昆仑造山带的大红柳滩地区和木吉—布伦口地区，主要为大红柳滩（阿克塔斯）锂矿床、肖尔布龙锂铍矿点等，2017 年以来在大红柳滩地区陆续发现了白龙山锂矿床、雪凤岭锂矿床、509 道班西锂矿床等（王核等，2017，2020），稀有金属找矿潜力巨大。

金矿以木吉一带的阔克吉勒嘎金矿床、琼巴额什金矿床为代表，出露地层主要为志留系的温泉沟群，为灰黑色绢云母碳质板岩，灰绿色绿泥石干枚岩、石英片岩、变质粉砂岩等，受韧性剪切带控制。其次有热液型的色汤沟金矿点、哈拉墩铁铜（金）（IOCG）矿床、库斯拉甫金铜矿点、塔尔—大同铜金矿点等。

西昆仑矿产区域分布和特征上可看出，在时间分布上，内生矿产主要富集阶段为晚古生代晚期、中生代中晚期，其次是中—新元古代；外生矿产的主要富集阶段为奥陶系—志留系、泥盆系、石炭系等。此外，与岩浆热液和火山建造有关的矿床，其形成时代也多集中分布于中元古代早期、新元古代晚期、中生代中晚期等几个主要成矿期。在空间分布上，区内矿产的定位展布与区域深大断裂带及其次级构造、地层地球化学场等诸因素直接有关。深大断裂及断裂带交汇处，往往是区内矿产定位的最有利空间。

3.2　区域主要矿床类型

西昆仑地区矿床研究开发程度低，大多数矿床处在矿点检查程度，少量进行过普查和详细勘探。前人对区内矿床类型、找矿前景已做了较多研究（新疆地矿局第二地质大队，1985；陈哲夫等，1997；贾群子等，1999；孙海田等，2003；韩芳林，2006）。但随着近年来塔什库尔干一带的沉积变质型铁矿、甜水海一带的层控型铅锌矿、大红柳滩—白龙山一带的锂矿、木吉一带的锰矿等一批大型-超大型矿床的发现，需要进一步深化完善区内矿床成因类型的认识。

综合前人工作成果和近年来的勘探研究资料，将西昆仑地区主要矿床类型归为以下 24 类（表 3.1）。其中沉积变质型磁铁矿、层控碳酸盐型铅锌矿、伟晶岩型稀有金属矿、沉积型锰矿和斑岩型铜矿具有优越的成矿条件，有成为大型-超大型矿床的潜力。

表 3.1　西昆仑地区主要矿床类型

地质年代		矿床类型	容矿主岩	成矿元素	典型矿床
元古代	中元古代	硅铁岩型铜铁矿	火山岩	Cu、Fe	布琼铜铁矿点
	新元古代	沉积变质型赤铁矿	长城系甜水海群	Fe、Cu、Pb、Ag	南屏雪山铁多金属矿床
古生代	早古生代	沉积变质型磁铁矿	布伦阔勒群硅铁建造	Fe	赞坎铁矿床、老并铁矿床、叶里克铁矿床
		沉积变质＋热液改造型菱铁矿	奥陶纪康西瓦群、赛图拉群、志留系温泉沟组碳酸盐岩	Fe、Cu、Au	切列克其铁矿床、哈拉墩铁铜（金）矿床、黑黑孜干铁矿床、阿克萨依铁矿床

续表

地质年代		矿床类型	容矿主岩	成矿元素	典型矿床
古生代	早古生代	夕卡岩型铁锌矿	夕卡岩	Fe、Zn	康达达坂铁锌矿床
		韧性剪切带型金矿	志留系温泉沟组变质岩	Au	阔克吉勒嘎金矿床、琼巴额什金矿床
		沉积型锰矿	石炭系碳酸盐岩夹砂岩	Mn	奥尔托喀讷什锰矿床、玛尔坎苏锰矿床
		层控＋热液改造型铅锌矿	奥陶系大理岩、云母石英片岩	Pb、Zn	托喀什吉勒嘎铅锌矿床、库科西鲁格铅锌矿床
		斑岩型铜钼矿	与早古生代中酸性岩浆活动相关	Mo	小同钼矿点、夏麦兹铜钼矿点
		超基性岩岩浆熔离矿	辉长岩	Fe、Cr	库地 138 公里东铬铁矿点
	晚古生代	密西西比河谷型铅锌矿	中泥盆统和下石炭纪碳酸盐与碎屑岩	Pb、Zn、Ag、Co	塔木铅锌矿床、卡兰古铅锌矿床、阿尔巴列克铜铅锌矿床
		砂岩型铜矿	中泥盆统库山河组紫红色、褐红色及杂色砂岩	Cu	特格里曼苏铜矿床
		块状硫化物铜锌矿	下石炭统基性火山岩、上石炭统酸性火山岩	Cu、Zn、Au	阿克塔什铜矿床、卡拉卡依铜矿床、萨洛依铜矿床
		斑岩型钼矿	花岗闪长岩	Mo	喀依孜钼矿点
		沉积型铁矿	石炭系碎屑岩	Fe	向阳峰南褐铁矿点
中生代		斑岩型铜矿	花岗闪长岩、花岗斑岩等	Cu(Au)、Mo	喀拉果如木铜多金属矿床、干乡吉列铜矿床、赫勒瓦特铜矿点
		热液型铜矿	二长花岗岩、碎屑岩	Cu	干乡吉列铜矿床、阿然保泰铜矿点、倒岔沟铜铁多金属矿点、野驴沟铜矿点
		夕卡岩型铁铜矿	与中酸性侵入活动有关	Fe、Cu、Mo	库地铁铜矿床、库克西里克钼矿点
		伟晶岩型稀有金属矿	与伟晶岩脉相关	Li、Be	大红柳滩锂矿床、白龙山锂多金属矿床、雪凤岭锂矿床、509 道班西锂矿床
		层控碳酸盐型铅锌矿	侏罗系龙山组白云质灰岩、白垩系铁龙滩组灰岩	Pb、Zn	火烧云铅锌矿床、宝塔山铅锌矿床
		镁铁-超镁铁岩铜镍矿	辉长岩	Cu、Ni	阿巴勒克铜矿点
新生代		岩浆热液型钨矿	与中酸性侵入活动有关	W、Mo	卡拉其古钨矿点
		沉积＋夕卡岩型铁矿	碳酸盐岩	Fe、Mn	阿克萨依铁矿床
		盐湖型锂硼矿	高原湖泊	Li、B	苦水湖锂硼矿床、黄草湖锂硼矿床

3.3　区域主要矿产特征

本次野外地质调研主要对研究区沉积变质型铁矿、斑岩型铜钼矿、韧性剪切带型金矿、砂岩型铜矿、层控型铅锌矿、夕卡岩型铁铜矿、伟晶岩型锂矿等进行调研，共调查矿点、异常 143 个，新发现了白龙山锂矿床、喀拉果如木铜多金属矿床、南屏雪山铁多金属矿床、托喀什吉勒嘎铅锌矿床、琼巴额什金矿床、喀依孜钼矿点、阿克希腊克铅锌矿点、马乃克铜矿点、干达迭尔铜矿点、阿克吉勒嘎铜矿点等一批矿床（点）。根据本次调研成果，总结前人资料矿床（点），将西昆仑地区 316 处矿床（点）地质特征进行梳理（见附录）。

第 4 章　铁矿及锰矿

近年来在西昆仑地区发现一批大中型铁矿床（图 4.1），其中有两个重要的含铁矿沉积变质带：一是塔什库尔干县一带布伦阔勒群中发育的含磁铁矿沉积变质带；二是黑黑孜干—大红柳滩一带含赤铁多金属矿床的沉积变质带（王核等，2014）。

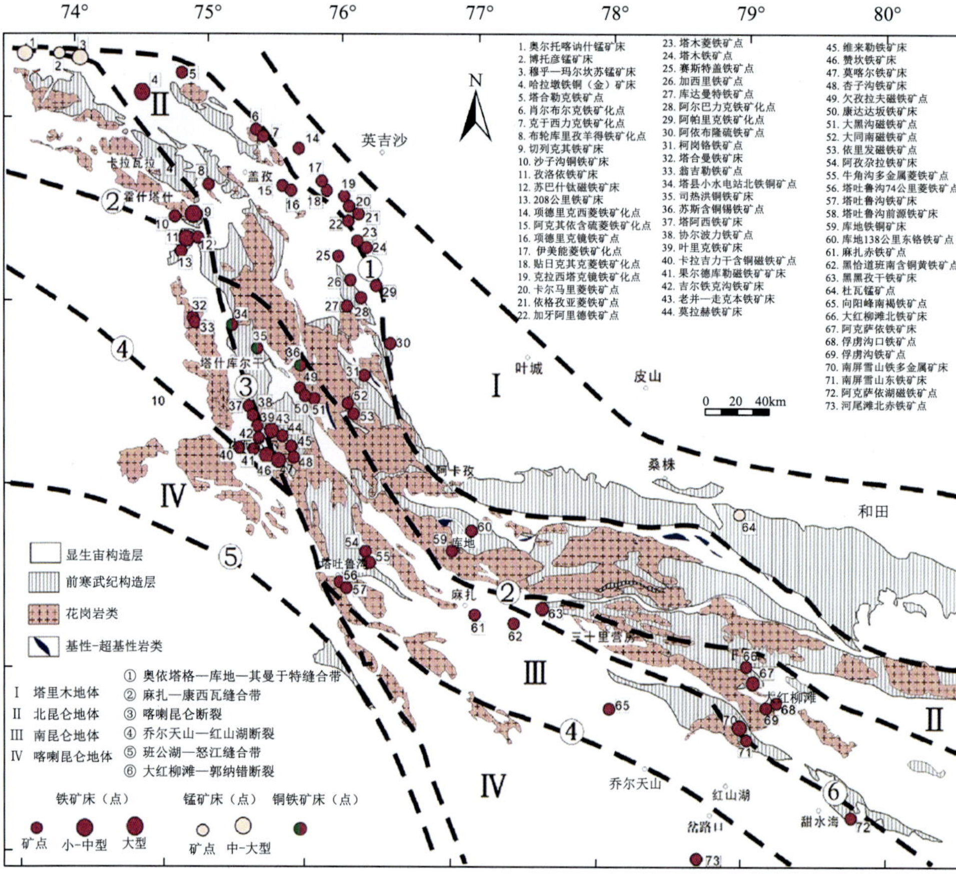

图 4.1　西昆仑构造单元图及铁、锰矿分布简图（王核等，2020）

塔什库尔干县一带古元古界布伦阔勒群中发育多处沉积变质型磁铁矿，自北至南产出有塔阿西铁矿床、叶里克铁矿床、老并—走克本铁矿床、吉尔铁克沟铁矿床、赞坎铁矿床、莫喀尔铁矿床，南延伸至塔吐鲁沟，在地表构成长约 110km，宽约 15km，呈北北西向延伸的巨型铁矿带，目前预测资源量近 30 亿 t（陈登辉等，2013；陈勇等，2013；任广利等，2013；饶东平等，2013；黄朝阳，2014），矿床成因为沉积变质。

黑黑孜干—大红柳滩一带产出有南屏雪山铁多金属矿床、黑黑孜干铁矿床、阿克萨依铁矿床等数个大中型沉积变质型铁矿（胡军等，2015；王核等，2014），显示出寻找大型-超大型沉积变质型（BIF 型）铁矿的潜力。因此，对沉积变质型铁矿的研究是西昆仑地区矿床研究的重点。

在塔什库尔干县一带，我们对赞坎铁矿床、莫喀尔铁矿床、叶里克铁矿床、老并—走克本铁矿床、吉尔铁克沟铁矿床、塔阿西铁矿床、康达达坂铁矿床、大黑沟磁铁矿点、欠孜拉夫磁铁矿点等进行了考察，在布伦口一带我们对切列克其铁矿床、哈拉墩铁铜（金）矿床、苏巴什钛磁铁矿床、孜洛依铁矿床、沙子沟铜铁矿床、塔合曼铁矿床等进行了考察，在黑恰—大红柳滩一带对南屏雪山铁多金属矿床、黑黑孜干铁矿床、阿克萨依铁矿床、大红柳滩北铁矿床等进行了考察，另外对库地铁铜矿床、加西里铁矿点、米亚一带铁矿点进行了考察，通过综合研究把西昆仑地区主要铁矿及锰矿类型划分为如下 10 类：①新元古代沉积变质型赤铁矿；②早古生代沉积变质型磁铁矿；③早古生代沉积变质＋热液改造型菱铁矿；④早古生代夕卡岩型铁锌矿；⑤早古生代超基性岩型贫铁矿；⑥早古生代超基性岩岩浆型铁矿；⑦晚古生代沉积型铁矿；⑧中生代夕卡岩型铁铜矿；⑨中新世夕卡岩型铁多金属矿；⑩晚古生代沉积型锰矿。

4.1　新元古代沉积变质型赤铁矿

新元古代沉积变质型赤铁矿主要是分布于大红柳滩俘虏沟一带的南屏雪山铁多金属矿床、南屏雪山东铁矿床、冰山北铁矿床等。通过详细的典型矿床解剖，认为南屏雪山铁多金属矿床、南屏雪山东铁矿床、冰山北铁矿床均为新元古代沉积变质型赤铁矿，为苏必利尔（Superior）型 BIF。

4.1.1　南屏雪山铁多金属矿床典型矿床

南屏雪山铁多金属矿床位于和田县城西南方向约 170km，地理坐标：东经 78°35′～78°53′，北纬 35°49′～35°58′。

1. 矿区地质特征

1）地层：矿区内出露地层主要为震旦纪甜水海岩群和第四系（图 4.2）。甜水海岩群为南屏雪山铁多金属矿床的赋矿层位，主要由深灰-灰黑色硬绿泥石白云母石英片岩、浅灰绿色白云母石英片岩、硅化方解质大理岩、含铁白云质大理岩组成。含铁白云质大理岩呈带状分布，常发育在硅化方解质大理岩/片岩和铁矿体的过渡带，是最重要的赋矿围岩，出露宽度十余米至一百余米，最宽 220m。

2）矿区构造

受区域性大断裂和岩体侵位的影响，矿区内发育小规模波状褶曲和强烈的脆韧性变形，导致局部地层和矿体形成一系列 V 字形褶皱，地层产状变化较大，发生倒转，倾向南西，倾角一般较陡。同时伴随发育良好的节理和层间压剪性断裂顺层展布，层间断裂中可见石英脉、富矿体充填，断层走向 150°～330°，倾角一般为 65°～82°，沿断裂可见构造片理化带。

3）矿区岩浆岩

矿区南部外围侵入灰白色中粒含斑黑云母二长花岗岩、少量浅肉红-灰白色中细粒黑云母二长花岗岩，呈岩株状产出，矿区内以浅灰绿色变辉长岩脉和石英脉为主，变辉长岩脉主要分布在矿区中部，在矿区北部和南部少量发育，呈透镜状产出。

4）矿区变质作用

以区域变质作用为主，变质程度达低绿片岩相，矿物组合为石英 + 斜长石 + 硬绿泥石 + 白云母 + 黑云母 + 叶绿泥石。动力变质作用体现为塑性变形和脆性变形两种形式，前者多见褶皱变形、拉伸线理、定向构造等，后者可见地层错移、岩石挤压破碎等。

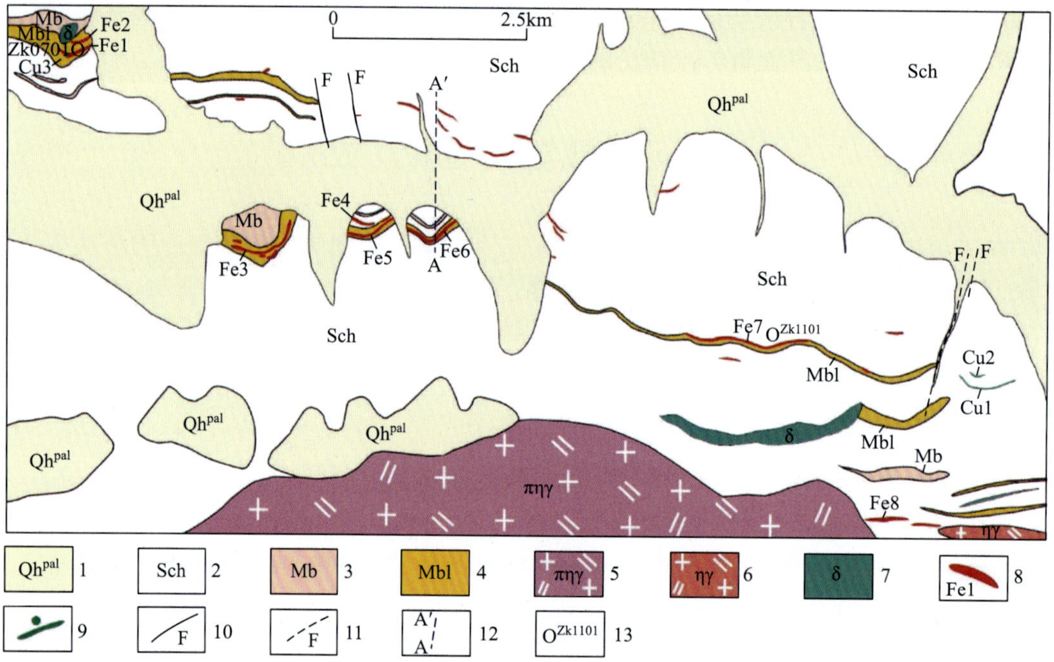

图 4.2　西昆仑南屏雪山铁多金属矿床地质简图（中国科学院广州地球化学研究所，2015）

1. 第四系冲洪积物、冰碛物；2. 片岩；3. 硅化方解质大理岩；4. 含铁白云质大理岩；5. 中粒含斑黑云母二长花岗岩；6. 中细粒黑云母二长花岗岩；7. 变辉长岩；8. 铁矿体；9. 铜矿体；10. 断裂；11. 推测断裂；12. EH4 剖面线位置及编号；13. 钻孔位置及编号

2. 矿体特征

南屏雪山铁多金属矿区共圈定了 83 条铁矿体，铁铜矿体 3 条，分为南北两个矿带。北矿带整体近东西走向断续延伸约 5km，地表出露宽度 3～150m，总体产状 320°～48°∠36°～70°；南矿带地表出露长度近 12km，地表出露宽度 2～32m，总体产状 345°～23°

∠36°～70°。矿体多数赋存于含铁白云质大理岩中，部分矿体赋存在硬绿泥石白云母石英片岩、白云母石英片岩中，呈较稳定层状、似层状产出，层控特征明显，矿石品位 18%～53%，平均 35%。主要的铁矿体有 8 条，编号 Fe1～Fe8（图 4.2），铜矿体 3 条，编号 Cu1～Cu3，典型矿体描述如下：

Fe1 矿体：位于北矿带中，后重新编号为 Fe15 矿体，地表出露宽度 30～150m，长约 600m，钻孔 Zk0701 中见矿厚度 101m（图 4.3a），全铁（TFe）品位为 34.94%～43.74%，平均为 39.26%。

Fe3 矿体：位于南矿带中，后重新编号为 Fe25 矿体，矿体地表出露宽 10～35m，长约 1240m，钻孔见两层矿体，厚度 10.7m，TFe 品位为 43.39%～44.78%，平均为 44.14%。

Fe7 矿体：位于南矿带中，后重新编号为 Fe29 矿体，地表出露宽 6～25m，长约 1900m，钻孔 Zk1101 见四层矿体，厚度 25.5m（图 4.3b），TFe 品位为 31.62%～40.68%，平均为 35.25%。

Fe8 矿体：位于南矿带中，重新编号为 Fe30 矿体，含斑黑云母二长花岗岩与甜水海岩群外接触带附近，呈透镜状出露，地表宽 3～12m，长约 550m，近东西走向。

铜矿体：Cu1 矿体位于南矿带，产于层间破碎带中，矿化体宽约 0.62m，长 780m，与铁矿体共生，铜矿石多呈浸染状、细脉状分布在铁矿石（赤铁矿、菱铁矿）中（图 4.3c6、c7），部分富集矿石呈块状，局部见铜矿石与晶型较好的重晶石、菱铁矿共生（图 4.3c8），铜品位为 0.5%～2%；Cu2 矿体位于 Cu1 矿体北侧，矿体厚度 1.89m，长约 210m，品位为 0.5%～5%；Cu3 矿体位于北矿带 Fe1 矿体内，以细脉状、浸染状发育于铁矿体中（图 4.3c6、c7），地表宽 10～15cm，长约 50m，铜品位为 2%～5%。

3. 矿石组构

矿石矿物主要为赤铁矿，少量菱铁矿和褐铁矿。脉石矿物主要为石英、白云石、方解石、白云母、硬绿泥石等，硫化物主要为辉铜矿和黄铜矿，少量黄铁矿。黄铜矿和辉铜矿电子探针结果显示 Co/Ni 比值为无穷大，显示其成因与热液活动关系密切，同时也显示出一定的沉积特征，具有混合成因。矿石结构主要为粒状变晶结构、鳞片变晶结构、变余砂状结构及交代结构。矿石构造主要为条带状构造（图 4.3c1、c2、c4）、块状构造（图 4.3c5）、揉皱构造（图 4.3c3）、浸染状构造。

4. 成岩成矿时代及成矿期次

1）成岩成矿时代

对侵入到地层中的中粒含斑黑云母二长花岗岩（样品编号 DHLTNP-7）、中细粒黑云母二长花岗岩（样品编号 DHLTNP）、变辉长岩（样品编号 SC）进行锆石 U-Pb 定年，加权平均年龄分别为（484.5±2.7）Ma、（527.9±2.8）Ma、（532.3±3.1）Ma（图 4.4a、b、c）。

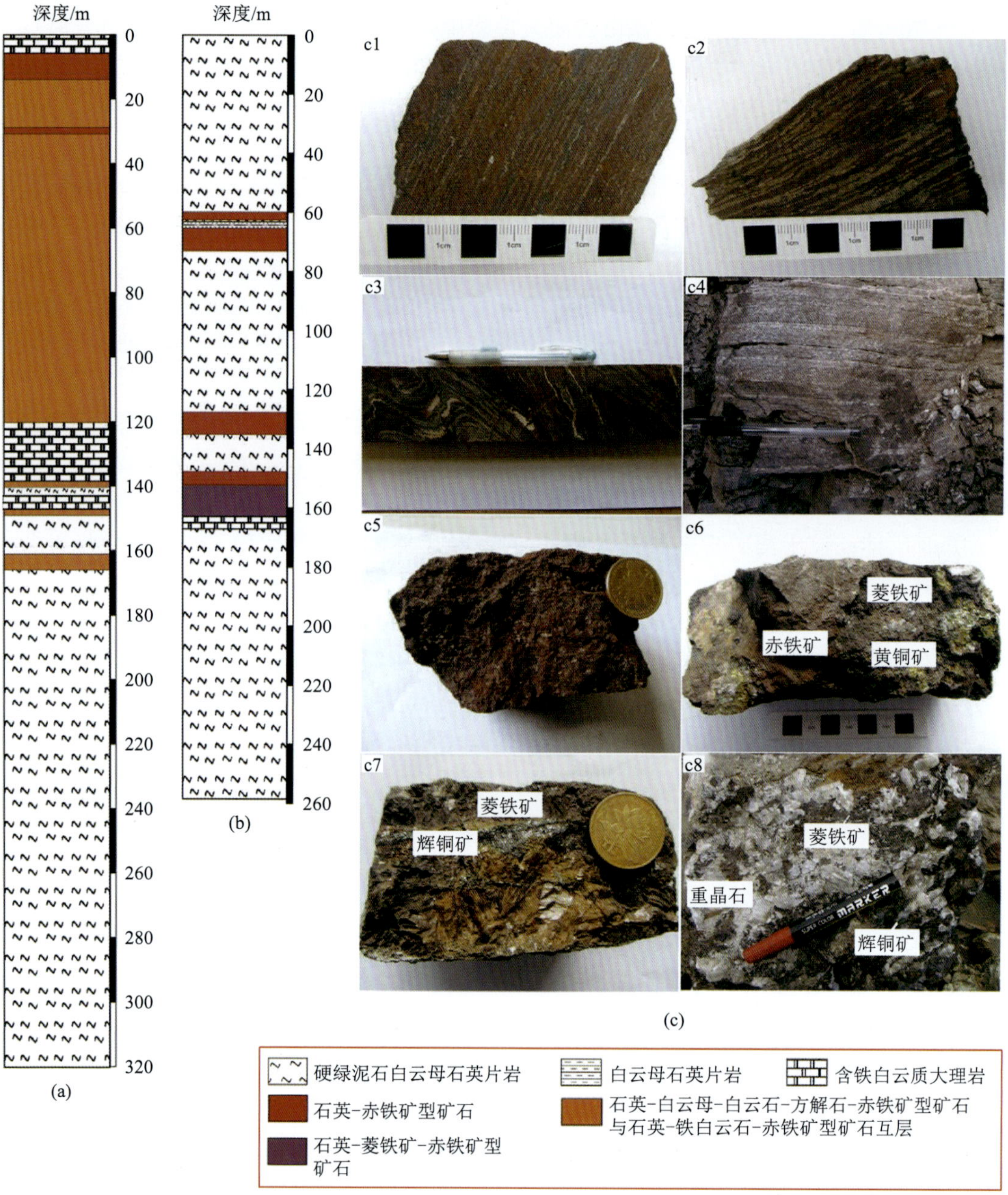

图 4.3　南屏雪山铁多金属矿床钻孔柱状图及矿石标本

（a）Zk0701 钻孔柱状图；（b）Zk1101 钻孔柱状图；（c）c1 条带状类型-1 矿石，c2 条带状类型-2 矿石，c3 发生褶曲的类型-3 矿石（揉皱构造），c4 条带状类型-4 矿石，c5 块状赤铁矿，c6 浸染状类型-5 矿石（黄铜矿），c7 细脉状辉铜矿，c8 含重晶石类型-5 矿石

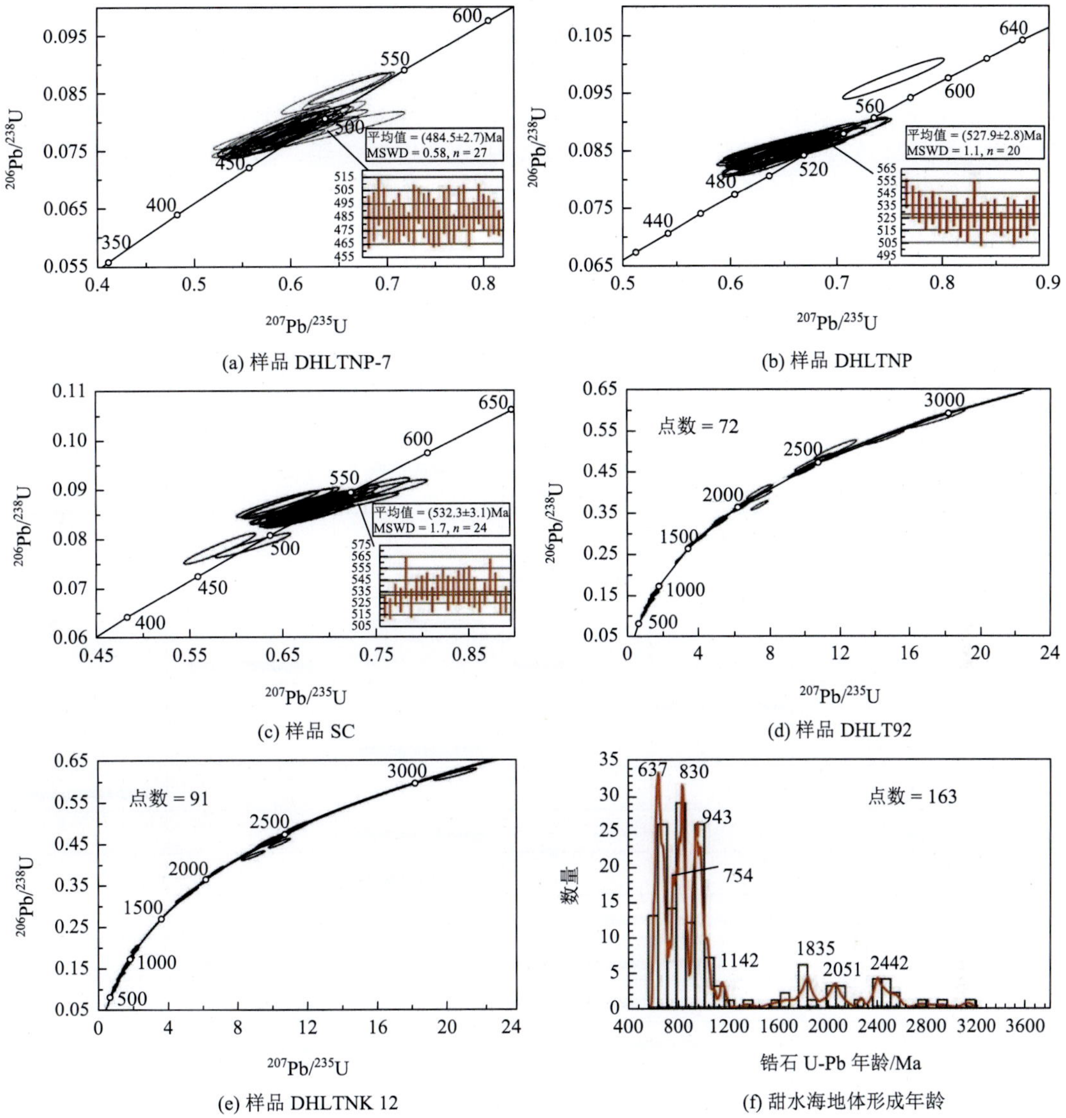

图 4.4　南屏雪山铁多金属矿床年龄谐和图解和碎屑锆石年龄图谱

硅化方解质大理岩和硬绿泥石黑云母石英片岩样品中 163 颗有效碎屑锆石的 U-Pb 年龄为 3122～593Ma（图 4.4f）。U-Pb 年龄中最年轻的为（593±7）Ma，且该颗新元古代碎屑锆石具有自形柱状形态，有明显和清晰的生长环带、高的 Th/U 比值（0.98）、明显的重稀土（HREEs）的右倾配分模式、强烈的正 Ce 异常和负 Eu 异常，表明了其岩浆锆石的典型特征，而且南屏雪山铁多金属矿区仅经历了绿片岩相变质作用，排除了碎屑锆石中 U-Th-Pb 体系会重置的可能性，因此推断 593Ma 为甜水海岩群浅变质硅质岩—碳酸盐岩的最大沉积年龄。中细粒黑云母二长花岗岩中获得的 595Ma 的继承年龄也反映了相似的前寒武纪地层年龄。铁矿体与大理岩和片岩呈互层状产出，因此 593Ma 也能代表南屏雪山铁多金属矿床形成时代的上限。侵入到矿区的二长花岗岩和变辉长岩年龄分别为

（484.5±2.7）Ma、（527.9±2.8）Ma 和（532.3±3.1）Ma，限定了甜水海岩群和铁矿床沉积时代的下限。因此本书推断铁矿床形成时代为 593～532Ma。

2）成矿期次

通过野外地质现象、矿物组合、矿物化学成分及接触关系，结合甜水海岩群地层年龄、与成矿相关的侵入体的年龄信息将该区成矿演化期次划分为 4 个期次：①沉积—成岩期；②热液改造期；③变质变形期；④表生氧化期。南屏雪山铁多金属矿床成矿期次划分及矿物生成顺序表如表 4.1 所示。

表 4.1　南屏雪山铁多金属矿床成矿期次划分及矿物生成顺序表

矿物名称		成矿期次				
		沉积—成岩期		热液改造期	变质变形期	表生氧化期
		沉积阶段	成岩阶段			
赤铁矿	赤铁矿-1	▬▬▬				
	赤铁矿-2		▬▬▬			
	赤铁矿-3			▬▬▬		▬
	赤铁矿-4		▬		▬▬▬	
菱铁矿	菱铁矿-1	▬▬▬				
	菱铁矿-2			▬▬▬		
褐铁矿						▬▬▬
辉铜矿				▬▬▬		
黄铜矿				▬▬▬		
石英		▬▬▬	▬▬▬	▬▬▬	▬▬▬	
铁白云石		▬	▬▬▬		▬▬▬	
白云石		▬	▬▬▬		▬▬▬	
方解石		▬	▬▬▬		▬▬▬	
硬绿泥石					▬▬▬	
白云母					▬▬▬	
重晶石				▬▬▬		
石榴子石				▬▬▬		
透辉石、透闪石				▬▬▬		

5. *矿床地球化学特征*

1）矿石主量、微量、稀土元素特征

南屏雪山铁多金属矿床的铁矿石类型划分为①石英-赤铁矿型（类型-1）、②石英-白云母-白云石-方解石-赤铁矿型（类型-2）、③石英-铁白云石-赤铁矿型（类型-3）、④石英-菱铁矿-赤铁矿型（类型-4）。围岩（硬绿泥石白云母石英片岩、白云母石英片岩、硅化方解质大理岩）相比含铁大理岩和矿石具有更高的 SiO_2 和较低的 TFe 含量，片岩比大理岩和铁矿石具有更高的 Al_2O_3 含量（图 4.5a）。对比太古宙—古元古代形成的典型 BIF（图 4.5b），南屏雪山铁多金属矿区铁矿石均具有较低的 SiO_2 含量，较高或相似的 TFe 含量，相似的 MgO、MnO、P_2O_5 含量；类型-1 和类型-4 矿石具有较低的 CaO 含量，类型-2 和类型-3 矿石具有高的 CaO 含量；类型-2 矿石具有较高的 Al_2O_3 和 K_2O 含量，其余三种矿石具有相似的 Al_2O_3 和 K_2O 含量（图 4.5a）。

与新元古代典型的拉皮坦（Rapitan）型 BIF 相比较（图 4.5b），四种类型矿石均具有较低的 SiO_2 含量，类型-1 矿石具有略高的 TFe 和 Fe_2O_3 含量，相似的 FeO、CaO、MgO、Al_2O_3、Na_2O 和 K_2O 含量，较高的 MnO 和较低的 P_2O_5 含量；类型-4 矿石具有具有略高的 TFe 含量，较低的 Fe_2O_3，较高的 FeO 含量，相似的 CaO、Al_2O_3、Na_2O 和 K_2O 含量，较高的 MgO 和 MnO 含量，较低的 P_2O_5 含量；类型-2 和类型-3 矿石具有较低的 TFe 和 Fe_2O_3 含量，相似的 Al_2O_3、Na_2O 和 K_2O 含量，较高的 CaO、MgO 和 MnO 含量，较低的 P_2O_5 含量。

南屏雪山铁多金属矿区类型-1 和类型-2 铁矿石较高的氧化指数 $Fe^{\#}$（0.98～1）与石碌铁矿富铁矿氧化指数 $Fe^{\#}$（0.98～0.99）和巴西米纳斯吉拉斯州（Minas Gerais）地区条带状铁建造矿区中的石英铁英岩、白云质铁英岩氧化指数 $Fe^{\#}$（0.97～1.00）具有相似性（图 4.5c）。

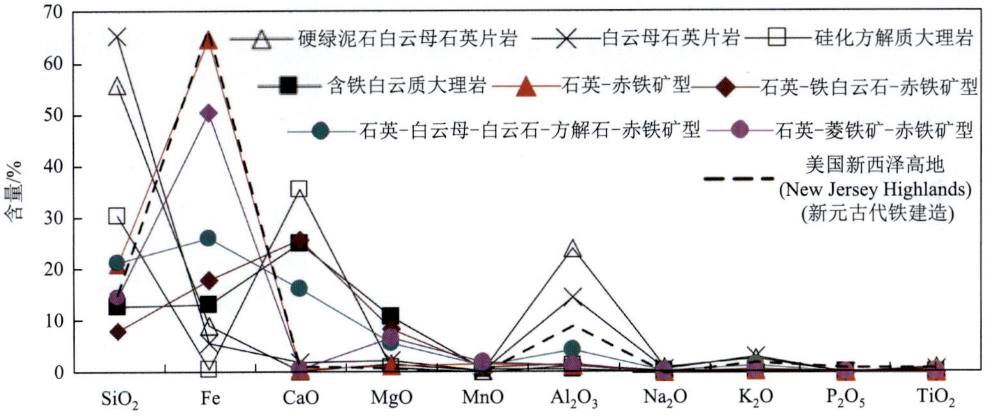

(a)

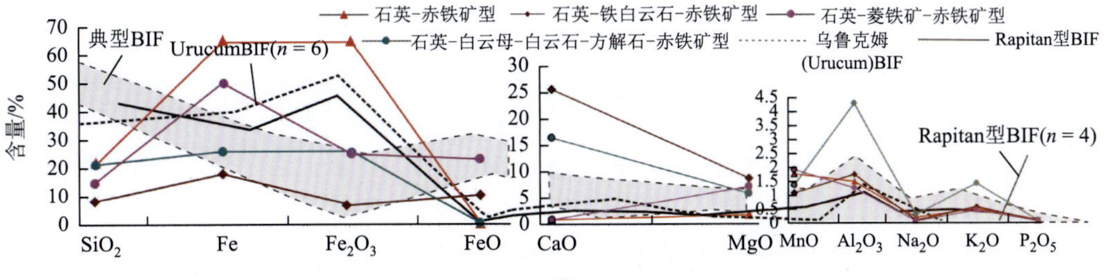

(b)

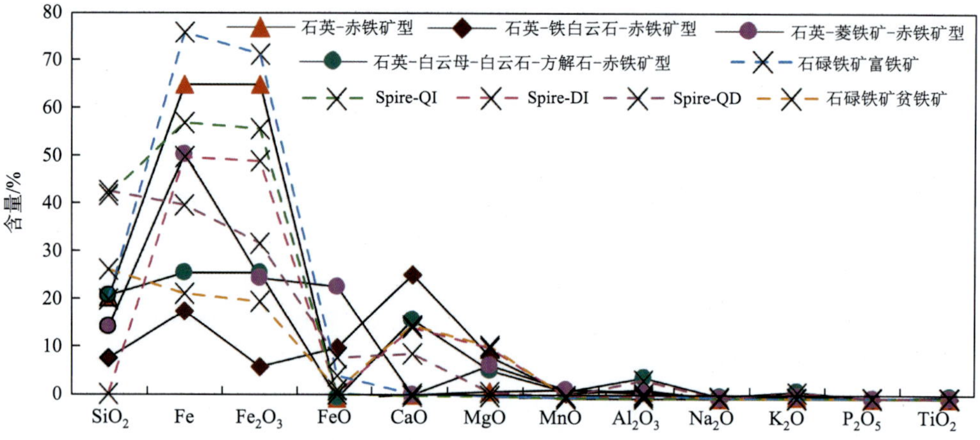

(c)

图 4.5　南屏雪山铁多金属矿床围岩和不同类型矿石主量元素分布及与世界典型 BIF 主量元素对比图解

（a）美国阿巴拉契亚山脉新泽西高地（New Jersey Highlands，NJH）地区的铁矿石数据引自（Volkert et al.，2010）；（b）新元古代典型的拉皮坦型 BIF（Klein，2005）；（c）Spire-QI、Spire-DI 和 Spire-QD 分别为 Spier 等（2007）的石英铁英岩、白云质铁英岩、含铁硅质碳酸盐岩；石碌铁矿富铁矿和贫铁矿数据引自许德如等（2008）

与国外典型的新元古代 BIF 相比（图 4.6），其稀土元素特征具有较多的相似性，但是南屏雪山铁多金属矿床铁矿石具有明显的 Eu 正异常，与典型的新元古代 Rapitan 型 BIF［如乌鲁克姆（Urucum）BIF，耶尔巴尔（Yerbal）BIF 等］相比，南屏雪山铁多金属矿床缺乏 La 正异常、Ce 负异常、Y 正异常的特征。与中国海南石碌铁矿（Superior 型 BIF）具有可对比性，类型-1 和类型-4 矿石与石碌铁矿富铁矿石稀土元素含量和配分型式十分相似，类型-2 和类型-3 矿石与石碌铁矿贫铁矿石稀土元素含量和配分形式较为相近（图 4.6）。

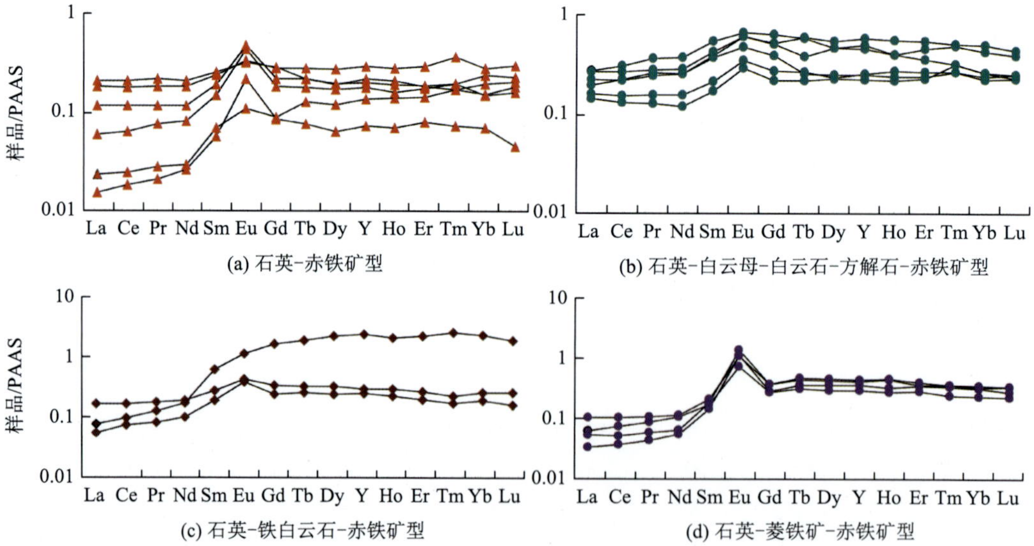

(a) 石英-赤铁矿型　　(b) 石英-白云母-白云石-方解石-赤铁矿型

(c) 石英-铁白云石-赤铁矿型　　(d) 石英-菱铁矿-赤铁矿型

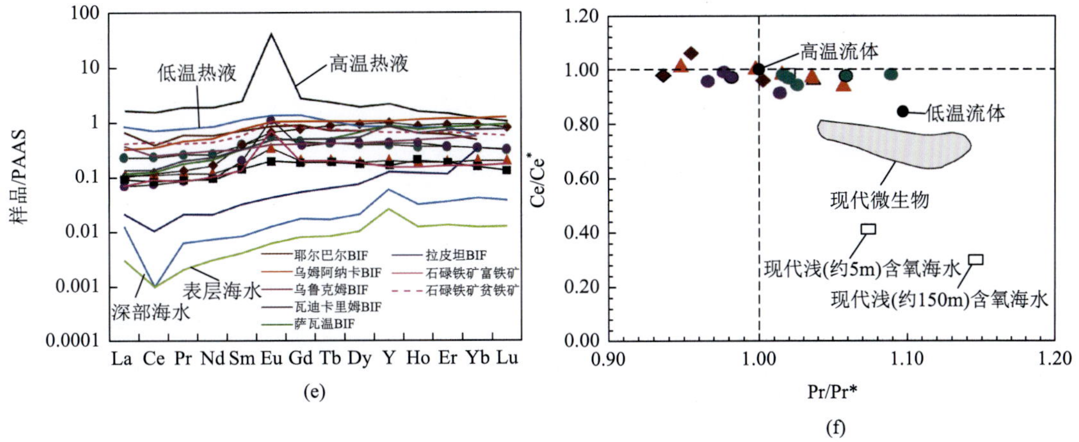

图 4.6 南屏雪山铁多金属矿床及世界典型 BIF 稀土配分模式及 Pr/Pr*-Ce/Ce*图解

（a）石英-赤铁矿型矿石稀土元素 PAAS 标准化图解；（b）石英-白云母-白云石-方解石-赤铁矿型矿石稀土元素 PAAS 标准化图解；（c）石英-铁白云石-赤铁矿型矿石稀土元素 PAAS 标准化图解；（d）石英-菱铁矿-赤铁矿型矿石稀土元素 PAAS 标准化图解；(e)南屏雪山不同类型铁矿石、海水、热液、世界典型新元古代 BIF 稀土元素平均值 PAAS 标准化图解(Basta et al.，2011；Klein and Beukes，1993；Xu et al.，2014)；（f）南屏雪山不同类型铁矿石 Pr/Pr*-Ce/Ce*图解（Stern et al.，2013）

2）成矿物质来源

（1）碎屑物质

南屏雪山铁多金属矿床铁矿石的 SiO_2/Al_2O_3 比值分布在 1.53～1603.33，显示极不均匀的特征，但是多数分布在 5～10，整体显示沉积变质铁矿特征，但有火山物质和碎屑物质的参与。铁矿石 Sr/Ba 比值分布在 0.05～1.56，除个别样品大于 1 以外，其余样品均小于 1，显示陆源沉积岩特征，表明有一定比重的陆源碎屑物质参与了铁矿的形成。铁矿石 Th/U 比值分布在 0.19～5.34，表明成矿过程中可能有岛弧火山岩碎屑物质和陆源碎屑物质的加入。

南屏雪山铁多金属矿床铁矿石地球化学特征显示，Al_2O_3 和 TiO_2 具有十分好的正相关性（$r^2=0.97$），这特征表明铁矿沉积过程中，碎屑物质参与了成矿。此外，Al_2O_3 与 Na_2O、K_2O、P_2O_5、As、Sc、V、Cr、Co、Cu、Rb、Zr、Nb、Cs、REE（稀土元素）、Th 元素显示出良好的正相关性，Al_2O_3 和 TiO_2 与 TFe_2O_3、FeO、MnO 显示一定的负相关性，TFe_2O_3 和 FeO 与 CaO、Na_2O、K_2O、As、Zr、Cs、Nb 具有一定的负相关性，显示出陆源碎屑物质参与成矿。

类型-2 矿石的 SiO_2/Al_2O_3 值略低于类型-3 矿石，明显低于类型-1 和类型-4 矿石，但具有更高的 Al_2O_3、CaO、MgO、K_2O 含量，说明在矿石形成过程中，类型-2 和类型-3 矿石中有更多的陆源碎屑物质参与。

（2）Fe、Si 物质来源

在 Al-Fe-Mn 图解（图 4.7a）和 Al/(Al + Fe + Mn)-Fe/Ti 图解（图 4.7b）上，硬绿泥石白云母石英片岩、白云母石英片岩、硅化方解质大理岩落入非热液区域和远洋沉积物附近，含铁白云质大理岩、四种类型铁矿石落入热液区域和含金属沉积物区域，含金属比例在 60%以上，类型-1 和类型-4 矿石含金属沉积物比例明显高于类型-2，类型-3 矿石含金属沉积物比例介于类型-1 和类型-2，且与世界上新元古代 BIF 分布范围一致。

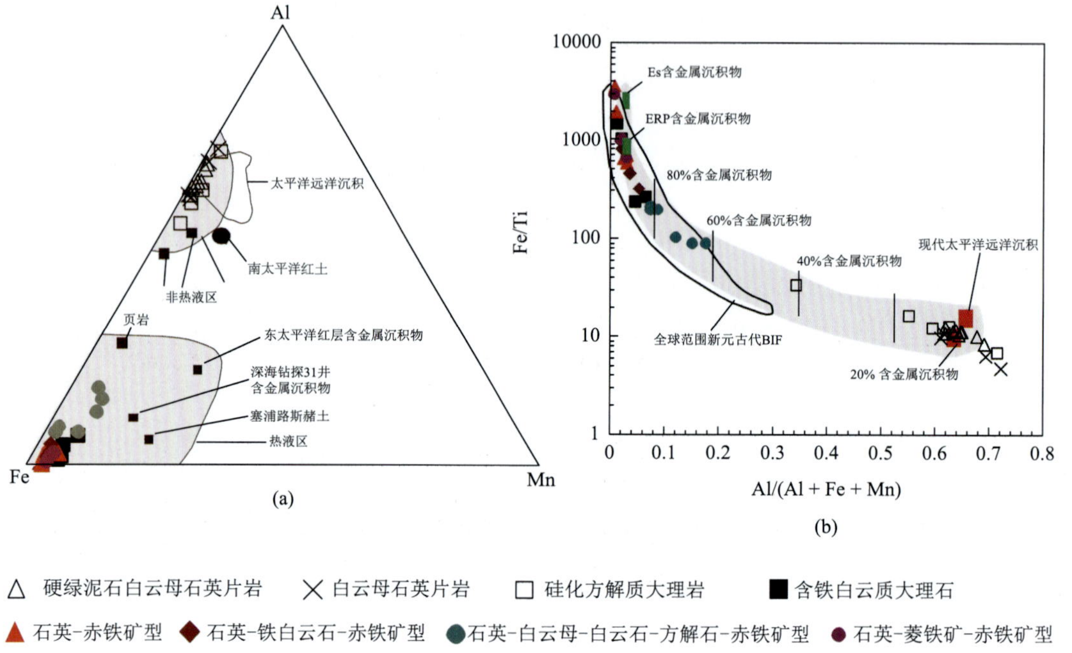

图 4.7　（a）南屏雪山铁多金属矿床岩矿石 Al-Fe-Mn 图解（Boström，1973）；（b）南屏雪山铁多金属矿床岩矿石 Al/(Al + Fe + Mn)-Fe/Ti 图解（Boström，1973；Mukherjee，2008）

在 Eu/Sm-Y/Ho 图解（图 4.8a）和 Eu/Sm-Sm/Yb 图解（图 4.8b）上，硬绿泥石白云母石英片岩、白云母石英片岩、含铁白云质大理岩集中分布在现代海洋铁锰结壳/海水区域，类型-1 和类型-4 多数分布在现代海洋铁锰结壳/海水区域与高温热液流体区域之间，反映了高温热液与海水混合成因；类型-2 矿石多数分布在现代海洋铁锰结壳/海

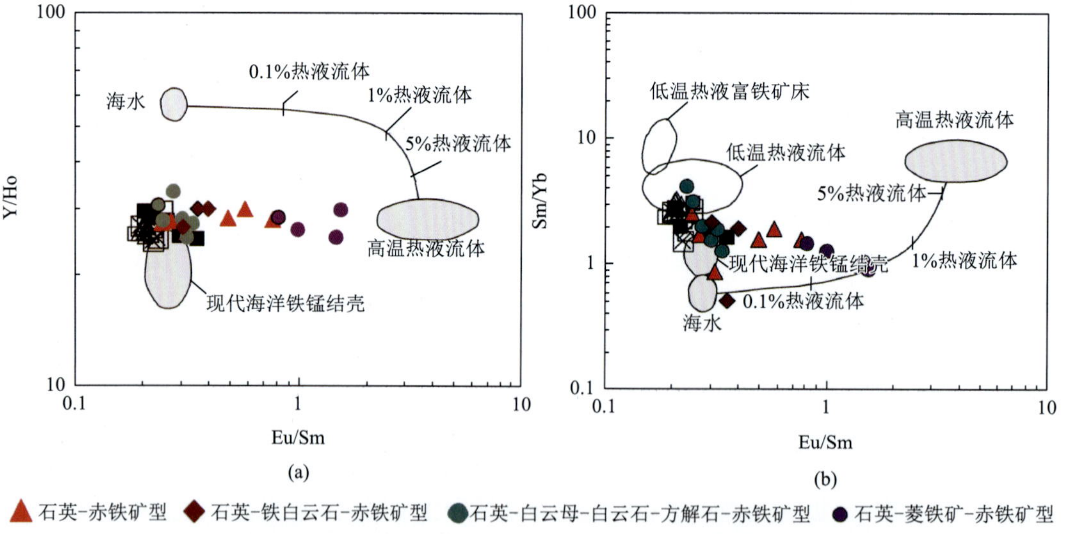

图 4.8　（a）南屏雪山铁多金属矿床岩矿石 Eu/Sm-Y/Ho 图解；（b）Eu/Sm-Sm/Yb 图解（Alexander et al.，2008）过程与热液活动关系密切（Sugitani，1992）

水区域附近，部分落入低温热液流体，反映了低温热液流体与海水的混合成因；类型-3矿石分布区域靠近现代海洋铁锰结壳/海水区域，但是有指向高温热液流体的趋势，可能反映了高温热液流体、低温热液流体和海水混合的成因。

前人研究认为，球粒陨石、陆壳岩石、外生碎屑和海底热液的 Y/Ho 比值约为 28（Bau and Dulski，1999；Bolhar et al.，2004），现代海水的 Y/Ho 比值为 44～65（Bau and Dulski，1996）。南屏雪山铁多金属矿床类型-1、类型-2、类型-3 和类型-4 矿石的 Y/Ho 平均值分别为 28.48、29.18、29.43、27.88，接近或者略高于球粒陨石、陆壳岩石和高温热液，反映碎屑物质成分的 Al_2O_3、TiO_2、Sc、Zr、Nb 等元素与 Y/Ho 比值之间不存明显的相关性。因此，碎屑物质不是影响矿石中 Y/Ho 比值大小的主要因素，类型-1 和类型-4 矿石的 Y/Ho 比值相对类型-2 和类型-3 矿石较低，可能反映了类型-1 和类型-4 矿石形成过程中有较多高温热液流体参与。

3）成矿环境

在研究前寒武纪 BIF 发生沉积作用的古海洋环境中，Ce 的无异常普遍被认为是一种缺氧还原环境（Bau and Dulski，1996；Bekker et al.，2010）。图 4.9 显示出南屏雪山铁多金属矿床铁矿石主要表现为 Ce 无异常，类型-2 的两个样品落入 Ce 负异常区域附近，表明南屏雪山铁多金属矿床沉积时古海水部分水体缺氧、部分水体含氧，出现海水分层的现象。Eu 正异常的强弱也能实际反映 BIF 形成环境的氧化还原状况，热液组分越多形成环境越还原，其 Eu 正异常就越明显，反之亦然（Danielson et al.，1992；李延河等，2012），类型-1 和类型-4 矿石 Eu/Eu*值分别为 2.07 和 4.28（均＞1.8），类型-2 和类型-3 矿石 Eu/Eu*值分别为 1.42 和 1.46（均小于 1.8），显示出类型-1 和类型-4 矿石形成环境较为还原，类型-2 和类型-3 矿石形成环境较为氧化，这与上述类型-2 矿石和其他三种矿石地球特征的差异相吻合。

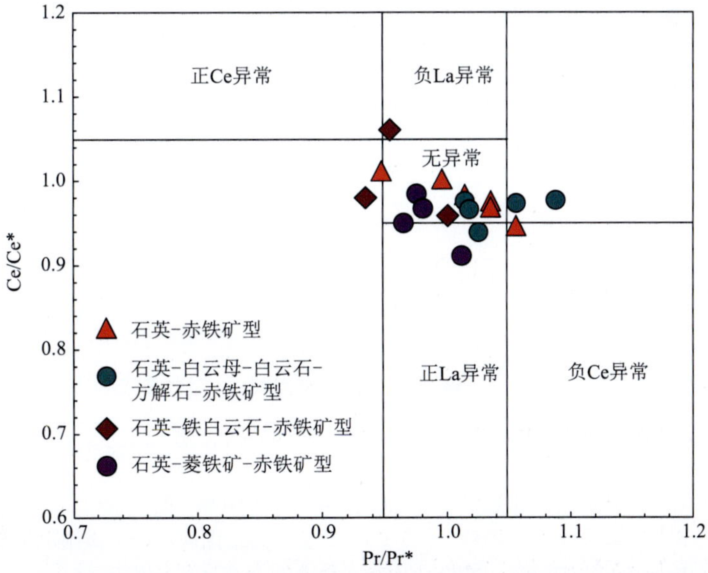

图 4.9　南屏雪山铁多金属矿床不同类型铁矿石 Pr/Pr*-Ce/Ce*图解（Bau and Dulski，1996）

南屏雪山铁多金属矿床岩矿石碳酸盐矿物的C、O同位素值与南非库鲁曼（Kuruman）铁建造和巴西米纳斯吉拉斯州地区条带状铁建造中的围岩和矿石的碳酸盐矿物较为相似，而且南屏雪山铁多金属矿床岩矿石碳酸盐矿物的 $\delta^{13}C_{PDB}$ 值与FeO、Eu/Eu*值显示良好的负相关性（图4.10b、c），Fe^{2+}多保存在还原缺氧的环境中，Eu/Eu*值的大小既能反映出热液组分的多少，又能指示氧化还原程度的强弱，上述特征表明硅化方解质大理岩、含铁白云质大理岩、类型-2矿石产在浅部海水相对氧化的环境中，而类型-3和类型-4矿石产在相对较深的还原环境中。南屏雪山铁多金属矿床岩矿石碳酸盐矿物也表现出与新元古代同时期（600～550Ma）碳酸盐岩相似的C同位素特征值（图4.10d），而类型-3和类型-4矿石所显示出的 $\delta^{13}C_{PDB}$ 负值也在新元古代晚期有明显的体现。

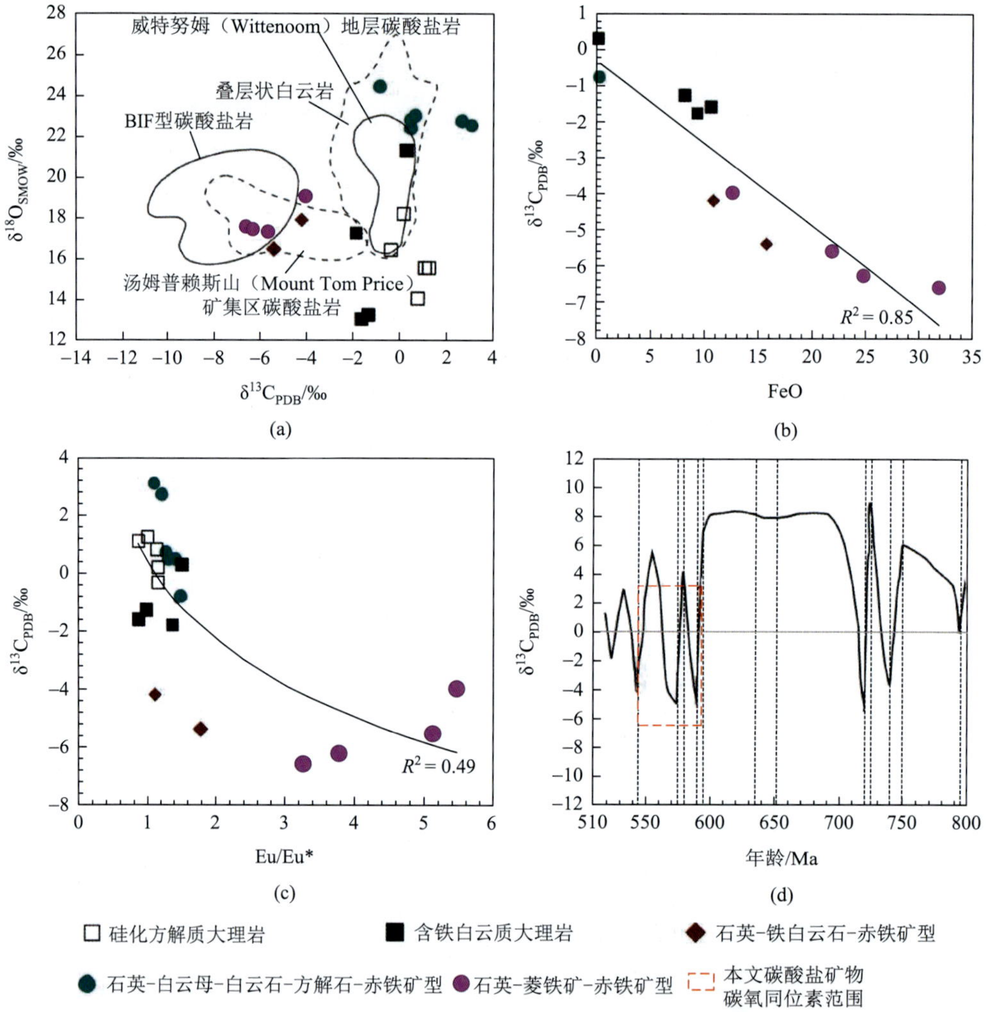

图4.10　（a）南屏雪山铁多金属矿床岩矿石 $\delta^{18}O_{SMOW}$-$\delta^{13}C_{PDB}$ 图解（据Spier et al.，2007；Beukes et al.，1990）；（b）FeO与 $\delta^{13}C_{PDB}$ 线性相关图解；（c）Eu/Eu*-$\delta^{13}C_{PDB}$ 图解；（d）碳酸盐岩碳同位素在地质年代分布曲线（Walter and Veevers，2000）及南屏雪山铁多金属矿床岩矿石 $\delta^{13}C_{PDB}$ 分布范围图

一般来讲，高温的水岩交换作用（>300℃）将使得 $\delta^{18}O$ 降低（郑永飞和陈江峰，2000）。6 个赤铁矿样品的 Al_2O_3、Na_2O、K_2O、Sc、V、Rb、Cs、REE 与 $\delta^{18}O_{V\text{-}SMOW}$ 展现出良好的负相关性，相关系数分别为–0.49、–0.65、–0.43、–0.62、–0.59、–0.63、–0.72、–0.62，说明碎屑物质的加入致使 $\delta^{18}O$ 值降低，更加亏损。综上特征，南屏雪山铁多金属矿床类型-1 矿石负 $\delta^{18}O$ 值说明变质热液流体和大气降水（表生氧化期的淋滤作用）参与富铁矿的成矿过程。

6. *矿床成因类型*

依据形成时代、构造背景、建造类型、铁矿矿石矿物组合特征、地球化学特征、成因机制将全球 BIF 分为阿尔戈马（Algoma）型、苏必利尔（Superior）型和拉皮坦（Rapitan）型（Gross，1980；Huston and Logan，2004；Klein，2005；Bekker et al.，2010；Basta et al.，2011；Xu et al.，2014；崔培龙，2014），具体特征见表 4.2。

矿床地质和地球化学特征均显示出具有 Superior 型铁建造的特征，虽然南屏雪山铁多金属矿床形成时代为新元古代—早寒武纪，形成动力学背景和构造环境为冈瓦纳（Gondwana）超大陆汇聚引致的活动大陆边缘，与 Superior 型 BIF 形成高峰期在古元古代、典型的被动大陆边缘构造背景有一定的差异。但是国内发现的形成时代为 930～850Ma 的石碌大型赤铁矿成因类型归属为 Superior 型（许德如等，2008），Gross（1980）指出 Superior 型 BIF 构造背景也与伸展型裂谷、俯冲和深部断裂系统有关的大陆盆地、克拉通盆地有关。南屏雪山铁多金属矿床与国外典型的 Superior 型 BIF（巴西米纳斯吉拉斯州地区条带状铁建造和南非库鲁曼铁建造）具有相似的赋矿围岩；与巴西米纳斯吉拉斯州地区条带状铁建造矿石类型（石英铁英岩、白云质铁英岩、含铁硅质碳酸盐岩）、主量元素特征、高的富铁矿氧化指数、微量元素特征类似；与南非库鲁曼铁建造碳酸盐矿物、巴西米纳斯吉拉斯州地区条带状铁建造的白云石矿物、西澳哈默斯利（Hamersley）群地层碳酸盐（白云岩）、赤铁矿 BIF 型碳酸盐岩（铁白云石和菱铁矿）具有相似的碳氧同位素特征；南屏雪山铁多金属矿床片岩、硅化方解质大理岩、含铁白云质大理岩、类型-2 矿石产在浅部海水相对氧化的环境中，而类型-1 和类型-4 矿石产在相对较深的还原缺氧环境中，类型-3 矿石发育在深部和浅部的过渡地带，这种分层海水的成矿环境与米纳斯吉拉斯州地区 BIF、南非库鲁曼铁建造十分相似，南屏雪山铁多金属矿床石英–赤铁矿型矿石与澳大利亚西部 Hamersley 盆地 BIF 型富铁矿都具有负的且相近的 $\delta^{18}O_{V\text{-}SMOW}$ 值，表明其富铁矿的形成机理相似；南屏雪山铁多金属矿床铁矿石与石碌矿区富赤铁矿和贫铁矿石的主量元素、稀土元素以及两个矿床硫化物、硫酸盐的 S 同位素较为相似；且国外典型 Superior 型 BIF 中的闪石质铁英岩和石碌矿区的贫铁矿都被看作是硅酸盐 BIF，其中的硅酸盐矿物可能来源于陆源或者火山岩成分（Spier et al.，2007；许德如等，2008），这与南屏雪山铁多金属矿床片岩的原岩恢复结果一致，其原岩主要来源于长英质火山岩。以上特征，均暗示了南屏雪山铁多金属矿床与 Superior 型 BIF 的相似性。

表 4.2　全球主要 BIF 类型特征

特征	Algoma 型 BIF	Superior 型 BIF	Rapitan 型 BIF
形成时代	3.3～3.2Ga、2.8～2.5Ga 达到高峰期	2.5～2.4Ga、1.9～1.8Ga 达高峰期，少量产出在新元古代	0.8～0.6Ga
构造背景	红海裂谷及裂谷盆地环境，火山中心地带，扩张的洋中脊、岛弧、弧后盆地	伸展型裂谷、俯冲和深部断裂系统有关的大陆盆地、克拉通内盆地和大陆架地区	被动大陆边缘，碳酸盐沉积盆地边缘、大陆架浅海沉积环境、冰期裂谷环境
围岩类型	超基性、基性-中酸性火山岩、火山碎屑岩	碎屑岩-碳酸盐岩为主	主要为冰碛岩、混杂沉积
变质程度	变质变形强烈，绿片岩相-角闪岩相	变质变形较弱，绿片岩相	变质程度不一
沉积矿物相	氧化物相、硫化物相、碳酸盐相	氧化物相、硅酸岩相、碳酸盐相	氧化物相、硅酸岩相、碳酸盐相
矿床规模	分布较为广泛，单个矿体规模较小，延伸很少超过 10km	规模巨大，全铁资源量一般超过 100 亿 t，多为单层或多层矿体，延伸达数十千米	单层厚度不超过 100m，延伸不超过 10km
矿石构造和品位	条带状构造为主，品位较低	条带状构造和块状为主，品位较高，见大型富赤铁矿产出	条带状构造不发育，主要为鲕状、肾状赤铁矿
矿石矿物	磁铁矿	赤铁矿和磁铁矿，含有少量的黄铁矿和菱铁矿、铁白云石	赤铁矿
地球化学特征	高 Cr、Mn、Ni、Cu，强烈 Eu 正异常，无或弱 Ce 负异常，显著 Y 正异常，富集重稀土元素，Y/Ho 比值大于 32	低 Cr、Co、Ni、Cu、Zn，中等 Eu 正异常，无或弱 Ce 负异常，Y 正异常，强烈富集重稀土元素，Y/Ho 比值分布在 20～45	Al_2O_3、TiO_2、P_2O_5、Zr、P、K_2O、Th、Nb 高，低 Cr、Co、Ni，弱 Eu 正异常，无或弱 Ce 正异常、弱 Y 正异常，非常强烈富集重稀土元素，Y/Ho 比值分布在 20～30
形成机制	早前寒武纪缺氧的海洋环境中，海底火山热液喷气作用形成，同火山活动密切相关	早前寒武纪缺氧的海洋环境中，海底火山热液喷气作用形成，距火山中心较远；或者在深部缺氧还原和浅部氧化的分层海水环境，海底热液和海侵海退导致物质发生交换成矿	新元古代“雪球事件”形成缺氧富 Fe^{2+}的海洋环境，随着冰雪消融，海水氧化沉淀成矿

同时南屏雪山铁多金属矿床也显示出 BIF 的一些共性特征以及新元古代 BIF 的一些特性。如南屏雪山铁多金属矿床矿石轻稀土亏损、重稀土富集的分馏特征，Eu 的正异常，Al、Fe、Mn、Ti 的对比关系，低的 Ni/Zn（0.03～0.85）和 Co/Zn（0.01～0.35）比值，接近海底热液的 Y/Ho 比值（约为 28），均说明了成矿物质源于热液流体与海水的混合成因。

综上所述，本书研究的矿床成因类型较为特殊，成矿时代为新元古代—早寒武纪，具 Superior 型 BIF 特性。

7. 南屏雪山铁多金属矿床成矿模式

根据区域构造演化特征、沉积建造、岩浆活动和变质作用，并结合成矿时代、成矿动力学背景、成矿物质来源，将南屏雪山铁多金属矿床划分为以下 4 个主要的成矿演化阶段（图 4.11）。

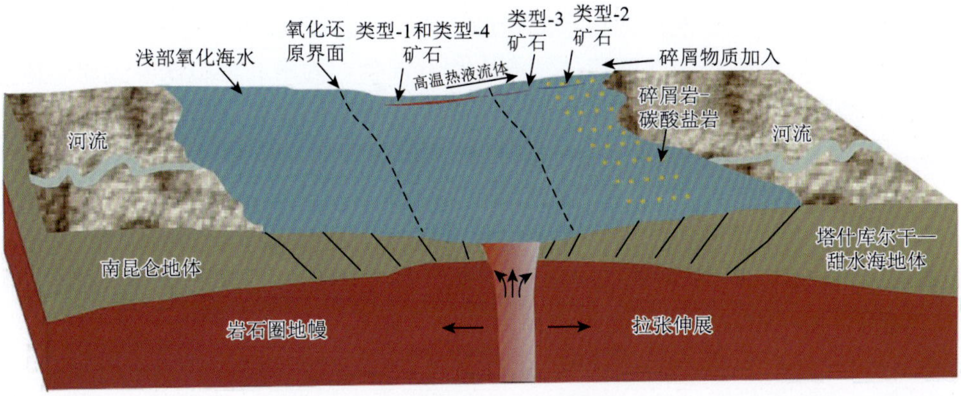

(a) 593～532Ma

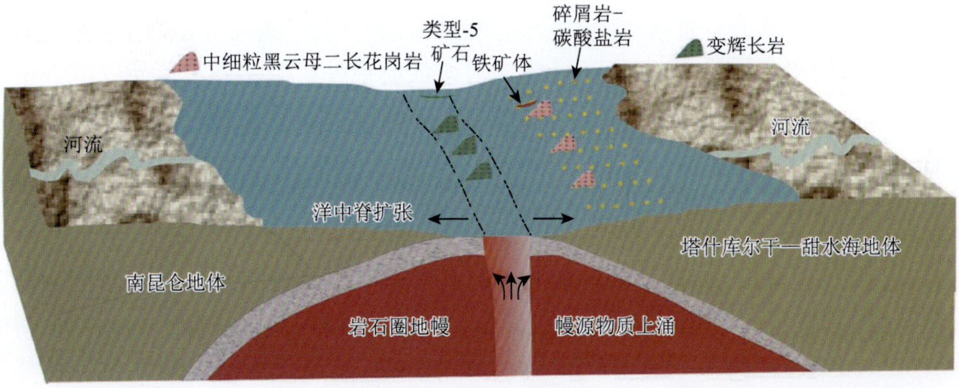

(b) 532～485Ma

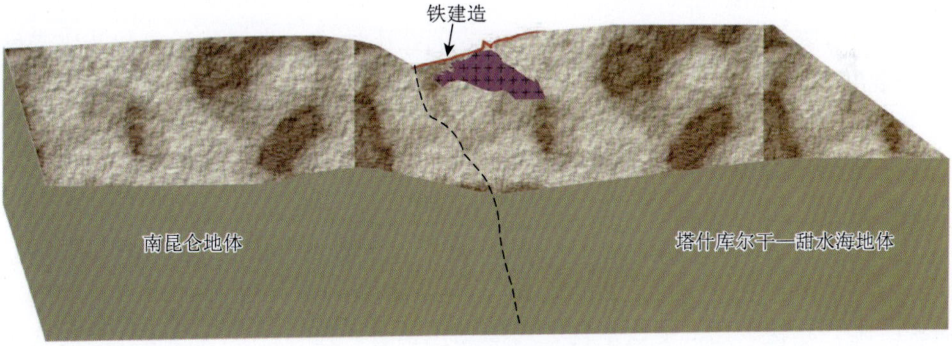

(c) 485～440Ma

图 4.11　南屏雪山铁多金属矿床成矿模式图

1）沉积—成岩期（593～532Ma）（图 4.11a）

新元古代晚期—早寒武纪（593～532Ma），西昆仑造山带处于弧后拉张伸展环境，不断拉张裂解致使塔什库尔干—甜水海地体和南昆仑地体之间形成了西昆南洋（原特提斯洋的一部分），长英质火山岩熔浆在沿断裂上升和喷溢过程中，与当时沉积在该弧后海盆内浅部海水的一套碳酸盐岩相互作用，同时伴随陆源碎屑沉积物的加入，形成一套浅海-滨海相碎屑岩-碳酸盐岩建造，即甜水海岩群。而由于新元古代晚期深部大洋仍然为缺氧还原含 Fe^{2+}环境，海底高温热液流体和海水相互混合，为南屏雪山铁多金属矿床奠定了 Si、Fe 成矿物质基础。伴随着成岩作用，原始矿源层中的成矿元素进一步地活化、迁移、改造压实，形成了原始的铁矿体。海退-海侵引起的海水波动，导致浅部海水和深部海水之间发生组分交换，片岩、硅化方解质大理岩、含铁白云质大理岩、石英-白云母-白云石-方解石-赤铁矿型矿石产在浅部海水相对氧化的环境中，而石英-赤铁矿型和石英-菱铁矿-赤铁矿型矿石产在相对较深的还原缺氧环境中，石英-铁白云石-赤铁矿型矿石发育在深部和浅部的过渡地带。

2）热液成矿期（532～485Ma）（图 4.11b）

寒武纪早期—奥陶纪早期（532～485Ma），由于洋脊不断扩张，形成了 532Ma 洋中脊扩张成因的变辉长岩和 528Ma 与洋壳俯冲相关的中细粒黑云母二长花岗岩构造背景火山弧以及一些次级小断裂，海水成因和岩浆来源的混合硫源（基性火山岩）为硫化物（辉铜矿和黄铜矿）的形成提供了 S 源，持续的岩浆活动促使矿源层或者原始铁矿体中的矿物质发生活化、迁移和富化，形成了铁铜矿体及甜水海岩群与二长花岗岩外接触带附近的铁矿体。

3）变质变形期（485～440Ma）（图 4.11c）

奥陶纪早期—志留纪早期（485～440Ma），塔什库尔干—甜水海地体和南昆仑地体碰撞结束，形成了 485Ma 后碰撞成因的黑云母二长花岗岩，处于碰撞后伸展阶段，由于构造挤压作用及伴随的区域变质作用，矿区局部矿体和矿石内部的条带状构造发生褶曲，所产生的变质流体可能促使了矿源层或者原始矿体中的成矿元素进一步活化、迁移和富集，部分赤铁矿发生变质重结晶作用。

4）表生氧化期

因大气降水的加入，可能导致先生成的铁矿体进一步氧化富集和发生去硅作用，从而形成了富赤铁矿体。

4.1.2　南屏雪山东—冰山北铁矿床

通过野外调查，追踪南屏雪山铁矿化带，在南屏雪山东 6km 处新发现 1 处铁矿床（图 4.12），矿体长 1300m，地表出露厚 5～14m。TFe 品位 45.40%～55.90%，见大量的褐铁矿化、赤铁矿化、菱铁矿化、局部见孔雀石矿化等。在喀拉喀什河对岸发现冰山北铁矿（图 4.12），矿化带长 600m，地表出露厚 22～32m。TFe 品位 38.60%～48.45%，平均品位 42.12%。2 处铁矿隔河相望，为同一个矿化带，中间被 2km 的河床断开，矿化原岩为大理岩，沉积特征明显，显示了较好的找矿潜力。

4.1.3　大同南铁矿点

包括大同南磁铁矿化体（东经 76°09′，北纬 37°39′）和依里发磁铁矿化体（东经 76°10′，北纬 37°38′）。矿化体围岩为灰色-灰黑色云母石英片岩夹大理岩，在石英岩夹云母石英

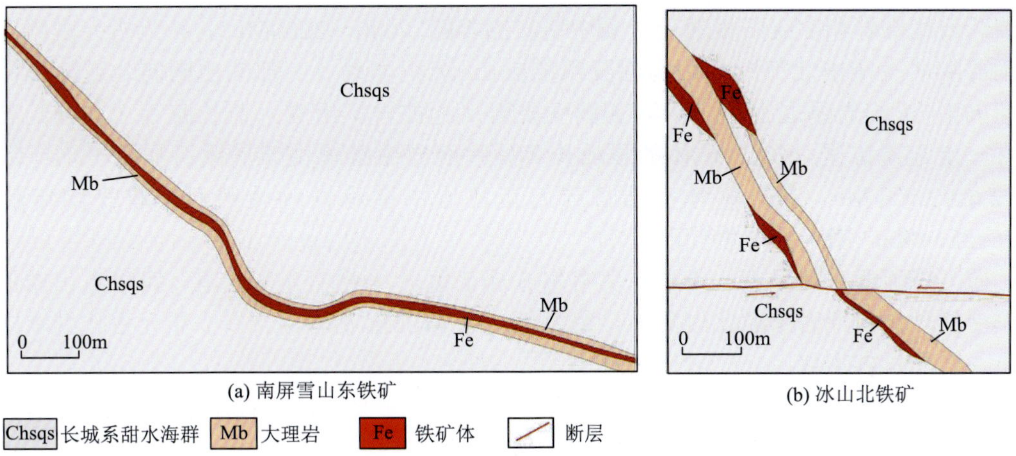

图 4.12　南屏雪山东铁矿（a）和冰山北铁矿（b）地质简图（实测）

片岩地层靠近大理岩的部位，发育纹层状磁铁石英岩及磁铁矿层。纹层状磁铁石英岩厚度约 300m，磁铁矿体最宽达 1m，单层或多层产出。含矿层内矿化不连续，夹有数层厚不等的含铁石英岩，其中上部矿化较强，厚度大，矿体连续性好。

磁铁矿石呈条带状（或纹层状）、致密块状，局部呈浸染状、脉状构造等。含铁矿物和石英黑白相间，具明显条带状、条纹状构造特征，形成条带状硅铁建造。矿石矿物为磁铁矿、少量赤铁矿。脉石矿物为石英，少量斜长石、云母、角闪石、透辉石、透闪石、方解石、绿泥石、黄铁矿等。矿石结构：磁铁矿以它形-半自形粒状为主，少量呈粒状变晶结构、半自形粒状、它形粒状变晶结构。致密块状富矿石主要产于硅质成分较高的地层中，说明磁铁矿主要富集于从泥质岩向砂岩渐变带中。围岩蚀变见夕卡岩化、绿泥石化、绢云母化、褐铁矿化、黄铁矿化。

大同磁铁矿顺层产于库浪那古岩群中条带状含铁石英岩段，具同生沉积成矿特征，后期受区域变质作用叠加改造。认为其代表古元古代沉积变质岩系同生 Fe 成矿系列。

4.2　早古生代沉积变质型磁铁矿

西北起苏巴什达坂，中到赞坎—老并，东南至塔吐鲁沟为一条铁、铜、铅、锌、稀有金属成矿带，长度逾 120km，宽度一般 10～20km，最宽处 30km，呈北西—南东向展布。苏巴什一带有孜洛依大型铁矿以及塔合曼铁矿床、苏巴什钛磁铁矿床；塔阿西—塔吐鲁沟一带，铁矿产地密布，已查明的铁矿石资源量已经超过 3 亿 t，老并铁矿床、赞坎铁矿床、莫喀尔铁矿床达到大型规模（图 4.13）；叶里克铁矿床、吉尔铁克沟铁矿床、塔吐鲁沟铁矿床等达中型规模。其他的还有塔阿西铁矿床、阿依里西铁矿床、塔辖尔铁矿床。铁矿类型为沉积变质型。

布伦阔勒群的形成时代一直存在较大的争议，孙海田等（2003）获得布伦阔勒群斜长角闪片麻岩锆石 U-Pb 年龄 1828Ma；张传林等（2007）测定了西昆仑西段布伦阔勒群石榴黑云片麻岩和夕线石榴黑云片岩中锆石的年龄（600～2200Ma），认为古元古界布伦阔勒群实质上是由北部的角闪岩相变质的火山-沉积岩系及南部的由南向北逆冲推覆到这套火山-沉积岩系之上的角闪岩相副变质岩（孔兹岩）组成。燕长海等（2012）测得老并一走克本矿区 M6-2 矿体的顶板长英质片麻岩中继承性碎屑锆石加权平均年龄为（532.6±3.9）Ma，M1 矿体夹石黑云石英片岩中继承性碎屑锆石加权平均年龄为（526±5）Ma，属于早古生代。

通过塔阿西、叶里克、赞坎—莫喀尔 3 个矿区 5 个锆石年龄信息，可以看出布伦阔勒群中斜长角闪片岩年龄比较集中，主要集中在 510Ma 左右，含有少量元古代继承锆石信息，属于早古生代。

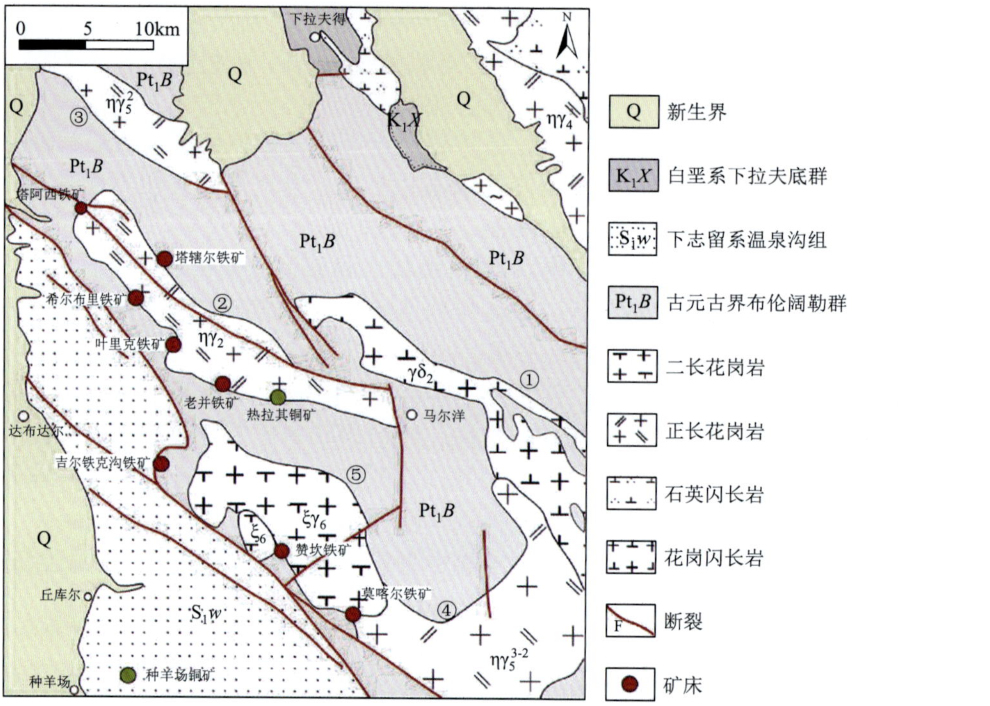

图 4.13　西昆仑塔什库尔干一带地质略图（据河南省地质调查院，1∶25 万区调资料修改）

4.2.1　塔阿西铁矿床

位于达布达尔乡东北约 16km 处的塔阿西沟，地理坐标：东经 75°23′～75°26′，北纬 37°28′～37°29′。

1. *矿区地质概述*

1）地层：出露地层为布伦阔勒群，南部发育志留系温泉沟组（S_1w）地层，第四系沿着沟谷发育（图 4.14）。赋矿围岩主要为布伦阔勒群黑云母石英片岩及斜长角闪片岩，二者互层，整体上包括三层铁矿（化）体。

2）构造：塔阿西矿区西部发育塔阿西断裂，是布伦阔勒群边界断裂；在矿区内推测发育一断裂，为一条深沟，该断裂两侧地层产状有明显的变化，断裂以西地层为向北倾，而断裂以东地层为北东倾向；另外可见少量次级断裂，切割斜长角闪片岩。

3）岩浆岩：矿区内岩浆岩发育少，在矿区东部地区发育一小的花岗闪长岩岩体。

2. 矿体特征

塔阿西矿区 3 层矿化带，单矿体厚度较薄，为宽 0.1～6m，矿体延伸 20～280m，矿体全铁品位 19.6%～50.3%，平均品位 TFe_2O_3 为 42.86%。矿化带在塔阿西沟（第四系）东西部有明显的区别，在沟东面，矿化体北东倾向，受背形构造影响，矿化带总体呈倒“V”型近东西向展布，出露矿体呈似层状、脉状，与地层整体呈整合产出。

3. 矿石组构

塔阿西矿区矿石矿物单一，以磁铁矿为主，少量黄铁矿；脉石矿物有石英、斜长石、角闪石、黑云母、方解石、石榴石等。

铁矿石主要呈自形-半自形的粒状结构。根据塔阿西矿区的铁矿石构造特征和不同的矿物组合，可大致分为致密块状构造、条带状构造及浸染状构造三类构造特征。

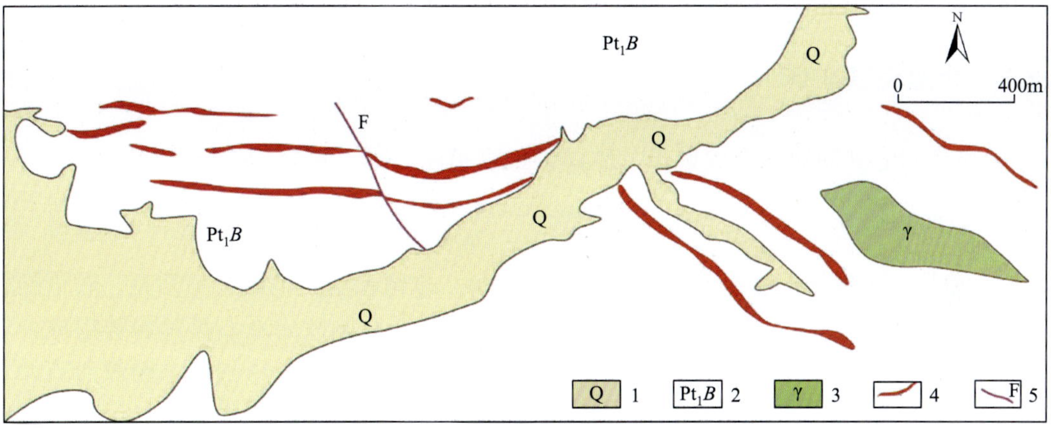

图 4.14　塔阿西铁矿床地质简图

1. 第四系冲洪积、残坡积；2. 布伦阔勒群；3. 花岗岩闪长岩；4. 磁铁矿化体；5. 断裂构造

4. 塔阿西矿区沉积年龄

选取与矿体紧密相关的斜长角闪片岩（tax-11）进行锆石定年，锆石加权平均年龄为（516.5±5.2）Ma（图 4.15）。由于铁矿成矿年龄与中基性火山岩的形成年龄相一致，所以（516.5±5.2）Ma 可以近似代表铁矿的成矿年龄。

5. 成矿阶段

塔阿西矿区成矿规模较小，受后期变质作用较弱，在野外地质调研的基础上，根据

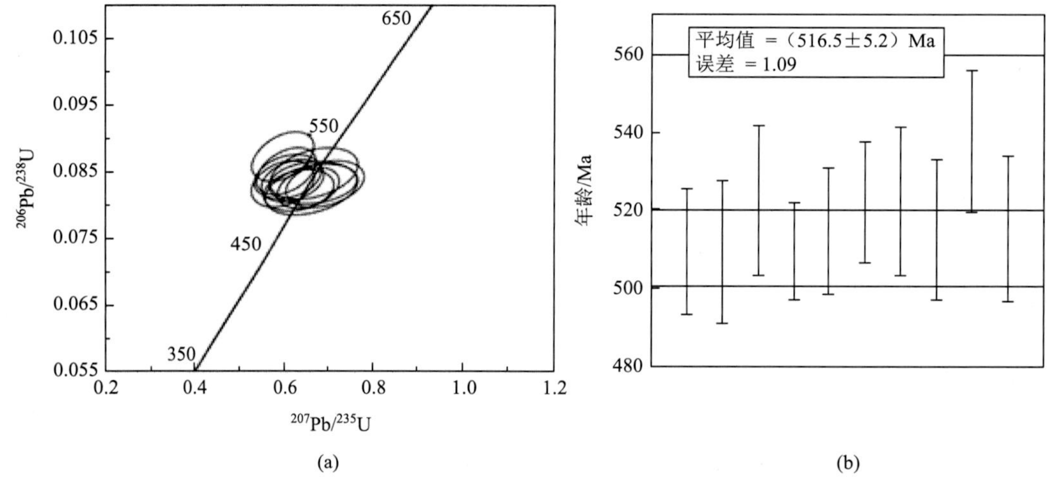

图 4.15　塔阿西锆石 CL 图及 U-Pb 年龄谐和图（a）及加权平均年龄图（b）

矿体与赋矿围岩接触关系和矿物组合特征，结合详细的岩相学观察，将塔阿西铁矿划分为铁质沉积期和区域变质期。铁质沉积期是塔阿西矿区最重要的成矿阶段，提供大量的铁及其他组分；在区域变质期阶段，部分磁铁矿颗粒具有变质重结晶，而矿物颗粒具有变大的趋势。

4.2.2　叶里克铁矿床

叶里克与老并同属一个成矿带，矿体大致可相连，属于不同的矿权。

1. 矿区地质

1）地层：出露地层由老到新有：布伦阔勒群、志留系温泉沟组及第四系。布伦阔勒群是矿区内的主要地层，主要由黑云母石英片岩、斜长角闪片岩及石英片岩等组成。志留系温泉沟组（S_1w）：主要分布于叶里克铁矿区南西一带，东以塔阿西大断裂与古元古界布伦阔勒群相接。岩性为褐灰色薄层状细粒石英砂岩与灰绿色泥质板岩互层到浅灰色中层白云质灰岩。

2）构造：从出露岩性及产状观察，该矿区以单斜构造为主，部分岩石发生较强的变形作用；在叶里克东南的老并矿区，岩石变形较强，向斜构造发育。

3）岩浆岩：矿区一带岩浆岩相对发育，在叶里克一带发现有走克本岩体，呈近北西—南东向，宽 230～650m 侵入于布伦阔勒群中，岩性以花岗岩、二长花岗岩等为主。

2. 叶里克矿区矿体特征

叶里克矿区共发育大致 5 条平行磁铁矿化带，每条矿化带中发育数条磁铁矿体，矿体整体北东走向，以单斜构造为主，矿化带长 3～6km（图 4.16）。

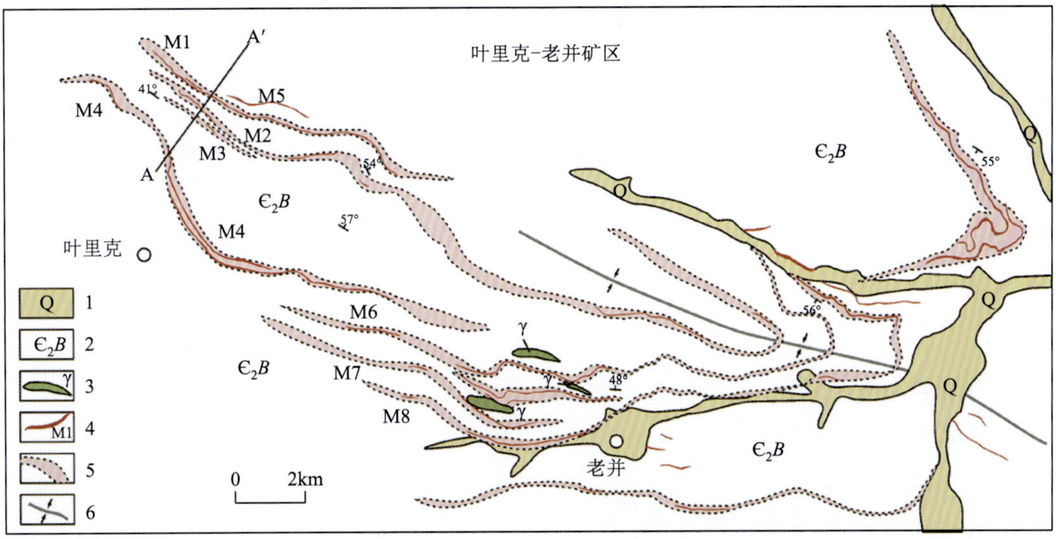

图 4.16 叶里克—老并矿区地质简图（据陈登辉等，2013 修改）

1. 第四系冲洪积、残坡积；2. 布伦阔勒群；3. 花岗岩；4. 花岗岩闪长岩；5. 磁铁矿化体；6. 磁铁矿矿化带

Ⅰ号矿化带：该矿化带位于矿区北部，地表出露长约 4123m，宽 20～130m。含矿岩石为黑云母石英片岩。Ⅰ号矿化带由 4 个矿体组成，其中 $Ⅰ_3$ 号矿体地表出露最好，地表出露长约 1148m，真厚度为 4.42m，TFe 平均品位 29.51%，矿体产状 23°～75°∠35°～48°。

Ⅱ号矿化带（图 4.17）：该矿化带位于Ⅰ号矿化带南 60～450m 处，矿化带长 3800m，宽 48～242m。Ⅱ号矿化带由数个小矿体组成，其中 $Ⅱ_1$ 号矿体规模较大，矿体地表出露长约 850m，真厚度为 3.26m。矿体 TFe 平均品位 37.06%。矿体产状 21°～38°∠36°～46°。

Ⅲ号矿化带：该矿化带位于矿区中部，地表出露长约 1540m，宽 10～30m。矿体地表出露长约 106m，宽 6.10～11.20m，真厚度为 7.75m，产状 12°～38°∠40°～46°。矿石 TFe 品位为 13.10%～38.50%。

(a)

(b)

图 4.17 叶里克矿区野外露头

（a）叶里克Ⅲ号矿化带露头；（b）叶里克矿区远景图

Ⅳ号矿化带：该矿化带位于矿区西南部，为矿区内最大的一条磁铁矿化带，向东延入老并矿区。地表出露长约 6110m，宽 40～170m。各矿体均为顺层产于黑云母石英片岩中，磁铁矿在其中呈条带、层状或星散状分布，以层状为主，并形成磁铁矿体（图 4.18）。$Ⅳ_3$ 号矿体为该矿化带中较大一条，长约 1955m，宽 15.9～54.0m。矿体 TFe 平均品位为 36.10%。

Ⅴ号矿化带：矿化带长约 1310m，宽 12.3～101m，含矿岩石为阳起石绿帘石岩，探槽揭露显示，矿体厚度在 7.7m，Fe 品位为 33.19%～43.60%。

(a)　(b)

图 4.18　叶里克矿区铁矿体钻孔岩芯及野外露头

（a）叶里克Ⅳ号矿岩芯；（b）Ⅱ号磁铁矿化带

3. *矿石组构*

叶里克矿区矿石矿物主要以磁铁矿为主，少量黄铁矿及褐铁矿；脉石矿物有石英、斜长石、角闪石、黑云母、石膏等。

矿石结构主要为细粒、微细粒结构，少数呈现为中粗粒结构；矿石构造主要为条带状构造、块状构造及浸染状构造。

叶里克矿区中磁铁矿以条带状构造为主，通常富硅条带和富铁条带互层形成典型硅铁建造，但有少量条带状构造由硬石膏及磁铁矿互层组成。

4. *叶里克矿区沉积年龄*

矿区中沉积变质岩（黑云母石英片岩，ylk2-14）中的碎屑锆石 U-Pb 年龄谐和图（图 4.19）可以看出锆石分布较为广泛，最老的继承锆石（ylk2-14-4）年龄为（2264.0±28.4）Ma，该锆石为继承锆石，说明该地区存在古元古代基底，而最年轻的年龄（ylk2-14-9）为（463.8±6.0）Ma，该锆石具有典型的核幔结构，Th/U＝0.10，也为变质锆石特征，故推测该点为变质年龄；ylk2-14-5 锆石 U-Pb 年龄为（473.6±7.4）Ma，结合该锆石 CL 图及激光剥蚀点，推测该年龄为变质年龄和继承年龄的混合。其他年龄集中在 500～550Ma，部分锆石具有岩浆锆石的环带结构，且锆石 Th/U 整体大于 0.4，显示继承锆石具有岩浆锆石的特点。

5. 成矿阶段

叶里克矿区磁铁矿与赋矿围岩（黑云母石英片岩及斜长角闪片岩）整合接触，矿（化）体延伸较长，矿物成分较简单，以磁铁矿、黑云母、石英、斜长石、角闪石及石膏为主。把叶里克矿区成矿阶段分为铁质沉积期、区域变质期及热液改造期。

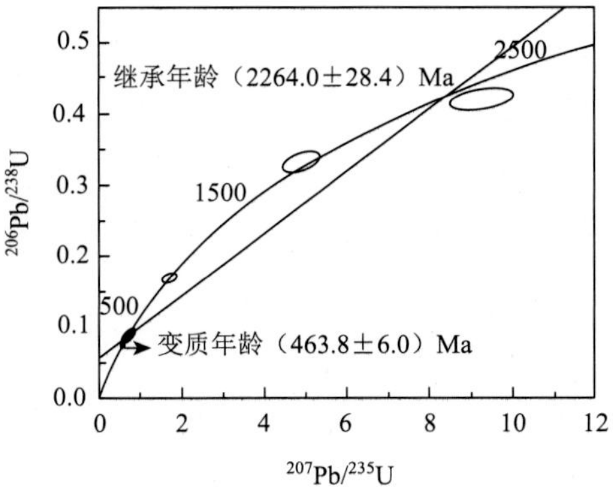

图 4.19　叶里克黑云母石英片岩锆石 U-Pb 年龄谐和图

4.2.3　赞坎—莫喀尔铁矿床

1. 矿区地质概述

赞坎—莫喀尔铁矿床位于新疆塔什库尔干县城东南约 70km，地理位置：东经 75°35′～75°39′，北纬 37°14′～37°21′。

1）地层：赞坎—莫喀尔矿区（图 4.20）地层由布伦阔勒群、志留系温泉沟组和第四系冲洪积物组成。布伦阔勒群主要岩性为黑云母石英片岩和斜长角闪片岩，灰绿色鳞片状变晶结构、片状构造二者与磁铁矿常常互层，形成条带状硅铁建造，岩石较完整，部分裂隙被后期黄铁矿矿物充填。

2）构造：赞坎—莫喀尔矿区内断裂构造通常难以识别，在Ⅱ号矿体北部地区，黑云母石英片岩次级褶皱构造较为发育。

3）岩浆岩：岩浆岩为霏细斑岩、花岗斑岩，主要分布于矿区中部及北部地区。岩体分异现象不明显，以白色中细粒霏细斑岩为主，次为花岗斑岩，侵位于元古界地层。

2. 矿体分布特征

赞坎—莫喀尔矿区由 7 条大致平行铁矿化带组成，矿体总体走向呈北西—南东向，倾向北东，倾角 17°～88°。其中具有经济价值的为Ⅰ号，Ⅱ号及Ⅲ号矿体。

Ⅰ号矿化带位于矿区中部，呈北西—南东向，断续出露约 4.24km，产于黑云母石英片岩及斜长角闪片岩中。由三个矿体组成，矿化体产状 350°～54°∠17°～88°。$Ⅰ_3$号矿体：出露长约 1400m，矿体平均厚度为 27.22m，矿体平均 TFe 品位 29.00%。

Ⅱ号矿化带：长约 5km，宽 28～44m。由数个矿体组成，其中$Ⅱ_2$号矿体地表露长约

600m，宽 2.5～15m，矿体平均 TFe 品位 29.00%。

Ⅲ号矿体位于矿区南部，自东向西由六个小矿体组成，地表出露长 34～464m，矿体平均厚度 8.58～22.00m，TFe 平均品位为 28.01%～32.24%，顶底板均为霏细斑岩（郝延海等，2013）。

Ⅳ号矿体出露长约 130m，宽 32～60m（图 4.21a），平均水平厚度 52.20m，产于霏细斑岩与片岩接触带，矿体产状 23°∠52°。

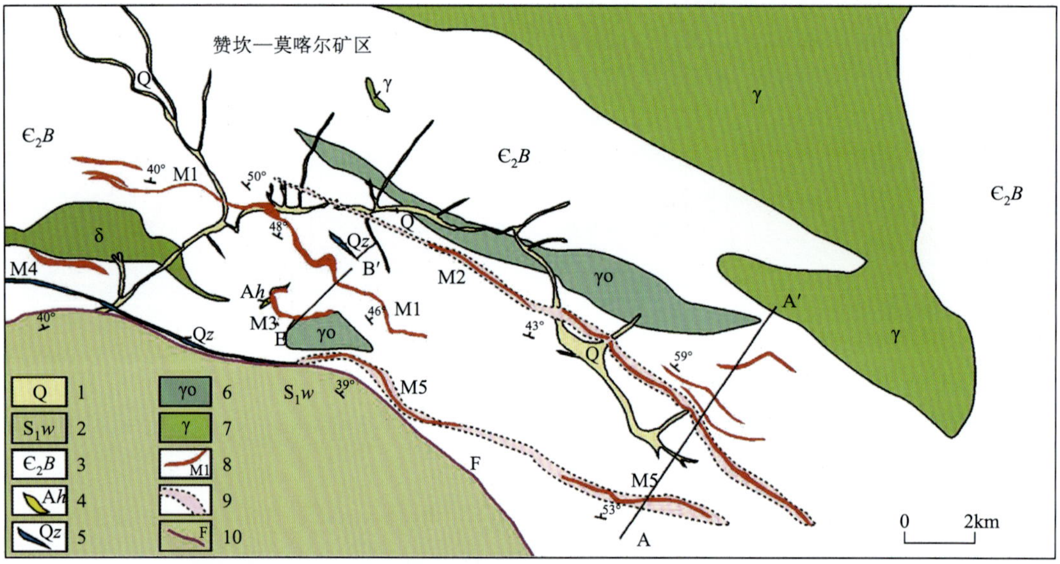

图 4.20 赞坎—莫喀尔矿区地质简图（据陈登辉等，2013 修改）

1. 第四系冲洪积、残坡积；2. 志留系温泉沟组；3. 布伦阔勒群；4. 硬石膏；5. 石英脉；6. 霏细斑岩；7. 花岗岩；8. 磁铁矿体；9. 磁铁矿化带；10. 断裂

在赞坎—莫喀尔矿区南部，发育与矿体整合接触的黄铁矿层，推测为沉积型黄铁矿，厚度约 5m（图 4.21b）。

(a) (b)

图 4.21 赞坎—莫喀尔铁矿露头野外照片

（a）赞坎—莫喀尔铁矿Ⅳ号矿体小探槽剥离；（b）风化黄铁矿层

3. *矿石组构*

赞坎—莫喀尔矿区矿石中矿物成分较简单，主要有磁铁矿，地表矿石中部分被氧化成褐铁矿，品位为 15%～94%，少量黄铁矿及褐铁矿、黄铜矿。

含矿岩石呈细粒状结构，片状构造，主要由磁铁矿、斜长石、角闪石、黑云母及石英组成。其中磁铁矿呈半自形-自形细粒状结构，粒径在 0.5～1.0mm，个别可达到 2.0mm，品位在 25%～30%，局部富集可达 40%（图 4.22），呈稀疏浸染状-稠密浸染状分布，部分区段呈条带状分布。脉石矿物主要为石英、角闪石、黑云母、阳起石、透辉石、方解石、绿泥石、石膏（图 4.23a）等。普遍发育后期热液活动可形成黄铁矿（图 4.23b）。

图 4.22　（a）条带状磁铁矿矿体（较富）；（b）条带状磁铁矿矿体（较贫）

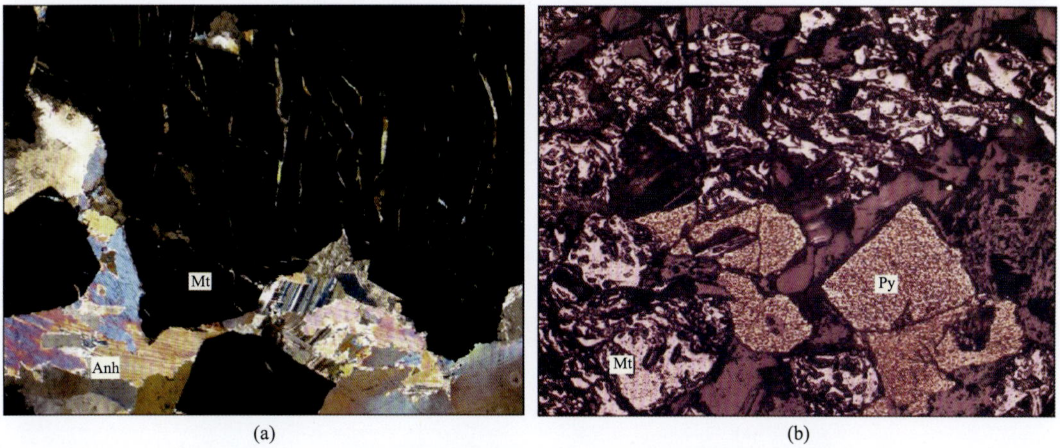

图 4.23　（a）含硬石膏磁铁矿；（b）磁铁矿与黄铁矿共生

4. *赞坎—莫喀尔矿区沉积年龄*

为了准确厘定该区成矿年龄，选取与成矿作用相关的黑云母石英片岩及斜长角闪片岩，共 4 件样品进行锆石挑选。

赞坎铁矿 zk-11 斜长角闪片岩 10 颗锆石加权平均年龄为（511.5±9.4）Ma（图 4.24），代表岩浆喷发结晶年龄，同时也代表该矿区地层形成的年龄。

莫喀尔 MKE24 锆石测试结果比较复杂，整体呈现出 510Ma 附近年龄组及老年龄组特征。MKE24-2 为（546.1±9.7）Ma，其阴极发光图中具有小部分核，推测为继承锆石；另外几个锆石年龄偏老，最老的年龄为（2113.1±32.3）Ma，说明莫喀尔矿区含有元古代基底信息。除去上述几个具有继承锆石的年龄，其余 32 个加权平均年龄为（511.2±3.5）Ma（图 4.25），代表斜长角闪片岩形成的年龄。

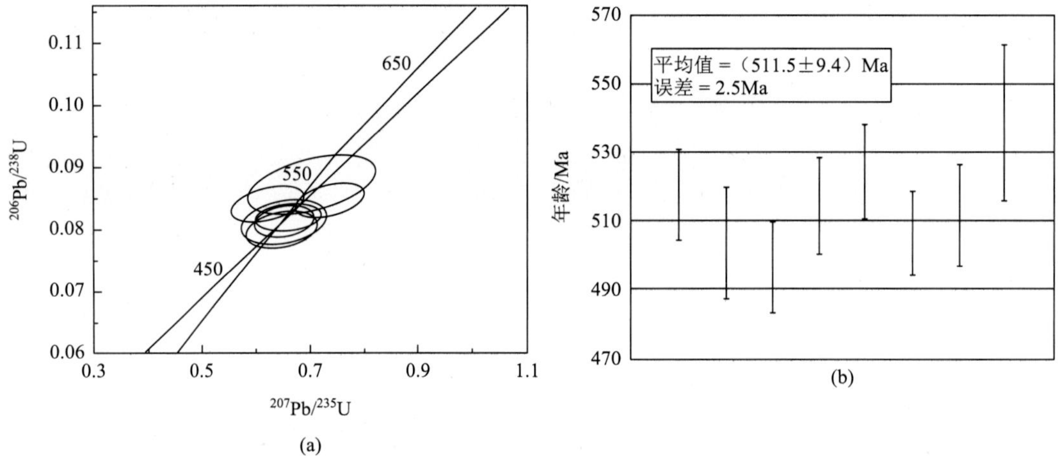

图 4.24　赞坎斜长角闪片岩锆石谐和图（a）及加权平均年龄图（b）

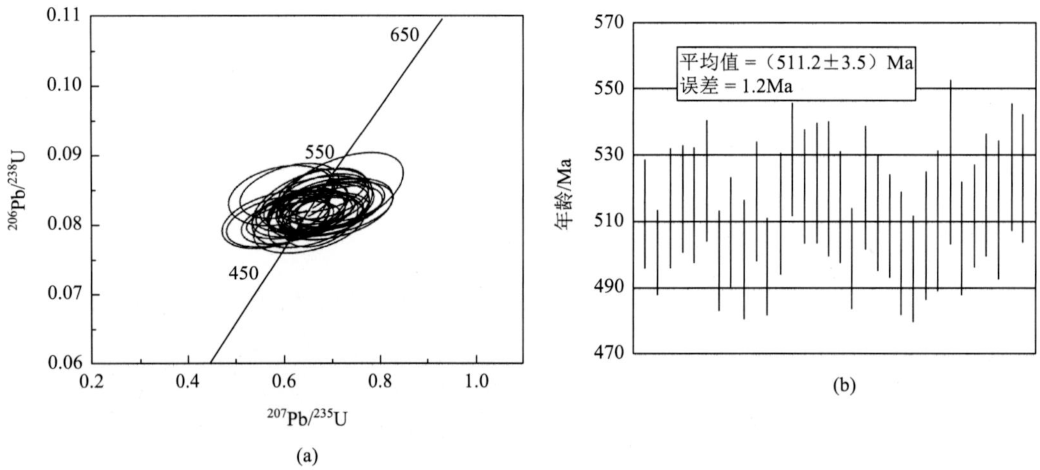

图 4.25　莫喀尔斜长角闪片岩锆石谐和图（a）及加权平均年龄图（b）

5. *成矿阶段*

赞坎—莫喀尔矿区成矿阶段相对复杂，磁铁矿整体赋于斜长角闪片岩与黑云母石英片岩整合接触，矿（化）体延伸稳定，最长达 5km 以上，显示出稳定沉积特征，是条带状铁建造形成且延伸长的重要原因，此阶段划分为铁质沉积期；区域变质对赞坎—莫喀尔部分矿体有一定的影响，表现为磁铁矿、黄铁矿在区域变质过程中，矿物发生重结晶作用而变得粗大，矿物晶型好；热液对该矿区III号矿体的改造作用十分明显，主要表现为霏细斑岩在侵入过程中，通过交代作用形成绿泥石、绿帘石化等矿物，并使得III号矿体与区域北西走向不一致。

根据野外地质特征及显微镜观察，把赞坎—莫喀尔矿区成矿阶段分为铁质沉积期、区域变质期及热液改造期。

4.2.4　老并—走克本铁矿床

位于塔什库尔干塔吉克自治县马尔洋乡，老并铁矿中心点地理坐标：东经 75°35′，北纬 37°22′，资源量估算铁矿石资源量 8593.75 万 t，平均品位磁性铁（mFe）28.21%；走克本铁矿中心点地理坐标：东经 75°38′，北纬 37°22′，估算铁矿石资源量 8915.99 万 t，Fe 平均品位 28.49%。

1. 矿区地质特征

矿区出露地层主要为古元古界布伦阔勒群下亚群下岩组（Pt_1B_1）和第四系。布伦阔勒群为一套中浅变质碎屑岩夹火山岩、碳酸盐岩建造，主要岩性为黑云石英片岩、石榴黑云石英片岩、大理岩、黑云斜长片岩、黑云石膏片岩、石膏岩、长英质片岩、斜长角闪片岩、磁铁石英岩、变石英砂岩。

矿区内褶皱极其发育，以复式的背向形褶皱为主，褶皱轴向以北西向为主。此外，还发育有平卧褶皱，斜歪褶皱及层间的牵引褶皱，显示多期变形特征。

矿区内岩浆活动较强烈，主要有闪长岩和片麻状花岗岩等（图 4.26），与矿化关系密切，一方面使矿体的品位增高，如在岩体附近含矿层中的矿体磁铁矿的品位相对较高，往往出现块状磁铁矿且矿层相对变厚；另一方面岩浆的侵入活动又破坏了矿体的完整性。

2. 矿体特征

老并—走克本铁矿区共发现 24 条磁铁矿体，编号分别为 M1、M2、M3、M4、M5、M6-1、M6-2、M7、M8、M9、M11、M12、M13、M13-1、M14、M15、M16、M17、M18、M19、M19-1、M21、M20 和 M23 矿体，矿体呈层状、透镜状分布于古元古界布伦阔勒群的下亚群下岩组，分别赋存于绿泥石磁铁矿含矿层、方解石磁铁矿含矿层、角闪磁铁矿含矿层、石膏磁铁矿含矿层、黄铁矿化磁铁矿含矿层、磁铁矿-黄铁矿含矿层 6 个含矿层中。其中 M6-1、M6-2、M1、M2、M7、M8 矿体工程控制程度较高。

（1）M6-2 矿体：位于矿区的东北部，为一隐伏矿体，呈层状赋存于 b 段石膏磁铁矿含矿层（$Pt_1B_1b_2$）中。矿体长度约 1560m，平均厚度 11.11m，Fe 平均品位 30.40%。

（2）M1 矿体：分布于矿区中部，呈层状赋存于布伦阔勒群下亚群下岩组 a 段方解石磁铁矿含矿层（$Pt_1B_1a_4$）中。矿体长 1780m，平均厚度 9.81m，矿体 Fe 平均品位 29.78%。

（3）M2 矿体：位于矿区西部 M1 矿体的北侧，赋存于 a 段含角闪磁铁矿含矿层（$\mathrm{Pt}_1B_1a_6$）中。矿体长度 1030m，平均厚度 4.72m。矿体 Fe 平均品位 35.04%。

（4）M3 矿体：位于矿区西部 M2 矿体的北侧，赋存于 b 段石膏磁铁矿含矿层（$\mathrm{Pt}_1B_1b_2$）中。矿体长度 1300m，平均厚度 2.22m。矿体 Fe 平均品位 32.85%。

（5）M4 矿体：位于矿区西北部 M3 矿体的北侧，赋存于 b 段黄铁矿化磁铁矿含矿层（$\mathrm{Pt}_1B_1b_4$）中。矿体长度 1090m，平均厚度 1.51m。矿体 Fe 平均品位 57.29%。

（6）M5 矿体：位于矿区西北部 M4 矿体的北侧，赋存于 b 段黄铁矿化磁铁矿含矿层（$\mathrm{Pt}_1B_1b_4$）中，矿体长度 1845m，平均厚度 2.40m。矿体 Fe 平均品位 35.60%。

（7）M6-1 矿体：位于矿区的中部，与 M6-2 矿体近乎平行，深部控制矿体长度 1700m，平均厚度 5.01m，矿体 Fe 平均品位 TFe27.50%。

（8）M7 矿体：位于矿区的东北部，赋存于 b 段石膏磁铁矿含矿层（$\mathrm{Pt}_1B_1b_2$）中。矿体长度 1520m，平均厚度 5.40m。矿体 Fe 平均品位 31.00%。

（9）M8 矿体：位于矿区向形褶皱的南翼，M7 矿体的下部，赋存于 a 段含角闪磁铁矿含矿层（$\mathrm{Pt}_1B_1a_6$）中。矿体长度 850m，平均厚度 7.96m，矿体 Fe 平均品位 35.68%。

（10）M9 矿体：位于矿区东南部，赋存于 a 段含角闪磁铁矿含矿层（$\mathrm{Pt}_1B_1a_6$）中。矿体长度 1050m，平均厚度 4.63m。Fe 矿体平均品位 37.85%。

（11）M13 矿体：位于矿区东南部，赋存于 a 段绿泥石磁铁矿含矿层（$\mathrm{Pt}_1B_1a_2$）中。近东西走向，矿体长度 3200m，平均厚度 4.31m。矿体 Fe 平均品位 42.17%。

（12）M15 矿体：位于矿区中南部，赋存于 b 段石膏磁铁矿含矿层（$\mathrm{Pt}_1B_1b_2$）中。矿体长度 650m，矿体平均厚度 3.70m。矿体 Fe 平均品位 27.19%。

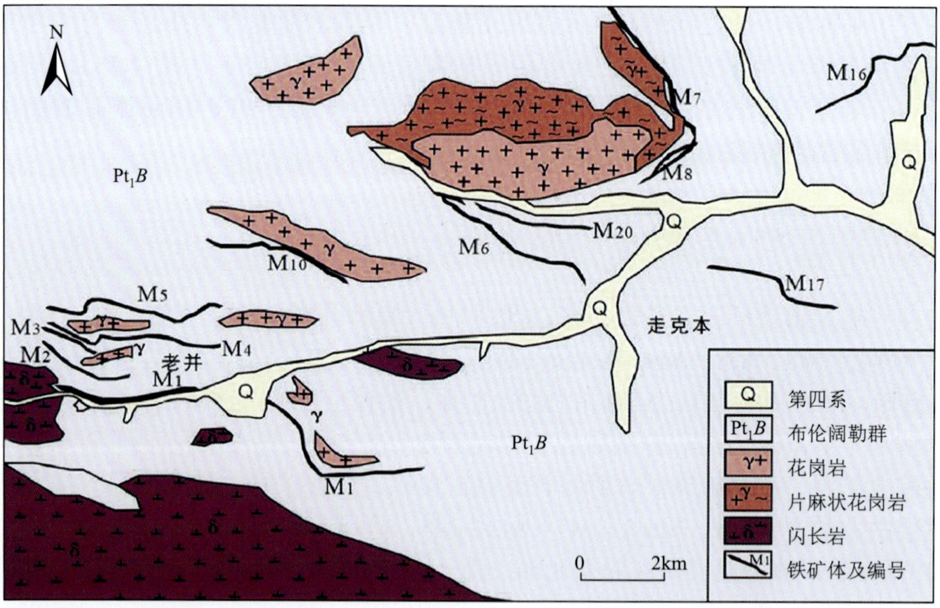

图 4.26　老井—走克本铁矿区地质简图（陈登辉等，2013）

（13）M23 矿体：位于矿区东北部，赋存于 b 段黄铁矿化磁铁矿含矿层（$Pt_1B_1b_4$）中。矿体长度 1940m，厚度 3.07～11.93m，矿体 Fe 平均品位 37.02%。

3. *矿石组构成分*

矿石中主要金属矿物有磁铁矿、黄铁矿、磁黄铁矿，少量镜铁矿、黄铜矿、褐铁矿、铜蓝、黄钾铁矾和极少量的钛铁矿。其中，磁铁矿为目前的工业利用矿物。石英、黑云母、石膏、硬石膏、绿泥石是矿石内最主要的脉石矿物。

矿石结构按成因可分为结晶结构、交代结构、固溶体分离结构、变质重结晶结构及压力结构 5 种类型。其中，结晶结构与交代结构为矿区内矿石的主要结构。

矿石构造主要有条带状、浸染状构造、条纹状构造，少量块状构造。

4. *围岩蚀变特征*

矿区一般常见的蚀变为绿泥石化、绿帘石化、黄铁矿化、透闪石化，但蚀变范围有限。

5. *矿床成因*

区内铁矿体与赋矿地层呈整合接触、渐变过渡关系，同时区内铁矿物质来源与海底火山活动关系密切，陆源碎屑沉积物在铁质的富集沉淀过程中起到了十分关键的作用，富矿主要形成于滨浅海相沉积环境。区内铁矿床中块状磁铁矿石氧同位素含量变化范围为+3.3‰～＋4.6‰，变化幅度较小，与原生沉积的磁铁矿 $\delta^{18}O$ 值变化范围一致，而与由赤铁矿或由菱铁矿变质形成的磁铁矿 $\delta^{18}O$ 值变化范围相差较大。磁铁矿为海相火山沉积，变质作用在铁矿的形成过程中起到了进一步富集作用，初步将老并一走克本铁矿划为 Algoma 型 BIF 铁矿。

4.2.5　孜洛依铁矿床

矿区位于阿克陶县城南西 226°方位直距约 124km 处，行政区划属新疆阿克陶县所辖，地理坐标：东经 74°53′，北纬 38°22′。

矿区出露地层为元古界变质岩和第四系松散堆积物。元古界变质岩岩性以片岩为主，次为大理岩、石英岩、片麻岩等，地层走向北西—南东向。

矿区目前共发现并开采铁矿体 2 个（图 4.27），均产于古元古界性段灰-灰黑色黑云母石英片岩中。2 条矿体均以磁铁矿为主，其他类型的铁矿石少见，矿石主要为浸染状，部分为块状构造，矿石地表氧化程度低。

Ⅰ号矿体位于矿区西北部，呈北西—南东向脉状分布于山坡上，矿体顶底板围岩均为灰-灰黑色黑云母石英片岩，矿体倾向 218°～233°，倾角 61°～66°。地表槽探和深部坑道工程控制磁铁矿体长 200m。

Ⅱ号矿体与Ⅰ号矿体平行展布，位于Ⅰ号矿体南部，矿体呈北西—南东向脉状分布于山坡上，矿体顶底板围岩均为灰-灰黑色黑云母石英片岩，矿体倾向 218°～228°，倾角

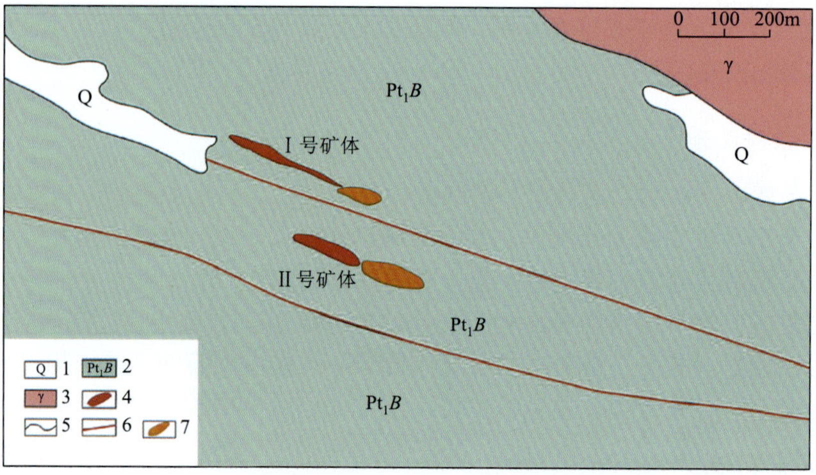

图 4.27　孜洛依铁矿床矿体分布图（据殷晓兵，2015）

1. 第四系；2. 布伦阔勒群；3. 二长花岗岩；4. 矿体；5. 地质界线；6. 断层；7. 推断矿体

64°～65°。地表槽探和深部坑道控制磁铁矿体长 200m。各见矿工程控制矿体厚度 1.19～2.08m，平均厚度 1.65m，单工程矿体全铁平均品位 29.71%～44.37%，矿体全铁平均品位 37.33%。

矿石矿物主要有磁铁矿，少量褐铁矿、赤铁矿等，脉石矿物主要为石英、角闪石、黑云母及少量长石。矿石结构以自形和半自形粒状结构为主，次为鳞片粒状变晶结构。矿石构造以细脉浸染状构造为主，次为块状构造，另可见少量条带状构造及片状构造。

4.2.6　莫拉赫（喀来子）铁矿床

莫拉赫铁矿床，又名喀来子铁矿床，位于塔什库尔干县马尔洋乡东北约 7.0km 处，矿区位于老并铁矿床向东的延伸带上，区内地层主要为古元古界布伦阔勒群，为一套中-深变质岩系，变质程度为铁铝石榴石角闪岩相，岩石类型主要由石榴石黑云角闪斜长片麻岩、黑云斜长片岩、二云母斜长片麻岩、二云母石英片岩、斜长变粒岩以及含磁铁白云石大理岩、石英磁铁岩、重晶石磁铁岩等组成。矿区断裂构造发育，其中以北西—南东向为主，基本以压剪性走向断裂为主，而在局部地段有规模不大的近南北向张性横断层。矿区侵入岩较发育，以燕山期花岗闪长岩为主，少量基性岩墙、花岗岩脉及石英脉（图 4.28）。

矿区内已发现 7 条规模较大的磁铁矿（化）带及 27 条磁铁矿体、7 条重晶石矿体、3 条硫铁矿体等，呈北西—南东向展布。其中，Ⅰ～Ⅳ号铁矿化带位于矿区西北部；M1～M3 号铁矿化带位于矿区东南部。Ⅰ号铁矿化带长约 600m，宽 10～20m。其中已发现 2 条铁矿体、2 条铁矿化体，宽 0.5～6.2m，长 100～330m，TFe 品位 15.6%～48.10%，mFe 品位 7.03%～47.55%。Ⅱ号铁矿化带长约 2.0km，宽 50～200m。其中已发现 6 条重晶石铁矿体、1 条重晶石矿体、1 条重晶石化铁矿体、1 条重晶石铁矿化体、1 条铁矿化体，长 30m～1650m 不等，宽 0.6～14.2m，为重晶石型、石英-重晶石型磁铁矿矿石，分析 TFe

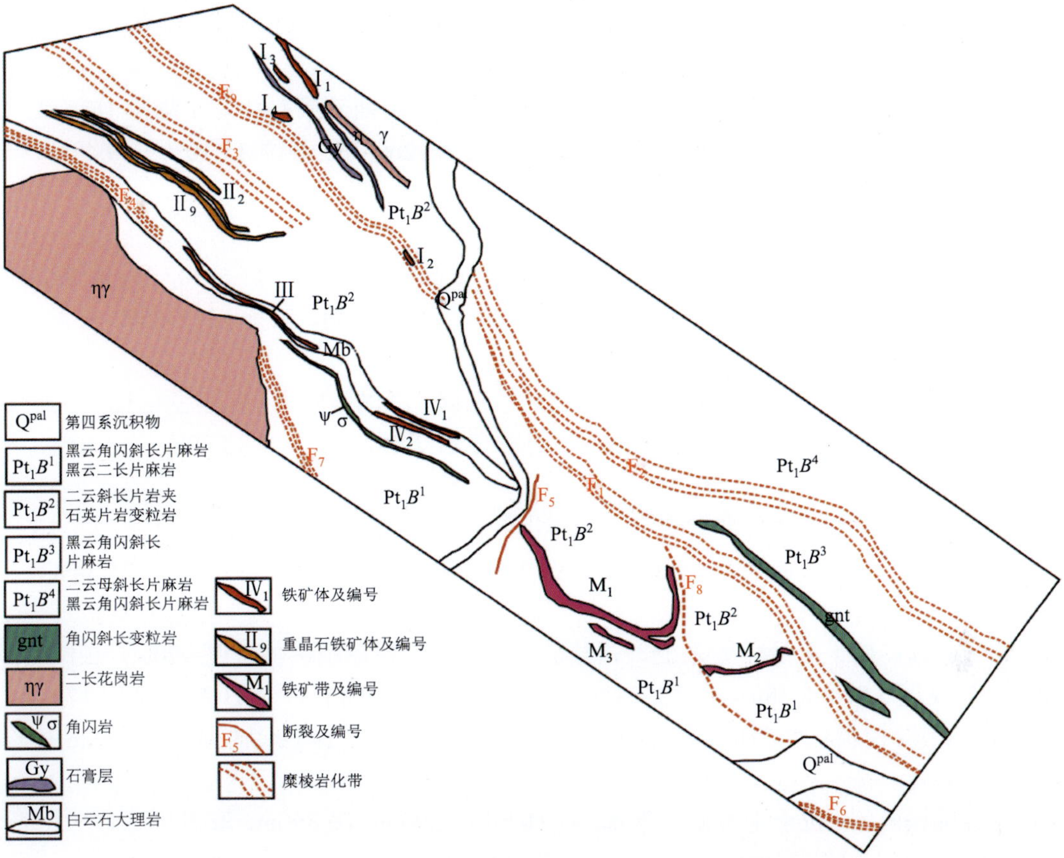

图 4.28　莫拉赫铁矿床地质简图（据何立东和买买提明，2013）

品位 13.30%～48.20%，mFe 品位 0.77%～45.70%，$BaSO_4$ 品位 11.80%～61.58%。Ⅲ、Ⅳ、M1、M2 铁矿带推测可能为同一条铁矿带，矿带宽 30～80m，长 5.0km，共发现 16 条磁铁矿（化）体、3 条硫铁矿体，地表多呈小透镜体状、条带状或似层状，TFe 品位 19.93%～45.90%，mFe 品位 8.42%～45.03%。

M3 铁矿带长约 150m，宽 10～20m，见有两层石英脉型磁铁矿体，矿体宽 2.5～3.2m，以磁铁矿为主，TFe 品位 21.15%～31.30%，mFe 品位 20.17%～30.73%。矿石矿物主要为磁铁矿、黄铁矿、重晶石 3 种。磁铁矿在每一个矿带矿体中均有分布；黄铁矿主要分布于 M1、M2 铁矿带中，目前以 M2 铁矿带中控制矿体规模最大；重晶石主要分布于Ⅱ号重晶石铁矿化带中。主要结构为半-自形粒状结构、鳞片粒状变晶结构为主，并以细粒为主，粗粒或不等粒次之，局部见交代结构。矿石构造有块状构造、浸染状构造、斑杂状构造、星点状或稀疏浸染状构造或条纹条带状构造。

4.2.7　阿依里西铁矿床

由喀什西凯矿业有限责任公司进行勘察，目前共发现 9 条磁铁矿体，主矿体为Ⅰ号、

Ⅱ号、Ⅶ号、Ⅸ号，矿体赋存于古元古界布伦阔勒群变质岩系中，为沉积变质型铁矿。铁矿资源量 13 018 万 t，其中控制资源量 5047 万 t。

Ⅰ号磁铁矿体：北东部倾向南西，倾角 9°～20°，南西部倾向北东，倾角 16°～25°。地表出露长 1900m，工程控制深 350m，平均厚度 6.12m，Fe 品位 15.10%～19.49%，平均 17.02%。

Ⅱ号磁铁矿体：北东部倾向南西，倾角 13°～27°，南西部倾向北东，倾角 28°～35°。地表长 990m，控制深 120m。厚度平均 16.26m，Fe 品位 11.94%～21.59%，平均 19.08%。

Ⅳ号磁铁矿体：总体走向近东西，倾向北北西至北北东向，倾角 15°～65°。长 450m，厚度 5.09m，Fe 平均品位 22.22%。

Ⅶ-1 号磁铁矿体：西部北西走向，东部北东走向，总体倾向南，倾角变化较大，20°～78°。控制长度 420m，控制斜深 600m，平均厚度 11.29m，Fe 品位 15.99%～20.10%，平均 17.15%。

Ⅶ-2 号磁铁矿体：西部北西走向，东部北东走向，总体倾向南，倾角变化较大，20°～78°。控制长度 790m，控制斜深 600m，平均厚度 9.97m，Fe 品位 19.29%～25.34%，平均 19.94%。

Ⅷ号矿体：位于Ⅰ号矿体之上、Ⅷ号矿体之下。工程控制矿体长度 920m，控制斜深 230m。真厚度 5.96～8.38m，平均 7.45m。矿体 Fe 品位 16.13%～24.36%，平均 17.61%。

Ⅸ号矿体：控制长度 710m，深 530m，平均厚度 22.09m；矿体 Fe 品位 13.33%～26.38%，平均 15.99%。

Ⅹ号磁铁矿体：位于Ⅰ号矿体下部。矿体长度 1290m，深 350m，真厚度 2.17～3.5m，平均 3.06m。Fe 品位 11.98%～35.82%，平均 22.42%。

4.2.8　早古生代沉积变质型铁矿床成因研究

为了对西昆仑早古生代磁铁矿成因分析，本书从北到南选取塔阿西、叶里克、赞坎—莫喀尔进行典型矿床研究。

1. 稳定同位素特征

本书通过对布伦阔勒群中黄铁矿和磁铁矿中 S、O 同位素的研究，并通过其同位素特征，探索该西昆仑地区沉积变质型铁矿成矿物质来源。

1）S 同位素特征

塔什库尔干一带硬石膏 $\delta^{34}S$ 值较高，分布范围为 29.0‰～39.1‰，平均值为 35.5‰，具有蒸发沉积硫酸盐富集重硫的特征（Claypool et al.，1980）；黄铁矿 $\delta^{34}S$ 值同样较高，分布范围为 13.3‰～19.2‰，平均为 17.0‰。

硫同位素主要有两个重要的硫源，一是以还原硫形式存在的地幔硫，其 $\delta^{34}S$ 平均值为 0；二是以 SO_4^{2-} 形式存在的大洋水或海水的蒸发岩，现代海水 $\delta^{34}S$ 平均值为 20‰，蒸发岩的范围较广（储雪蕾等，1986）。布伦阔勒群中硬石膏 S 同位素含量较高，具有蒸发岩 S 同位素特征（图 4.29），与野外观察一致。

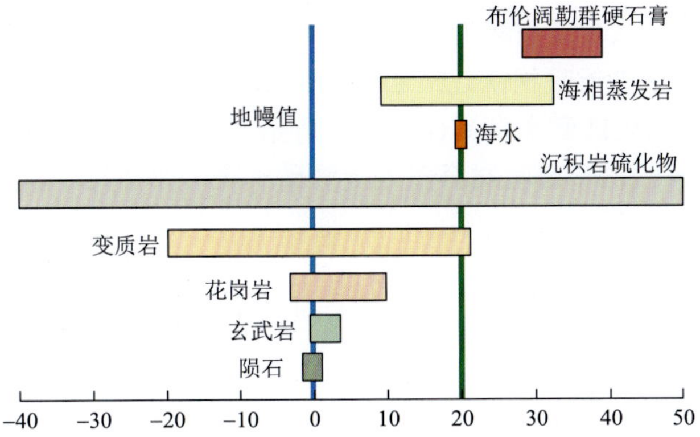

图 4.29　不同岩性单元中硫同位素的组成与布伦阔勒群硬石膏硫同位素分布范围

新元古代早期海水的 $\delta^{34}S$ 值与现代海水 $\delta^{34}S$ 相似，一般在 +20‰左右，在“雪球事件”以后 $\delta^{34}S$ 值迅速增大，在短期内出现超过 20‰的正漂移，达到 40‰～50‰（Chu et al., 2003；张同钢等，2003），然后逐渐降低；在新元古代末 $\delta^{34}S$ 值迅速升高，在前寒武纪与寒武纪的界线附近达到最高值时期（图 4.30），其 $\delta^{34}S$ 值在 +30‰左右（Claypool et al.，1980；Strauss，1993）。

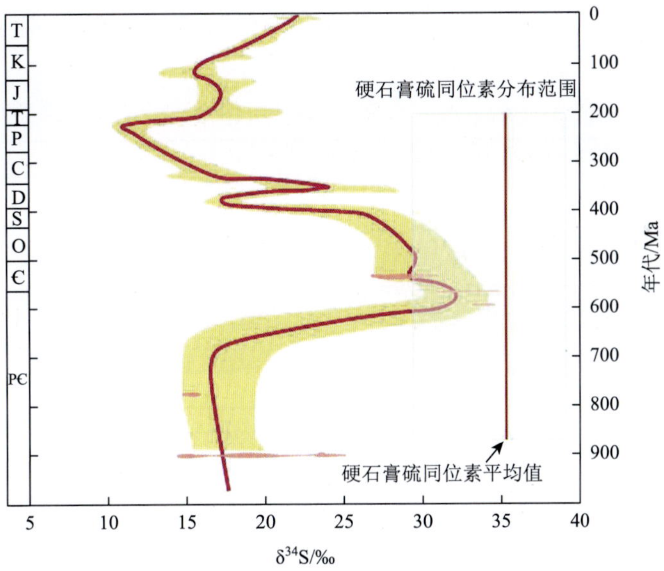

图 4.30　硫酸岩硫同位素在地质年代分布曲线（Claypoo，1980）及布伦阔勒群硬石膏分布范围图

2）O 同位素特征

赞坎铁矿和老并铁矿磁铁矿单矿物 O 同位素可以明显地分为两组，一组为较低的 $\delta^{18}O_{V\text{-}SMOW}$，其 O 同位素组成变化范围为 3.3‰～9.8‰，平均为 5.9‰，与基性-超基性岩的 $\delta^{18}O$ 值 5.4‰～6.6‰在同一范围（郑永飞和陈江峰，2000）；另一组 O 同位素值较高，变化范围为 14.7‰～21.8‰，平均为 17.1‰，具有沉积物高 $\delta^{18}O$ 特征。总体指示与基性-

超基性岩浆作用有关，并有沉积物质的参与。

研究表明，华北陆块条带状铁建造磁铁富矿形成机制主要分为原始沉积、贫矿经热液改造以及原始沉积的菱铁矿在变质作用下分解形成（魏菊英等，1986；钱祥麟等，1985；沈其韩等，2011）；在西昆仑地区发育多处菱铁矿矿床，如切列克其铁矿床，黑黑孜干铁矿床等，通过菱铁矿分解而形成的磁铁矿，通常会伴生石墨。在塔什库尔干一带磁铁矿中，未见石墨与磁铁矿伴生的现象，而菱铁矿在变质作用下分解形成的磁铁矿的 $\delta^{18}O$ 平均为 11.2‰，而塔什库尔干一带高 $\delta^{18}O$（平均为 17.1‰）也不具有由菱铁矿分解为磁铁矿的特征。

2. 矿床地球化学特征

1）矿石地球化学特征

赞坎样品采集在Ⅰ号矿体，块状-带状构造，矿石颗粒较细小，一般小于 1mm；塔阿西样品采集在塔阿西矿带最南部，样品品位较高，整体呈条带状构造。

TFe_2O_3 含量变化范围较大，35.22%～93.20%，平均达到 69.20%；SiO_2 含量范围在 0.38%～40.86%，平均达到 17.63。而 $TFe_2O_3 + SiO_2$ 含量范围在 62.96%～97.62%，塔阿西矿区中的 $TFe_2O_3 + SiO_2$ 含量平均达到 90%，与典型的 BIF 相似（Frei and Polat，2007）。

从图 4.31 可以看出，布伦阔勒群中轻稀土相对亏损，与华北克拉通相比，La 整体具有正异常特征，也有部分显示为负异常（La/La*变化范围在 0.56～2.43，平均值为 1.14）；Eu 显示为明显的正异常特征，Eu/Eu*在 0.98～3.65。

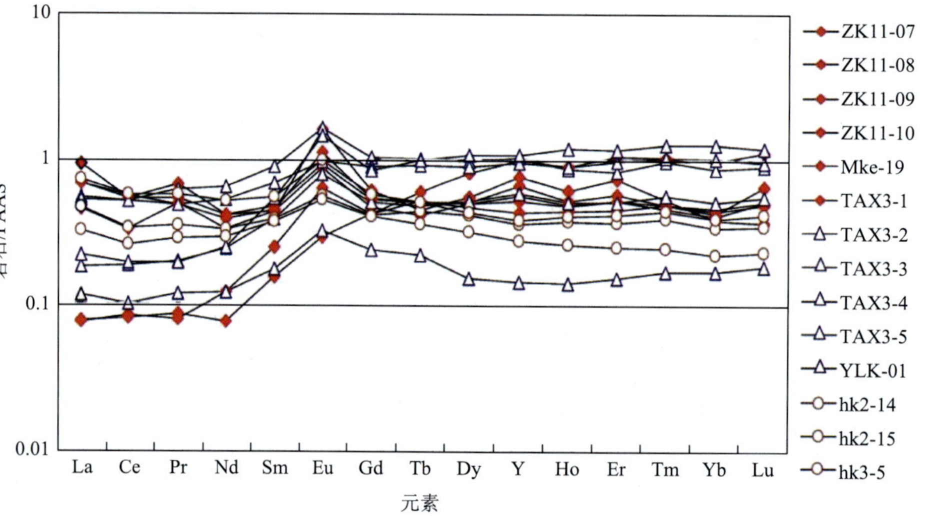

图 4.31　布伦阔勒群磁铁矿矿石稀土元素配分图

2）成矿物质来源

大洋中的氧化还原环境的变化，会使得一些活泼元素离子价态发生变化，Ce 在还原环境中呈 Ce^{3+}。在氧化环境中呈 Ce^{4+}，而 Ce^{4+}的溶解度较低，优先迁移到 Fe-Mn 的氢氧化物、有机物和黏土等吸附而发生沉淀，造成海水中 Ce 的亏损；相反，在还原环境中，Fe-Mn 的氢氧化物等矿物释放 Ce^{3+}，海水中呈 Ce 富集。Ce 异常的判别会由于 La 丰度的不规则变化而变得复杂，利用 Ce/Ce*和 Pr/Pr*图解来判别真正的 Ce 负异常，该方法可以排除 La 异常的影响（Bau and Dulski，1996）。多数学者通过研究矿石中 Ce 的无异常，普遍认为这是一种缺氧的环境（Bau and Dulski，1996，Bekker，2010），在 Ce 异常图解上（图 4.32），布伦阔勒群中磁铁矿矿石显示为 Ce 的负异常或无异常，表明其形成于缺氧沉积中。

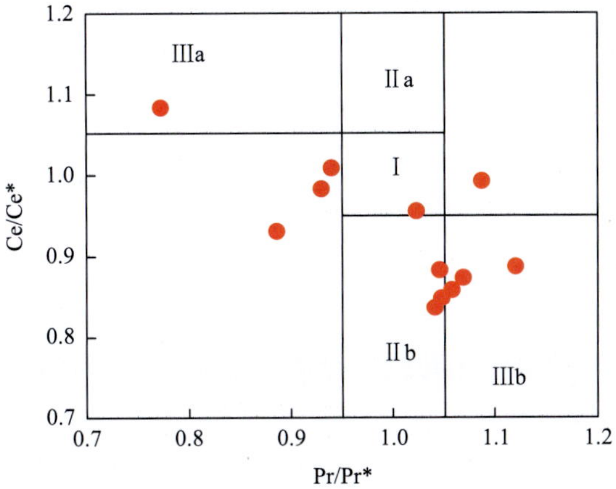

图 4.32　布伦阔勒群磁铁矿矿石异常图解

Ⅰ. 无异常；Ⅱa. La 正异常且无 Ce 异常；Ⅱb. La 负异常且无 Ce 异常；Ⅲa. Ce 正异常；Ⅲb. Ce 负异常

Eu 正异常作为海底高温热液的特征，其值大小也反映了混合溶液中高温热液的相对贡献量；可以反映沉积环境的氧化还原状况，热液组分越多，形成环境愈还原，Eu 异常就越明显，反之亦然（Danielson et al.，1992；李延河等，2012）。布伦阔勒群中磁铁矿矿石 Eu/Eu*在 0.98～3.65，平均为 1.88，显示热液在成矿过程中占据重要作用，成矿环境为还原环境。

热液流体$(La/Yb)_{PAAS}$大于 1，而海水与热液混合则小于 1（Sugitani，1992），布伦阔勒群中磁铁矿$(La/Yb)_{PAAS}$变化范围在 0.08～2.30，显示出磁铁矿既有热液成因为主的样品，又有热液与海水混合为主的样品。Y、Ho 在不同的环境中的比值具有较大的差异，在海水中，Y/Ho 大于 44，而球粒陨石及热液流体中的比值为 27 左右。塔什库尔干一带磁铁矿 Y/Ho 平均值介于海水比值与热液比值之间，显示出海水与热液在成矿过程中的混合作用。

陆源碎屑物质中 Sc 含量通常大于 10×10^{-6}，Cr 含量通常大于 100×10^{-6}（Shaw，1980）；火山沉积岩和海相沉积物的 Sr/Ba 比值大于 1，陆源沉积的 Sr/Ba 比值小于 1（沈其韩等，2009）。布伦阔勒群磁铁矿 Sc 含量范围在 0.10～7.88，Cr 含量在 2～49.7，Sr/Ba 既有大于 1 的样品，也有小于 1 的样品，指示陆源碎屑对布伦阔勒群磁铁矿床的形成有一定的影响。

通过微量及稀土元素分析，认为布伦阔勒群中磁铁矿主要形成于还原环境，海水与热液流体混合为成矿流体主要来源，碎屑物质对布伦阔勒群的形成有一定的影响。

3. 电子探针

1）磁铁矿

塔什库尔干一带沉积变质型铁矿电子探针显示，TFeO 含量范围在 87.072%～93.086%；TiO_2 范围在 0%～0.657%，平均为 0.067%，落在沉积变质型范围内；Al_2O_3 含量在 0%～0.565%，平均为 0.178%，含量较低，为沉积变质型铁矿的特征而区别于他类型矿床；MgO 含量范围在 0%～0.33%，平均为 0.085%，属于沉积变质型磁铁矿类型。

在布伦阔勒群磁铁矿 TiO_2-Al_2O_3-MgO 成因图解中（图 4.33），磁铁矿主要落在了沉积变质型铁矿区域，部分样品落入与岩浆相关的区域中；在 TiO_2-Al_2O_3-(MgO + MnO)中，磁铁矿主要落在了沉积变质型铁矿区域，少量落入夕卡岩型和火山岩型磁铁矿中。

上述结果显示整体范围属于沉积变质型铁矿范围；由于塔什库尔干一带构造岩浆活动强烈，且多个矿区或者离矿区不远处，均有岩浆活动（花岗岩，霏细斑岩等），且部分磁铁矿具有颗粒粗大的后期重结晶特征，推测部分矿体受到岩浆活动的影响。

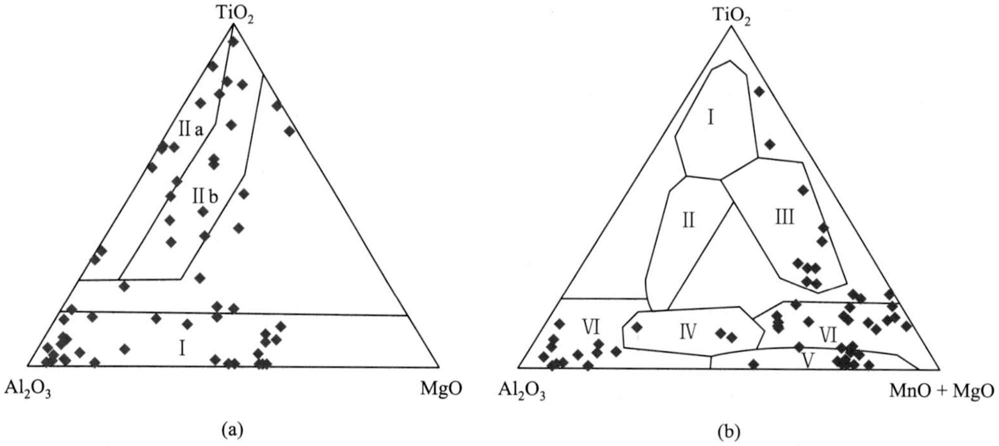

图 4.33　布伦阔勒群磁铁矿 TiO_2-Al_2O_3-MgO（a）（陈光远，1987）和 TiO_2-Al_2O_3-(MgO + MnO)（b）（林师整，1982）成因图解

TiO_2-Al_2O_3-MgO：Ⅰ沉积变质-接触交代区，Ⅱa 酸性-碱性岩浆区，Ⅱb 基性-超基性-中型岩浆区；TiO_2-Al_2O_3-（MgO + MnO）：Ⅰ副矿物型，Ⅱ岩浆型，Ⅲ火山岩型，Ⅳ接触交代型，Ⅴ夕卡岩型，Ⅵ沉积变质型

2）黄铁矿

沉积成因黄铁矿 Fe、S 含量同理论值相近或 S 的含量略多，内生成因的黄铁矿与理论值相比亏硫，黄铁矿中 Fe/S 的理论值 0.857，通过黄铁矿中 Fe/S 的实际值与理论值的比较，可以得到黄铁矿成因（梅建明，2000）。Bralia 等（1979）对多种不同成因类型黄铁矿的 Co 和 Ni 含量进行系统研究后认为沉积黄铁矿 Co/Ni 小于 1，平均值为 0.63；热液

黄铁矿的 Co 和 Ni 含量变化较大，Co/Ni 在 1.17～5；火山喷气块状硫化物矿床 Co/Ni 为 5～50，平均值为 8.7。王奎仁（1989）指出同生沉积的黄铁矿 Co/Ni 显著小于 1，范围 0.011～0.37，而经过改造作用强度从 0.16～0.8 到接近 1；而沉积变质随变质程度加深而增大，从 1.47～5.75。

测试结果显示 Fe 含量在 44.711%～46.751%，S 含量在 53.231%～56.397%，Fe/S 范围在 0.795～0.849，平均为 0.825，整体显示相对富集 S，指示沉积特征；有效的 Co/Ni 比值范围在 2.03～5.33，整体显示出具有热液成因黄铁矿或者较高程度沉积变质成因黄铁矿。结合 Fe/S 及 Co/Ni 显示布伦阔勒群中黄铁矿为沉积成因，并受到较强变质而发生重结晶作用。

4. 布伦阔勒群铁矿成因分析

塔什库尔干一带沉积变质型铁矿具有沉积岩层的典型特征，在塔阿西，叶里克，赞坎及莫喀尔矿区中，磁铁矿整体呈单斜构造产出，在老并矿区，发育向斜构造，围岩呈褶皱状态时，铁矿层也随之褶皱。斜长角闪片岩及黑云母石英片岩是布伦阔勒群中磁铁矿的主要赋矿围岩，显示出各矿区具有相似且稳定的沉积环境。条带状铁矿石的矿石矿物主要为磁铁矿，少量黄铁矿，表明条带状铁矿石是经过很好的沉积分异作用所形成的矿石。

布伦阔勒群中斜长角闪片岩原岩主要由洋岛玄武岩形成，经过区域变质作用而形成斜长角闪片岩；黑云母石英片岩在微量元素与斜长角闪片岩相似，暗示具有相似的物源特征，推测是岩浆喷发过程中，受陆源碎屑物质影响，经区域变质作用而形成黑云母石英片岩。

布伦阔勒群磁铁矿单矿物 TiO_2、Al_2O_3、MgO 和 MnO 含量较低，有别于岩浆型铁矿与夕卡岩型铁矿；在 TiO_2-Al_2O_3-MgO 成因图解中和 TiO_2-Al_2O_3-(MgO + MnO)成因图解中，磁铁矿主要落在了沉积变质型铁矿区域；黄铁矿 Fe/S 比小于理论值，是沉积硫化物的特征；Co/Ni 范围在 2.03～5.33，是变质程度较高的标志，指示布伦阔勒群中黄铁矿为沉积成因。

磁铁矿稀土分配曲线相似，暗示布伦阔勒群中磁铁矿具有相似的成矿环境。在 Ce 异常图解中，布伦阔勒群中磁铁矿矿石显示为 Ce 的负异常或无异常，表明其形成于缺氧沉积中；Eu/Eu*大于 1，整体显示热液在成矿过程中占据重要作用，成矿环境总体为还原环境；Y/Y*平均为 1.0，Y/Ho 范围在 29.57～34.61，说明海水在成矿过程中提供成矿物质较少。

综上认为，磁铁矿成矿物质来源于洋岛玄武岩，形成于板内环境，在火山喷发过程中，形成大量含矿热液，热液流体随火山沉积作用沉积形成条带状矿石，斜长角闪片岩与黑云母石英片岩的重复出现，也代表不同的火山沉积旋回；经区域构造运动，磁铁矿发生褶皱作用，在褶皱转折端具有加厚现象，在此期间发生区域变质作用，部分磁铁矿重结晶而形成较粗大的磁铁矿颗粒；印支—喜山期岩浆活动，发生接触交代作用形成少量矿（化）体。

5. 布伦阔勒群铁矿成矿模式

与铁矿相关的构造演化分为布伦阔勒群含铁岩性段的形成及演化两个阶段（图 4.34）。

1）布伦阔勒群含铁岩性段的形成

区域资料显示西昆仑地区可能在太古宙就已形成，到古元古代时期，陆块进一步扩大，在西昆仑北带地区有赫罗斯坦岩群和埃连卡特群形成。以麻扎—康西瓦断裂带以南的布伦阔勒群为代表的南部基底岩性差异很大，岩石组成复杂，在塔吐鲁沟一带以角闪岩相变质的碎屑岩夹少量大理岩为特征，塔什库尔干县一带发育大量镁铁质-超镁铁质岩石。而布伦阔勒群含铁岩性段在此次工作测得锆石 U-Pb 年龄为 510Ma，与老并铁矿床形成于早古生代一致（燕长海等，2012）。

布伦阔勒群含铁岩性段中，据原岩恢复结果，认为斜长角闪片岩原岩为洋岛玄武岩，而黑云母石英片岩则有一定碎屑岩的加入。

在早古生代（约 510Ma），由于原特提斯洋洋底火山作用，形成一系列洋岛玄武岩，并提供大量含矿热液，在玄武岩结晶过程中，部分热液沉积并形成磁铁矿矿体；在火山作用间歇期，含矿热液继续从热点中流出，随着碎屑岩的沉积，而形成磁铁矿矿体。在火山沉积作用与火山间歇期中碎屑岩的沉积交替出现，形成玄武岩与碎屑岩的互层现象。

2）布伦阔勒群含铁岩性段的演化

布伦阔勒群含铁岩性段的演化大致可分为原特提斯洋的俯冲致使其变质变形及后期岩体影响两个部分。在 500～460Ma 时期，原特提斯洋转换为向北俯冲，在南昆仑地体中现了少量的寒武纪俯冲型花岗岩，而大规模的俯冲消减发生在奥陶纪，西昆仑地区小同—他龙一带形成了大量的岛弧型花岗岩（毕华等，1999；肖序常等，2005，Xiao et al.，2005）。

布伦阔勒群含铁岩性段在原特提斯洋俯冲期发生变质变形作用。由于洋壳的俯冲消减作用，部分矿体随俯冲深度加深而熔融，并使得该岩性段整体具有较深的埋深，而发生区域变质作用，致使该群中锆石发生变质增生边。在叶里克矿区测得一颗变质锆石年龄为（463.8±6.0）Ma，与南昆仑地体中岛弧年龄相似。在 460～440Ma 时期，塔什库尔干—甜水海地体与南昆仑地体碰撞阶段结束，而西昆仑地区进入原特提斯洋的演化。

由于布伦阔勒群随塔什库尔干—甜水海地体向北俯冲过程中，布伦阔勒群由于挤压等应力作用而发生褶皱构造及断裂构造。在老并矿区，褶皱发育，在褶皱的转折端，矿体具有加厚富集现象。

在原特提斯洋演化阶段之后，西昆仑地区又经历古特提斯洋及板内构造演化阶段，形成中生代和新生代花岗岩体（柯珊，2006），大量的花岗岩侵入对矿区提供热液，部分矿段发生夕卡岩化，使矿体有富集现象。

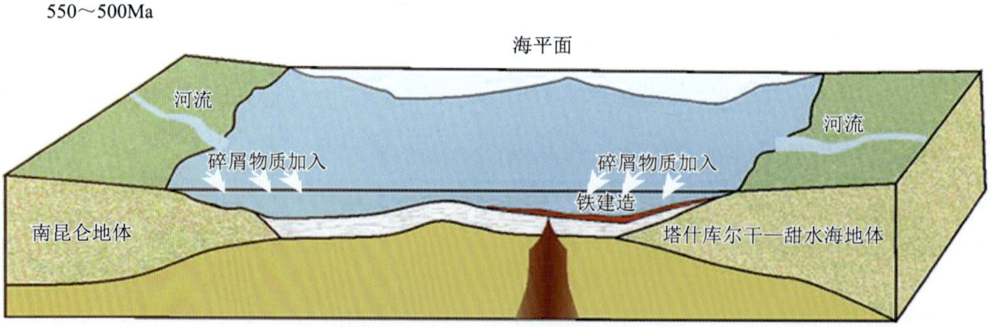

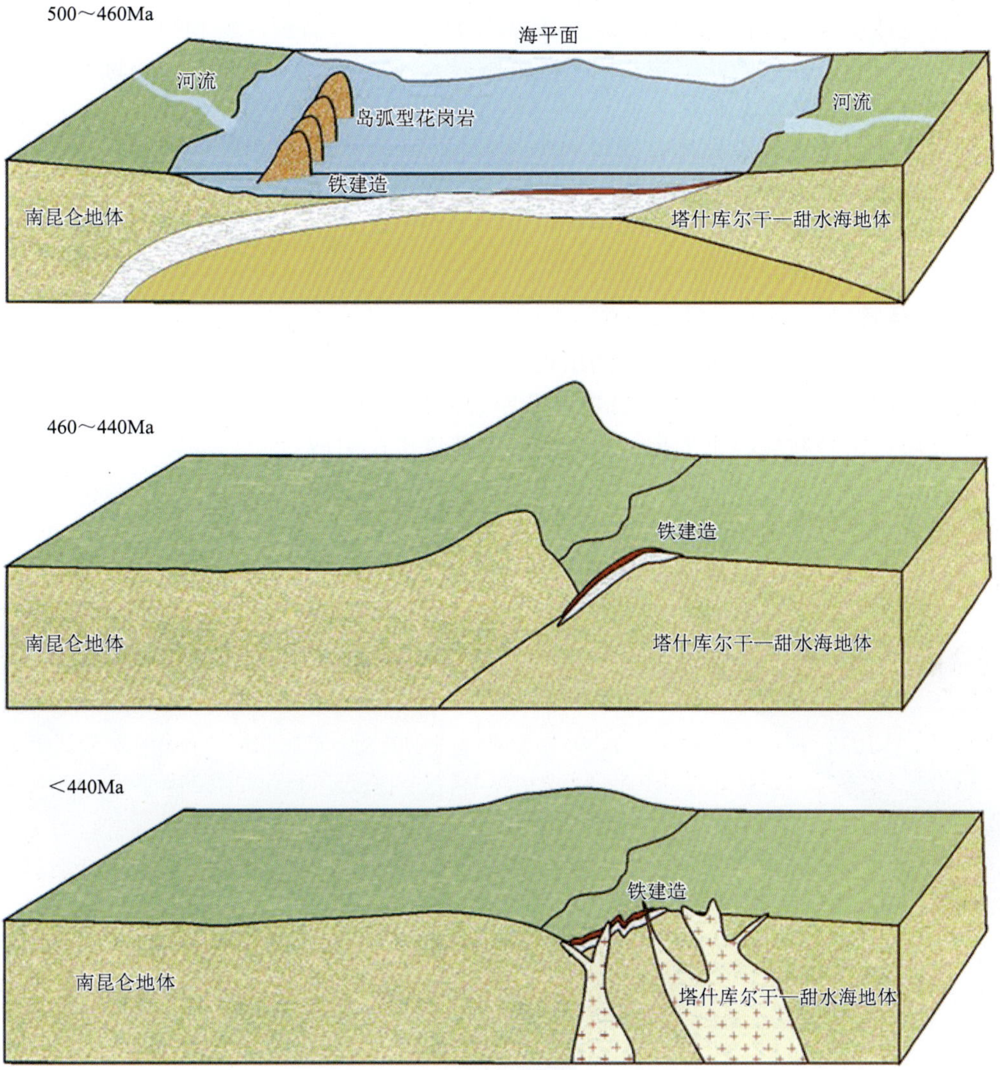

图 4.34　布伦阔勒群铁矿成矿模式图

4.3　早古生代沉积变质＋热液改造型菱铁矿

4.3.1　切列克其铁矿床

位于阿克陶县布伦口乡，地理坐标：东经 74°57′，北纬 38°32′。新疆有色地勘局 701 队 2011 年完成勘探工作，提交铁矿石资源量 7804.32 万 t，Fe 平均品位 42.48%。

1. 矿区地质特征

矿区含矿地层为下志留统温泉沟组，分 3 个岩性段：下段为黑云石英片岩夹白云母片岩，偶见大理岩层，发育菱铁矿层；中段以大理岩为主，夹有少量石英云母片岩，大理岩中含菱铁矿层；上段岩性为二云母石英片岩、黑云母石英片岩和白云母石英片岩，见少量大理岩，夹数层菱铁矿层（III号脉群围岩）。矿区构造不发育，未见断裂构造，但见有层间滑动。

矿区内的岩浆岩为求库台岩体东部边缘部分，约占矿区面积的1/3，岩性为中粒黑云母英云闪长岩。岩体顺层或穿层侵入于地层中。

2. 矿床地质特征

1）矿体特征

切列克其铁矿产于志留系温泉沟组地层中，顺层展布，与围岩同步褶皱。矿区由3个脉群组成（图4.35）。其中，I号脉群产于中岩性段，由5个菱铁矿层组成；II号脉群产于下岩性段；III号脉群产于上岩性段，由5个菱铁矿层组成。

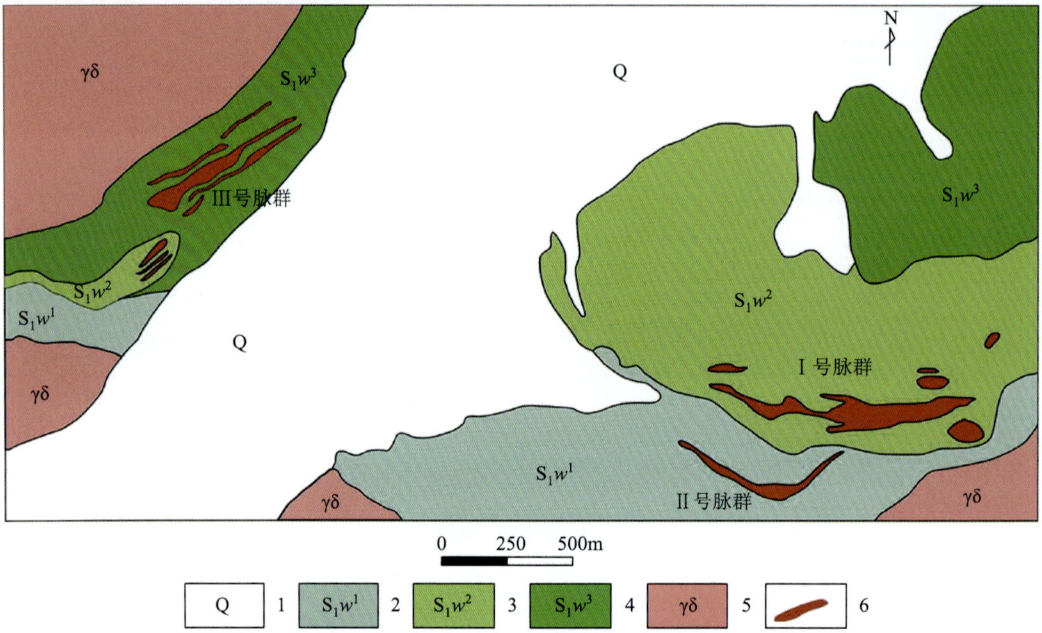

图4.35　切列克其铁矿床地质简图（据李凤鸣等，2010）

1. 第四系；2. 温泉沟组下岩性段；3. 温泉沟组中岩性段；4. 温泉沟组上岩性段；5. 二叠系花岗闪长岩体；6. 菱铁矿体

I号脉群位于矿区东南部，呈层状、似层状、透镜状顺层产出于志留系温泉沟组中岩性段含石英白云母大理岩中，与围岩界线清楚，矿层走向近东西向，由5个矿体组成。

II号脉群位于矿区东南部，在I号脉群东南，相距300～700m，产出于志留系下岩性段黑云母石英片岩夹白云母片岩中，呈较规则的透镜状，矿体长300m。

III号脉群位于矿区西北部，矿体形态简单，呈透镜体状、似层状产出于上岩性段，但矿层往往与大理岩共生。由5个矿体组成，走向和倾向上呈舒缓波状，矿体与围岩整合接触。

2）矿石特征

原生矿石矿物主要为菱铁矿，含少量黄铜矿、黄铁矿，次生矿石矿物有褐铁矿、赤铁矿及少量孔雀石。主要的脉石矿物为方解石、铁白云石、石英、白云母等。

矿石结构主要为自形粗粒结构、半自形细粒结构。矿石主要构造类型有块状构造、条带状构造、纹层状构造、细脉状构造、浸染状构造。

3）围岩蚀变

矿区围岩蚀变较弱，有白云石化、绿泥石化、绢母化、硅化和碳酸盐岩化，其中菱铁矿化和硅化对矿具一定影响。菱铁矿化表现在热液沿矿层裂隙溶蚀重新充填，使矿石变富，硅化使铁矿石贫化。

3. *矿床成因*

切列克其铁矿床 $\delta^{13}C$ 为–3.93～2.43，$\delta^{18}O$ 为–12.33～–8.97，其 $\delta^{18}O$ 低于–10%，表明其氧同位素组成可能已发生明显改变，同时其碳同位素变化也较大，说明成矿作用受后期变质作用影响强烈。切列克其铁矿床经历了 2 期成矿作用：早期为海底热水喷流成矿作用，是主要成矿期，形成层状、纹层状和条带状矿体；晚期为岩浆热液成矿作用，形成了细脉状菱铁矿石。切列克其铁矿床属于沉积变质＋热液改造型层控铁（铜）矿床。

4.3.2　哈拉墩铁铜（金）矿床

位于阿克陶县木吉乡正北方向约 20km 处，地理坐标：东经 74°31′，北纬 39°10′。

1. *矿区地质*

矿区地层主要为下志留统温泉沟组上部岩组，主要由菱铁矿层、铁白云石大理岩、钙质千枚岩、泥质千枚岩和绢云母千枚岩等组成。矿区地层为单斜构造，断裂构造不十分发育。侵入岩主要是花岗闪长岩体，位于矿区下部的铜矿体附近。

2. *矿床特征*

含矿层主要为块状菱铁矿，在块状菱铁矿层的下部产出大量的黄铜矿，构成了铜矿体。含矿层具有上铁下铜的特征，呈层状、透镜状整合地分布在钙泥质片岩和铁白云石岩层中，与围岩产状一致，接触界线清楚（图 4.36）。

矿区地表出露五层矿体，其中 I 号矿体长 700m，宽度 100～350m；II 号矿体位于 I 号矿体北 400m，长 1100m，出露宽度平均 10m；III号矿体位于大西沟西侧，长 500m，出露宽度平均 10m；IV号矿体位于III号矿体北 180m，长 650m，宽约 10m；V 号矿体位于IV号矿体西部，长 300m，宽约 30m，可能是IV号矿体的延伸部分。

3. *矿石组构*

矿石矿物主要由菱铁矿、黄铜矿，少量黄铁矿和辉砷镍矿组成。地表氧化后变成褐铁矿、孔雀石和铜蓝。脉石矿物主要为石英、铁白云石和白云母。根据矿石矿物组合，矿石可以分成两种类型：块状菱铁矿矿石和块状含黄铜矿菱铁矿矿石（图 4.37）。

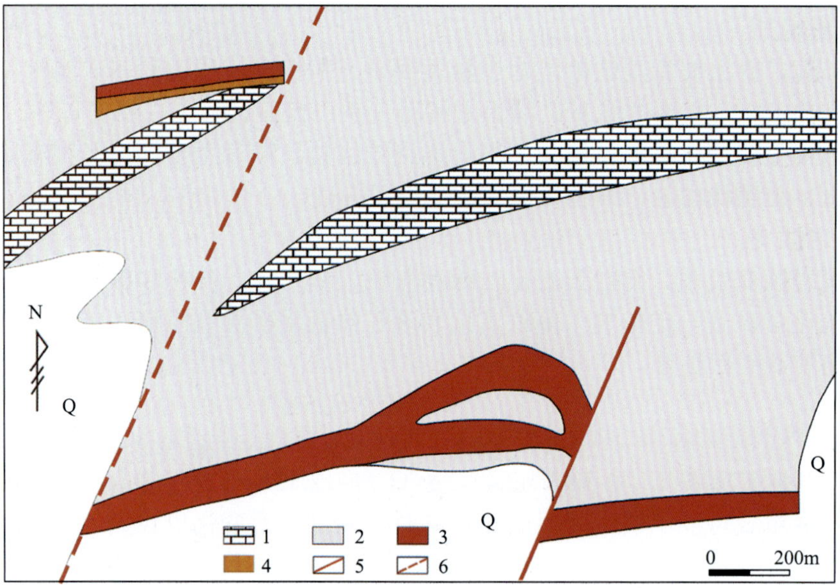

图 4.36　哈拉墩铁铜（金）矿床地质简图（据孙海田等，2003）

1. 大理岩；2. 含钙泥质片岩；3. 含铜菱铁矿层；4. 蚀变铁白云石岩层；5. 断层；6. 推测断层

图 4.37　哈拉墩铁铜（金）矿床矿化照片

（a）菱铁矿矿体产于钙泥质片岩及大理岩层间；（b）产于钙泥质片岩中的菱铁矿矿化；（c）铁矿体下部的黄铜矿化；（d）花岗闪长岩体

矿床金矿化特点：①金矿化主要与块状含黄铜矿菱铁矿矿石伴生，蚀变铁白云石层伴生金，但块状菱铁矿矿石中金品位较低；②与块状含黄铜矿菱铁矿矿石伴生的金矿化品位很高，已经达到了单独圈定金矿体的要求，已知的两个地段金平均品位在 4×10^{-6} 以上，最高可达 13.9×10^{-6}；③金矿化达到了一定的规模，地表出露金矿化长 100m，至少宽 6～8m。因此，哈拉墩铁铜（金）矿床属于菱铁矿黄铜矿自然金组合的铁铜金共生矿床，具有较大的开发潜力。

4. 围岩蚀变

矿床热液蚀变主要表现在两个方面，一是矿床底盘硅化、绢云母化，二是含矿层内硅化、碳酸盐岩化。

哈拉墩铁铜（金）矿床属于沉积变质＋热液改造型层控铁铜（金）矿床。

4.3.3　黑黑孜干铁矿床

位于新藏国防公路里程牌 301km 处，属于新疆叶城县和皮山县交界处，地理坐标：东经 77°33′～77°40′，北纬 36°23′～36°24′。

1. 矿区地质

矿床分布在康西瓦超壳大断裂的南侧，产于奥陶系赛图拉组浅变质的板岩、千枚岩大理岩和菱铁矿建造之中，原岩为海相碳酸盐-细碎屑岩沉积建造。

矿区为一单斜构造，地层倾向北东 10°～30°，倾角 50°～90°，地层有时倒转。断层较发育，以走向逆断层为主，与地层走向基本一致，次为垂直或斜交地层的平推横断层。

矿区范围基本未见到火成岩。

2. 矿床特征

矿床的上盘岩层主要为灰黑色富炭板岩、千枚岩，下盘为浅色板岩，矿体的直接底板岩石为结晶灰岩，这一地层层序与切列克其铁矿床含矿层的地层层序是可对比的。

矿床分成东、西二个矿段，二者沿走向相距 260m。矿体多呈似层状、透镜状，与围岩整合接触（图 4.38），极少数矿化沿裂隙充填形成脉状矿化。

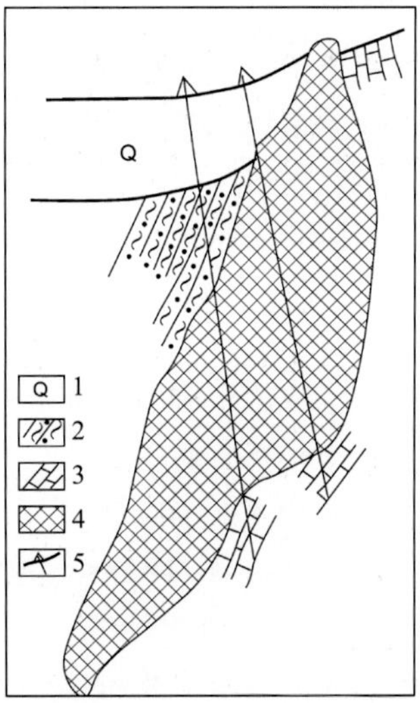

图 4.38　黑黑孜干铁矿床矿体剖面示意图
（据新疆地矿局第二地质大队，1960）
1. 残积、洪积砂砾层；2. 微晶片岩；3. 结晶灰岩；4. 矿体；5. 钻孔

东矿段由 9 个大小不等的矿体组成，其中 1 号、3 号、5 号、9 号较大，最大的是 1 号矿体，长 260m，最宽可达 29.7m，最薄处为 18m。西矿

段由大小不相连的 7 个矿体组成，以 4 号、7 号矿体较大，其中 4 号矿体最大，长 520m，最宽可达 26m。

3. *矿石组构*

矿石金属矿物主要有菱铁矿，次为赤铁矿、褐铁矿，少量方铅矿、闪锌矿、黄铜矿、黄铁矿、硫锑铅矿等。脉石矿物主要为石英、铁白云石、方解石及重晶石等。

矿石类型简单，可分为氧化带矿石和原生带矿石两种类型。氧化带矿石全铁品位 45%～53.54%，主要由褐铁矿，少量赤铁矿、孔雀石、铜蓝、星点状方铅矿等组成，呈致密块状和蜂窝状构造。氧化带深度为 20～30m。原生带矿石全铁品位 24.56%～39.1%，主要由菱铁矿组成，呈致密块状、条带状构造，变晶结构。根据矿石矿物含量又可分为：块状菱铁矿、块状含方铅矿菱铁矿和块状含黄铜矿菱铁矿矿石 3 种类型，但以前者为主。

矿石中伴生的有害组分 S 含量一般在 0.03%～0.4%，个别样品达 1.55%；SiO_2 含量较高，变化于 2.5%～37.21%，多数含量在 7%以上；P 含量微量；个别样品 As 含量较高。

经过地质勘查，求得铁矿石资源量 1245.3 万 t（新疆地矿局第二地质大队，1960）。

4. *围岩蚀变*

总的来看，矿床热液蚀变不明显，但局部出现白云石化、白云母化、硅化等热液蚀变，前两种蚀变常出现在层状矿体的局部地段，后者多与细网脉状矿化伴生。

黑黑孜干铁矿床属于沉积变质 + 热液改造型层控铁矿床。

4.4 早古生代夕卡岩型铁锌矿

该类矿床主要分布在花岗岩与围岩接触带，主要特征是小而富，具有一定的经济价值，适合小规模开采。主要有康达达坂铁锌矿床、大黑沟磁铁矿点、欠孜拉夫磁铁矿点，本书主要介绍康达达坂铁锌矿床。

康达达坂铁锌矿床矿位于康达达坂附近，属大同乡管辖，地理坐标范围：东经 75°52′～75°54′，北纬 37°33′～37°34′。其产出于瓦恰深大断裂带北东侧花岗岩与石炭系大理岩接触部位的夕卡岩中，受碳酸盐岩化和构造破碎带控制。矿区共发现 5 个矿体，17 个子矿体，各矿体均位于同一成矿带内。根据矿体分布特征，分别编号：Fe1、Fe2、Fe3，其中，Fe1 矿体最具规模为主矿体，由 8 个子矿体组成（图 4.39），总体呈北东—南西走向，倾向南东，倾角 43°～49°。

主矿体 Fe1 长 182m，宽 3～56m，似透镜体状。总体走向 35°～90°，倾向南东，倾角 38°～60°，平均倾角 46°，Fe 品位 20.14%～65.73%，平均品位 46.9%；Zn 品位 0.01%～23.02%，平均品位 1.51%，铁的资源量在 58 万 t 以上，锌的资源量在 1.7 万 t 以上。

Fe2 有 2 个子矿体，Fe3 由 3 个子矿体组成。矿体均呈近南北延伸，倾向西侧，倾角 47°～56°，赋存于长英质角岩中呈似层状、小透镜体状，规模较小，一般地表长 10～65m，

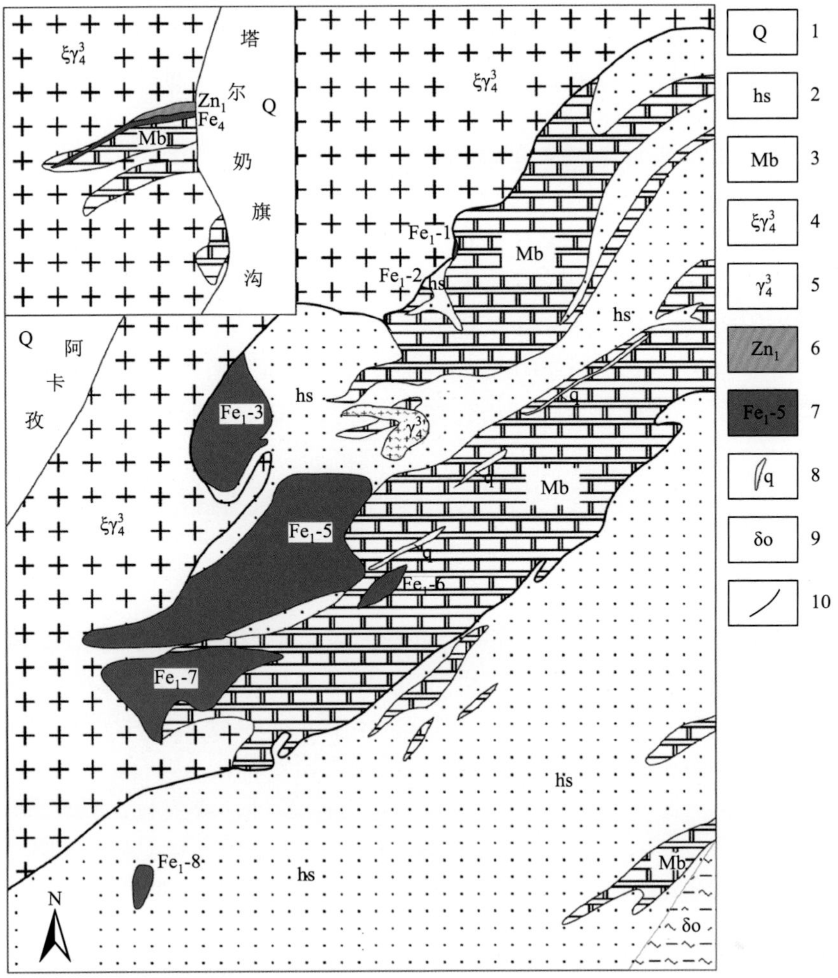

图 4.39 康达达坂铁锌矿床地质图

1. 第四系冲洪积、坡积；2. 长英质角岩；3. 大理岩；4. 黑云母钾长花岗岩；5. 浅色花岗岩；6. 含铜铁闪锌矿脉；7. 磁铁矿矿体及编号；8. 石英脉；9. 蛇纹岩；10. 断层

宽 0.5～4m，Cu 品位 0.14%～0.53%，Zn 品位 0.12%～0.33%，Fe 品位 19.6%～46.3%。

Fe4、Fe5 分别各有 2 个子矿体，赋存于花岗岩与大理岩接触部位。Fe 4 为一条含铜锌的夕卡岩型磁铁矿体，长约 40m，宽 4～5m，Cu 品位 0.17%～7.45%，Zn 品位 0.22%～0.74%，Fe 品位 15.8%～46.8%，紧接其北侧为一条含铜铁闪锌矿脉，长约 30m，宽 2～3m，Cu 品位 0.49%，Fe 品位 26.5%，Zn 品位 42.51%，Fe5 为典型的夕卡岩型含铜锌磁铁矿体，长 6～50m，宽 0.5～15m，Cu 品位 0.46%～1.52%，Zn 品位 0.13%～0.37%，Fe 品位 18.2%～56.3%。

矿石以致密块状为主，局部为浸染状、条带状，主要金属矿物为磁铁矿，次为黄铜矿、黄铁矿、斑铜矿、闪锌矿。脉石矿物为石榴子石、透辉石、方解石、硅灰石、绿帘石，次生矿物为褐铁矿、孔雀石、胆矾等。该矿床围岩蚀变主要为蛇纹石化、透闪石化、碳酸盐岩化、角岩化、夕卡岩化等，该矿为一典型的夕卡岩型铁矿床。

4.5　早古生代超基性岩型贫铁矿

为喀依孜南铁矿、米亚一带铁矿点、英吉沙煤矿东一带铁矿，该类铁矿床主要产在基性-超基性岩体中，主要为磁铁角闪石岩，含铁品位25%～38%。在奥依塔格—米亚一带，发现多条超基性岩体，含矿岩体规模大，品位低，是一个潜在的铁矿资源。

喀依孜南铁矿地理坐标：东经 76°05′，北纬 38°12′，含矿超基性岩体-加西里岩体被喀依孜钼矿区花岗岩岩脉侵入。岩石中普遍发生了孔雀石化，磁铁矿化，拣块样分析结果表明 Fe 品位为 12%～40%，Co 品位 0.02%～0.05%。该岩体北西方向，英吉沙煤矿附近，同样出露有该类基性-超基性矿化岩体。该类含矿岩体为铁矿、铜镍矿找矿提供了线索。

4.6　早古生代超基性岩岩浆型铁矿

1. 苏巴什钛磁铁矿

位于克孜勒苏柯尔克孜自治州阿克陶县布伦口乡，中心地理坐标：东经 74°53′；北纬 38°18′。赋矿岩体岩性主要为角闪辉石岩，中粒-伟晶结构，并见有层状构造。横向上矿体呈似层状、透镜状、囊状不稳定延伸，宽 0.1～5m，横向上具分支复合现象。矿石呈致密块状或结晶粒状构造，局部见条带状构造，其中以前者较为多见。矿石矿物主要为磁铁矿，自形-半自形立方体，细-中粒，脉石矿物较少，有阳起石、磷灰石、石英等，铁矿石矿物组合主要为磁铁矿-石英，全铁平均品位为 68.9%，伴生钛元素具综合利用价值。1959年新疆地矿局第二地质大队普查工作求得其资源量 22.9 万 t，属小型铁矿床。

2. 库地 138 公里东铬铁矿点

地理坐标：东经 77°04′，北纬 36°52′。辉长岩体侵入绿泥石英斜长片岩中，辉长岩中见长约 80m、宽约 5～8m 的褐铁矿化带中夹有 1m×2m 的豆荚状铬铁矿。

3. 柯岗铬铁矿

位于塔什库尔干塔吉克自治县大同乡栏杆村东，矿区坐标：东经 76°12′～76°29′，北纬 37°37′～37°45′。矿化产于柯岗超镁铁岩体内，已发现 39 个矿体，矿体呈长条状、不规则状、透镜状，延深不大，均在几米之内。单矿体长度 0.3～4m，宽 0.02～1m。矿石类型以致密块状、浸染状为主。金属矿物为铬铁矿、磁铁矿，非金属矿物为蛇纹石、滑石等。矿石品位：Cr_2O_3 为 30.25%～40.18%，Ni 为 0.11%～0.32%，以硅酸镍为主。

4.7　晚古生代沉积型铁矿

1. 向阳峰铁矿

陕西省地质调查院张占武等（2007）在岔路口地区向阳峰东南一带共发现铁矿层

3 层，其均产于石炭纪帕斯群灰岩组与白云岩组接触处靠近灰岩组一侧，赋矿岩石主要为灰色粉晶灰岩。矿体受层位控制明显，呈带状展布，走向与地层产状一致，铁矿带断续延长可达 5～8km，最宽可达 100m。矿体厚度一般 20～35m，矿体最厚可达 45m。该铁矿层与粉晶灰岩和微晶白云岩均呈整合过渡关系，可见灰岩中夹有 10～30cm 厚的褐铁矿体。在该矿层西约 8km 处发现铁矿体 2 层，厚度相对变小，矿体厚 20～35m。矿石发育有大量的鲕粒结构，呈块状构造。矿物主要由褐铁矿组成，次为赤铁矿，褐铁矿呈鲕粒分布。化学分析 TFe 品位最高为 28.5%，平均品位为 21.37%。该铁矿层明显受层位控制，铁矿石中含大量鲕粒结构，为典型的沉积型铁矿层。通过进一步工作可扩大铁矿层的规模，有望找到一个大型铁矿床。

2. 条形沟北赤铁矿化点

新疆地矿局第一区域地质调查大队 2007 年发现，该矿化点位于喀拉喀什河幅中北部，地理坐标：东经 78°37′，北纬 35°39′。赤铁矿化点产于上石炭统恰提尔组第三岩性段（C_3q^3）中，岩性为灰色、浅灰色片理化粉砂岩、粉砂质板岩夹细粒岩屑石英砂岩和少量中酸性火山尘凝灰岩。北西向和近东西向断裂发育，岩石糜棱岩化发育。赋矿岩性为灰黑色赤铁矿化钠长绿泥蚀变岩，赤铁矿呈粒状，稠密浸染状分布，岩石局部微裂隙，硅质充填。矿化体长度不详，宽约 30m，矿化岩石具粒状结构，块状构造。赤铁矿约占 25%。

3. 长干湖北赤铁矿化点

新疆地矿局第一区域地质调查大队 2007 年发现该矿化点，其地理坐标：东经 78°37′，北纬 35°27′。该矿化点位于中泥盆统落石沟组（D_2l）中，岩性为中厚层块状生物屑泥晶灰岩、微晶灰岩、白云岩、砾屑灰岩夹薄-中层状泥质粉砂岩、长石石英砂岩和少量杏仁状玄武岩、火山尘凝灰岩。北西向断裂发育，岩石糜棱岩化发育。含矿岩性为灰紫色片理化赤铁矿化细凝灰岩，矿化体宽 2～10m，长度不详。赤铁矿 35%～40%，呈 0.01～0.4mm 粒状，交代火山尘及少数细碎屑分布。

4.8　中生代夕卡岩型铁铜矿

主要出露在库地一带，有库地铁铜矿床、松机拉铁矿床、克英勒克铁铜矿点等，本书主要介绍库地铁铜矿床。

库地铁铜矿床位于库地新藏公路以西约 6km。地理坐标：东经 76°53′～76°57′，北纬 36°52′～36°54′。

矿区主要出露晚古生代晚期花岗岩、石英闪长岩岩株和辉石岩、橄榄辉石岩岩脉或小侵入体。元古代库浪古那群大理岩、变砂岩在矿区范围零星出露，花岗岩与基性-超基性岩的接触带，常形成混染花岗岩，混杂岩，夕卡岩和角岩带。

矿区内共发现六个矿体，矿体多呈不规则状、豆荚状、透镜状、囊状，个别为板状。矿体的围岩主要为混染花岗岩，与矿体之间为截然接触界线，矿体长 10～65m，厚度 2.5～18m。矿体走向主要为北北西，次为北北东，倾角 48°～60°，矿石以浸染状为主，少量块状构造。按矿石矿物组分，矿石可以分成两种类型：磁铁矿矿石和含铜磁铁矿矿石。

含铜磁铁矿矿石为灰黑色-灰黄色，致密块状，它形粒状变晶结构，主要由黄铜矿、磁铁矿，少量磁黄铁矿、辉铜矿、兰铜矿，以及微量斑铜矿和闪锌矿组成。脉石矿物主要为透辉石、镁橄榄石、蛇纹石，少量石榴石、普通角闪石，以及微量绿帘石，绿泥石和方解石等。黄铜矿在含铜磁铁矿矿石中分布极不均匀，铜品位一般在0.4%以上，最高可达4.33%。

磁铁矿矿石黑灰色，块状构造，磁铁矿多呈浸染状，粒状分布于辉石岩中，常伴生有方解石。矿石主要由磁铁矿组成，微量黄铜矿，全铁品位在40%以上，最高可达62%。

对于矿床成因目前有两种认识：一种认为矿床属于岩浆矿床；另一种认为其属于夕卡岩型矿床（新疆地矿局第二地质大队，1985）。

4.9　中新世夕卡岩型铁多金属矿

4.9.1　阿克萨依铁矿床典型矿床

位于新疆和田县大红柳滩西北，地理坐标：东经79°01′～79°06′；北纬36°04′～36°07′。喀什西凯矿业有限责任公司圈定矿体91条，探获资源量5080.69万t。

1. 矿区地质特征

出露地层有古元古界布伦阔勒群（Pt_1B）、上古生界二叠系黄羊岭群下组（PH_1）。布伦阔勒群（Pt_1B）主要岩性为混合花岗岩、大理岩、十字石石榴石黑云石英片岩、黑云斜长片岩、黑云母片岩。黄羊岭群下组（PH_1）呈带状出露于矿区中部，以剥离断层的上盘残留片体形式覆于基底布伦阔勒群之上，岩性为变质长石石英粉砂岩。

矿区位于麻扎—康西瓦缝合带的东段南侧，不同规模、不同期次、不同性质的断裂构造遍及全区，断裂控矿格外明显，褶皱构造受多次破坏，面貌不清。

矿区岩浆岩较发育，主要见黑云母正长花岗岩岩体。矿区岩脉非常发育，其中花岗伟晶岩脉分布最广，次为正长斑岩脉、闪长玢岩脉和石英闪长岩脉，少量云斜煌斑岩。

2. 矿体地质特征

矿区共计已发现91条铁矿（化）体，自东向西划分为5个矿带，Ⅰ号矿带铁矿（化）体17条，Ⅱ号矿带铁矿（化）体15条，Ⅲ号矿带铁矿（化）体9条，Ⅳ号矿带铁矿（化）体14条，Ⅴ号矿带铁矿（化）体36条（图4.40）。

1）Ⅰ号矿带主要矿体特征

位于矿区东北端，由17个矿（化）体组成，明显受F1断裂控制，赋存于布伦阔勒群中的黑云母片岩中，矿脉常与正长斑岩脉密切伴生。主要矿体如下：（1）Ⅰ-1铁矿体：位于Ⅰ号矿带西段，北西—南东向延伸，为主矿体之一，矿体控制长度504m，平均真厚度30.86m，Fe品位32.92%～51.65%，平均品位38.97%。（2）Ⅰ-4铁矿体：北西—南东向，为目前矿区内规模最大单矿体，呈脉状，似层状，局部有膨大现象。工程控制长度

1890m，平均厚度 15.99m，Fe 平均品位 41.94%。(3) Ⅰ-6 铁矿体：长 200m，真厚度 21.1m，Fe 平均品位为 39.79%，以赤铁矿为主，呈现出一种“赤铁矿化弱磁化”的变化趋势。

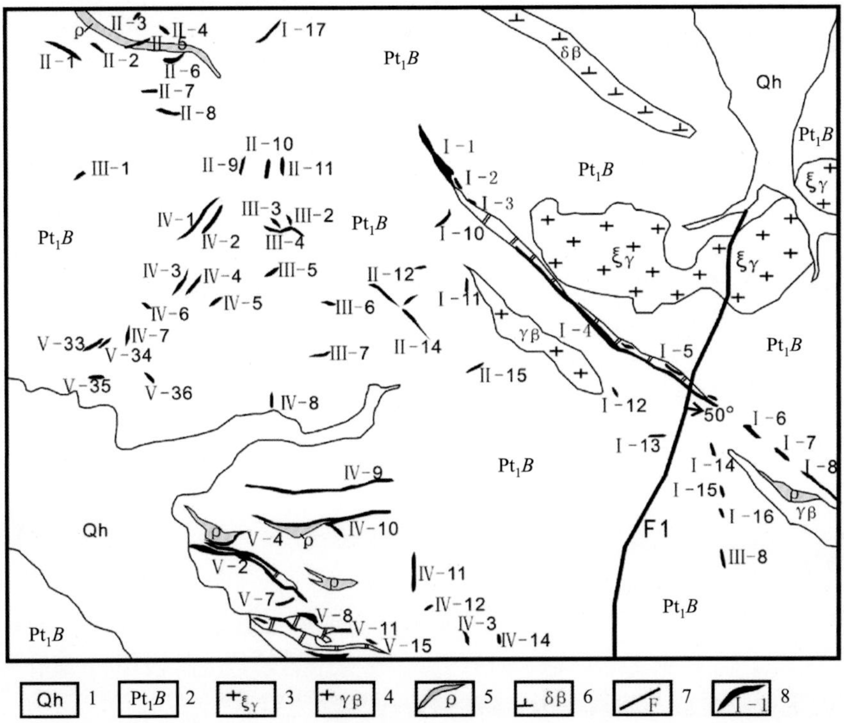

图 4.40　阿克萨依铁矿地质简图（喀什西凯矿业有限责任公司，2008）

1. 第四系；2. 布伦阔勒群；3. 黑云母正长花岗岩；4. 正长花岗斑岩；5. 伟晶岩；6. 闪长玢岩；7. 断层；8. 矿体及编号

2）Ⅱ号矿带主要矿体特征

位于矿区西北部，发现 15 个小矿（化）体，一般长 60～670m，宽 1.7～47.7m，矿体全铁平均品位 29.99%～47.71%，以赤铁矿为主，其中较大规模的矿体为Ⅱ-4 铁矿体长 450m，厚 22.6～47.70m，Fe 品位 37.87%；Ⅱ-17 铁矿体长 560m，厚 4.76～27.11m，品位 37.34%。

3）Ⅲ号矿带

位于矿区中部，共分为 9 个小矿（化）体，铁矿（化）体规模较小，除Ⅲ-3 号矿体（长 300m，宽 2.5m）外，其他长度均不足百米，多呈透镜状，矿体 Fe 平均品位 29%～53%。

4）Ⅳ号矿带

位于矿区西部，呈似层状北西—南东向展布，主要产于黑云母斜长片岩中，共分为 14 个较小的矿（化）体，地表出露长 60～450m、宽 5～25m，多呈透镜状、条带状。主要矿体Ⅳ-9，呈条带状，控制长度 1200m，平均厚度 2.26m，矿体 Fe 平均品位 34.33%。

5）Ⅴ号矿带

Ⅴ号矿带位于矿区西南部，分为 36 个矿（化）体，主要矿体Ⅴ-2 号铁矿体，呈条带状，赋存于混合花岗岩中，北西—南东向延伸，矿体控制长度1000m，平均厚度13.13m，Fe平均品位38.24%；Ⅴ-17号铁矿体，矿体呈条带状，赋存于混合花岗岩与大理岩化接触部位，矿石以赤铁矿为主，控制长度460m，平均真厚度11.27m，矿体Fe平均品位35.79%。

3. 矿石组构

阿克萨依铁矿中金属矿物主要为磁铁矿、赤铁矿、黄铁矿、钛铁矿，局部见方铅矿，零星见有孔雀石、黄铜矿。脉石矿物有石英、斜长石、方解石、橄榄石、石榴石、辉石、角闪石、黑云母、镁铁闪石、阳起石等。

矿石结构有自形-半自形粒状结构、它形粒状结构、镶边结构、溶蚀结构、交代残余结构。矿石构造见块状构造和脉状构造。

4. 围岩蚀变

矿区围岩蚀变有夕卡岩化、钠长石化、绿泥石化、绢云母化、高岭土化、碳酸盐岩化。

5. 成矿期次

阿克萨依铁矿床具有多期次多阶段的特点，将成矿过程划分为6个阶段：分别为铁沉积阶段（阶段Ⅰ）、早夕卡岩阶段（阶段Ⅱ）、晚夕卡岩阶段（阶段Ⅲ）、氧化物阶段（阶段Ⅳ）、石英硫化物阶段（阶段Ⅴ）、碳酸盐阶段（阶段Ⅵ）。

铁沉积阶段（阶段Ⅰ）：阿克萨依铁矿床主矿体表现为中间以磁铁矿为主，两边为赤铁矿，表明在古元古界布伦阔勒岩群沉积了一套赤铁矿层。

早夕卡岩阶段（阶段Ⅱ）：该阶段为成矿前阶段，处于高温超临界条件下，发育大量石榴石、橄榄石，以及少量辉石等夕卡岩矿物（图4.41a），其中大部分夕卡岩以石榴子石、橄榄石为主，只有靠近岩体的部分夕卡岩中出现辉石。此外，该阶段还发育少量钛铁矿。

晚夕卡岩阶段（阶段Ⅲ）：这一阶段为主成矿阶段，形成大量磁铁矿，同时伴随大量角闪石、镁铁闪石、黑云母、阳起石等含水硅酸盐矿物的出现。该阶段磁铁矿普遍交代橄榄石（图4.41d），而角闪石则呈脉状交代穿切早夕卡岩阶段矿物（图4.41b、c）。

氧化物阶段（阶段Ⅳ）：该阶段也是重要的成矿阶段，磁铁矿以交代镁铁闪石和黑云母的方式出现（图4.41e），构成条带状、脉状矿石。此外该阶段还发育斜长石、橄榄石。斜长石常呈脉状交代角闪石（图4.41g），而橄榄石则以脉状或细粒集合体的形式交代穿切角闪石、石榴石以及早夕卡岩阶段橄榄石（图4.41f）。

石英硫化物阶段（阶段Ⅴ）：此阶段以发育较多细粒石英，少量黄铁矿为特征。石英常交代斜长石（图4.41h），而黄铁矿常以浸染状交代晚夕卡岩阶段磁铁矿。

碳酸盐阶段（阶段Ⅵ）：该阶段发育大量方解石和白云石等碳酸盐矿物，常以粒状集合体或细脉的形式交代穿切早期矿物（图4.41e、i）。该阶段碳酸盐矿物常叠加在磁铁矿体之上，构成主要的矿石类型。

6. 成岩成矿年代学

对阿克萨依铁矿区内与铁矿化空间上密切相关的二长花岗岩和闪长玢岩进行了LA-ICP-MS锆石U-Pb同位素定年，二长花岗岩加权平均年龄为（12.4±0.2）Ma。闪长玢岩（17AKSYMR-1）样品中锆石加权平均年龄为（12.8±0.1）Ma。

8件石榴石样品的$^{87}Rb/^{87}Sr$与$^{87}Sr/^{86}Sr$值具有良好的线性关系，拟合的直线斜率对应的等时线年龄为（12.41±0.31）Ma，代表了石榴石的结晶年龄。

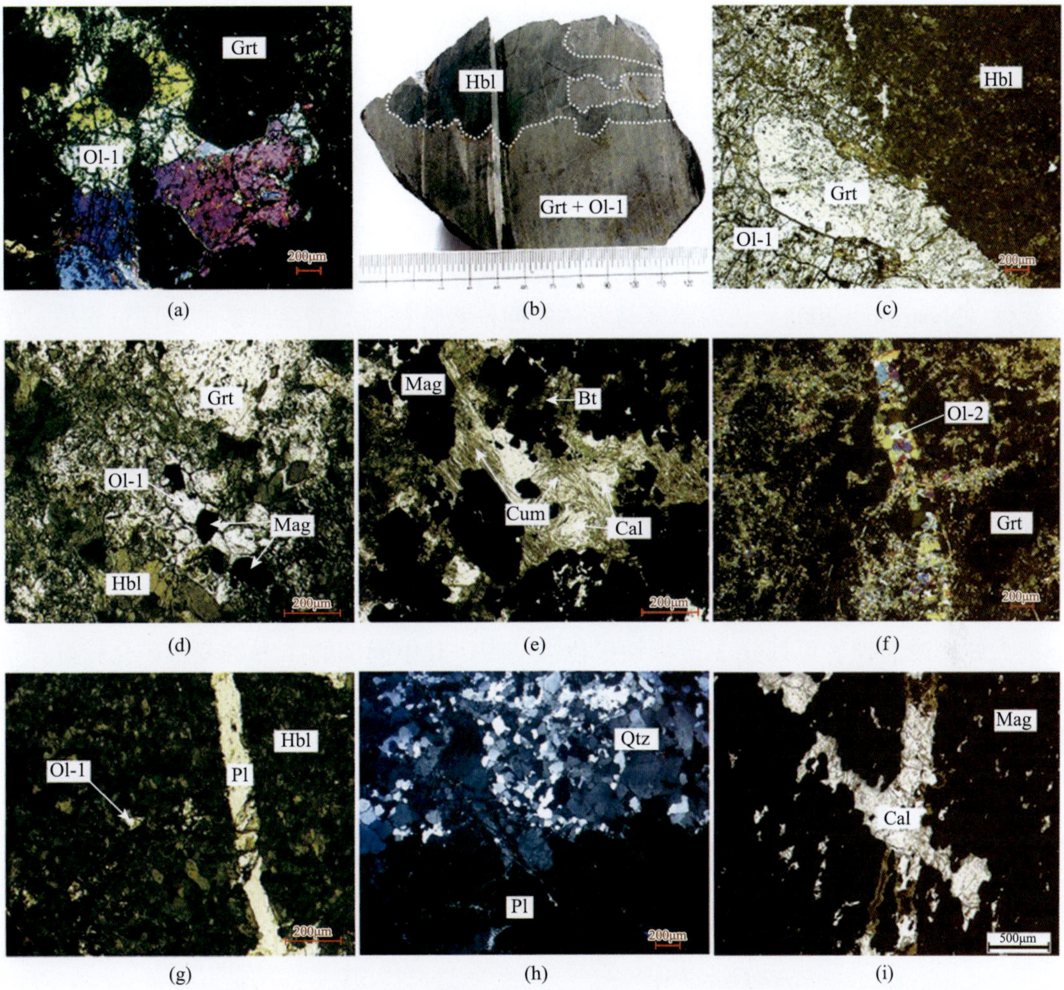

图4.41　阿克萨依铁矿床矿化阶段代表性照片

（a）阶段Ⅰ石榴石与橄榄石共生；（b）阶段Ⅱ角闪石交代阶段Ⅰ石榴石＋橄榄石（手标本）；（c）阶段Ⅱ角闪石交代阶段Ⅰ石榴石＋橄榄石（单偏光）；（d）阶段Ⅱ磁铁矿交代阶段Ⅰ橄榄石和石榴石；（e）阶段Ⅲ自形粒状磁铁矿交代阶段Ⅱ镁铁闪石和石榴石；（f）阶段Ⅲ橄榄石脉交代阶段Ⅰ石榴石＋橄榄石；（g）阶段Ⅲ斜长石脉交代阶段Ⅰ石榴石和阶段Ⅱ角闪石；（h）阶段Ⅳ石英交代阶段Ⅲ斜长石；（i）阶段Ⅱ磁铁矿被阶段Ⅴ方解石交代。矿物缩写：Bt-黑云母；Cal-方解石；Cum-镁铁闪石；Grt-石榴石；Hbl-角闪石；Mag-磁铁矿；Ol-橄榄石；Pl-斜长石；Qtz-石英

7. 成矿流体及成矿物质来源

选取阿克萨依铁矿床中代表性矿物石榴石、角闪石、磁铁矿以及石英进行 H-O 同位素分析。石榴石的 δD 值为−82.4‰～−69.0‰，位于岩浆水范围内（−80‰～−40‰）（Taylor，1997），但 $δ^{18}O_{H2O}$ 值介于 12.2%～13.5%，明显高于正常岩浆水范围（5.5‰～10‰）（Taylor，1997），这表明早夕卡岩阶段（阶段Ⅱ）流体并不是单一的岩浆来源，还应该有一个富 $δ^{18}O$ 储库的参与。阿克萨依铁矿床围岩大理岩的 $δ^{18}O$ 值为 23.7‰～25.3‰，同时野外可见靠近夕卡岩的大理岩受强烈蚀变，因此我们认为初始岩浆热液与大理岩发生了水岩反应，同时伴随着同位素的交换，使得阿克萨依铁矿整个成矿阶段热液相对于典型夕卡岩矿床具有相对较高 $δ^{18}O$ 值。晚夕卡岩阶段（阶段Ⅲ）磁铁矿和角闪石的 δD 值相对早夕卡岩阶段总体上偏低，指示少量大气降水的混入。$δ^{18}O$ 值与早夕卡岩阶段流体相似，可能是因为高 $δ^{18}O$ 值大理岩的缓冲作用掩盖了大气降水氧同位素的特征（Taylor and O'Neil，1977）。

阿克萨依铁矿床磁铁矿的 $δ^{18}O_{V\text{-}SMOW}$ 范围在 2.5‰～7.1‰，稍高于岩浆磁铁矿的氧同位素范围（1‰～4‰）（Taylor，1974），这表明阿克萨依铁矿床的成矿流体不是原始的岩浆流体。Nyström（2008）认为温度与流体的同位素特征控制着磁铁矿的氧同位素值，但流体与围岩的反应也可以改变磁铁矿的氧同位素特征。因此，阿克萨依铁矿床的成矿热液可能与大理岩发生了水岩反应，继承了大理岩的高 $δ^{18}O$ 特征。在磁铁矿氧同位素图解中，阿克萨依磁铁矿主要落在岩浆/高温区域，与典型的夕卡岩铁矿床磁铁矿的氧同位素范围相似，指示夕卡岩型铁矿成因。

4.9.2　大红柳滩北铁矿床

大红柳滩北铁矿可划分 3 个褐铁矿化蚀变带，其中南部的 1 号蚀变带矿化较好，可以圈定 1 处铁矿体（图 4.42），矿体顺层产于布伦阔勒群绿泥石石英片岩中。矿体长大于 370m，平均厚度 6.80m，铁品位 36.55%，铅品位 0.89%，锌品位 0.42%，银品位 35.06×10^{-6}，锰品位 4.98%。

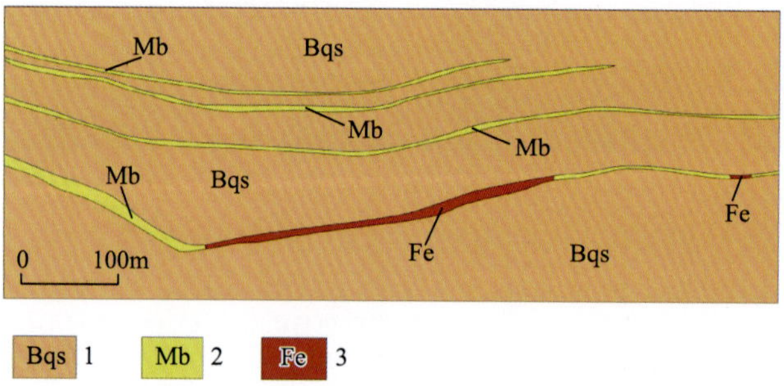

图 4.42　大红柳滩北铁矿地质简图

1. 布伦阔勒群绿泥石石英片岩；2. 大理岩；3. 铁矿体

4.10　晚古生代沉积型锰矿

西昆仑地区的锰矿主要产于阿克陶县木吉乡北部的乌孜别里山口到库木别勒沟一带的玛尔坎苏锰矿带，主要有奥尔托喀讷什锰矿床、玛尔坎苏锰矿床、博托彦锰矿床等（见图 4.1）。

奥尔托喀讷什锰矿区（覃英等，2014）位于阿克陶县木吉乡北库木别勒沟，坐标：东经 73°35′，北纬 39°21′。出露的地层为主要为上石炭统喀拉阿特河组（C_3k），近东西向展布，分为 3 个岩性段：第一岩性段为生物碎屑角砾灰岩夹薄层微晶灰岩，厚度约为 200m。第二岩性段为长石石英砂岩，厚度约为 60m。第三岩性段为赋矿层位，下层为含碳泥质灰岩夹薄层状角砾灰岩，多见黄铁矿，局部已被褐铁矿所代替，厚度约为 150m；中层为锰矿体，灰黑色，泥晶、微晶结构，块状、碎裂状构造，方解石呈不规则的网脉状分布，黄铁矿呈他形粒状微量分布于其中；上层为含碳泥质灰岩夹薄层细晶灰岩，多见黄铁矿，厚度约为 30m。矿区构造为一背斜，锰矿体主要赋存于背斜北翼，呈层状、似层状产出，倾向北，倾角 60°～70°，具有褶曲简单、断裂构造发育的特点。锰矿体呈层状、似层状顺层产出，与上下围岩一致，区内见 2 层矿（图 4.43），以下层矿为主，两矿层间相距 20～25m，下层矿地表断续出露长大于 5500m，平均厚度 4.11m，具有厚度稳定、变化小的特点，矿石类型主要为块状碳酸锰矿石，矿体品位为 10.1%～46.9%，平均为 35.2%。上层矿地表断续长度约为 2500m，平均厚度为 2.08m，Mn 平均品位为 29.1%。矿石矿物组分为菱锰矿 80%～95%，菱锰矿锰的氧化矿物 3%～5%，其他矿物为黄铁矿、石英以及泥质、铁质，氧化程度较低。具有品位高、变化小、质量好的特点，为优质富锰矿。

(a)

(b)

(c)　　(d)

图 4.43　奥尔托喀讷什锰矿矿化照片

玛尔坎苏锰矿床，位于喀拉阿特河与玛尔坎苏河交汇处（高永宝等，2017），上石炭统喀拉阿特河组（C_3k）上段为赋矿层位，含碳泥晶灰岩及砂屑灰岩，多见黄铁矿，下段为长石石英砂岩。矿区主要以褶皱构造为主，未见核部，地层与矿体倾向南，应为背斜的南翼，但地层变化较大，推测存在一个倒转向斜。矿区含锰岩系长近 3000m，共 4 层矿，圈定锰矿体 8 条，其中Ⅳ号矿体为矿区主矿体，Ⅳ号锰矿体长度大于 1800m，厚度为 1.17～3.43m，平均厚度为 1.74m，品位为 20.4%～38.9%。Ⅴ号锰矿体长度大于 500m，平均厚度为 1.62m，品位为 33.4%～36.5%，平均为 34.8%。Ⅵ号锰矿体长度大于 600m，平均厚度为 1.73m，品位为 24.66%～38.08%，平均为 31.45%。Ⅶ号锰矿体与Ⅳ号锰矿体属同一层矿，矿体长度大于 900m，平均厚度为 1.87m，品位为 10.73%～31.17%，平均为 22.79%。Ⅷ号锰矿体长度大于 400m，矿体最大厚度 1.50～2.80m，平均品位为 26.29%。锰矿石以菱锰矿为主。

第5章 铜　　矿

大型铜矿勘查在西昆仑一带迄今为止没有大的突破，以中小型铜矿床和铜矿点为主。我们对喀拉果如木铜多金属矿床、布伦口铜矿床、特格里曼苏铜矿床、喀依孜钼矿点、小同钼矿点、夏麦兹铜钼矿点、拉依布拉克铜矿点、马乃克铜矿点（图5.1）等做了调查，将研究区铜矿划分为11个类型：①中元古代硅铁岩型铜铁矿；②早古生代斑岩型铜钼矿；③早古生代层控＋岩浆热液改造型铜矿；④晚古生代砂岩型铜矿；⑤晚古生代火山岩型块状硫化物矿；⑥晚古生代热液型铜矿；⑦中生代斑岩型铜（钼）矿；⑧中生代岩浆热液型铜矿；⑨中生代热液型铜铁矿；⑩中生代夕卡岩型铜铁矿；⑪镁铁-超镁铁岩铜矿和铜镍矿（皮山县阿巴勒克铜矿点等）。

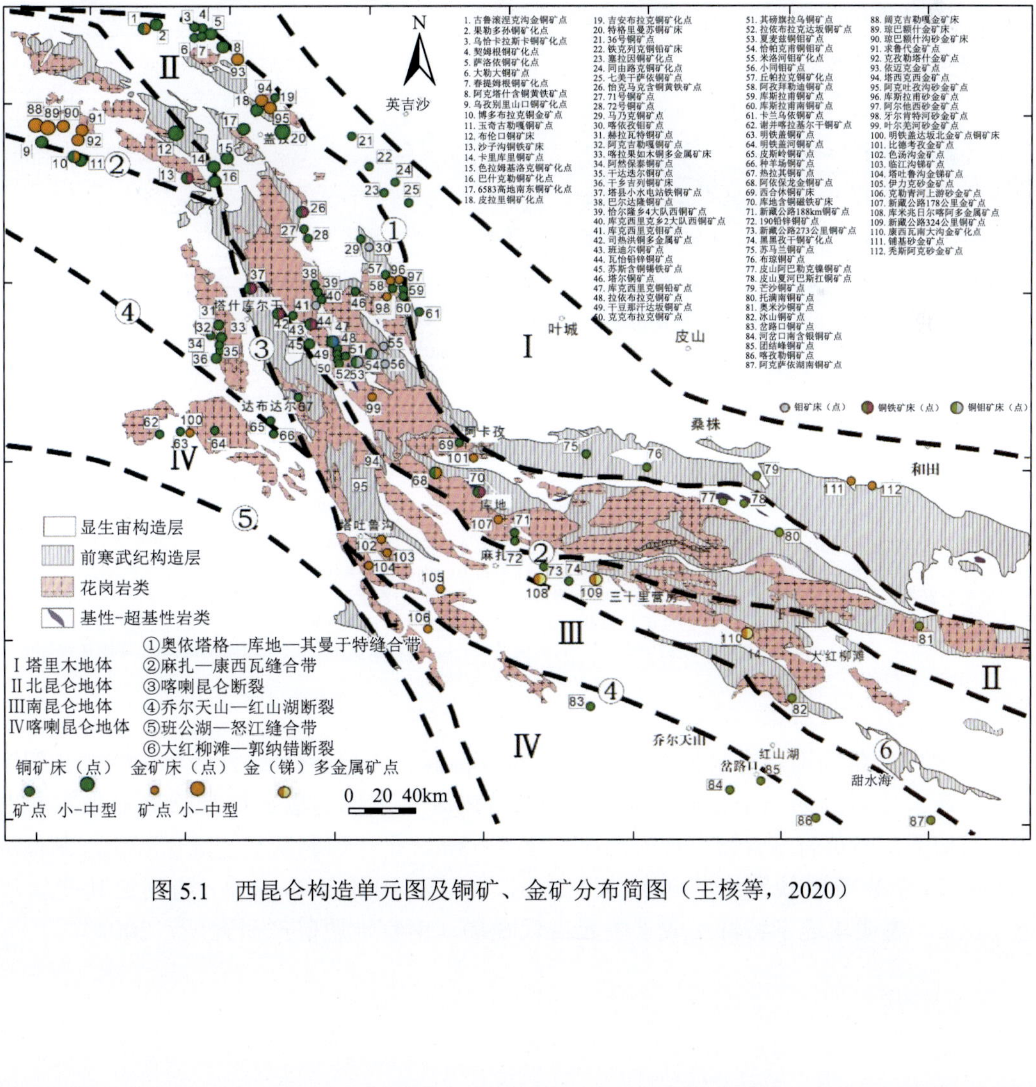

图5.1　西昆仑构造单元图及铜矿、金矿分布简图（王核等，2020）

5.1　中元古代硅铁岩型铜铁矿

该类型铜铁矿主要有位于新疆皮山县垴阿巴提塔吉克民族乡的布琼铜铁矿，地理坐标为：东经 78°01′～78°07′，北纬 37°00′～37°02′。1958 年新疆地矿局第二地质大队在该区进行了铁矿普查，获得铁矿石资源量 1652 万 t，Fe 品位约 31.5%。

1. 矿区地质特征

布琼—艾德瓦搞一带有如下矿点：布琼村砂岩铜矿、布琼镜铁矿、布琼磁铁矿、布琼南铜矿、艾德瓦搞铜矿（民采点）、曼达来克磁铁矿（图 5.2）。

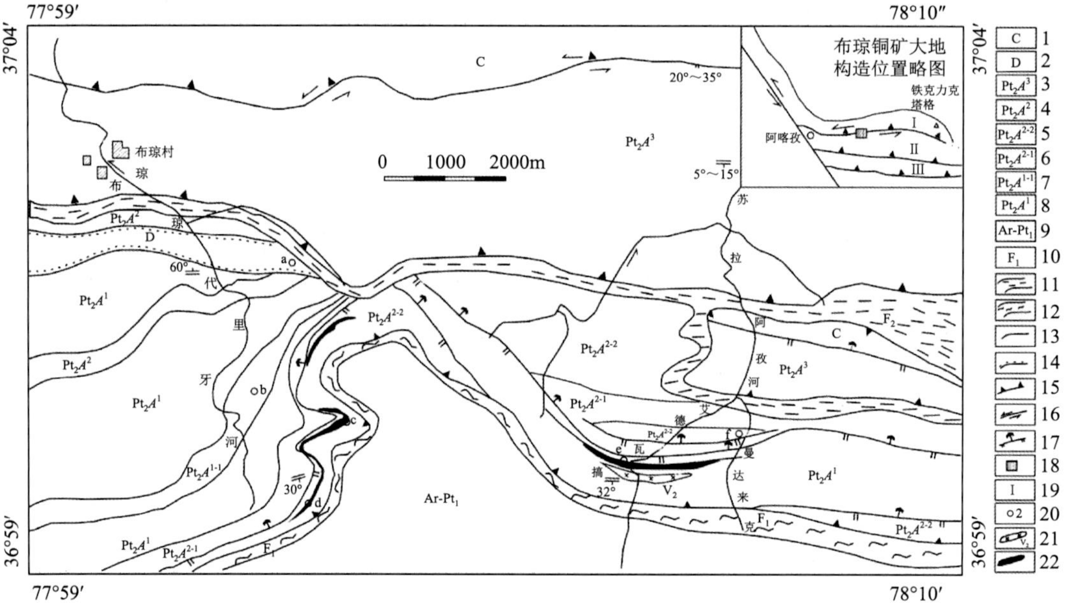

图 5.2　皮山县布琼—艾德瓦搞一带铜矿地质简图（据南京地质矿产研究所，2004）

1. 石炭系；2. 泥盆系；3～7. 中元古界埃连卡特群：3. 上亚群；4. 中亚群；5. 中亚群上部；6. 中亚群下部；7. 下亚群下部火山沉积岩夹层；8. 下亚群；9. 太古界—元古界喀拉喀什群；10. 主要推覆断裂及编号；11. 片理化构造杂岩带；12. 肠状石英混合岩带；13. 实测地质界线；14. 角度不整合界线；15. 推覆体边界断裂；16. 走滑断裂带；17. 逆冲断层；18. 工作区位置；19. 推覆岩片及编号；20. 矿点（矿化露头）位置及编号；21. 中元古界辉长岩；22. 铜（铁）矿带（实线为实测，虚线为推测）；矿点名称：a. 布琼村砂岩铜矿；b. 布琼镜铁矿；c. 布琼磁铁矿；d. 布琼南铜矿；e. 艾德瓦搞铜矿；f. 曼达来克磁铁矿

矿区内出露的地层有喀拉喀什群和埃连卡特群。喀拉喀什群主要为石榴黑云石英片岩。埃连卡特群分为三个亚群，其中中亚群（Pt_2A^2）上部为黑云母片岩夹石榴阳起石片岩、石榴阳起石英岩与含镁大理岩韵律，厚 5～8m，是布琼铜铁矿的赋矿层位。基性火山岩 Sm-Nd 全岩等时线测定其年龄为 1.2Ga，角闪石和黑云母 Ar-Ar 法测定其变质年龄为 1.0Ga，表明埃连卡特群形成于中元古代晚期（南京地质矿产研究所，2004）。

矿区构造有两期，早期以韧脆性变形，晚期以脆性变形，并对先期构造进行叠加改造。

布琼铜铁矿沟和艾德瓦搞只见有少量酸性岩脉，布琼铜铁矿沟出露的是钾长石石英脉。

2. *矿床特征*

矿化共有三个类型：第一类为磁铁石英岩中的铜矿化，矿化顺层产于变质基性火山岩中，韵律性重复，沿走向断续出露。矿化体共3～8层，厚度0.5～2.0mm，间隔5～10m，其中Cu-1、Cu-2、Cu-3规模较大，长度皆在500m以上，Cu-3长达2000m。铜品位0.1%～0.4%。伴有Pb、Zn矿化，最高品位Pb1.8%，Zn2.5%。

第二类矿化是黑云片岩中的细脉浸染状铜矿化，矿化作用主要表现在顺面理形成线状黄铜矿脉，脉厚0.1～0.2mm，长1～5mm，Cu含量低于1%，品位低，最高仅为0.19%。

第三类是石英脉中的铜矿化，在铁矿沟北坡的一条矿化带共由三条分支复合矿化体组成，矿化体厚度4.9m，铜品位0.82%，伴有锌、铅矿化（Pb + Zn = 2.2%），矿化带延伸50m以上。

3. *矿床成因*

布琼铜铁矿受建造部位的制约，铜矿化带均位于滨海相拉斑玄武岩层上下的细碎屑岩和硅质岩中，层状，似层状展布，其基本层序自下而上为拉斑玄武岩—含铜泥质岩—含铜铁硅质岩—含镁碳酸盐岩。南京地质矿产研究所（2004）将该类矿点归为硅铁岩型铜铁矿。

5.2 早古生代斑岩型铜钼矿（点）及岩浆热液脉型铜矿

在大同岩体中或其附近，已经发现铜、钼、铅锌、含铜黄铁矿点共23处，工作程度稍高的有11处（图5.3）。

其中铜钼矿点3处，拉依布拉克铜钼矿点、夏麦兹铜钼矿点、恰帕科甫铜钼矿点；铜矿点5处，其磅旗拉乌铜矿点、塔尔铜矿点、克克布拉克铜矿点、拉依布拉克达坂铜矿点、干豆尔那汗达坂铜矿点。

5.2.1 夏麦兹铜钼矿点

夏麦兹铜钼矿点位于大同乡，地理坐标：东经 76°00′，北纬 37°32′。铜矿体呈透镜

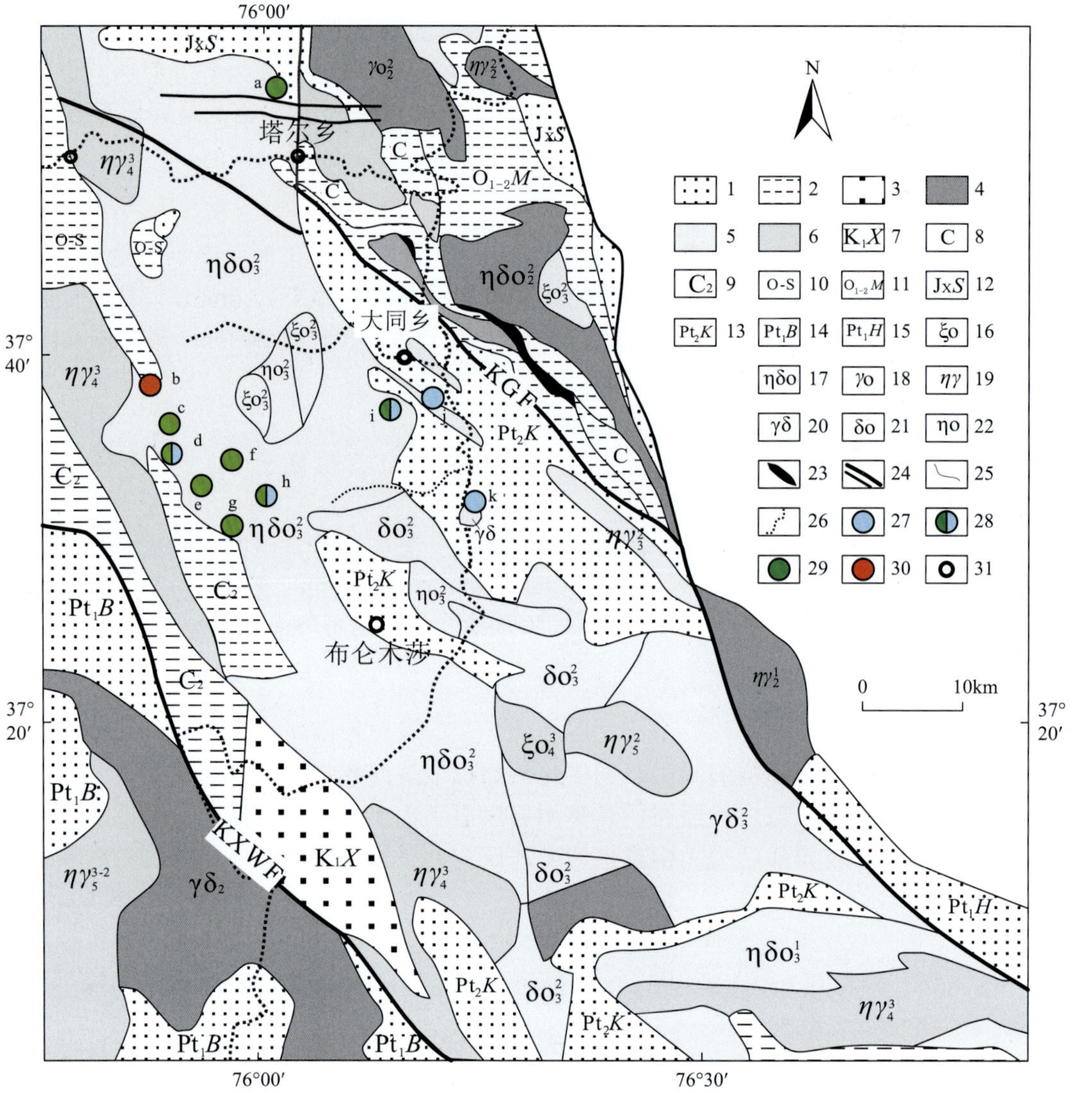

图 5.3　大同一带地质矿产简图（据 1∶25 万区调资料及本次实测资料绘制）

图例为 1. 前寒武系地层；2. 古生代地层；3. 中生代地层；4. 元古代花岗岩类；5. 加里东期花岗岩类；6. 海西—燕山期花岗岩类；7. 下地拉夫群；8. 石炭系未分；9. 中石炭系；10. 奥陶—志留系未分；11. 玛列兹肯群；12. 桑株塔格群；13. 库浪那古岩群；14. 布伦阔勒群；15. 赫罗斯坦岩群；16. 石英正长岩；17. 石英二长闪长岩；18. 英云闪长岩；19. 二长花岗岩；20. 花岗闪长岩；21. 石英闪长岩；22. 石英二长岩；23. 超基性岩；24. 断层；25. 地质界线；26. 河道；27. 钼矿点；28. 铜钼矿点；29. 铜矿点；30. 铁矿点；31. 乡镇。矿点编号 a. 塔尔铜矿点；b. 康达达坂铁锌矿床；c. 干豆尔那汗达坂铜矿点；d. 拉依布拉克铜钼矿点；e. 拉依布拉克达坂铜矿点；f. 其磅旗拉乌铜矿点；g. 克克布拉克铜矿点；h. 夏麦兹铜钼矿点；i. 恰帕科甫铜钼矿点；j. 米洛河钼矿点；k. 小同钼矿点

状分布于破碎花岗闪长岩裂隙中，地表出露长约 40m，宽 1～3m，最宽处约 4m（图 5.4）。在矿体膨大处矿化最好，可见 20～25cm 的黄铜矿脉，局部 Cu 品位可达 20%～25%，主要矿石矿物为黄铜矿，少量斑铜矿、黄铁矿和辉钼矿。

图 5.4　夏麦兹铜钼矿点地质露头

含矿花岗闪长岩 SiO_2 含量为 65.16%～69.13%，TiO_2 含量为 0.18%～0.62%，Al_2O_3 含量为 14.96%～15.53%，MnO 含量为 0.06%～0.08%，MgO 含量为 1.19%～1.42%，CaO 含量为 1.84%～3.53%，Na_2O 含量为 2.67%～3.31%，K_2O 含量为 3.57%～4.49%，P_2O_5 含量为 0.12%～0.13%。花岗闪长岩为高钾钙碱性和钾玄岩系列。岩体具有高钾钙碱性特点以及高 Al_2O_3 含量、Na_2O 含量和较低的 Yb 和 Y 含量，显示出埃达克岩的地球化学特征，具有埃达克岩的岩浆亲和性。

夏麦兹铜钼矿区花岗闪长岩锆石加权平均年龄为（441.5±2.7）Ma（MSWD = 1.2）（图 5.5）。表明岩体形成于加里东期晚奥陶世到早志留世。

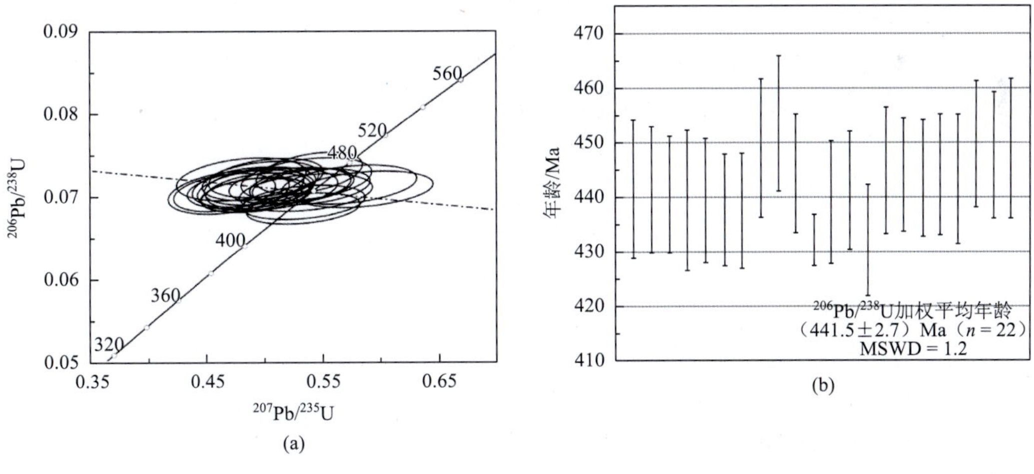

图 5.5　夏麦兹铜钼矿区花岗闪长岩锆石 U-Pb 谐和图（a）和加权平均年龄图（b）

5.2.2　拉依布拉克铜钼矿点

拉依布拉克铜钼矿点位于大同乡西南 35km，地理坐标：东经 75°54′，北纬 37°33′。

矿区地层主要岩性为灰岩、大理岩，SN 向的喀拉喀什—玖依深大断裂通过矿区西部。岩浆岩占据大部分面积，主要有岩基状的石英二长花岗岩、二长花岗岩和岩株状的正长花岗岩、石英闪长玢岩。目前已圈定 3 个矿段 11 条矿体（图 5.6）。

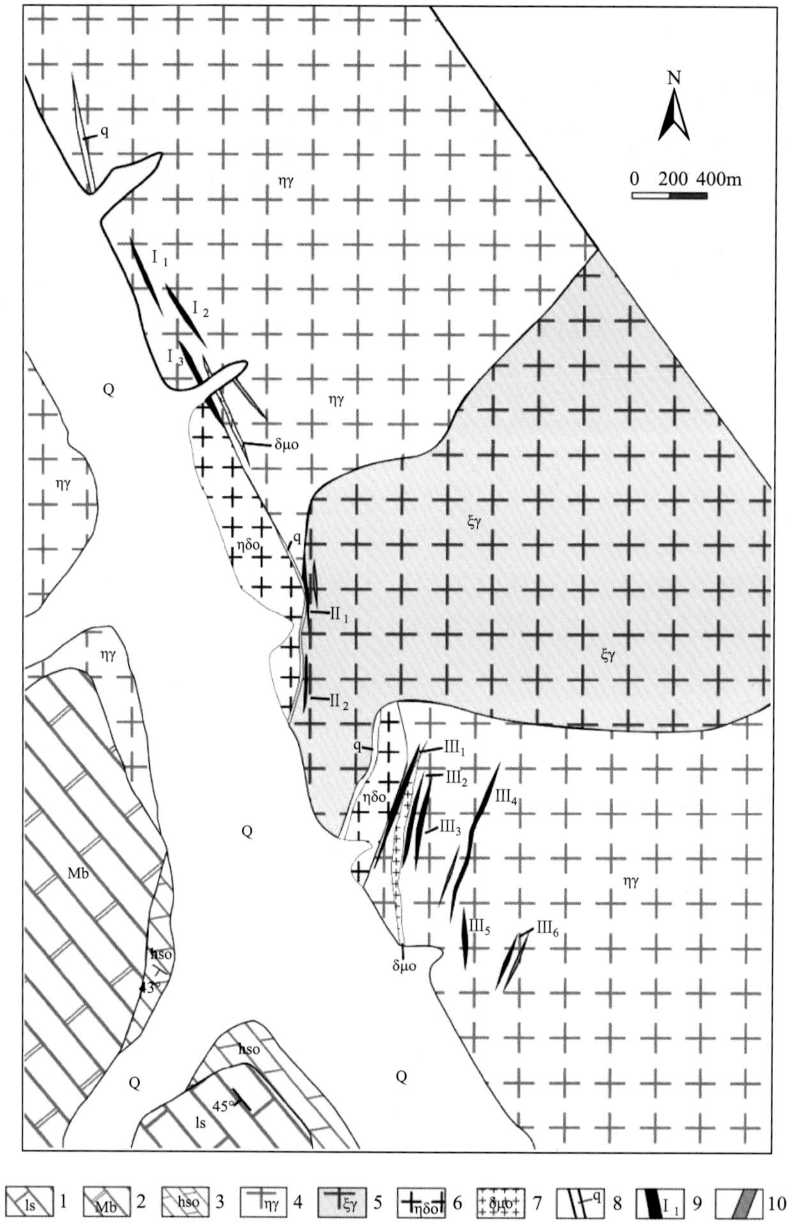

图 5.6　拉依布拉克铜钼矿点地质简图（据中国冶金地质总局新疆地质勘查院，2007）

1. 结晶灰岩；2. 大理岩；3. 石英角岩；4. 二长花岗岩；5. 正长花岗岩；6. 石英二长花岗岩；7. 石英闪长玢岩；8. 石英脉；9. 铜矿体及编号；10. 低品位铜矿体

Ⅰ号矿段位于矿区北部，由三条矿体组成。$Ⅰ_1$号矿体产状 250°∠51°，局部产状较陡，矿体长 169m，厚 1.52m，Cu 品位 0.89%；$Ⅰ_2$号矿体产状 248°∠61°，矿体长 187m，厚 2.51m，Cu 品位 3.84%。

Ⅱ号矿段位于矿区中部，由两条小矿体组成。矿体均呈透镜状产出，赋存于正长花岗岩中。产状 275°∠65°，厚 4.43～4.90m，Cu 品位 0.73%～0.85%。坑道揭露深部矿化规模增大。

Ⅲ号矿段位于矿区中南部，6 条矿体平行排列。矿体呈脉状或透镜状，赋存于硅化蚀变碎裂二长花岗岩体中。该矿段地表尚未完全控制，深部见矿较好，但岩石蚀变强烈，矿体中心硅化、钾化强烈，往两侧为硅化-绢云母化、绿泥石化、青磐岩化等。

地球化学剖面表明铜矿化范围远远大于工程揭露的矿体，其宽度达 300m 以上。矿区具有很好的斑岩型铜矿找矿远景。

1. 成岩年代学研究

拉依布拉克铜钼矿区花岗闪长岩锆石加权平均年龄为（437.5±3.5）Ma（MSWD = 1.2）（图 5.7）。表明岩体形成于加里东期晚奥陶世到早志留世。

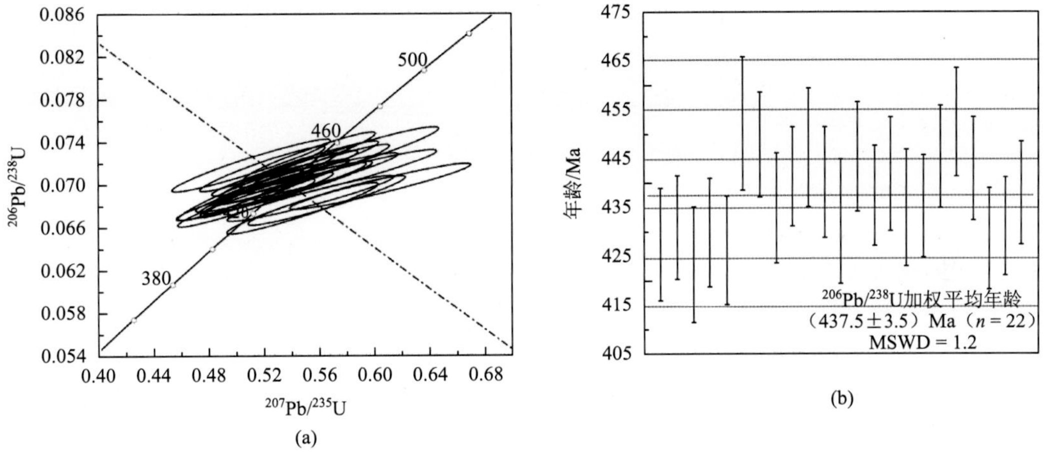

图 5.7　拉依布拉克铜钼矿区花岗闪长岩锆石 U-Pb 谐和图（a）和加权平均年龄图（b）

2. 矿床成因

该矿床铜钼矿石产在二长花岗岩中，矿化规模大，品位总体较低，具斑岩型矿床的一些基本特征。加之，含矿岩体具埃达克岩岩浆亲和性，形成时代为加里东期晚奥陶世到早志留世，该时期原特提斯洋逐渐消亡，大陆碰撞造山，初步推断在西昆仑古生代碰撞造山带，俯冲并堆积于地幔岩石圈的古老洋壳物质的变质和拆沉，产生埃达克质熔体，并受到陆壳物质的混染，形成的斑岩成矿系统，与西藏冈底斯和玉龙斑岩型铜矿具有一定的相似性。

5.2.3　小同钼矿点

小同钼矿点位于大同乡东南向 15km 处，地理坐标：东经 76°14′，北纬 37°32′。矿区位于叶尔羌河边，矿体分布在峡谷东壁，陡峭的地形给地质矿产工作带来了极大的困难。

对矿区进行初步草测和剖面测量（图 5.8），出露地层为中元古界库浪那古岩群（Pt_2K）黑云斜长片岩、大理岩、灰岩、片麻岩类夹少量变质火山岩。

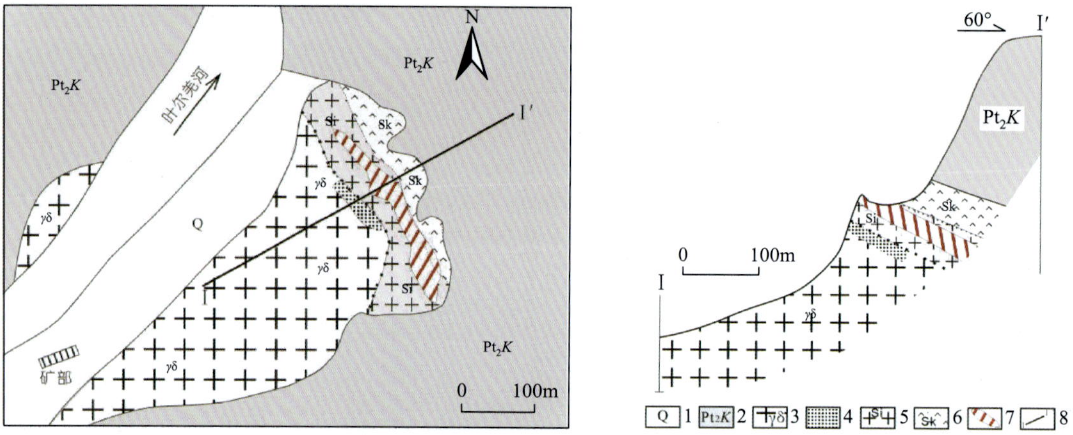

图 5.8　小同钼矿点地质平面简图（实测资料简绘）

1. 第四系；2. 库浪那古岩群；3. 花岗闪长岩；4. 钾化带；5. 硅化带；6. 夕卡岩化带；7. 钼矿化体；8. I - I′剖面位置

矿区岩体为花岗闪长岩，为一岩株，侵入库浪那古岩群。岩体可分为 2 个岩相带，中心相为花岗闪长岩，岩石呈灰白色，块状构造，斑状结构，浅色斑晶为长石，多为长柱状，大小为 4mm×12mm。基质为长石、石英、角闪石，少量云母，蚀变后有绿泥石。边缘相为中细粒结构斜长花岗岩，白色-浅灰色，由长石、石英组成。

岩体的主体花岗闪长岩 SiO_2 含量为 64.94%～67.43%，TiO_2 含量为 0.31%～0.36%，Al_2O_3 含量为 15.21%～15.54%，Na_2O 含量为 3.12%～3.69%，K_2O 含量为 4.65%～5.23%，K_2O 含量大于 Na_2O，A/CNK 为 0.9～0.94，表现为准铝质高钾钙碱性岩石系列。微量元素地球化学研究表明小同钼矿区岩体总体处于与俯冲有关的岛弧环境中。

目前发现一条钼矿化带，走向约 150°（图 5.8），矿化带长约 260m，宽 5～50m 不等。在矿化集中的地段进行小规模露采和硐采，Mo 品位为 0.2%～0.3%，富集地段可达到 5%。

矿石类型可分为 2 种：①斑点状-浸染状钼矿石，产出于岩体边缘相的斜长花岗岩中，辉钼矿呈星点状斑点状，矿石矿化较均匀，品位低于 1%；②钼矿化产于夕卡岩带中，矿石矿化不均匀，沿裂隙面矿化多呈团簇状，辉钼矿颗粒普遍较大，晶形较好呈鳞片状，富集处品位达 4%～5%。矿石矿物为辉钼矿，鳞片状，最大者可达 1cm，一般 2～4mm。

岩体局部发生了绿泥石化，蚀变有钾化、硅化、夕卡岩化。蚀变具分带性，从花岗闪长岩边部的钾化到斜长花岗岩的绿泥石化到边部的夕卡岩化依次分布。

小同含矿岩体锆石谐和年龄为（466.8±2.3）Ma（MSWD = 0.035）（图 5.9a），加权平均年龄为（467.2±4.6）Ma（MSWD = 0.92）（图 5.9b）。表明小同钼矿区花岗闪长岩形成于中奥陶世。

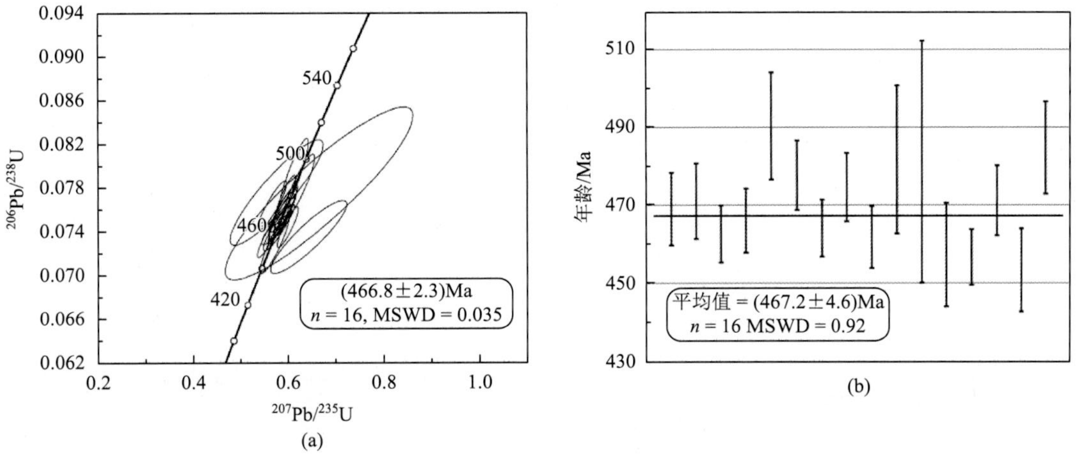

图 5.9　小同钼矿区花岗闪长岩锆石 U-Pb 谐和图（a）和加权平均年龄图（b）

辉钼矿样品获得 Re-Os 模式年龄分别为（477.2±5.5）Ma、（471.1±5.2）Ma、（461.2±4.0）Ma，夕卡岩钼矿石年代早于硅化带中的钼矿石，表明夕卡岩期的成矿年代时代要更早。

5.2.4　塔尔铜矿点

塔尔铜矿点位于新疆克孜勒苏柯尔克孜自治州阿克陶县塔尔塔吉克民族乡四村，地理坐标：东经 76°01′，北纬 37°54′。

我们对该矿点进行了矿点检查，发现石英闪长岩中有一长带状捕虏体，为布伦阔勒群岩群，长约 150m，厚度 20m，自上而下产有炭质片岩、大理岩、绢云母-绿泥石-石英片岩、云母-石英片岩，岩层产状：280°～300°∠50°～65°。在石英闪长岩体中孔雀石化发育并见黄铜矿，且具有一定的矿化规模，地表出露东西长 150 余米，南北宽 20～30m（图 5.10）。通过取样分析，铜平均品位为 1.26%。矿石矿物有黄铜矿、辉铜矿、黄铁矿，次生矿物有铜蓝、孔雀石、褐铁矿，脉石矿物有石英、方解石、石榴子石及绿帘石。矿化带发育夕卡岩化和碳酸盐岩化，具夕卡岩型矿化特征，因此，认为该点为夕卡岩型铜矿化。

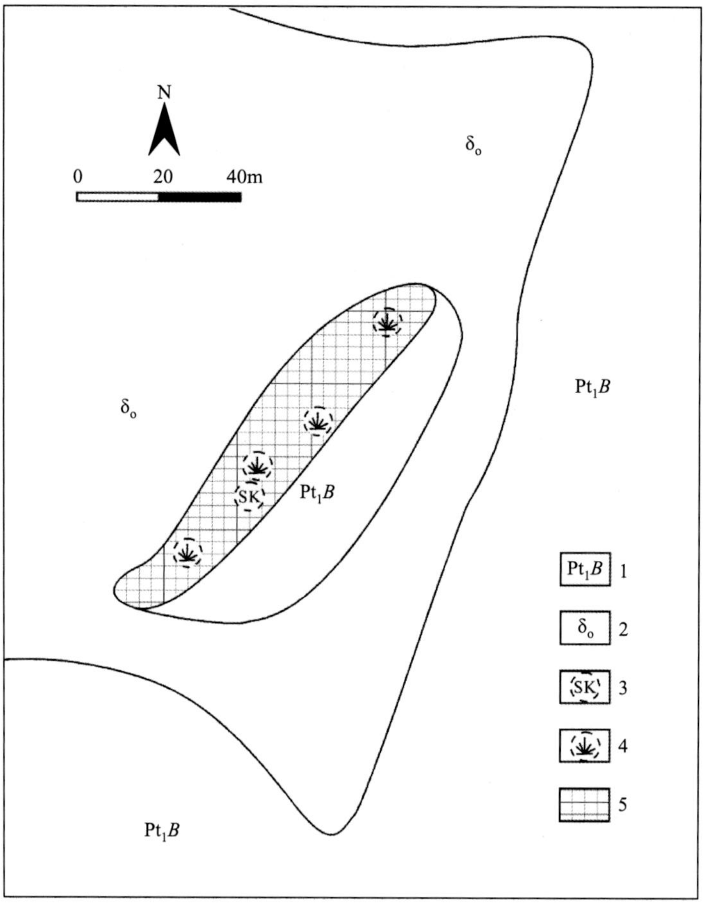

图 5.10 塔尔铜矿点地质草图（实测资料）

1. 布伦阔勒群；2. 石英闪长岩；3. 夕卡岩；4. 孔雀石化；5. 铜矿化体

5.3 早古生代层控＋岩浆热液改造型铜矿

该类型矿床分布在昆盖山南坡木吉—布伦口成矿亚带，迄今在木吉—布伦口成矿亚带已经发现了十多处该类型矿床和矿化点，其中重要的矿床有：西山头铜矿床、卡拉玛铜矿床、东大沟铜矿床、沙子沟铜铁矿床、卡拉库里铜矿床等。这些矿床形成于相同的地质背景，矿床产出层位相同，成矿特征相似，矿床类型和矿床成因一致。我们对其中的几个典型矿床——布伦口铜矿床、卡拉库里铜矿床、沙子沟铜铁矿床以及哈拉墩铁铜（金）矿床进行了野外考察及样品采集，简要情况如下。

5.3.1 布伦口铜矿床

该矿床位于中巴公路西侧，阿克陶县布伦口乡西北约 18km 处。地理坐标：东经 74°44′，北纬 38°43′。

出露地层主要为下志留统温泉沟组中高级-中低级变质岩系，矿区内进一步分成四个地层组（新疆地矿局第二地质大队，1985）。各地层组主要特征如下：第一组分布于库仑巴什一带，岩性为片麻岩夹少量石英片岩和石英岩；第二组分布在布伦口、沙子沟、库仑巴什一带，岩性为大理岩、斜长片麻岩、石英岩、夕线石石英片岩、绿帘石角闪石石英片岩、黑云母斜长片麻岩；第三组分布在卡拉玛—布伦口一带，岩性为斜长片麻岩、石英片岩和云母片岩、黄色大理岩层夹薄层状片岩、绿泥石二云母石英片岩；第四组分布于苏巴什以南，岩性为灰绿色绿泥石绢云母石英片岩、灰白色互层条带状大理岩、夕线石柱石石英片岩。

矿区侵入岩广泛发育，主要可分两期：第一期为碱性花岗岩、花岗岩等；第二期为黑云母石英闪长岩、斑状角闪石石英闪长岩等。暗-浅色脉岩则形成于前两期之后，其中石英闪长岩和晚期暗-浅色脉岩与矿化空间关系较密切。

褶皱不发育，断裂发育，以走向逆断层为主，各地层组之间主要呈断层接触关系。最重要的断层是沿北西方向纵贯矿区的卡拉玛和东大沟二个逆断层，断层面基本上顺层产出，倾向北东，倾角40°～80°。构造活动对矿体的形态、产状和分布具有重要的影响。

在布伦口铜矿区，从西山头铜矿床到东大沟铜矿床，矿化带断续延伸超过6km，其容矿主岩为碳酸盐岩，呈薄层状、透镜状呈整合接触产在钙泥质片岩层中。铜矿体的形态、产状与容矿碳酸盐岩层一致，受容矿碳酸盐岩层的形态制约。矿体呈脉状、透镜状断续分布长达1400m，主要由卡拉玛、东大沟、西山头三个矿段和4个矿点组成（图5.11）。

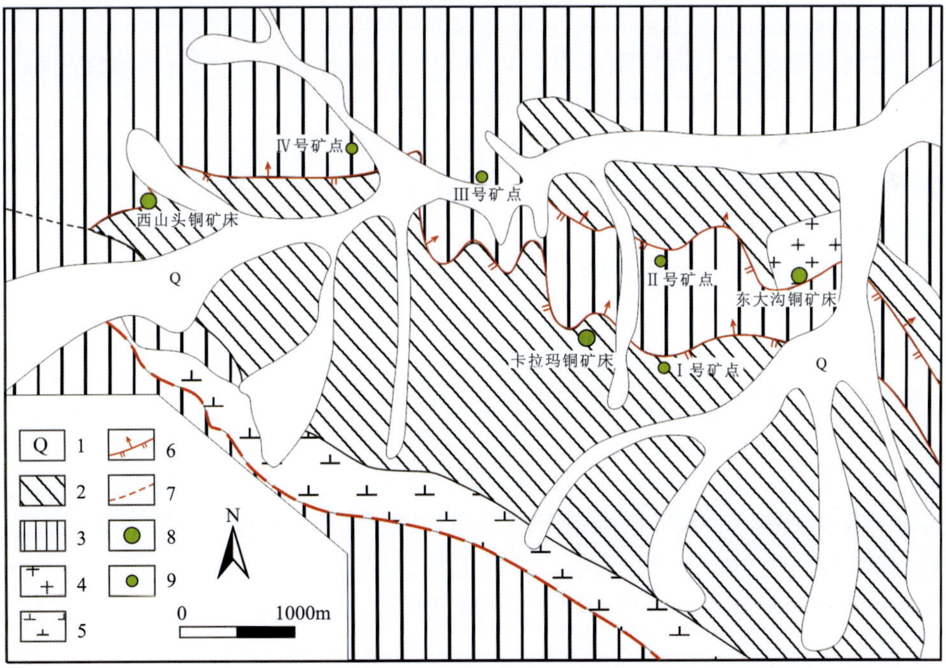

图5.11 布伦口铜矿区地质简图（据孙海田等，2003）

1. 第四系；2. 斜长片麻岩类；3. 绿泥二云母石英片岩、绢云石英片岩；4. 晚古生代花岗岩；5. 元古代石英闪长岩；6. 逆掩断层；7. 断层；8. 铜矿床；9. 铜矿点西山头矿段：长 1000m，由两个长 45～75m，厚 1～3.2m 的矿体所组成，铜平均品位为 2%，矿体产状与卡拉玛大断裂一致，倾向 340°～350°，倾角 37°～62°。

卡拉玛矿段：由 5 个矿体组成，1 号矿体长 360m，厚 2.36m，斜深 330m，平均含铜 3.27%。其余 4 个矿体长度均为 40～120m，厚度为 0.7～2.26m，平均品位为 2.09%～3.39%。

东大沟矿段：由三个小透镜体组成，长 70～120m，厚 2.7m，平均含铜 4.36%；矿体产状与逆掩断层一致，倾向 340°～350°，倾角 30°～50°。该矿床共探明铜资源量 21 597t。

布伦口铜矿床矿石矿物成分简单，以原生硫化物为主，少量黄铁矿、辉砷镍矿及次生氧化矿石，微量自然金。可分为黄铜矿矿石、黄铜矿-黄铁矿组合矿石、黄铁矿矿石和菱铁矿矿石，以黄铜矿矿石为主。

矿石类型主要有条带状黄铜矿矿石、嵌晶浸染状黄铜矿矿石，其次有浸染状黄铁矿矿石和块状菱铁矿矿石。矿石呈块状构造，嵌晶花岗变晶结构，米黄色、浅灰色的粗晶菱铁矿和铁白云石与鲜黄色的粗晶黄铜矿相互交织构成特征性的嵌晶花岗变晶结构，这是布伦口铜矿床特征性的矿石结构。

前人对该矿床的成因分歧较大，存在中温热液型脉状铜矿床、改造层控型矿床、沉积变质 + 后期热液改造型层控矿床等观点。本次调查认为成因为层控 + 岩浆热液改造型矿床。

5.3.2 沙子沟铜铁矿床

沙子沟铜铁矿床位于阿克陶县布伦口乡西北的卡拉玛一带，中心地理坐标：东经 74°49′；北纬 38°30′。矿区出露地层为布伦阔勒群中上统，其岩性为二云母片岩、大理岩、石英岩、石榴子石片岩及片麻岩等。岩浆岩主要为黑云母花岗岩、花岗闪长岩、闪长岩及辉长岩等。矿区为单斜构造，倾向北北东，倾角 60°～90°。断裂构造不发育，较大的为沙子沟断层。

含矿建造为一套碳酸盐岩，铜矿体和容矿碳酸盐岩主岩呈层状、透镜状产出在钙泥质片岩中，与围岩整合接触；碳酸盐岩层一般厚度在 30～100m，延伸长可达 3000m，其主要由菱铁矿、镁菱铁矿、菱镁矿及铁白云石组成，可能为海底热液喷流沉积作用形成（孙海田等，2003）。矿体多呈似层状、透镜状，厚度 1～7.7m，延长 45～120m（图 5.12）。

沙子沟铜铁矿床由 2 个铜矿体、1 个铁矿体构成。现将其矿化特征分述如下：

Cu-1 矿体位于矿区西部，赋存于燕山期黑云母花岗岩边缘裂隙中，受张性裂隙控制，呈脉状，厚度 0.3～1.2m，长约 100m，产状 115°∠55°。

Cu-2 矿体位于矿区东部，赋存于二云母片岩中，矿体受北西向裂隙控制，呈不连续的脉状，厚度 0.1～0.3m，长度约 80m，产状 50°∠44°。

Fe-1 矿体位于 Cu-2 矿体北约 150m 处，赋存在大理岩中，呈层状，厚度 6～8m，产状与围岩一致，为 357°∠44°。矿石为条带状、纹层状。矿石矿物主要为菱铁矿、褐铁矿，脉石矿物为方解石。成因类型为沉积改造型。

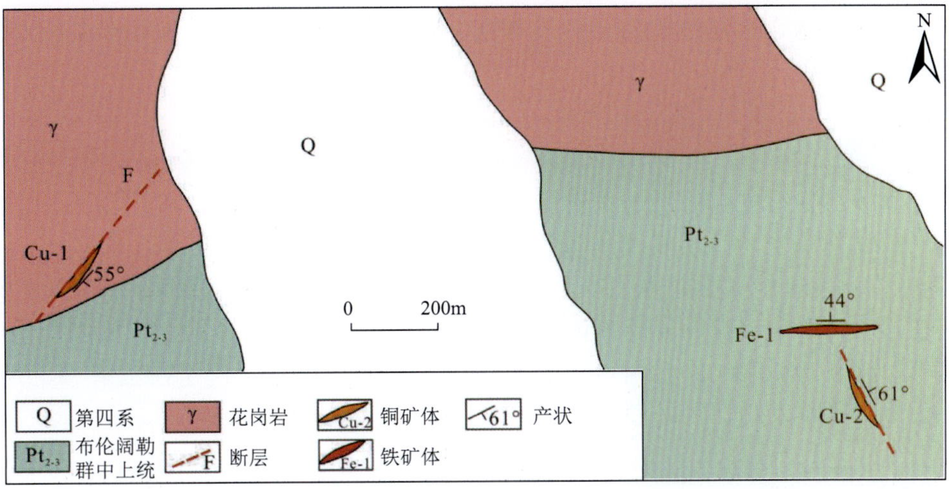

图 5.12　沙子沟铜铁矿床地质简图（据孙海田等，2003）

矿石矿物主要为辉铜矿、黄铜矿，少量黄铁矿和辉砷镍矿，微量自然金。脉石矿物有菱铁矿、镁菱铁矿、铁白云石及少量石英。铜品位一般较高，平均 2.09%～3.39%。伴生有 Co、Ni、Sc、As、Au、Ag 等。矿石多为条带状构造、浸染状构造。根据矿石结构、构造特征，铜矿化大都具后生成因特征，其矿源层的形成与成岩期一致，而富集成矿系印支期岩浆热液作用的结果。围岩蚀变较弱，主要为黄铁矿化、孔雀石化、绿泥石化及绿帘石化。

5.4　晚古生代砂岩型铜矿

特格里曼苏铜矿床是西昆仑成矿带与晚古生代大陆边缘裂陷盆地有关的砂（砾）岩型铜矿的代表。位于盖孜村东部盖孜河流特格里曼苏河上游，地理坐标：东经 75°29′，北纬 38°51′。中国冶金地质总局新疆地质勘查院 2000～2003 年对矿区进行评价，在矿区西侧发现了西矿段和富铜银砾岩，东西两矿段 Cu 资源量 27.65 万 t，达中型规模。

1. *矿区地质*

特格里曼苏铜矿床主要产于库山河群上组下段杂色碎屑岩系中，局部小面积呈楔状分布的白垩系及古近—新近系红色砂岩、泥灰岩夹膏岩层，与石炭系地层呈断层接触，总体地层呈北西—南东走向，倾向北东。

构造以断裂为主，走向北西，与造山带方向大体一致，较大断裂有北部的奥依塔克大断裂、盖孜断裂，东南的且木干断裂、布伦口断裂，控制着区域内沉积建造、构造及岩浆演化。

区域内岩浆岩较发育，主要有海西晚期中酸性侵入岩，如盖孜、别勒丁巴希、奥依塔克等花岗岩，多呈中小侵入体产出。火山活动强烈，在盖孜河克吾鲁克村一带发育有早石炭纪中基性火山岩及霍峡尔至奥依塔克中酸性火山岩，岩浆活动为成矿提供热液及成矿物质。

2. *矿床地质*

特格里曼苏铜矿床矿化层走向延长 11km，矿化层位中夹有一层厚 2～2.5m 高品位铜银砾岩。矿体呈似层状、层状及透镜状，矿体走向北西，往北西渐变为东西向，与地层产状一致，倾角 50°，局部产状近直立。由东至西分出 2 个矿段，即东矿段和西矿段。

东矿段上部矿化层圈出 4 个矿体，长 100m 左右，厚 6.8～16.19m，下部矿化层圈出 6 个矿体，长 100～1300m，厚 4.05～16.53m，延深大于 300m。产于白垩系-第三系（古近—新近系）含铜灰白色钙质砂岩的铜矿体，长 60～80m，厚 4.58～6.25m（图 5.13）。

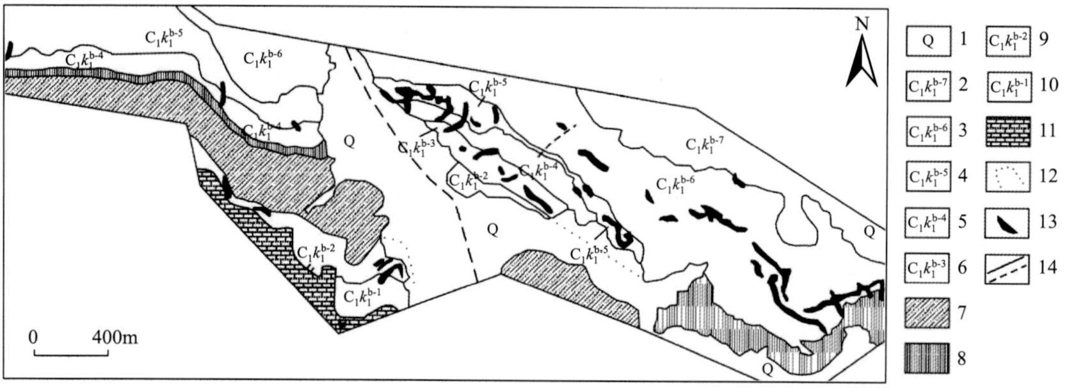

图 5.13　特格里曼苏铜矿区地质图（据新疆地矿局第二地质大队，1985）

1. 第四系冲洪积；2. 黑色片岩、板岩、千枚岩；3. 铁质砂岩，夹少量矿化石英岩（顶部含矿层）；4. 石英砂岩石英岩及少量细砂岩（上部含矿层）；5. 铁质细砂岩夹石英砂岩；6. 石英岩石英砂岩（中部含矿层）；7. 红色砂岩夹泥岩；8. 石膏层片岩夹灰岩泥灰岩等；9. 砂岩石英砂岩（底部含矿层）；10. 砂岩泥岩底部有少量角砾岩；11. 厚层石灰岩；12. 矿段；13. 矿化层；14. 性质不明断层

西矿段矿化带：铜矿化赋存在两个不同时代的地层内，主矿化层位相当于东矿段中上部层位，其底部与白垩系-第三系（古近—新近系）红色砂岩呈断层接触。矿化层靠近岩性段顶部，层位稳定，延长约 6700m。矿化围岩为紫红色砂岩夹灰白色砂岩，在该矿段中部及西北端见一层含铜砾岩层，厚 2～2.5m，铜银含量较高。总的来讲，矿区由南向北主要分出 4 个含矿层，即顶部含矿层、上部含矿层、中部含矿层、底部含矿层：

（1）顶部含矿层：主要位于西矿段，东矿段也有分布。产于库山河群六段之红色、紫红色、猪肝色细-中粒砂岩夹少量红色泥岩、泥质砂岩中，含矿层断续延长 2km，矿石品位较贫，矿化程度弱。

（2）上部含矿层：东矿段、西矿段均有分布，延长近 1km。东矿段含矿层产于库山河群上组五段灰-灰白色砂岩及灰黑色细砂岩中，矿体呈似层状、长透镜状与围岩整合接触。见有多层矿体，矿体长 50～200m，平均厚约 2.01m，最大厚度为 10.54m，含 Cu 平均品位为 0.6%，最高为 4.94%。西矿段矿化层位靠近该岩性段的顶部，层位稳定，呈透镜状，产在库山河群上组二段灰白色砂岩中，矿层与围岩整合接触。含矿层长数百米，具工业价值的矿层长约 200m。平均厚 5.47m，最厚 6.89m，Cu 平均品位 1.35%，最高 2.30%。

（3）中部含矿层：分布于东矿段，矿体赋存于灰（白）色石英砂岩、灰黑色细砂岩夹少量石英砂岩、粉砂岩、千枚岩中，矿化层下部在主矿区与白垩系地层呈断层接触。具工业价值的矿层多为透镜状、似层状，厚度变化很大，品位较低，局部地方孔雀石呈条带状富集。共圈定矿体 7 个，平均厚 1.65m，最大宽度 8.64m，含铜平均品位 0.64%，最高 3.07%。

（4）底部含矿层：位于矿区西南，为灰色石英砂岩，矿化较弱。

3. *矿石组构特征*

矿石中金属矿物有黄铜矿，其次是辉铜矿、黝铜矿及辉银矿，微量斑铜矿、方铅矿、闪锌矿、黄铁矿和磁铁矿等。氧化物有孔雀石、兰铜矿，脉石矿物有石英、方解石，少量的重晶石。矿化呈网脉状、细脉状和浸染状，局部稠密浸染状或块状构造。

4. *矿床成因*

南京地质矿产研究所（2004）认为特格里曼苏铜矿床产于北昆仑晚古生代裂谷拗陷带内滨-浅海相红层建造中，含矿层中（大型）交错层理发育，矿石中不相容元素普遍富集，Sr、Nb、Ti 呈负异常，Cs、U 呈正异常，岩石分异作用不明显，反映成矿物质来源单一，认为该矿床以沉积成因为主，叠加有轻微热液改造富集。

5.5 晚古生代火山岩型块状硫化物矿

包括阿克塔什铜矿、萨洛依铜多金属矿、古鲁滚涅克铜矿床、大勒大铜矿等。

5.5.1 阿克塔什铜矿床

阿克塔什铜矿床位于西昆仑山脉昆盖山北坡，北向距离乌恰县城约 60km。地理坐标：东经 75°03′～75°08′，北纬 39°08′～39°10′。

1. *矿床地质特征*

矿区出露的地层以上石炭统塔哈奇组和克孜里奇曼组为主，其次为中元古界蓟县系地层和第四系。蓟县系地层分布于矿区的南部，为灰色-白色的块状大理岩夹绿帘绿泥石片岩。上石炭统塔哈奇组分布于矿区东北部和东南部，为一套海相沉积的结晶灰岩、泥灰岩夹变质砂岩，与克孜里奇曼组整合接触。上石炭统克孜里奇曼组是矿区的赋矿层位，也是矿区的主体岩层，整体走向呈北东—南西向，产状为 120°～150°∠15°～30°，主要岩性为玄武岩、流纹岩、流纹质凝灰岩以及灰岩和变质砂岩的组合。

矿区的构造比较简单，总体为单斜构造。发育推覆构造，蓟县系的灰白色大理岩自南部逆冲于上石炭统克孜里奇曼组之上，使下覆的石炭系地层发育压扭性和脆性断层。

断裂构造主要为两组，分别为北东向和近南北向，为成矿后断裂，对矿体形成断裂破坏作用，导致矿体错断位移，例如四号矿体和五号矿体。

矿区内无明显的侵入岩。

2. 矿体特征

在矿区目前圈定六条矿体，均为铜-金矿体。整体均呈板状或层状产出于克孜里奇曼组的流纹质火山凝灰岩或者基性玄武岩中，在地表呈现出明显的带状黄钾铁矾和褐铁矿化氧化带，局部在地表为铁帽和硫化物硫磺带产出。由探硐中可见，矿体与围岩呈渐变过渡关系，矿层的产状与围岩一致，层状产出。矿区以中部的第四系为界分为东、西两个矿段。

东部矿段共有四条（图 5.14），东Ⅰ号矿体位于东部矿段，地表出露长度达 330m，厚度 2～5m，矿体地表氧化带环绕山坡呈环状展布，南部向北东倾斜，倾角较缓为 11°；北部向南西倾斜，倾角为 20°左右，在剖面上显示一向形。东Ⅱ号和东Ⅲ号铜、硫品位分别可达 2.30%～5.55%、15.0%～47.4%，是矿区中成矿最有规模、分带明显的矿体。矿层呈双层结构，上部为块状硫化物，下层为块状或者条带状、浸染状矿石。而东矿段的东Ⅳ号矿体地表矿化现象一般，矿化蚀变规模较小。

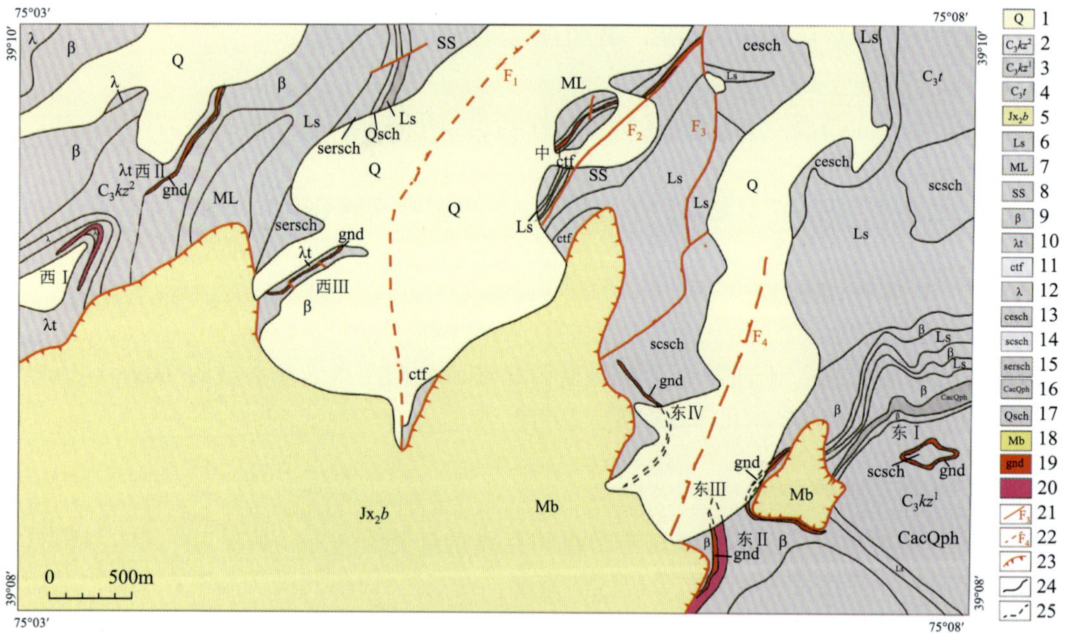

图 5.14　阿克塔什铜矿区地质图（据新疆地矿局第二区域地质调查大队修编，1999）

1. 第四系；2. 上石炭统克孜里奇曼组第二段；3. 上石炭统克孜里奇曼组第一段；4. 上石炭统塔哈奇组；5. 蓟县系巴克切依提组；6. 灰岩；7. 泥灰岩；8. 砂岩；9. 玄武岩；10. 流纹质凝灰岩；11. 岩屑凝灰岩；12. 流纹岩；13. 绿泥绿帘石片岩；14. 绢云绿泥片岩；15. 绢云母片岩；16. 方解石绿泥石英千枚岩；17. 石英片岩；18. 大理岩；19. 矿体；20. 褐铁矿化带；21. 断层；22. 推测断层；23. 推覆体界线；24. 地质界线；25. 推测地质界线

西部矿段有三条矿体，分别为西Ⅰ号、西Ⅱ号和西Ⅲ号矿体，西Ⅰ号矿体由浸染状矿石组成，厚约 8m，硫品位 8.49%～13.49%，铜品位较低，仅为 0.30%。西Ⅱ号矿体地表蚀变带向西仍有延伸。矿石铜品位均低于边界品位。

矿石矿物主要为黄铁矿和黄铜矿及少量闪锌矿、含锌砷黝铜矿、斑铜矿，偶见方铅矿和毒砂。脉石矿物为石英、绢云母、方解石、绿泥石、钠长石等。次生矿物为孔雀石、铜蓝、褐铁矿、自然硫、黄钾铁矾等。

阿克塔什铜矿床矿石构造有块状、浸染状、条带浸染状、脉状、角砾状构造等。

矿体下盘围岩蚀变强烈，广泛发育有硅化、黄铁矿化、绢云母化，常伴有细脉浸染状矿化；而上盘围岩蚀变较弱，仅出现厚度较小的绿泥石化、绿帘石化蚀变。围岩蚀变显示出一定的垂向分带特征，自下而上依次出现绿泥石化＋绿帘石化＋黄铁矿化→黄铁矿化＋绢云母化＋硅化→强黄铁矿化＋绢云母化＋强硅化→块状硫化物矿体。硅化、绢云母化和强黄铁矿化和铜矿化关系密切。

3. 含矿围岩地球化学特征

对主矿体东Ⅱ号、东Ⅲ号矿体的上下盘进行采样，围岩均为基性火山岩。样品的 SiO_2 含量集中在 49.2%～53.7%，K_2O、MnO、P_2O_5、Na_2O、TiO_2 含量较低，分别为 0.01%～0.50%，0.10%～0.21%，0.01%～0.05%，0.55%～4.73%，0.30%，MgO 和 Fe_2O_3 含量较高，分别为 4.00%～10.00%，8.16%～9.60%，$K_2O + Na_2O$ 含量很低。样品 Ce*为 0.74～1.21，总体介于 0.90～1.10，显示 Ce 并无明显的异常，表明样品原始化学成分并未受到后期地质事件的明显改造。

阿克塔什绿片岩的原岩成分更接近于玄武质火山熔结凝灰岩，为低钾拉斑系列。阿克塔什基性火山岩的稀土含量明显较低，轻重稀土分异较弱，并具有较明显的 Eu 正异常。所有基性火山岩样品变化不大，均表现为出富集 Cs、Th、U、K、Pb、Sr、Er、Yb、Lu，而 Rb、Ba、Nb、La、Ce、Pr、P、Ti 和 Y 相对亏损的特点（图 5.15）。

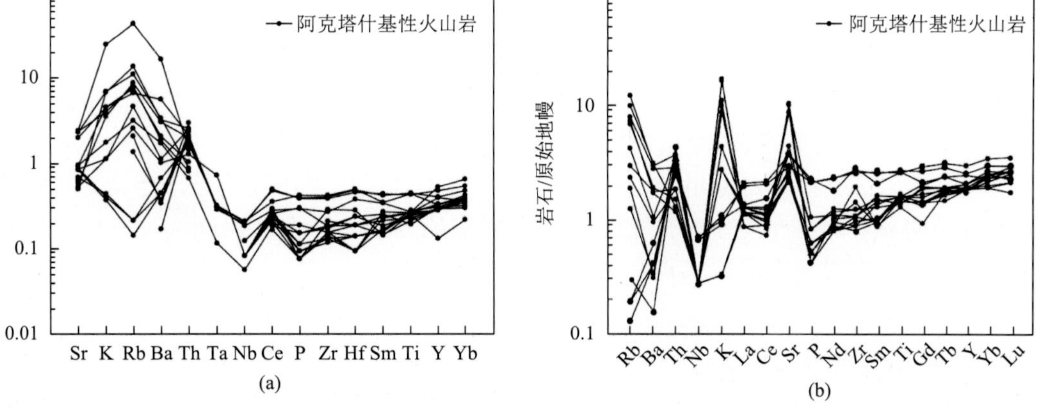

图 5.15　阿克塔什基性火山岩微量元素 N-MORB 标准化蛛网图（a）及微量元素原始地幔标准化蛛网图（b）

4. 构造环境

阿克塔什火山岩的地球化学性质混合着 MORB（N-MORB）和岛弧玄武岩的特征，现代的 Shichito 海岭弧后盆地即表现出这样的特征（Ikeda and Yuasa，1989）。在弧后盆地演化的过程中，早期因为俯冲作用会产出岛弧玄武岩，现代的岛弧就广泛存在这种现象，如果弧后盆地持续地拉张，陆壳会减薄致使地幔底辟，形成新的洋壳（Wilson，1989），同时由于俯冲作用的影响，产生的玄武岩表现出 MORB + 岛弧玄武岩的特征。另外，在昆盖山北坡整个块状硫化物矿床的类型都为 Cu 型和 Cu-Zn 型，Cu 型和 Cu-Zn 型矿床由于缺少 Pb，被认为缺少上地壳的混染，一般产于拉张环境，而不是岛弧环境。

所以，阿克塔什表现出来的这种具有混合性质的玄武岩，可能意味着，阿克塔什火山岩的形成应该处于弧后盆地正在拉张形成的小型洋盆。

5. 年代学研究

本次研究中选取上部地层中的基性火山岩样品，从中挑选出锆石 200 多粒，锆石可见清晰的岩浆振荡环带，整体外围的锆石环带较窄，部分锆石见有灰色的变质边。对其中的 96 颗锆石进行分析表明，阿克塔什火山-沉积岩的形成年龄为（284.6±2.6）Ma，为早二叠世。

6. 矿床成因类型

本次采集了阿克塔什矿区东Ⅱ号矿体即主矿体的黄铜矿、黄铁矿 7 件，并结合孙海田等（2003）和贾群子等（1999）的分析结果，可以看出硫同位素的组成均一，黄铁矿集中在 0.2‰～3.08‰，平均值为 2.18‰，黄铜矿集中在 1.5‰～2.78‰，平均值为 2.03‰，介于幔源硫和海水硫的值之间，硫源应该为幔源硫和海水硫的混合来源。

根据矿石硫同位素特征，矿体地质情况即产于酸性火山岩系中，及矿体呈层状、似层状并与围岩整合的形态特点，以及成矿物质成分组合，可以认为该矿床与日本黑矿有较大的相似性，因此应归入黑矿型。但地质特征方面，与典型的黑矿型矿床还有一些重要差别，第一个差别是矿化缺乏比较完整的垂向分带，即黑矿型矿床由下到上的 5 个矿物带：石英 + 黄铁矿 + 黄铜矿带，黄铁矿 + 黄铜矿带，重晶石 + 方铅矿 + 闪锌矿 + 黝铜矿 + 黄铁矿 + 黄铜矿带，重晶石 + 磷灰石带，石英 + 赤铁矿带。第二个差别是含矿岩系不是太典型。黑矿型矿床的典型含矿岩性是连续分异基性-酸性火山岩系中的上部酸性凝灰岩层。本矿区克孜里奇曼组火山-沉积岩系中，中性火山岩比较缺乏，连续分异的过程完整性不明显。第三个差别是成矿元素组合以铜硫为主，锌含量很低，与典型的黑矿不同。因此，我们将这类矿床（点）暂称为“似黑矿型”。

5.5.2 萨洛依铜矿床

萨洛依铜矿床的位置坐落于乌恰县膘尔托阔依乡，整体分布在昆盖山北坡的萨洛依铜矿东段沟中，矿区坐标为东经 74°53′～74°58′，北纬 39°14′～39°16′。

1. 矿区地质特征

矿区的地层为下石炭统乌鲁阿特组，岩性为一系列基性火山岩、热液沉积岩及灰岩。基性火山岩主要为块状和枕状构造的拉斑玄武岩、火山角砾岩以及火山凝灰岩。热液沉积岩主要为一系列硅质岩、类火成的碳酸盐岩组成，在矿体与围岩的接触带附近产出绿帘石岩。

矿区的构造比较简单，在区域上为一背斜构造，矿区地层位于背斜的北东部，地层呈单斜产出。矿区中褶皱和断裂较少，仅分布于矿区中部存在一系列张性断裂，走向为北西—南东向。张性断裂对矿体有破坏作用。

矿区的侵入活动也较为发育，为小规模的浅成酸性岩体。矿区北部发育有花岗斑岩岩体，岩体呈北西西向不规则展布。其与矿区的距离相对较远，对成矿并无影响。

2. 矿床特征

1）矿体特征

在萨洛依铜矿区西矿段圈出 3 个矿体、5 个褐铁矿化体；在东矿段圈出 1 个矿体、3 个褐铁矿化体（图 5.16）。各矿体地质特征简述如下。

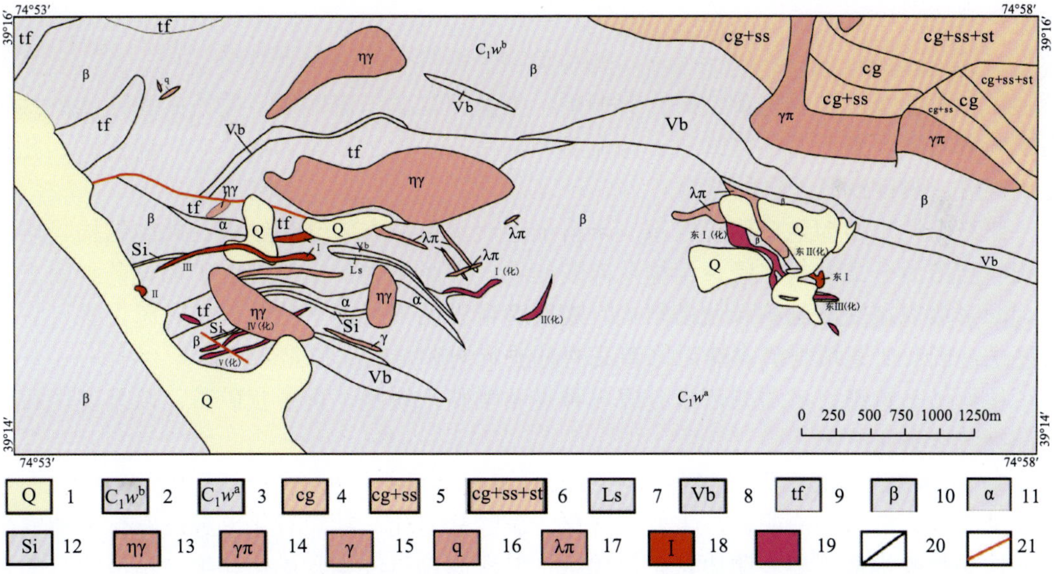

图 5.16　萨洛依铜矿区地质图（据新疆地矿局第二区域地质调查大队修编，1999）

1. 第四系；2. 下石炭统乌鲁阿特组上段；3. 下石炭统乌鲁阿特组下段；4. 砾岩；5. 砾岩、粗砂岩；6. 砾岩夹粗砂岩、细粉砂岩；7. 灰岩；8. 火山角砾岩；9. 凝灰岩；10. 玄武岩；11. 安山岩；12. 硅质岩；13. 二长花岗岩；14. 花岗斑岩；15. 酸性岩脉；16. 石英脉；17. 石英脉岩脉；18. 矿体；19. 褐铁矿化带；20. 整合地质界线；21. 性质不明断层

（1）Ⅰ号含铜黄铁矿矿体：位于矿区的西段。矿体的下盘为枕状、块状石英拉斑玄

武岩，上盘为弱绿泥石化的基性凝灰岩。矿体长 260m、宽 35～45m，两侧被第四系覆盖。通过坑道和槽探揭露，地表下的硫化物矿体长 120m，厚 24m。矿体呈似层状，倾向 332°～355°，倾角 65°左右。含铜黄铁矿矿体厚约 1.5m，铜平均品位 1.7%，含锌黄铁矿矿体厚约 9m，锌平均品位 0.63%，矿体硫平均品位为 15.22%（新疆地矿局第二区域地质调查大队，1999）。

（2）Ⅱ号含铜黄铁矿矿体：位于Ⅰ号矿体南 100m 处，矿化特征同Ⅰ号矿体。矿体在地表为长 1100m、宽 45m 的氧化带，沿东西方向延伸。地表下的硫化物矿体长 120m，厚 25m。矿体呈似层状，倾向北，倾角 50°～70°。矿石类型主要为含铜锌黄铁矿型，铜表内矿体厚约 7m，平均铜品位 0.69%，表外矿体厚约 7.5m，平均铜品位 0.33%，锌矿体厚约 2m，锌平均品位 0.92%，硫表内矿体厚 6m，平均品位 16.08%，表外矿体厚约 20m，硫平均品位 9.22%。

（3）Ⅲ号含铜黄铁矿矿体：位于Ⅰ、Ⅱ号矿体西侧的大沟内。矿体呈层状，长 120m、宽约 7m，倾向北，倾角约 60°。矿床底板围岩为硅化、绿泥石化、绿帘石化的枕状玄武岩，顶板为玄武质凝灰岩。矿体本身由两部分组成，上部为含黄铁矿碧玉岩，厚度约 3m，下部为块状、条带状硫化物矿体，主要由黄铁矿和少量黄铜矿、闪锌矿、磁铁矿及燧石岩组成，厚度约 2m。从矿化体的下部到上部矿物成分和矿石构造分带：矿体下盘围岩枕状玄武岩—块状含铜（锌）黄铁矿矿石—块状、条带状燧石黄铁矿矿石—块状含黄铁矿碧玉岩—块状碧玉岩—矿体顶板围状玄武岩。矿化体的这种分带性表现出明显的海底块状硫化物的沉积特点。

2）矿石组构

矿石主要金属矿物为黄铁矿、黄铜矿，少量闪锌矿、斑铜矿、磁铁矿和镜铁矿；脉石矿物为石英、斜长石、方解石、绿泥石和绿帘石；次生矿物为褐铁矿、蓝铜矿、孔雀石、铜蓝、黄钾铁矾、自然硫等。

矿石结构主要为他形粒状结构、半自形粒状结构、充填交代结构、共生结构、熔蚀结构、固溶体分离结构、残余结构及碎裂结构。常见黄铜矿沿着黄铁矿晶体的裂隙充填交代，形成充填交代结构和残余结构，表明黄铜矿的形成晚于黄铁矿。有时，也可见到黄铁矿被闪锌矿充填交代，然后二者又同时被黄铜矿交代。

根据矿石构造，矿石亦可以分成三种主要类型：块状、条带状矿石，以及团块状矿石和细脉浸染状矿石。

3）矿床围岩蚀变

矿床围岩热液蚀变明显，主要有硅化、碳酸盐岩化、绿泥石化、绿帘石化和黄铁矿化。这些热液蚀变主要与团块状矿化伴生，其次与细脉浸染状矿化伴生，构成明显的热液补给带系统及晚期火山热液活动的产物。

3. 矿床成因类型

萨洛依铜矿与阿克塔什铜矿的成因类型为“似黑矿型”。

5.6 晚古生代热液型铜矿

主要分布在乔尔天山一带的倒岔沟铜铁多金属矿点、野驴沟铜矿点、冠状山铜矿化点。

5.6.1 倒岔沟铜铁多金属矿点

2007 年新疆地矿局第一区域地质调查大队在和田县乔尔天山一带 1∶5 万区域地质矿产调查时发现倒岔沟铜铁多金属矿点，其地理坐标：东经 78°32′，北纬 35°33′。

矿区出露地层为下志留统温泉沟组第一岩性段（S_1w^1），主要岩性为长石石英砂岩、粉砂质板岩夹褐红色含矿蚀变岩，是重要的含矿层。

圈出铜铁矿体一条，近南北走向，地表出露长约为 60m，宽 0.2～5.2m 不等，沿走向呈脉状产出，产状：290°∠35°，Cu 平均品位 2.36%，Fe 平均品位 50.41%。

铁矿石主要金属矿物为白铁矿、褐铁矿和孔雀石，次要金属矿物为黄铁矿，金属矿物主要呈粒状、浸染状分布。脉石矿物主要为长英质矿物及方解石等。

铜矿石主要金属矿物以黝铜矿和白铁矿为主，次要金属矿物见有黄铁矿，氧化矿物有褐铁矿和孔雀石。脉石矿物主要为长英质矿物和方解石。

矿石结构主要为粒状结构，矿石构造为浸染状构造和斑块状构造。

围岩普遍硅化、绢云母化、绿泥石化，局部褐铁矿化、碳酸盐岩化和孔雀石化发育。

根据上述特征，说明成矿物质来源与热液活动关系密切，矿区外围北西向韧性断裂发育，岩石糜棱岩化发育，后期石英脉发育，成因类型属热液蚀变型。

5.6.2 野驴沟铜矿点

2007 年新疆地矿局第一区域地质调查大队在和田县乔尔天山一带 1∶5 万区域地质矿产调查时发现野驴沟铜矿点，其地理坐标：东经 78°29′，北纬 35°31′。

矿区出露的地层为上石炭统恰提尔组第二岩性段（C_3q^2），出露岩性为灰紫色碳酸盐岩化凝灰岩，岩石普遍褐铁矿化、碳酸盐岩化、绿泥石化和绢云母化，局部赤铁矿化和孔雀石化发育。矿体产在碳酸盐岩化凝灰岩中。矿区及外围北西向断裂发育。

在矿区西北部圈出了 2 条平行分布的铜矿体。其中 I 号矿体宽 0.57～0.60m，长 50m，呈脉状产出，产状：210°∠50°，Cu 品位 0.21%～0.83%，平均品位 0.51%；II 号矿体宽 0.40～0.50m，长 50m，呈脉状产出，产状：210°∠54°，Cu 品位 0.27%～3.53%，平均品位 1.49%。

主要金属矿物为赤铜矿、毒砂和磁铁矿，次要金属矿物为辉铜矿和斑铜矿，氧化矿物有孔雀石。脉石矿物主要为方解石，少量石英和绿泥石。

矿石结构主要为粒状结构，矿石构造为浸染状构造、块状和条带状构造。

围岩发育有褐铁矿化、碳酸盐岩化、绿泥石化及绢云母化等。

5.7 中生代斑岩型铜（钼）矿

晚古生代—早中生代时期，西昆仑处于活动大陆边缘（Xiao et al.，2001，2002，2005），形成西昆仑分布最广、规模最大的花岗岩带。这与科迪勒拉—安第斯山的钼矿床形成的构造环境具有相似性，具有良好的斑岩成矿动力学背景。我们先后发现了喀依孜钼矿点、马乃克铜矿点、喀拉果如木铜多金属矿床，另外吉利铜矿床、赫勒瓦特铜矿点也具有斑岩型铜矿化特征。

5.7.1 喀拉果如木铜多金属矿床

喀拉果如木铜多金属矿区位于塔什库尔干县南 19km，交通便利。

矿区出露地层为二叠系和第四系。矿区侵入岩有二长花岗斑岩、二云母花岗岩和闪长岩。二长花岗斑岩为含铜矿化岩体，近南北向，宽 400～900m，长大于 3km，岩体普遍发生褐铁矿化，局部地段破碎严重，破碎并褐铁矿化地段为重要含铜矿带。

地表可见铜矿化呈北西向展布，初步圈出矿体范围为 400m×600m，具有斑岩型铜矿化特征。其中包含多条富铜矿体。含矿岩体锆石 U-Pb 年龄为（189.3±2.8）Ma，表明岩体形成于早侏罗世，属燕山早期。详细情况见 10.1 节。

5.7.2 赫勒瓦特铜矿点

赫勒瓦特铜矿点位于喀拉果如木铜多金属矿床北北东向 3km 处，矿区出露地层为古元古界布伦阔勒群钙质片岩、大理岩、炭质片岩、斜长角闪片麻岩、黑云斜长片麻岩夹斜长石英岩、黑云石英片岩等，二叠系厚层灰岩及第四系残坡物及河流冲积物。侵入岩由片麻状花岗闪长岩、钾长花岗岩，辉长闪长岩组成。矿床由 2 个铜矿带组成（图 5.17）。

Ⅰ号铜矿带位于矿区东南部，产在蚀变花岗闪长岩中，铜矿化地表出露长大于 500m，槽探工程控制长度 300m，宽 4～23m，走向约 5°，矿化连续；主要为孔雀石化、黄铁矿化，铜平均品位 0.76%。Ⅱ号铜矿带位于矿区西北部，产于闪长岩体中，地表出露长大于 400m。槽探工程控制长度 360m，宽 2～10m，走向南北向，铜平均品位 0.64%，矿化与其中的酸性岩脉关系密切。矿化带中硅化十分强烈，两条矿带均产在硅化带中。从矿化规模看，具有一定的找矿前景，多条人工探槽见矿良好，找矿潜力大。

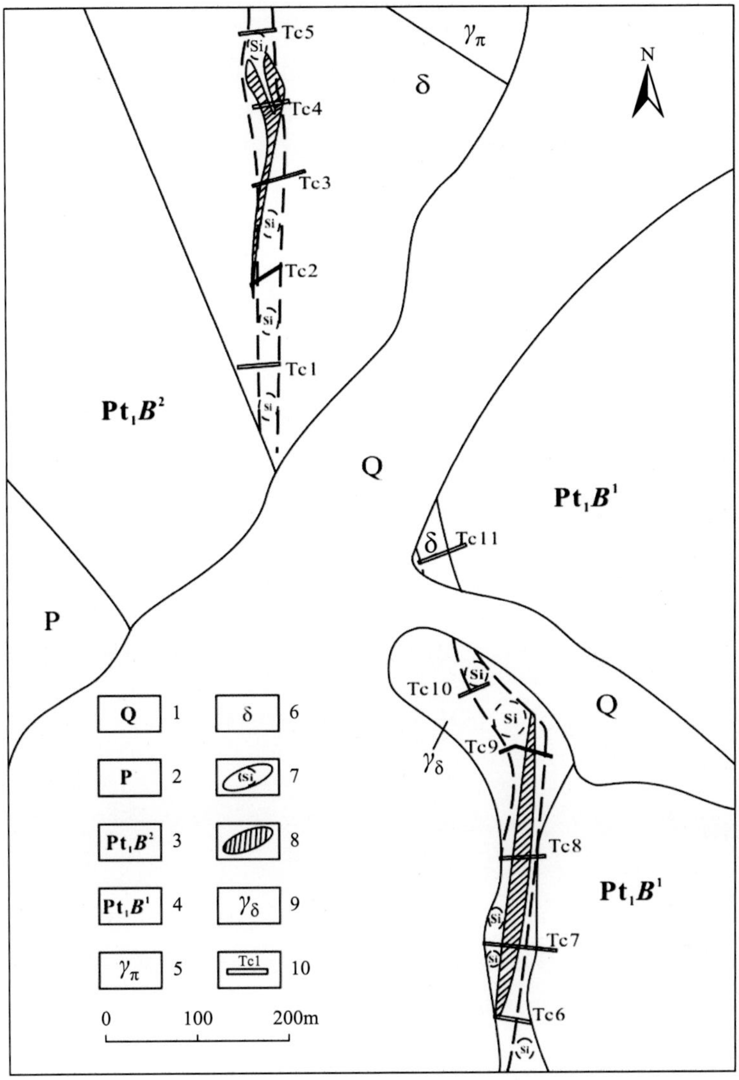

图 5.17　西昆仑赫勒瓦特铜矿点草测图（实测资料）

1. 新近纪：河流冲积、坡积物；2. 二叠纪：厚层灰岩；3. 古元古界布伦阔勒群上段：钙质片岩、灰岩、炭质片岩；4. 古元古界布伦阔勒群下段：片麻岩；5. 花岗斑岩；6. 花岗闪长斑岩；7. 辉长闪长岩；8. 硅化蚀变体；9. 铜矿化；10. 探槽及编号

5.8　中生代岩浆热液型铜矿

5.8.1　干乡吉列铜矿床

干乡吉列铜矿床位于塔什库尔干塔吉克自治县西南的那热马楼沟内，距中巴友谊路约 33km。目前该矿因矿石品位较富，已投产开采。矿区主要出露中粒花岗岩和粗粒花岗闪长岩，粗粒花岗闪长岩长石晶体较大，为 1～3cm，形态与喀拉果如木铜多金属矿区含矿岩体极相似，矿体产在粗粒花岗闪长岩内接触带，目前见到一个矿体，走向 315°，宽

2～20m，长度在200m以上，海拔4700～5000m，落差大于300m，矿石平均品位为2%～5%。矿石为块状粗粒黄铜矿石，矿石主要金属矿物为黄铜矿、黄铁矿等，黄铜矿晶体较大，脉石矿物见石英长石，长石晶体较大，与花岗闪长岩长石斑晶相似，同时还见到含铜菱铁矿石。

从矿化特征及产出位置来看，该矿床与喀拉果如木铜多金属矿床和赫勒瓦特铜矿点具有相似的成矿背景，预示着阿然保泰地区铜矿找矿潜力巨大。

5.8.2　阿然保泰铜矿点

矿点位于阿然保泰南南东方向5km处，新疆地矿局第二地质大队2000年对矿点进行了找矿评价工作。该矿的特点是矿化规模小，含铜品位较高，同时还伴生金，铜品位最高达20.62%，伴有金品位最高达4.23×10^{-6}。我们对矿点进行了检查，该矿点为含铜菱铁矿点，铜矿体出露长15m，宽0.3～0.5m，含铜15.32%，金1.63×10^{-6}。在阿然保泰铜矿点外围发现了孔雀石化黑色片岩和多处褐铁矿化孔雀石化石英脉，同时在闪长岩体中发现多处铜矿化。

5.9　中生代热液型铜铁矿

5.9.1　冰山铜矿床

矿区位于和田县南大红柳滩俘虏沟内，喀拉喀什河上游南岸冰山一带，219国道可达俘虏沟口，进沟四十余公里的可通矿区，地理坐标为东经79°02′，北纬35°46′。

1. 矿区地质特征

矿区地层除较大面积的第四系松散层外，其余均为上三叠统克勒青河组，岩性由黑云母石英片岩、绿泥黑云石英片岩、二云母石英片岩、变质砂岩、粉砂岩等一套经中、浅变质的泥、砂质沉积碎屑岩组成。

见两组断层，主要发育于冰山背斜近核部及两翼，构造破碎带发育。这些断裂是区内最重要的控矿因素。

矿区附近主要有黑云母花岗岩及中基性岩脉。黑云母花岗岩分布在矿区东部，与铜多金属矿化关系密切。中基性岩脉呈脉状、透镜状产出，分布于矿区西北及南部。

2. 矿体特征

矿区共探明4个矿体群，圈出铜矿体24个，其中Ⅰ号矿体群4条、Ⅱ号矿体群15条、Ⅲ号矿体群3条、Ⅳ号矿体群2条（图5.18）。主要矿体如下：

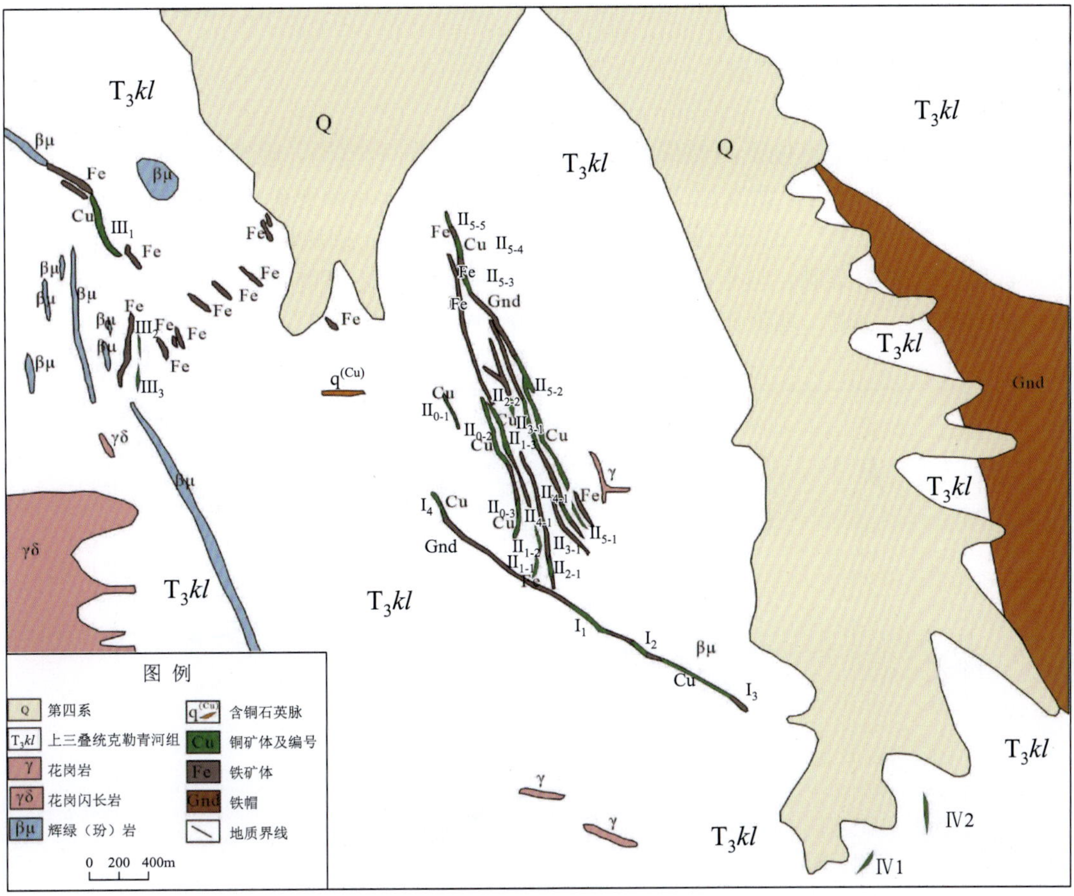

图 5.18　冰山铜矿床地质简图（据 2012 年与四川省地质矿产勘查开发局一〇九地质队交流资料修改）

Ⅰ$_1$号矿体：矿体长 416m，厚 0.71～5.51m，平均厚度 2.10m，平均品位 0.70%。黄铜矿多氧化为孔雀石沿菱铁矿裂隙分布，分布不均匀，并见有少量的黝铜矿，呈团块状不均匀分布于菱铁矿中，铜最高含量可达 10%。局部见有方铅矿化。

Ⅱ$_{0\text{-}2}$号矿体：长度约 307m，厚 1.1m，平均品位 1.7%，地表多氧化呈褐黄色的褐铁矿化，极少见有新鲜的黄铜矿。该矿体沿走向呈波状，总体产状 67°∠35°。

Ⅱ$_{5\text{-}2}$号矿体：为Ⅱ号矿体群中已知的主要矿体之一，长约 633m，平均厚度 1.13m，平均品位 1.42%。深部厚度相对较大，总体产状 62°∠51°。

Ⅲ$_1$号矿体：铜矿体长约 580m，矿体厚 5.78～9.16m，平均厚度 4.44m，平均品位 0.81%，呈似层状产于千枚岩、片岩及石英破碎带中，矿体产状 45°∠50°。

3. *矿床成因*

矿体主要产出在岩地层中的两组断裂中，且矿体中或者附近发育石英脉，呈脉状或透镜状产出，表现出含矿热液沿裂隙充填成矿特征，初步总结冰山铜矿床为热液脉型矿床。

5.9.2　阿克吉勒嘎铜矿点

阿克吉勒嘎铜矿点位于阿然保泰西 7km 处的阿克吉勒嘎沟，地理坐标：东经 75°01′，北纬 37°38′。野外调查中新发现 2 条铜矿化带（图 5.19），北部铜矿带顺层产于千枚岩中，千枚岩产状 228º∠71º，地表出露长大于 600m、宽 2～3m，拣块样含铜 1.32%；南部铜矿体为石英片岩的石英脉，与干达迭尔矿区矿化具有相似性，可能是大型断裂顺延到矿区，该矿脉产状 50º∠88º，地表出露长 80m，厚 70～90cm，拣块样含铜 2.67%。

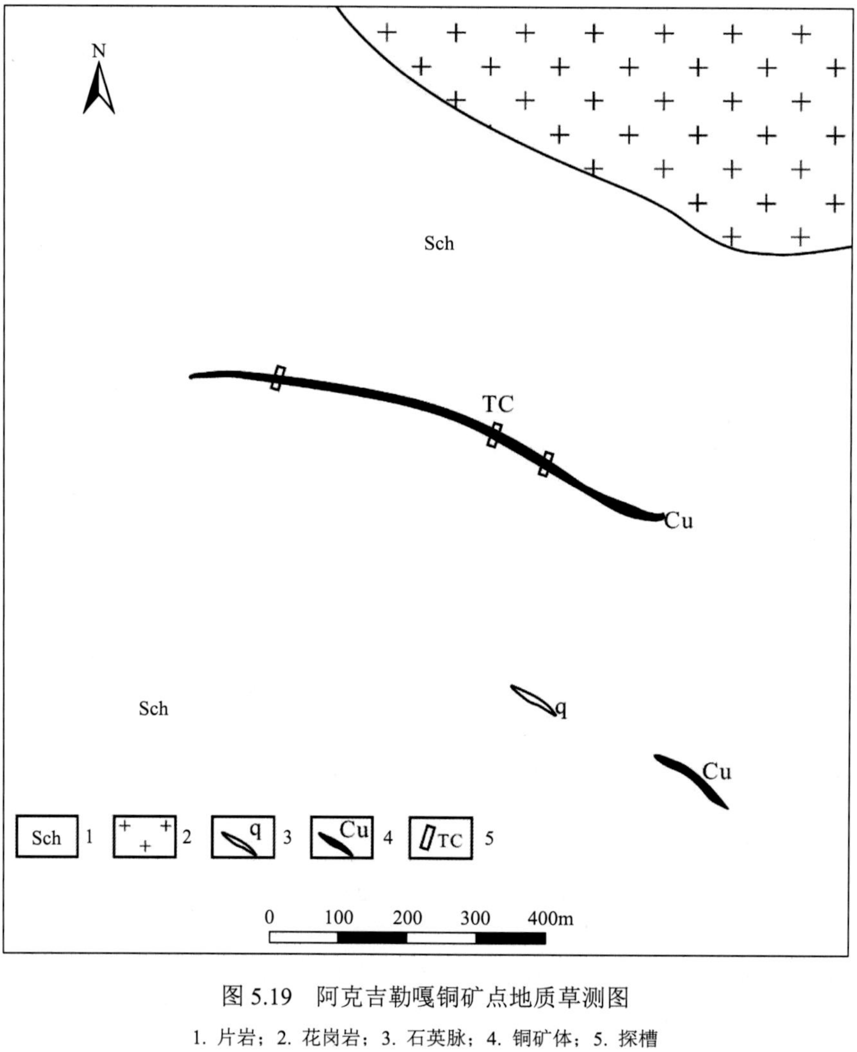

图 5.19　阿克吉勒嘎铜矿点地质草测图

1. 片岩；2. 花岗岩；3. 石英脉；4. 铜矿体；5. 探槽

5.9.3　干达迭尔铜矿点

干达迭尔铜矿位于阿然保泰南南东方向 10km 处，琼尤力沟东的一支沟中（图 5.20）。

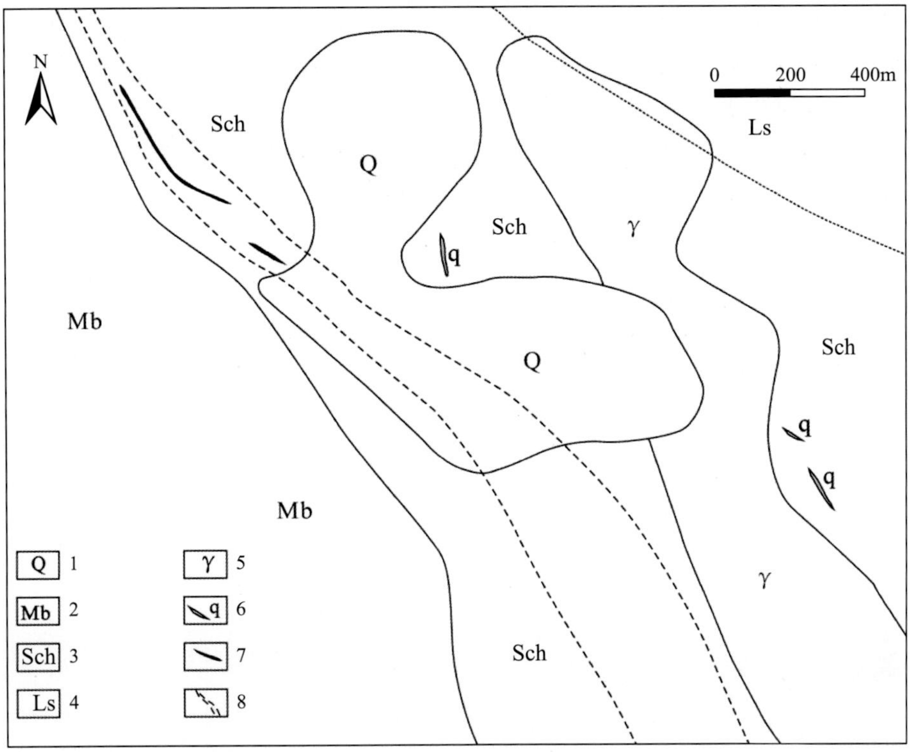

图 5.20 干达迭尔铜矿地质简图（实测资料）

1. 第四系冲积、坡积；2. 大理岩；3. 片岩；4. 灰岩；5. 花岗岩；6. 石英脉；7. 铜矿体；8. 强片理化带

矿区中部为黑色变质片岩，西部为二叠系厚层灰岩，东南部发育花岗岩。在变质片岩西侧发育一条长达 3～4km，宽 100～500m，走向为 160°的大型断层带，断层带中广泛发育石英脉，石英多处见到孔雀石和黄铜矿。矿区东南部的退色蚀变花岗岩转石见到孔雀石。该矿点受构造的控制，从地表看，局部地段见矿 2～3m 的石英脉矿化带，拣块样 Cu 品位最高可达 8.67%，延伸较长，值得进一步开展找矿工作。

5.9.4 卡孜勒铜矿点

矿区位于乔尔天山一岔路口一带，矿区出露地层主要为：侏罗系中侏罗统龙山组（J_2l）和第四系。侏罗系中侏罗统龙山组（J_2l）岩性为：灰白色生物灰岩、灰黑色生物灰岩、红色细-中粒砂岩，以生物灰岩为主，灰岩局部夹少部分砂岩。

卡孜勒铜矿点自然露头可见宽 15～30m、长约 150m 矿化带，走向北西，产于碳酸盐岩中的破碎带内。铜矿体厚度为 2～4m，走向长度 24m，岩石破碎，明显受构造控制。铜品位 24.32%～42.79%。矿体呈脉状、鸡窝状。矿石主要为网脉状孔雀石辉铜矿矿石，矿石矿物有辉铜矿、孔雀石、铜蓝。脉石矿物有方解石、生物碎屑及陆缘碎屑。

矿区内断裂主要为次级断裂。北东向断裂控制着铜矿体的产状。铜矿化形成于晚期，胶结角砾状灰岩、方解石脉，二者接触界限截然，部分地段可见灰岩褪色蚀变，整体来看铜矿化为热液充填型。

5.10　中生代夕卡岩型铜铁矿

此类矿床主要与印支—燕山期岩浆活动有关，主要有下半的铜铁矿点、瓦恰铜矿、库地铁铜矿床、克英勒克铁铜矿点、汗也依拉克含铜磁铁矿等。我们主要介绍下半的铜铁矿点。

下半的铜铁矿点位于班迪尔乡下半的附近的塔什库尔干河南岸，坐标：东经75°29′，北纬37°48′。矿化位于石英闪长岩与大理岩、黑云石英斜长片岩、片麻岩的接触带，及其接触带附近的夕卡岩中（图5.21）。

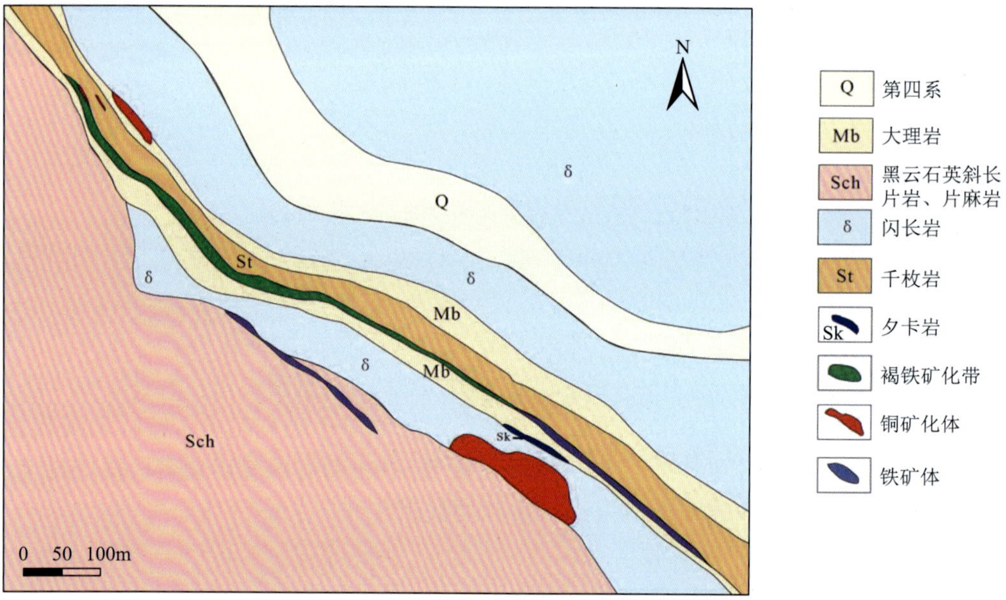

图5.21　下半的铜铁矿区地质简图（实测资料）

矿化岩石有石英闪长岩、石榴石夕卡岩，黝帘石透辉石夕卡岩、黝帘石透闪石夕卡岩、阳起石黝帘石夕卡岩和葡萄石透辉石夕卡岩中未见明显铜矿化。已知铜矿为氧化矿石，矿石矿物主要为孔雀石、蓝铜矿，脉石矿物主要为方解石、绿泥石和黝帘石。

下半的铜铁矿1号主矿体为夕卡岩型铜矿，地表出露长60m，宽5～10m（图5.22a）。在下半的铜铁矿石英闪长岩体中见到铜矿化（图5.22b），出露面积50m×35m，具有全岩铜矿化显示，Cu品位0.15%～0.64%。同时在矿区以东新发现了一条长大于300m，宽2～8m厚的铁矿体，Fe品位20.72%～63.14%。

(a) (b)

图5.22 下半的铜铁矿点1号矿体图（a）及矿区中石英闪长岩中的铜矿化（b）

下半的花岗岩锆石年龄和加权平均年龄计算获得为（222.8±4.6）Ma（图5.23），表明下半的岩体形成于晚三叠世。

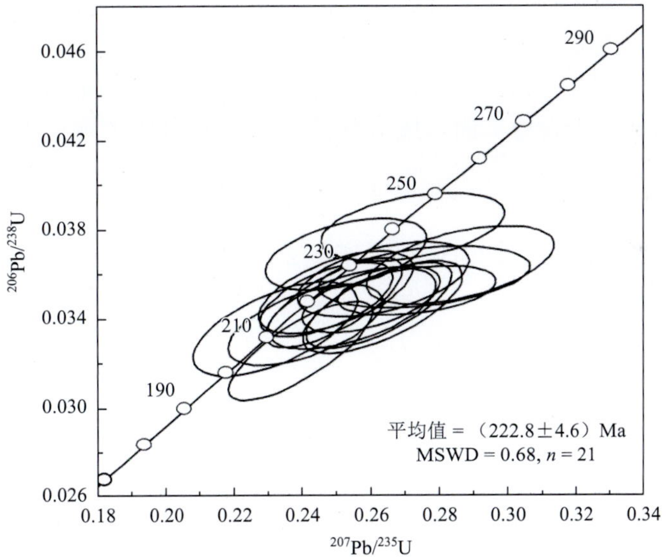

图5.23 下半的花岗岩锆石U-Pb谐和年龄图

该矿床是与花岗岩有关的夕卡岩矿床。

5.11 镁铁-超镁铁岩铜矿和铜镍矿

沿库尔良—托满南断裂断续发育基性、超基性岩构造透镜体。具规模矿点为皮山县阿巴勒克铜矿点，另外分布皮山县夏河巴斯康铜矿点、托满南铜矿点等，为陕西省地质调查院在化探异常检查时发现（陕西省地质调查院，2003）。

1. 阿巴勒克铜矿点

铜矿点位于库尔良晚古生代裂谷带内，裂谷两侧被断裂围限。出露地层为石炭系库尔良群上组，岩性主要为灰色中厚层状中粒长石石英砂岩，石英粉砂岩夹长石岩屑石英杂砂岩，绿泥钠长片岩（玄武岩）。库尔良群下组岩性为灰绿色砾岩、砂砾岩，中粗粒含砾砂岩夹炭质长石石英砂岩、粉砂岩，含生屑粉晶灰岩等。地层中发育辉长、辉绿岩脉，基性岩脉多受构造控制。

圈出铜矿化带二条，Ⅰ号矿化带长约 8km，宽 100～200m，经剥土工程初步控制，发现 3 条含铜辉长岩脉，铜矿化主要集中于岩体的下盘。辉长岩体受构造破碎带控制，岩石较破碎，蚀变较强。三条基性岩脉近平行分布，走向呈近北东向，呈脉状、凸镜状产出，与围岩界线截然。围岩为石英粉砂岩夹长石岩屑石英杂砂岩、玄武岩。

1 号矿体长约 20m，宽约 1m，蚀变带宽约 4m，向东南陡倾，倾向 120°。2 号矿体长约 200m，宽约 10m，向东南陡倾，倾向 135°。3 号矿体长约 1200m，宽约 27m，倾向 100°。铜品位：1 号 0.28%；2 号 0.45%；3 号 0.41%。矿石矿物主要为黄铜矿、斑铜矿、黄铁矿，黄铜矿次生蚀变为孔雀石、蓝铜矿。矿物粒度细小，矿石矿物为它形粒状结构，侵染状、块状构造。蚀变类型主要为硅化、褐铁矿化。伴生金、银、铬、镍、铂、钯。该矿床处于库地-他龙蛇绿岩带上，同时位于塔里木板块边缘的裂谷中，是构造活动能量释放区，即矿床沉淀区，最有利于铜镍矿的形成，有望找到大型-超大型铜镍硫化物矿床。

2. 托满南铜矿点

地理坐标：东经 78°26′，北纬 36°39′。铜矿产于辉石角闪岩中，围岩为西河休组变质岩，含矿岩体长 8000m，宽 250～500m，呈北西向带状延伸，铜矿体呈北西西向延伸，倾向北东，平均长度大于 1000m，宽约 17m，矿石矿物主要为黄铁矿、斑铜矿及黄铜矿，铜品位 1%～2%。

第6章 铅 锌 矿

西昆仑地区具规模的铅锌矿床主要集中于南带的岔路口—甜水海地区和北带的塔里木盆地西南缘的奥依塔格—库尔良裂陷槽内（图 6.1）。近年来在喀喇昆仑的岔路口—甜水海一带发现超过三十余处的铅锌矿床、矿点，其中火烧云铅锌矿已达超大型，多宝山铅锌矿、甜水海铅锌矿、宝塔山铅锌矿、落石沟铅锌矿等铅锌矿也具一定规模，找矿潜力巨大，是新疆最具找铅锌矿潜力的地区。北带的塔木—卡兰古铅锌多金属成矿亚带长 225km，宽 10km。产有塔木铅锌矿床、卡兰古铅锌矿床、铁克里克铅锌矿床 3 个中-大型铅锌矿床。这些矿床研究程度较高，勘探结果表明，本区矿体向下延深幅度通常大于走向延长幅度。因此，加强已探明矿区深部与边部的地质勘探工作，既能扩大矿区规模，

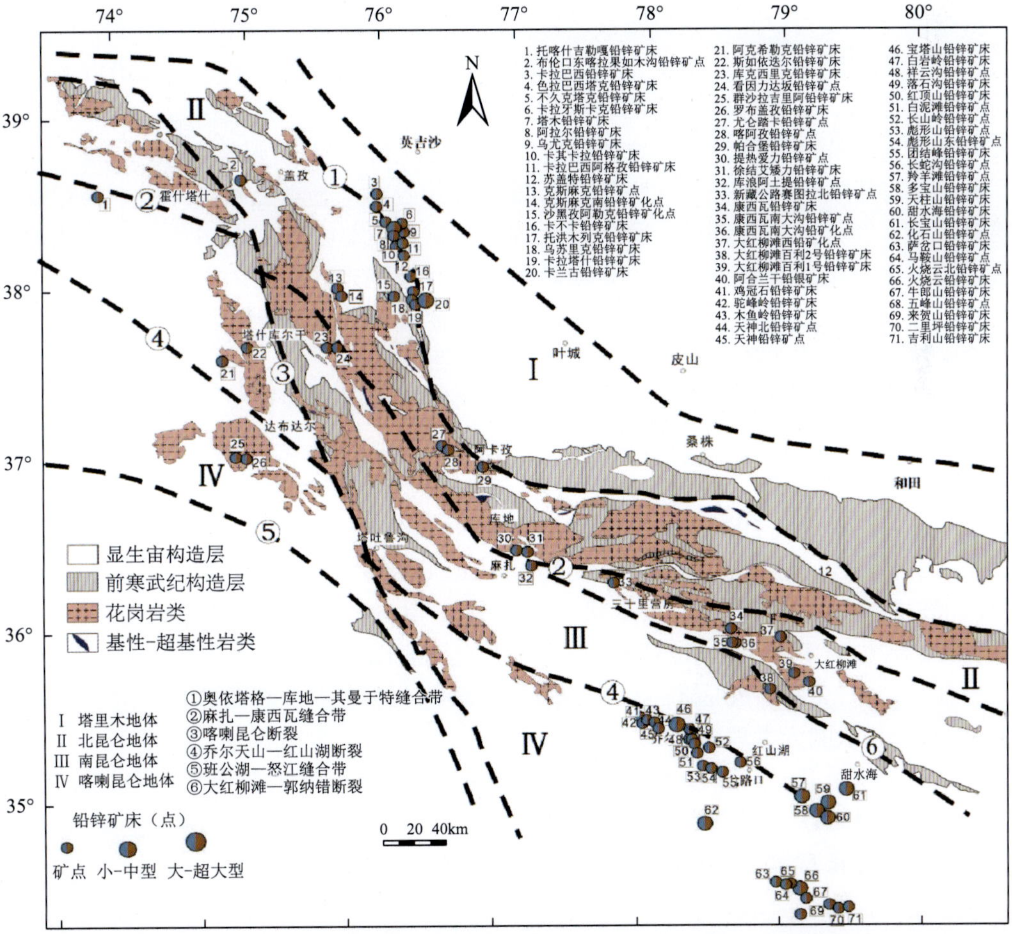

图 6.1 西昆仑地区构造单元图及铅锌矿分布简图（王核等，2020）

对于推动后续找矿工作而言，也具有极为重要的意义。此外本区南部的阿卡孜—库地一带相继发现了新的矿（化）点，有一定的找矿潜力。

依据容矿主岩的岩性、矿床金属元素组合、矿床主要地质特征及控矿条件，在前人资料基础上对西昆仑铅锌矿床进行总结，主要有早古生代层控＋热液改造型铅锌矿床、晚古生代 MVT 型铅锌矿床、中生代层控型铅锌矿床、夕卡岩型铅锌矿床和热液脉型铅锌矿床。

6.1　早古生代层控＋热液改造型铅锌矿

早古生代与碳酸盐有关的层控＋热液改造型铅锌矿，位于西昆仑构造带中段，受古元古代碳酸盐岩及碎屑岩控制，沿麻扎—康西瓦断裂东部分布。典型矿床为库科西鲁格铅锌矿床。

库科西鲁格铅锌矿床位于库科西鲁格乡政府南约 15km，地理坐标为东经 75°42′～75°43′，北纬 37°45′。

出露地层主要为中元古界长城系，岩性为灰色云母石英片岩和大理岩等。

矿区内层间断裂发育，主要呈南北向展布，一般规模较小，矿体主要沿近南北向的层间断裂带分布。矿区外围出露的岩浆岩主要有印支期和燕山期花岗岩、斜长花岗岩、黑云母花岗岩、片麻状黑云母斜长花岗岩以及花岗闪长岩-石英闪长岩等。

矿体赋存于古元古代变质大理岩和云母石英片岩中，基本上顺层产出，具有较明显的层控特征，在走向上延伸比较稳定。大理岩在矿区内呈白色或灰白色，呈块状构造，粒状结构，主要组成矿物为方解石，质较纯，产状较稳定，是区内主要赋矿围岩，矿体一般就赋存在大理岩内或大理岩与石英云母片岩接触带附近的断裂带内。

矿区已发现矿带 3 条，均呈近南北向展布（图 6.2）。

Ⅰ号矿带为主矿带，赋存于大理岩的破碎带中，受断裂或裂隙控制，南北向上矿体呈透镜状产出，呈雁行排列，尖灭再现，断续延长达 1000m 以上。在中部有一分叉，分为Ⅰ-1 矿带和Ⅰ-2 矿带，其中Ⅰ-1 矿带内的矿体为该矿带中的主矿体，长 150m 以上，脉宽 1～2m，矿脉走向 200°，产状 110°∠55°～60°。在陡壁上已控深约 100m。平均品位：Pb＋Zn 约为 45%，最高品位：Pb：23.76%，Zn：35.96%。Ⅰ-2 号矿带位于Ⅰ号矿带的东侧，带长约 40m，带宽约 1m，产状 135°∠65°，其向北与Ⅰ号矿带汇合。

Ⅱ号矿带位于Ⅰ号矿带东约 150m，最宽处达 5m 以上，延长百余米，品位相对较低，矿石为方铅矿-石英脉，Pb 品位 10%左右，Zn 品位 10%左右，其西侧见一闪长岩脉（脉宽 1～2m），其东侧为大理岩。

Ⅲ号矿脉位于Ⅱ号矿脉东约 50m，长约 80m，宽 0.5～1m，铅锌品位相对较低。

矿石一般呈块状、浸染状、网脉状、角砾状等。主要矿物有方铅矿、闪锌矿、黄铁矿、褐铁矿、孔雀石等，脉石矿物有石英、方解石等。

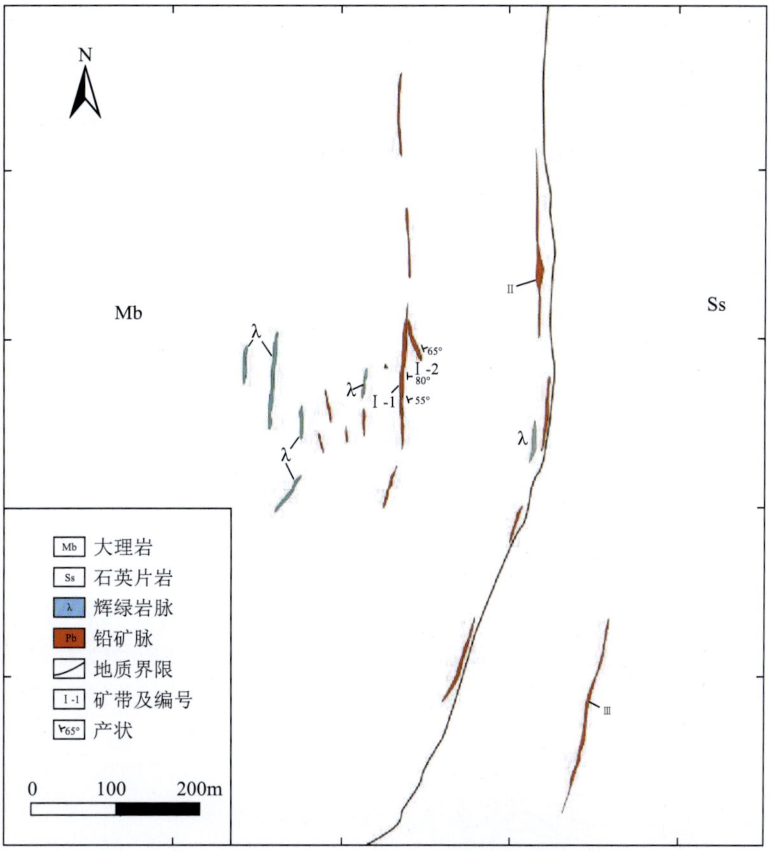

图 6.2 库科西鲁格铅锌矿地形地质图（据董永观等，2006）

据董永观等（2006）的研究，库科西鲁格铅锌矿中矿石与围岩微量元素分布模式相近，U、Pb 富集明显，二者在含量上有所差别，与地壳元素丰度标准化分布模式相近，其成矿物质来源为地壳物质，但矿化大理岩和矿石中 Pb 含量明显高于围岩中的含量，可能为后期岩浆热液影响所致。认为库科西鲁格铅锌矿床成因为碳酸盐 + 热液叠改造型。

在瓦恰和库科西鲁格之间的南山（库科西鲁格北约 3km）上，也见有铅锌矿脉（矿石品位 Pb：22%，Zn：25%）从现有情况看，该处具有良好的铅锌银多金属矿床找矿远景。

6.2 晚古生代 MVT 型铅锌矿

该类型矿床主要产在塔木—卡兰古铅锌多金属成矿亚带，位于西昆仑地区克孜勒陶—库斯拉甫断裂以东，受卡兰古向斜控制，毗邻克孜勒陶—库斯拉甫大断裂东缘沿着北西—南东方向产出，已发现矿点多达三十多处，为西昆仑研究和勘探程度最高的矿床类型之一。典型矿床有塔木铅锌矿床、卡兰古中型铅锌矿床；少数为铜铅锌矿床，如阿尔巴列克铜铅锌矿床。

目前查明的塔木铅锌矿床和卡兰古铅锌矿床均达到大型规模，其中塔木铅锌矿含矿地层为下石炭统卡拉巴西塔克组（C_1kl），含矿围岩为石灰岩、页岩、砂质石灰岩；阿尔巴列克铜铅锌矿含矿地层为下石炭统，含矿围岩为厚层白云岩夹砂岩；卡兰古—托克拉克铅锌矿含矿地层为下石炭统，含矿围岩为白云岩、白云岩化灰岩。少数矿床以碎屑岩为容矿主岩，如铁克里克铅锌矿床含矿地层为中上泥盆统，奇自拉夫组（D_3qz）容矿岩石为千枚岩、石英岩。

6.2.1　塔木铅锌矿床

塔木铅锌矿床位于新疆阿克陶县塔木村北约 5km 处，地理坐标为东经 76°10′，北纬 38°25′，目前该矿床规模已达到大型。

矿区及其邻近区域出露泥盆系、石炭系和侏罗系等（图 6.3）。泥盆系分布于矿区北、西和南侧，包括中-上泥盆统（D_2-D_3），岩层主要由片理化浅海相沉积的碳质页岩、厚层隐晶质灰岩、变质较深的灰绿色及紫色中粒石英砂岩。下-中石炭统（C_1-C_2），是矿区出露的主要地层，也是本矿的含矿地层。其主要岩性有砂质灰岩、钙质泥质粉砂岩、钙质页岩、细晶灰岩、含生物灰岩、白云岩、灰质白云岩。上石炭统（C_3）：分布于矿区的邻近外围，大部分地区与呈断层接触，其上与侏罗系为沉积不整合接触关系，主要岩性为

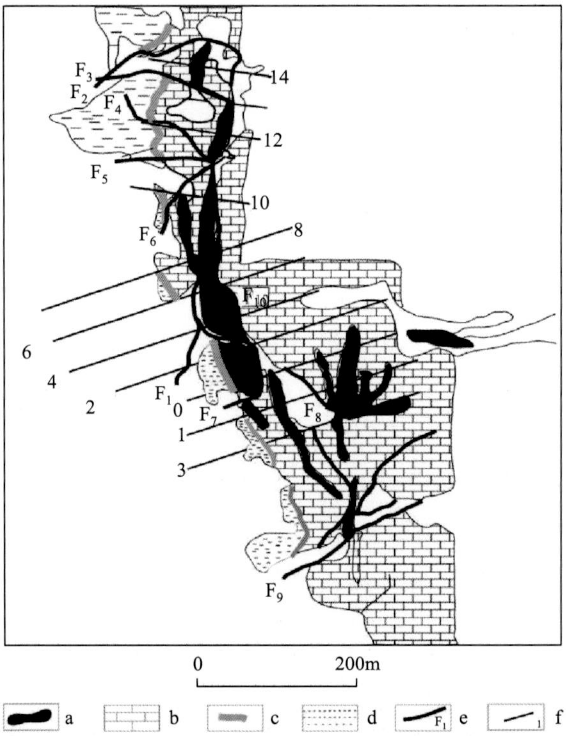

图 6.3　塔木铅锌矿床地质简图（匡文龙等，2002）

a. 铅锌矿体；b. 白云岩；c. 钙质页岩；d. 生物灰岩；e. 断层；f. 勘探线

厚层灰白色石灰岩、碎屑灰岩、深灰色薄层灰岩、泥灰岩、钙质页岩、灰绿色中粒砂岩。侏罗系大面积分布于矿区的东部和西部，不整合覆盖于古生界地层之上，主要岩性为砾岩、砂岩和页岩。

矿区构造复杂，以北西向断裂为主，规模较大的有两条：一是昆仑山前逆掩断层，位于矿区东侧，产状为240°∠11°～35°，延伸300km；二是塔木正断层，位于矿区西侧，是铅锌矿化的西界，产状240°∠70°～80°。其他各方向的断裂规模相对较小，但数量较多，铅锌矿体即产于这类次一级断裂裂隙和构造节理裂隙中。矿区东南部约1.5km处出露一辉绿岩脉，长约数千米，宽40～80m，走向北西，倾向南西，倾角变化范围为70°～80°。其规模较小。

塔木铅锌矿体由数条矿体组成，1号矿体是主矿体，占矿区总资源量的70%以上，产于灰质白云岩中，与岩层产状基本一致，呈似层状，具有分支复合现象，垂直延深340m，厚度1.6～35m，受后期断裂破坏而不甚完整，产状变化较大，倾向240°～260°，倾角60°～80°，向南北两端逐渐变薄尖灭；3号矿体产于白云岩中，局部地段与岩层层理相交，呈不规则脉状产出，长110m，厚2.1～18m，南端矿化较强，向北分支为两条，向深部延伸不明；4号矿体产于白云岩中，为一透镜状矿体，长50m，厚2.4～8m，地表铅的品位较高；5号矿体产于灰质白云岩中，长95m，厚1.5～14m，呈脉状产于构造裂隙中。

主要金属矿物为方铅矿、闪锌矿，少量为黄铁矿，脉石矿物主要是白云石、方解石、石英等。

该矿床前人研究程度高，与国内外典型MVT型铅锌矿床相似，多认同为MVT型铅锌矿。

6.2.2 卡兰古铅锌矿床

卡兰古铅锌矿床位于阿克陶县阿尔塔什村西北6km处。地理坐标：东经76°24′，北纬38°02′，有简易公路通往矿区。

卡兰古铅锌矿区出露的地层为泥盆系阿尔他西群，根据岩性和岩层构造由下而上可分为七个分层。第一分层为黑色-灰黑色薄层石灰岩夹泥质灰岩、石英砂岩和砂砾岩；砂砾岩中有浸染状方铅矿化，灰岩中石英脉和碳酸盐脉比较发育。第二分层岩性与第一分层相似，并由灰岩逐渐过渡为白云质灰岩或白云岩，是本矿区的主要含矿层。第三分层为一套灰质、白云质砾岩，硅化（石英脉）和铅矿化很普遍，为铅矿上覆盖层。第四分层及其以上的各分层岩性依次为泥质石灰岩、石灰岩、泥质钙质砂岩等。

矿区处在阿其克背斜东侧一次级向斜的两翼，北翼矿层走向呈马蹄形扭转。岩层中多小褶曲，断裂构造发育且较复杂，依据其活动与成矿的关系可分为两大类：第一类为成矿前断裂，较大的有两条，分布于矿区的东西两侧，呈南北向贯穿矿全区，致使中泥盆统阿尔他西群地层覆盖于上泥盆统奇自拉夫组地层之上。第二类是成矿后断裂，破坏矿体并使之发生位移，进一步分为两组：一组走向东西，向南倾，倾角20°～30°；另一组走向北北西或北北东，与岩层斜交（图6.4）。

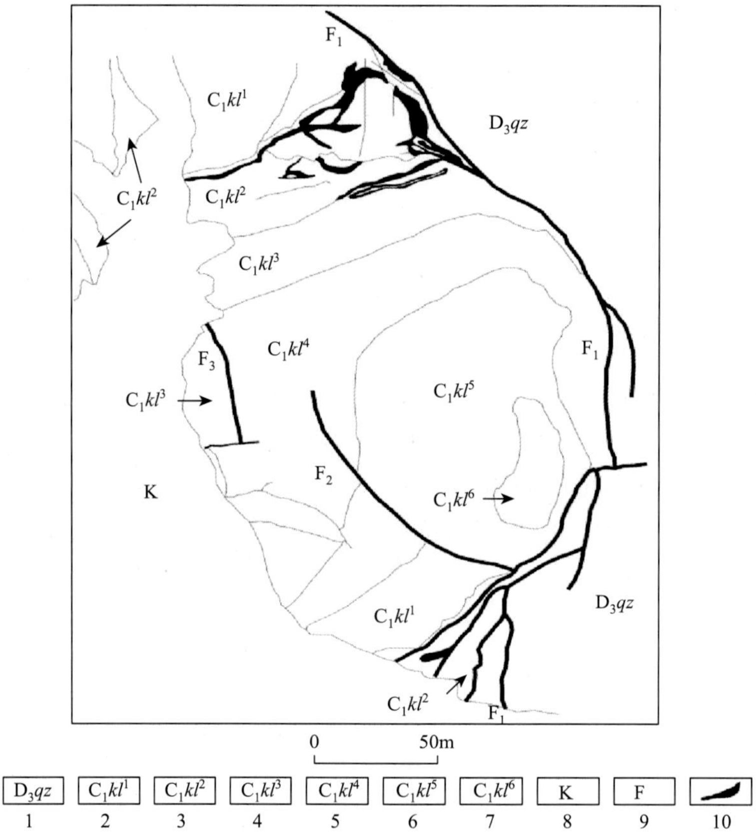

图 6.4　卡兰古铅锌矿床地质简图（张正伟等，2011）

1. 上泥盆统奇自拉夫组；2、3、4、5、6、7 分别为下石炭统卡拉巴西塔克组第一、二、三、四、五、六岩性段；8. 白垩纪；9. 断层；10. 矿体

矿区内岩浆岩不发育，仅在矿体上盘围岩见有少量辉绿岩脉侵入。矿区的围岩蚀变较发育，以面型白云岩化和硅化为主。矿化与硅化关系密切，硅化强者矿化也较好。

该矿已发现大小矿体十余条，重要的有三条，其中 2 号矿体为本区最大的矿体，矿石量占矿床总资源量的 85%以上；呈似层状，多分支，主要有两层，产状变化大，倾向南或南东，倾角呈波状变化为 50°～65°，在局部地段不连续，断层使其错位数米至数十米不等；矿体总长 730m，厚 7～31.5m，埋深 20～280m，垂直延深达 600m 以上。其他矿体多呈似层状、扁豆状和透镜状，产状变化大，长度和延深大部分在 100m 以内，个别可达 100m 以上，但最多不超过 500m，厚均在 10m 以内，一般多为 2～6m。

矿石中主要金属矿物为方铅矿，次为黄铁矿、黄铜矿、闪锌矿，并有微量的砷镍矿，次生矿物有孔雀石、铜蓝、蓝铜矿、辉铜矿、钴华、白铅矿及铁锰氧化物。闪锌矿在地表仅在局部地段见到，但深部有增多的趋势。脉石矿物主要为白云石，次为石英、方解石和少量的重晶石。矿石类型有浸染状、细脉状、致密块状。

矿石的化学成分较复杂，除主成矿元素铅、锌外，尚伴生铜、钴、银、镓等。

铅品位变化很大，最高可达 36.41%。其中 1 号矿体铅平均品位为 2.88%，而其他矿体铅的品位大多在 2%以下，少数超过 2%。

矿床属于沉积-改造型银铅锌矿床。

6.2.3 阿尔巴列克铜铅锌矿床

阿尔巴列克铜铅锌矿床位于阿克陶县阿尔巴列克村东南数公里处，东经 76°20′，北纬 38°11′。该矿是新疆有色地勘局 702 队 1958 年发现的，1960 年对该矿床开展详查，求得铜资源量 11 945t；铅资源量 8428t。

矿区出露的晚古生代地层主要为上泥盆统奇自拉夫组杂色砂岩和中下石炭统。奇自拉夫组底部为中细粒绿色砂岩、灰绿色千枚状页岩和石英砂岩；顶部为浅灰-灰绿色或浅黄中细粒杂色砂岩夹薄层状泥灰岩、页岩等。中下石炭统底部为灰黑色片理化页岩夹泥质砂岩和灰黑色薄层状泥质灰岩；上部为浅灰色厚层白云岩夹浅灰、灰黑色砂岩，其构成含矿层；再往上为灰黑色片理化页岩、砂岩互层；顶部为灰-灰白色厚层硅化、方解石化灰岩。地层倾向主要为北西向，局部北东，倾角 30°～40°。

矿区为一不完整的向斜，走向北北西—南南东，褶皱轴走向 240°，倾向北西，倾角较陡（大于 60°）。受区域大地构造影响，区内逆掩断层极为发育，同时造成区内岩石（尤其含泥质岩石）节理发育而呈页理状，断层产状 65°∠70°。

铅锌矿体呈透镜状产于上泥盆统砂岩和中上石炭统碳酸盐岩之间，矿体几乎均产于含砾层位中，砾石成分为灰岩或白云岩，产状与地层一致，但沿走向和倾向变化极大。复合、分支现象常见。矿体中夹石较多，厚由几公分至数米不等，多呈小透镜体状。区内广泛发育的逆冲断层，对矿体有一定的剪切、错位（错距数十米）及破坏作用。

该矿区矿化带长约 3km，但连续性差。可分出三个矿段，其中帕尔湾基尔嘎和塔木基两矿段品位低，不具工业价值。而阿尔巴列克矿段矿化最好，规模最大，见有三层矿，分别为铜矿、铅矿和铁矿体。铅矿体在铜矿体的上盘，二者紧密共生，产状一致，倾向北西，倾角 30°～40°，与围岩整合接触，沿着水平和垂直方向矿体多见分支复合现象。

铜矿体呈透镜状产状与地层一致。地表长约 250m，厚 1～22m，垂深 100m。铜品位平均 1.25%。矿石以浸染状、细网脉状为主，主要矿石矿物为黄铁矿、黄铜矿，少量方铅矿。地表氧化带形成孔雀石、铜蓝、蓝铜矿等次生矿物。脉石矿物主要为白云石、方解石英等。

铅矿体位于铜矿体之西（上）盘，亦呈透镜状，长 300m，厚 2～15m，垂深 100m。矿石呈块状、条带状、浸染状。矿石铅品位变化不大，地表为 2.06%，平均 1.49%，向深部有变富的趋势。主要矿石矿物有黄铁矿、方铅矿和少量闪锌矿，地表氧化常形成铅华。脉石矿物为白云石、方解石和石英等。

矿石中主要金属矿物有黄铜矿、方铅矿、黄铁矿、白铁矿和少量闪锌矿。脉石矿物主要是白云石，石英、方解石，重晶石。次生矿物有孔雀石、蓝铜矿、铜蓝、钴华和白铅矿。

6.2.4　卡拉牙斯卡克铅锌铜多金属矿床

卡拉牙斯卡克铅锌铜多金属矿床（图 6.5）属于西昆仑塔木—卡兰古铅锌多金属成矿亚带的重要组成部分，与大型塔木铅锌矿床水平直线距离约 6.5km，成矿地质条件良好，找矿潜力巨大。出露的地层以石炭系和中上泥盆统为主。石炭系分布在中部地区，岩性为碳酸盐岩夹泥质粉砂岩；中上泥盆统大多位于石炭系西部，岩性主要为中细粒碎屑岩夹生物碎屑灰岩——这两组地层为本区主要含矿层。成矿区内岩浆活动较弱，仅在卡拉牙斯卡克、塔木和卡兰古矿区内出露有不同规模的基性-超基性岩脉。

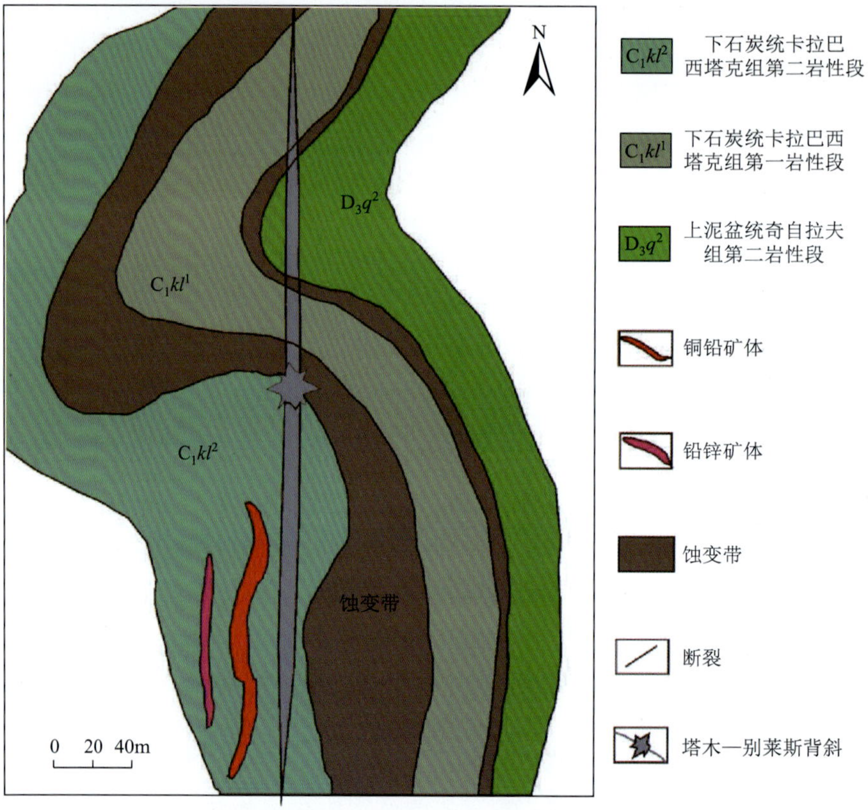

图 6.5　卡拉牙斯卡克铅锌铜多金属矿床地质简图（于换涛等，2013）

塔木—别莱斯背斜从矿区中部经过，发育在泥盆系碳酸盐岩地层中，褶皱轴走向近南北，并向北倾伏。矿体位于背斜转折段，转折端可为成矿提供有利空间，上部地层现已剥蚀，背斜形态破坏殆尽，较难识别，但矿体南部、北部背斜形态清晰可见。

矿区范围内的断裂构造主要有三条。

矿体产于下石炭统白云质灰岩与灰质白云岩互层，底部出露细碎屑岩夹底砾岩层。共揭露两条矿体：Ⅰ号铜铅矿体，位于矿区东侧，产于下石炭统白云质灰岩中，似层状，地表走向近南北，倾向西，倾角 75°，长度大于 120m，厚度 5～8m，见矿平均水平厚度 5.33m；平均品位铅 2.55%，铜 0.51%，锌 0.31%；Ⅱ号锌铅矿体，地质特征与Ⅰ号矿体相似，地表走向长度约 65m，平均水平厚度 4.21m；平均品位锌 3.11%，铅 0.51%。

矿床矿石矿物主要为方铅矿、闪锌矿、黄铁矿和黄铜矿，次生矿物有孔雀石、铜蓝、蓝铜矿、钴华和铁锰氧化物等。围岩蚀变主要有方解石化、白云石化、硅化及重晶石化，一般为团块状、浸染状及细脉状，蚀变体内有少量的方铅矿、闪锌矿产出。

6.3 晚古生代—中生代夕卡岩型铅锌矿

该类型矿床指矿体产于中酸性侵入岩体与碳酸盐岩石接触带夕卡岩或者夕卡岩化大理岩中的铅锌矿床，特别是小岩体，在成矿作用上密切相关。

6.3.1 瓦恰铅锌铜矿床

该矿床位于新疆瓦恰乡欠孜拉夫沟中，地理坐标为东经 75°42′，北纬 37°38′～37°40′。矿点经新疆地矿局第二地质大队 2004～2008 年的普查共发现 5 条矿体，各矿体均产于中石炭统大理岩与长英质角岩接触带附近。

II_1号矿体：为一铅锌矿体。出露长约 122m，宽为 0.41～3.23m，矿体平均水平厚度 2.29m。矿体在地表呈似层状展布。矿体倾向 358°～15°，倾角 46°～51°。矿体 Pb 品位 4.10%～44.03%，矿体 Zn 品位 3.67%～12.63%，平均 7.23%。矿体中伴生 Au 品位 0.10×10^{-6}，Ag 品位 292.05×10^{-6}，Cu 品位 0.78%。

II_2号矿体：为一铜铅锌矿体。在 5 号勘探线上施工的 ZK502、ZK503 中揭露出两层铜或铜铅锌矿体及多层黄铁矿化体，围岩以夕卡岩化长英质角岩及大理岩为主。

ZK502 在 104m 处揭露出一层铜铅锌矿体，矿化主要产于夕卡岩化长英质角岩中，与地表发现的矿体基本可对应，矿体视厚 2.4m，矿石品位 Cu 品位 1.08%～1.51%，Pb 品位 0.05%～5.62%，Zn 品位 2.83%～5.08%，Ag 品位 3.99×10^{-6}～85.40×10^{-6}。另一层矿体产于钻孔 180m 处，产于大理岩中，矿体视厚为 4.6m，矿化品位 Cu 品位 0.12%～1.18%，Zn 品位 0.04%～1.64%，Ag 品位 5.50～19.90×10^{-6}。ZK503 中见有 7 层黄铁矿化体，黄铁矿含量可达 20%左右，呈脉状充填于岩石裂隙中，矿化体宽 0.42～21.96m，矿化 Cu 品位 0.12%～0.49%，Pb 品位 0.14%～2.08%，Zn 品位 0.12%～4.11%，Ag 最高品位 17.4×10^{-6}。从钻孔揭露出的矿化体及地表矿化类型看，矿区存在多期矿化，以夕卡岩化为主，局部为岩浆期后热液脉状充填。

II_3号、II_4号、II_5号矿体均为铜矿体，产于灰黑色碎裂状长英质角岩或绿帘石夕卡岩中，局部顶板围岩为大理岩。矿体长 23～320m，宽 0.9～9.0m。矿体地表呈不规则状，常见有分叉复合现象。Cu 品位 0.32%～3.41%，常伴生 Au 品位 0.10×10^{-6}～1.68×10^{-6}。矿石矿物主要为孔雀石、铜蓝等。

6.3.2　群沙拉吉里阿铅锌矿床

该矿床位于瓦罕走廊群沙拉吉里阿沟内，地理坐标为东经 75°7′，北纬 37°7′。

矿区出露地层为侏罗系灰色凝灰质粉砂岩，区内构造主要为群沙拉吉里阿断裂，见燕山期灰-灰黑色花岗闪长岩侵入。

矿体沿东西向展布约 3.4km，底板为侏罗系灰色凝灰质粉砂岩，顶板为燕山期灰-灰黑色花岗闪长岩。单个矿体 0.5～10m，Pb 品位为 0.5%～1.5%，Zn 品位为 0.5%～4%。矿体层最厚为 5～6m。矿体产状：167°～240°∠20°～67°。

矿体分布在底层和岩体的接触带，见典型夕卡岩矿物：绿帘石、绿泥石、符山石、阳起石等，推测为夕卡岩型铅锌矿床。

6.4　中生代层控＋热液型铅锌矿

6.4.1　阿合栏杆铅银矿床

矿区位于新疆和田县大红柳滩俘虏沟，中心地理坐标为东经 79°12′，北纬 35°52′，已探明铅金属量约 6.83 万 t，银金属量约 339.66t。铅平均品位 4.59%，银平均品位 302.7×10^{-6}。

1. 矿区地质

阿合栏杆铅银矿床出露的地层主要有三叠系巴颜喀拉山群上组和第四系地层。巴颜喀拉山群主要为灰—灰褐色变质细粒石英砂岩夹石英粉砂岩、粉砂质板岩及泥灰岩。

矿区主要有北东—南西向和北北东—南南西向两组断层（图 6.6）。其中北东—南西向断层有 F_1、F_2、F_3、F_4、F_8、F_9、F_{10}，北北东—南南西向组断层有 F_5、F_6、F_7。区内断层向北东收拢，向南西撒开，组成一个较密集的“断层束”。断层倾向北西，倾角 45°～78°，断层性质属张性正断层。矿区断层一般长 300～3000m，断层破碎带宽 0.5～10m，发育断层角砾岩、碎裂岩等，沿断层破碎带有铅银矿（体）产出，是为矿区内铅银矿的控矿、容矿构造。

矿区岩浆岩发育，主要为三叠纪中酸性侵入岩，岩石类型包括黑云二长花岗岩、黑云母花岗闪长岩。岩体呈岩基状，侵位于三叠系巴颜喀拉山群上组地层中，部分岩体内部和边部含有大量不规则状围岩捕虏体。矿区岩脉类型主要为花岗伟晶岩，共见有大小不同的花岗伟晶岩脉百余条，发育在断裂破碎带中。同时，在矿坑内可见伟晶岩捕虏体。

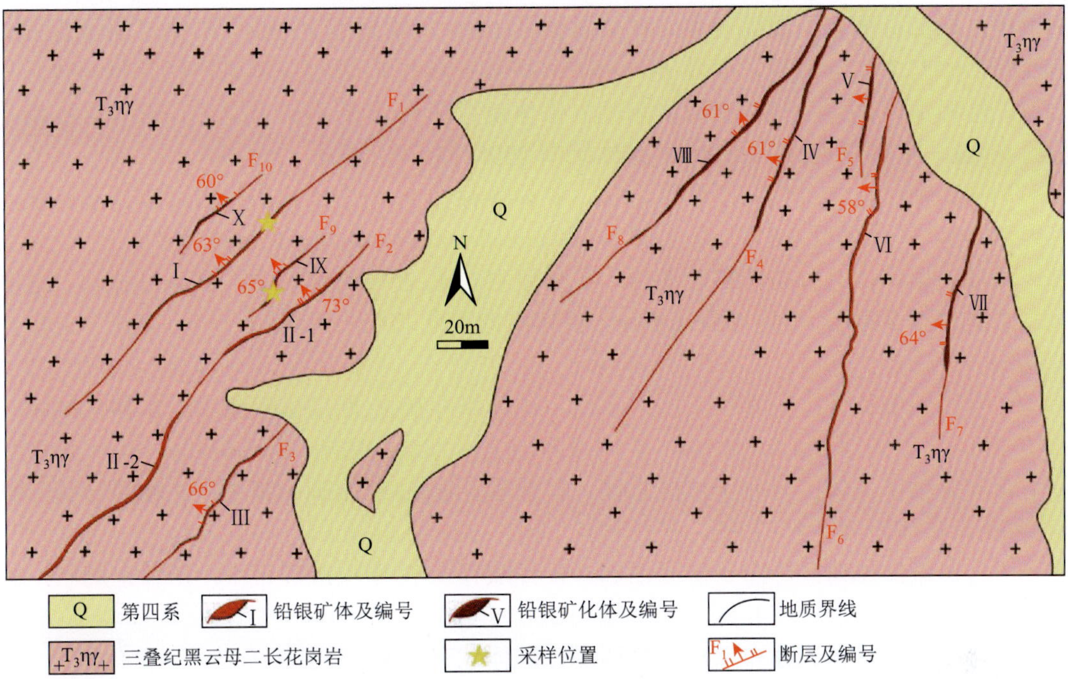

图 6.6 阿合栏杆铅银矿床地质简图

2. *矿体特征*

矿区已发现有 5 个铅银矿体，编号Ⅰ、Ⅱ-1、Ⅱ-2、Ⅲ、Ⅵ号；6 个铅银矿化体，编号Ⅳ、Ⅴ、Ⅶ、Ⅷ、Ⅸ、Ⅹ 号。铅银矿（化）体均赋于三叠纪黑云二长花岗岩、黑云母花岗闪长岩中北东—南西向、北北东—南南西向的断层破碎带，受断层破碎带控制，在平面上呈向北东收敛，南西撒开的“矿束”。矿（化）体顶、底板为黑云二长花岗岩或黑云母花岗闪长岩，矿体产状与控矿断层产状基本一致。

矿体呈脉状、透镜状产出，沿走向、倾向有膨大，狭缩现象；长度 315～840m，斜深延伸宽度 80～175m，平均厚度 1.58～2.42m，主要矿体产出地质特征如下：

Ⅰ号铅银矿体：分布于矿区西部，矿体赋存于 F_1 断层破碎带中，矿体呈脉状、透镜状，局部有膨大，狭缩现象。矿体长约 450m，平均厚度 1.94m，矿体走向呈北东—南西向，倾向 295°～340°，倾角 54°～70°。矿体产状与 F_1 断层破碎带产状基本一致。

Ⅱ-1 号铅银矿体：分布于矿区西部，矿体赋于 F_2 断层北东段破碎带中，矿体呈脉状、透镜状，局部有膨大，狭缩现象。矿体长约 330m，平均厚度 1.58m，矿体走向呈北东—南西向，倾向 300°～320°，倾角 53°～70°。矿体产状与 F_2 断层破碎带产状基本一致。

Ⅱ-2 号铅银矿体：分布于矿区西部，矿体赋于 F_2 断层南西段破碎带中，矿体呈脉状、透镜状，局部有膨大，狭缩现象。矿体长约 500m，平均厚度 2.42m，矿体走向呈北东—南西向，倾向 295°～325°，倾角 64°～71°。矿体产状与 F_2 断层破碎带产状基本一致。

Ⅲ号铅银矿体：分布于矿区西部，矿体赋存于 F_3 断层破碎带的南段，矿体呈脉状、透镜状，局部有膨大、狭缩现象。矿体长约 315m，平均厚度 1.79m，矿体走向呈北东—南西向，倾向 290°～323°，倾角 61°～67°。矿体产状与 F_3 断层破碎带产状基本一致。

Ⅳ号铅银矿化体：分布于矿区东部，矿体赋存在 F_4 断层破碎带北段，矿体呈脉状，长约 600m，矿体厚度 2.0～5.0m，矿体倾向 250°～315°，倾角 57°～60°。

Ⅴ号铅银矿化体：分布于矿区东部，矿体赋存在 F_5 断层破碎带中段，矿体呈脉状，长约 200m，矿体厚度 4.0～5.0m，矿体倾向 268°～278°，倾角 63°～69°。

Ⅵ号铅银矿体：分布于矿区东部，矿体赋存在 F_6 断层破碎带中，矿体呈脉状、透镜状。矿体长约 840m，平均厚度 1.99m，矿体走向呈北北东—南南西，倾向 290°～300°，倾角 58°～62°。

Ⅶ号铅银矿化体：分布于矿区最东侧，矿体赋存在 F_7 断层破碎带中，矿体呈脉状，长约 400m，矿体厚度 1.0～8.5m，矿体倾向 267°～288°，倾角 58°～67°。

Ⅷ号铅银矿化体：分布于矿区东侧，矿体赋存在 F_8 断层破碎带中，矿体呈脉状，长约 640m，矿体厚度 0.4～3.5m，矿体倾向 280°～330°，倾角 61°～65°。

Ⅸ号铅银矿化体：分布于矿区西部，矿体赋存在 F_9 断层破碎带中，矿体呈脉状，长约 160m，矿体厚度 0.5～4.0m，矿体倾向 300°～325°，倾角 60°～70°。

Ⅹ号铅银矿化体：分布于矿区最西侧，矿体赋存在 F_{10} 断层破碎带中，矿体呈脉状，长约 120m，矿体厚度 1.0～3.0m，矿体倾向 295°～310°，倾角 50°～60°。

3. 矿石组构

金属矿物以方铅矿为主，次有黄铁矿、辉银矿、自然银等；金属氧化矿物主要有褐铁矿、白铅矿，次有赤铁矿、铅矾，少量铅硬锰矿、氯磷铅矿、铁矾铅矿、铅黄、菱锌矿等。脉石矿物主要有白云母、长石、石英，次有方解石、绿帘石、绿泥石、绢云母等。

矿石结构主要有他形粒状结构、交代残余结构、穿插结构和碎裂结构。他形粒状结构为主要结构，由方铅矿、黄铁矿及石英、呈他形粒状及粒状集合体的方解石组成；块状方铅矿组成晶粒结构，多具碎裂特征；方铅矿边缘被白铅矿、铅矾、铅黄、纤铁矿、针铁矿等交代而残留形成交代残余结构；方铅矿与黄铁矿连生体互相穿插形成穿插结构。

矿石构造以团块（粒）状、细脉状、块状为主，次为网脉（蛇曲状）浸染状、（蠕虫）浸染状构造。以方铅矿为主的金属硫化物呈团（粒块）状、细脉状、块状集合体产出构成团块（粒）状、细脉状、块状构造，一般分布在矿体的中部。方铅矿团块（粒）大小不等，粒小、量少时呈团粒状，量多粒大时呈团块状产出；在矿体上、下部边缘金属氧化物呈团块状、蛇曲状、蠕虫状产出，构成团块状、蛇曲状、蠕虫状构造。

4. 围岩蚀变

矿体顶、底板均为晚三叠纪侵入岩，以断层破碎带为容矿部位，矿石多呈团块（粒）状、细脉状及浸染状，近矿围岩具硅化、黄铁矿化、绿帘石化和褪色蚀变，地表浅部具有较强的褐铁矿化。

5. 成矿期和成矿阶段

根据矿床的矿体特征、矿石组构以及矿物共生关系等，原生矿物组合为方铅矿-黄铁矿-辉银矿-石英-方解石-绿帘石，属于一套中温热液矿物组合，该矿床具有热液充填特征。阿合栏杆铅银矿床的主成矿期分为三个阶段（表6.1）：I阶段为成矿早阶段，以黄铁矿为主，该阶段黄铁矿呈细粒致密结合体，零星分布在矿脉边部；II阶段为方铅矿-黄铁矿阶段，是为主要成矿的阶段，该阶段矿石以致密块状矿石、角砾状矿石和团粒（块）状矿石为主，其次为细脉状矿石、稀疏浸染状矿石以及网脉状浸染状矿石，被后期的矿液交代蚀变；III阶段主要为成矿晚阶段，即碳酸盐阶段，可见方解石、石英呈脉状充填于金属矿物之间。

表6.1 阿合栏杆铅银矿床主成矿期的三个阶段

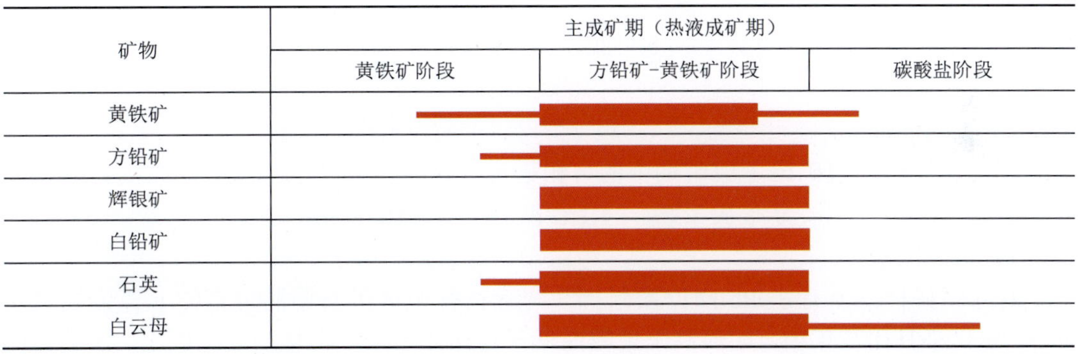

6. 阿合栏杆铅银矿床地球化学特征

1）流体包裹体研究

研究选取含矿石英脉进行流体包裹体研究，对主成矿期石英中的含CO_2包裹体进行了测温，含CO_2包裹体完全均一温度分布范围为183.1～208.1℃，平均值为194.3℃，频数的峰值主要集中在190～200℃。结合我们认为阿合栏杆铅银床的包裹体均一温度可以代表成矿流体的温度，且矿区的成矿流体具有中低温（190～200℃），富含CO_2的特征。

2）氢氧同位素

对阿合栏杆矿区主成矿阶段石英脉的石英单矿物进行了氢同位素和氧同位素分析，样品所测得的$\delta O_{石英}$值介于14.2‰～16.8‰，平均值为15.5‰；所测得的$\delta D_{水}$值介于–103‰～–91.2‰，平均值为–98.1‰，石英中$\delta O_{水}$值的获取参考Clayton等（1972）提出的公式：$1000\ln\alpha_{石英-水} = 3.38\times10^6/T^2-3.40$计算得到。

由计算$\delta O_{水}$值公式可知$\delta O_{水}$值与温度的平方呈正相关关系，主成矿阶段的成矿流体具有中低温（190～200℃）的特征，计算出温度区间两端温度190℃和200℃对应的$\delta O_{水}$值分别为1.8‰～4.4‰、2.5‰～5.1‰。将阿合栏杆矿区的氢、氧同位素数据投影到δO-δD判别图上（图6.7），投影点主要落在岩浆水与雨水线之间的范围。

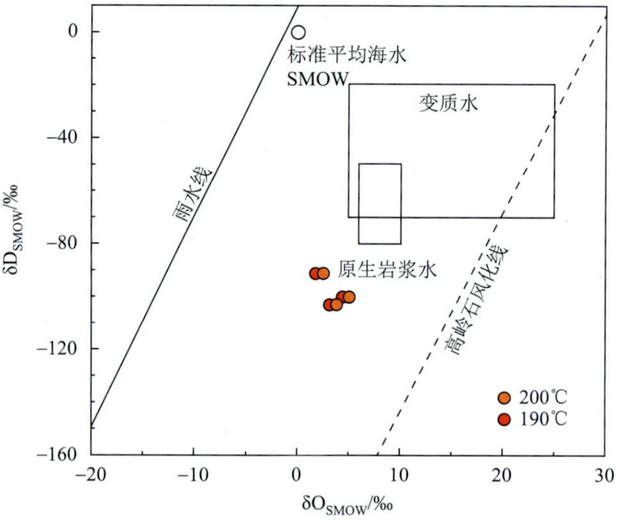

图 6.7 阿合栏杆铅银矿床流体 δO-δD 图解（底图据 Hedenquist and Lowenstern，1994 修改）

3）硫同位素

对阿合栏杆铅银矿床主成矿期中的方铅矿进行原位硫同位素组成测试，研究获得的方铅矿 $\delta^{34}S_{V\text{-}CDT}$ 值主要分布在 3.1‰～4.1‰和 15.8‰～16.0‰两个区间。

4）铅同位素

对方铅矿样品进行了 Pb 同位素分析，阿合栏杆矿区矿石铅同位素的 μ 值为 9.57～9.65，变化小且比较集中，明显高于地幔而低于造山带 μ 值。在构造模式图上，所分析的数据点落在上地壳演化线之上或上地壳演化线与造山带演化线之间（图 6.8a），或靠近上地壳演化线附近（图 6.8b）。在铅同位素 Δβ-Δγ 成因分类图解（图 6.9）中，数据点主要落在与岩浆作用有关的铅来源范围内，部分落在上地壳铅来源的范围。

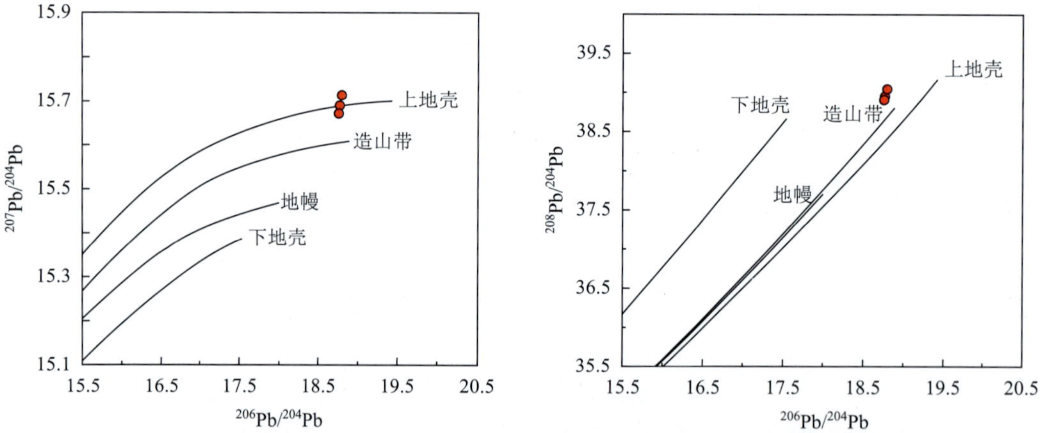

图 6.8 阿合栏杆铅银矿床硫化物 Pb 同位素成分图解（参考线据 Zartman and Doe，1981）

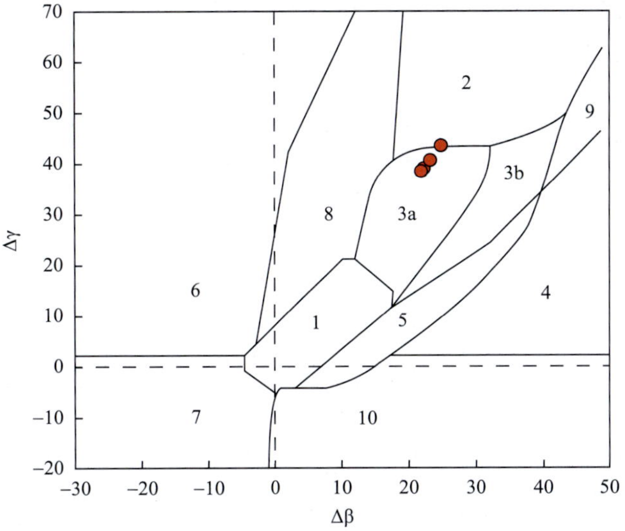

图 6.9 阿合栏杆铅银矿床硫化物 Pb 同位素 Δβ-Δγ 成因分类图解（底图据朱炳泉，1998）

1. 地幔源铅；2. 上地壳铅；3. 上地壳与地幔混合的俯冲带铅（3a. 岩浆作用；3b. 沉积作用）；4. 化学沉积型铅；5. 海底热水作用铅；6. 中深变质作用铅；7. 深变质下地壳铅；8. 造山带铅；9. 古老页岩上地壳铅；10. 退变质铅

7. *矿床成因*

阿合栏杆铅银矿赋存于大红柳滩岩体的断裂破碎带中，岩体成岩年龄为晚三叠世，岩性为黑云母二长花岗岩。矿床的成矿时代接近（212.9±3.6）Ma，与黑云母二长花岗岩围岩年龄相近，说明矿床属于同生矿床。矿体呈脉状、透镜状，与断裂带产状一致。Pb 同位素证据表明，成矿物质中的 Pb 与黑云母二长花岗岩中的 Pb 特征相似，可能为同一来源。H-O 同位素测试结果表明，成矿流体具有混合来源的特征，可能是大气降水与岩浆水的混合。同时，S 同位素的测试结果表明，阿合栏杆铅银矿床中硫的来源主要是岩浆硫与地层硫的混合。同位素证据表明，矿床的形成与地层和岩浆有关。通过包裹体显微测温，得到成矿温度为 190～200℃。此外，前人研究成果表明（新疆地质调查院，2015），巴颜喀拉山群总体上 Pb 元素含量是西昆仑地区均值的 1.6 倍左右，充分说明该地层也具备 Pb 元素富集的先天条件。综上所述，大气降水将地层中的成矿物质带入到断裂破碎带中，与破碎带内的岩浆物质发生反应，最终形成了阿合栏杆铅银矿床。其中地层只提供了物质来源，而岩浆提供了物质来源和热源基础。

因此，本书判断阿合栏杆铅银矿床是属于受到构造控制的中低温热液脉型铅银矿。

6.4.2 康西瓦铅银矿床

康西瓦铅银矿位于和田县和皮山县交界处，行政区划以卡皮达兰沟为界，沟东属于和田县管辖，沟西属于皮山县。矿区中心地理坐标为东经 78°44′，北纬 36°07′。已探明铅金属量约 1.4 万 t，银金属量约 28t。铅平均品位 4.59×10^{-2}，银平均品位 93.44×10^{-6}。

1. 矿区地质

1）矿区地层

康西瓦铅银矿区出露的地层主要有古元古界康西瓦群和第四系沉积物，地层变形严重，层间发育有伟晶岩脉，可见许多小褶皱。地层总体走向为北西西至南东东，倾向向北，倾角为60°～88°。康西瓦群岩性以黑云母斜长石英片岩和黑云母斜长片麻岩，夹白云母大理岩。其中的大理岩层是铅银矿体的主要赋矿层位。

2）矿区构造

矿区处于麻扎—康西瓦大断裂带附近，区内未发现较大的褶皱，断层较发育（图6.10），主要断层有5条，包括：

（1）F_1断层：位于矿区东北部的逆断层，倾角为43°～57°，呈NWW-SEE向延伸，长约750m，东延出矿区，F_1断层上盘为黑云斜长片岩，下盘为黑云斜长片岩和蚀变大理岩，断面具有明显的擦痕，绿帘石化较强，它切割Ⅰ号矿体，使矿体在东段尖灭；

（2）F_2断层：位于矿区中东部的逆断层，长约400m，呈NNE-SSW向延伸，F_2断层北延部分被第四系沉积物覆盖，向北切割Ⅰ号矿体，向南切割Ⅱ号、Ⅲ号矿体；

（3）F_3断层：位于矿区中部，NW-SE走向的右行平移断层，将矿区F_2和F_4断层切断；

（4）F_4断层：位于矿区中南侧，呈NE-SW走向的正断层，倾角为30°～45°，长约500m，主要发育在伟晶岩中，向南切割伟晶岩，向北切断白云母大理岩，F_4断层西段被第四系沉积物覆盖，向北切割大理岩，使Ⅳ号矿体东段尖灭；

（5）F_5断层：位于矿区东南部，近EW走向的正断层，倾角为70°，沿东南部伟晶岩体外接触带顺大理岩产出，为矿区东南部伟晶岩和黑云石英片岩的分界线。

3）矿区岩浆岩

矿区出露的岩浆岩主要是晚三叠纪伟晶岩（陈谋等，2022），占整个矿区面积的20%左右。其中产于黑云斜长片岩中的伟晶岩均呈脉状、串珠状产出，长度一般5～20m，个别上百米，宽0.5～3m，顺层侵入；矿区南部大面积出露的伟晶岩呈带状，近东西向延伸，长约1500m，东延出矿区，宽约300m，最宽处可达450m（图6.10）。

2. 矿体特征

矿区内共查明铅银矿体4条，由北至南分别编号为Ⅰ、Ⅱ、Ⅲ、Ⅳ号，并在矿区南部的伟晶岩岩体中发现了2条金矿化蚀变带。Ⅰ号铅银矿体资源量占矿床总资源量的62.74%，为矿床的主矿体。各矿体特征如下：

Ⅰ号铅银矿体：位于矿区最北侧，矿体近东西向延伸，呈东窄西宽不规则层状、似层状；地表揭露矿体长约380m，矿体厚度一般为1.17～5.12m，平均厚度2.65m，铅平均品位5.29×10^{-2}，银平均品位102.94×10^{-6}。围岩为黑云斜长石英片岩夹大理岩。总体上矿体产状稳定，厚度、品位变化不大，倾向340°～5°，倾角45°～48°；矿体厚度和品位呈“向下厚度变宽、品位变低”的趋势。

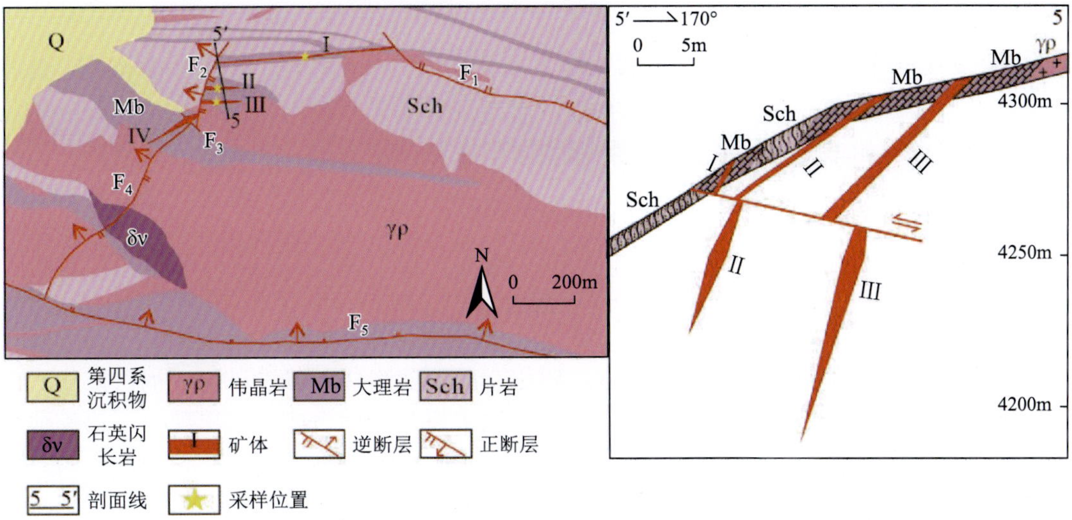

图 6.10 康西瓦铅银矿床地质简图

Ⅱ号铅银矿体：位于矿区中部，近东西向延伸，呈东窄西宽的不规则脉状，矿体延伸至西端被 F_2 断层切断。矿体地表出露长约 75m，控制斜深 100m。矿体平均厚度 2.70m，铅平均品位 3.77×10^{-2}，银平均品位 77.8×10^{-6}。围岩为黑云斜长石英片岩与蚀变大理岩互层。矿体产状倾向 340°～10°，倾角 48°～60°，矿体厚度和品位呈“向下厚度逐渐减小，局部膨大，品位变低”的趋势。

Ⅲ号铅银矿体：位于矿区中部，近东西向延伸，呈东窄西宽的不规则脉状，矿体延伸至西端被 F_2 断层切断。地表出露长约 90m，最大斜深 100m。矿体平均厚度 3.12m，铅平均品位 2.89×10^{-2}，银平均品位 73.93×10^{-6}。围岩为黑云斜长石英片岩与蚀变大理岩互层。矿体倾向 343°～10°，倾角 45°～55°，矿体厚度和品位呈“向下厚度逐渐变宽、品位变低”的趋势。

Ⅳ号铅银矿体：位于矿区南部，呈南西—北东向延伸，为西窄东宽的不规则脉状，矿体延伸至东端被 F_2 断层切断。矿体地表出露长约 135m，最大斜深 45m。矿体平均厚度 3.57m，铅平均品位 4.30×10^{-2}，银品位平均 88.83×10^{-6}。围岩为黑云斜长石英片岩与蚀变大理岩互层。矿体倾向 125°～150°，倾角 50°，矿体厚度和品位呈“向下厚度变窄、品位变低”的趋势。

3. *矿石组构*

1）矿石成分

矿石中含铅的矿物主要是方铅矿，其嵌布粒度较粗，与脉石矿物的嵌布关系简单，易于单体解离。矿石中银的赋存状态主要有两种，一是以独立矿物存在（辉银矿为主），粒度细小，所见银矿物均小于 8μm，甚至呈超显微状态，能谱不易分辨，超显微状态的银矿物约占独立银矿物的 50%，超显微银矿物常常包裹于方铅矿、黄铁矿以及黄铜矿等载体矿物中；二是以类质同象替换的形式存在于方铅矿中。

2）矿石结构

矿石结构有自形-半自形粒状结构、他形粒状结构、包含结构。矿石中方铅矿、黄铁矿等呈立方体自形晶分布，粒径有粗有细，而微量黄铁矿一般为它形粒状或集合体状；矿石中金属矿物的集合体与非金属矿物团块常组成斑杂状构造；矿石中因黄铁矿、方铅矿等具有不同世代，因而晚期形成的金属矿物对前期形成的金属矿物进行交代溶蚀，形成包含结构。

4. 围岩蚀变

矿区内铅银矿体的围岩蚀变主要有：硅化、碳酸盐岩化、黄铁矿化、褐铁矿化、方铅矿化、角银矿化等。其中褐铁矿化、角银矿化主要是在地表或浅部出现。方铅矿化、碳酸盐岩化等与铅成矿关系最为密切。

5. 成矿期和成矿阶段

根据野外观察，矿床矿物组合具有分带现象，即矿体边部到中心具有较为规律的宏观变化特征，根据矿床的矿体特征、矿石组构以及矿物共生关系等，该矿床具有热液充填特征。结合大量的野外和室内光薄片鉴定结果，方铅矿、黄铁矿和毒砂通常发育 2～3 个世代。我们将康西瓦铅银矿床的主成矿期分为三个阶段（表 6.2），即 I 阶段为黄铁矿-毒砂阶段，为成矿早阶段，以黄铁矿为主，也可见少量的毒砂；II 阶段为方铅矿-黄铁矿-毒砂阶段，该阶段为主成矿阶段，该阶段矿石多为独立块状，方铅矿多以集合体的形式存在，方铅矿与黄铁矿可见共结边结构，显示形成时间相近；III阶段为碳酸盐阶段，为成矿的晚阶段，该阶段主要见白云石细脉穿插 II 阶段主矿体。

表 6.2　康西瓦铅银矿床成矿阶段

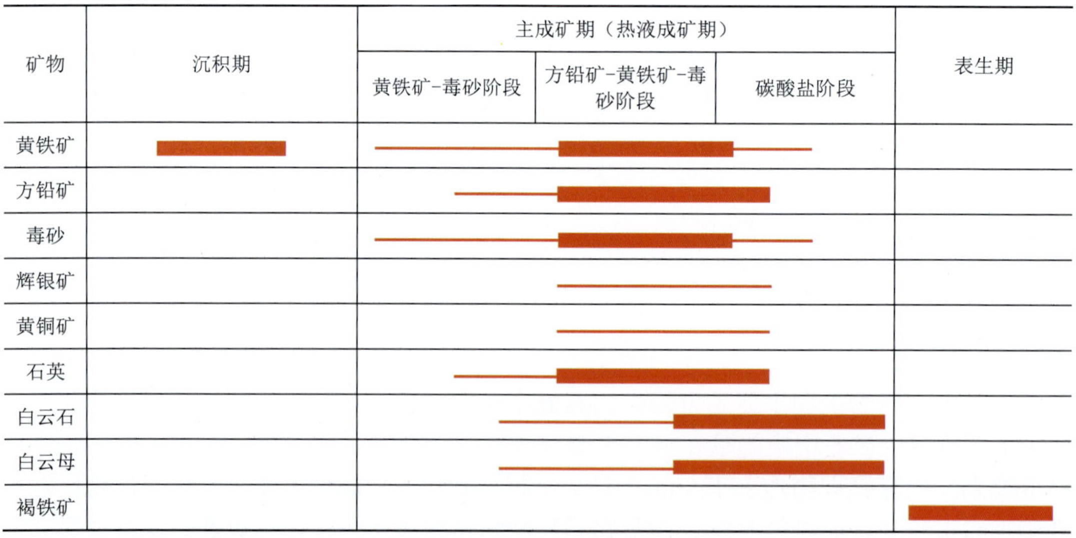

6. 康西瓦铅银矿床成因

康西瓦铅银矿赋存于大红柳滩断裂与麻扎—康西瓦断裂之间靠近大红柳滩断裂一侧的康西瓦群地层中，方铅矿 Rb-Sr 等时线年龄为（207.0±3.6）Ma，显示其成矿时代为晚三叠世末，比围岩地层时代更晚，属于后生成矿。同时，成矿年龄与矿区内伟晶岩和大红柳滩岩体的成岩年龄相近，三者是同一时期形成的产物。并且，Pb 同位素证据表明，成矿物质中的 Pb 与大红柳滩岩体中黑云母二长花岗岩的 Pb 特征相似，可能为同一来源。据此，认为康西瓦铅银矿床的成矿作用与岩浆有关。石英 H-O 同位素测试结果表明，成矿流体主要来自岩浆水与变质水的混合，也证明了成矿作用与岩浆有关，其中的变质水来自康西瓦群变质岩系地层。而 S 同位素测试结果也表明，康西瓦铅银矿床中硫的来源主要是地层硫，并且有岩浆硫的混合。同位素证据表明，形成矿床的成矿流体以及成矿物质均与地层和岩浆有关。通过包裹体显微测温，得到成矿温度为 290～320℃（陈谋，2022）。因此，康西瓦铅银矿床是属于受到地层产状控制，并且与岩浆活动有关的层控中高温热液型铅银矿。

6.4.3 俘虏沟百利铅锌多金属矿区

矿区位于和田县南，大红柳滩俘虏沟内，东经 78°55′，北纬 35°50′。矿区内共有 3 个主要的矿体群，编号分别为Ⅰ、Ⅱ、Ⅲ，共有约 80 条铅矿脉。

矿区出露的主要岩性是灰黑色黑云母石英片岩、绢云母石英片岩、灰白色含铁大理岩。赋矿围岩主要是大理岩，矿体呈细脉状穿插其中，矿脉方位总体在 50°～60°，也有细脉为 100°～120°，宽度一般为 5～50cm，Ⅲ号矿区见有一条 1.5m 宽的矿脉，长度数米至数百米不等。矿区岩石硅化较为强烈，其中Ⅰ号矿区最为明显，且裂隙较为发育，石英脉、方解石脉充填其中，铅矿多产在裂隙中或者附近，并且多见铅矿脉附近有含锰菱铁矿产出，见有少量铜矿化。矿区矿石矿物主要为方铅矿、菱铁矿，脉石矿物主要为方解石、石英、绢云母。矿石结构以它形-半自形中粗粒状结构为主。矿石构造主要为脉状、块状构造。

百利铅锌多金属矿产在长城系甜水海地层中，但是铁矿产出较少，矿区赋矿围岩主要是大理岩，矿体呈细脉状穿插其中，多充填在发育石英脉或者方解石脉的裂隙中，且矿区岩石硅化较为强烈，矿体附近花岗岩体发育，表现出含矿热液沿裂隙充填成矿特征。初步总结该矿床为层控＋热液脉型矿床，受构造控矿明显。

6.5 中生代层控型铅锌矿

岔路口—甜水海地区集中了全新疆最大的铅异常（块体）、第二大的锌异常（块体）、第二大的汞异常（块体）及与之对应的镉、锑等元素区域异常，成矿条件优越。近年来相继发现了宝塔山铅锌矿、落石沟铅锌矿、多宝山铅锌矿、甜水海铅锌矿、天柱山铅锌矿、火烧云铅锌矿、天神铅锌矿（点）等（杜红星等，2012，2013），使得该区域找矿工作取得了较大突破，显示出巨大的找矿潜力。

6.5.1 多宝山铅锌矿床

多宝山铅锌矿床处于甜水海地层分区与神仙湾地层分区的接触部位，二者以乔尔天山—岔路口断裂为界（董连慧等，2007）。矿区地层主要为白垩系铁龙滩组，岩性为灰白色、深灰色、黄色灰岩，含生物碎屑灰岩、碳酸盐岩岩溶角砾岩，灰白色、灰黑色、红色砾岩，砖红色泥岩，棕红色泥岩、砂质泥岩。赋矿岩石主要为灰白色、深灰色灰岩，顶板多为灰白色灰岩，底板多为灰岩、砾岩。

矿区断裂构造较发育，与成矿关系密切。区域内乔尔天山—岔路口断裂与矿区北部一个走向北西—南东的较大断裂构造近乎平行，它们为矿区内成矿物质来源提供了通道，为矿体导矿构造。两条主断裂之间的次一级断裂构造极为发育，往往在有利部位富集成矿，为矿体成矿提供了空间，为矿区容矿构造。有迹象表明，与主断裂斜交分布的次级断裂往往比与主断裂平行分布的次级断裂更有利于成矿（图 6.11）。

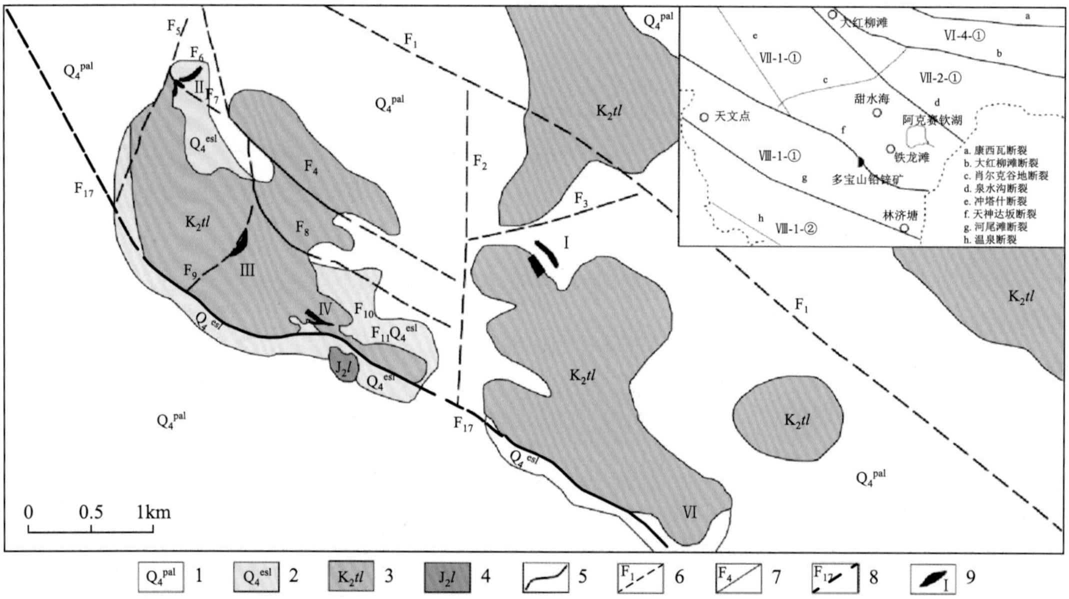

图 6.11　多宝山铅锌矿地质简图（据杜红星等，2012）

1. 第四系全新统冲积砂质黏土、砾石、砂；2. 第四系全新统残坡积岩块、碎石、砂、泥；3. 上白垩统铁龙滩组：灰岩、含生物碎屑灰岩、碳酸盐岩岩溶角砾岩、砾岩、泥岩、砂质泥岩；4. 中侏罗统龙山组：生物灰岩、砂岩、粉砂岩；5. 地质界线；6. 推测断层及编号；7. 实测断层及编号；8. 天神达坂断裂；9. 铅锌矿带及编号。

VI-4-①：北昆仑（裂谷带）Fe-Cu-Au-硫铁矿矿带（Pz_2）；VII-1-①：慕士塔格-阿克赛钦（陆缘盆地）Fe-Cu-Au-Pb-Zn-RM-Sn-Sb-白云母-宝玉石矿带（Pz；I-Y；Q）；VII-2-①：大红柳滩（陆缘盆地）RM-Fe-Pb-Zn-Cu-白云母矿带（区）（Pz；I）；VIII-1-①：林济塘（陆缘盆地）Fe-Cu-Au-Mo-石膏矿带（J；Q）；VIII-1-②：乔戈里（陆缘盆地）Cu-Au-Sn 矿带（J）

矿区内地表共圈定 6 个矿带，其中Ⅰ号矿带圈定 3 个矿体，12 个盲矿体。铅、锌共生矿体长 225m，厚 2.13～13.40m，累计获得铅锌资源量达中型。铅锌矿赋存于角砾带、裂隙带及岩溶溶洞中，矿体形态与岩溶、层间破碎带构造空间形态有关，矿体产状变化大，走向无规律，矿体倾角为 20°～55°，呈似层状、不规则囊状、脉状产出。矿体上、下盘围岩以碳酸盐岩类为主。矿体中矿石品位贫富差别较大，均伴生银。

矿石自然类型以氧化矿石为主，铅氧化率 5%～78%，锌氧化率 7%～94%，夹杂硫化矿石，原矿石属混合矿-氧化矿类。金属矿物主要为方铅矿、白铅矿、闪锌矿，次为黄铜矿、褐铁矿等。脉石矿物有方解石、白云石、重晶石、石英、长石及泥质物等。围岩蚀变主要有碳酸盐岩化、硅化及泥化等，为中低温热液蚀变，蚀变主要沿断裂带及两侧岩石中分布。矿石构造为块状、细脉状、浸染状、角砾状等。矿石结构为细粒结构（杜红星等，2012）。

6.5.2 天柱山铅锌矿床

矿区出露地层主要为白垩系铁龙滩群，岩性为灰色泥晶灰岩、白色亮晶灰岩、含生物碎屑灰岩、红色粉砂岩等（图 6.12）。

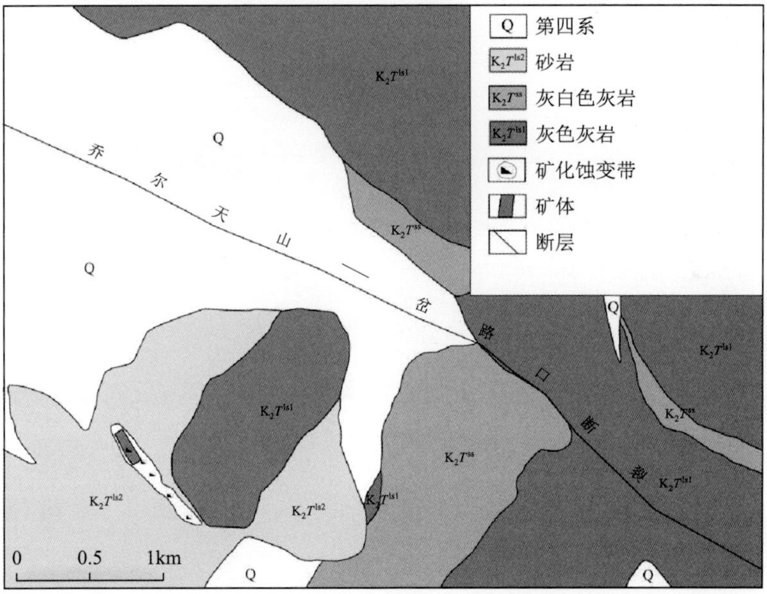

图 6.12 天柱山铅锌矿地质简图（据赵晓健等，2014）

矿区断裂构造较发育，乔尔天山—岔路口断裂在矿区北部呈北西—南东向展布，发育的断裂构造为矿体成矿物质来源提供了通道。区内未见有岩浆活动。

矿化带呈北西—南东走向，含矿岩性为白垩系铁龙滩群灰黑色灰岩，上部围岩为白色生物碎屑灰岩，下部围岩为红色砂岩。主要蚀变类型为褐铁矿化、泥化、硅化、碳酸盐岩化。灰色泥晶灰岩见方铅矿化、闪锌矿化，矿化呈细脉状沿灰岩裂隙产出，局部矿化强烈。

矿化蚀变带长约 500m，宽 80～100m。地表矿体长 200m，宽 64～76m，Pb 平均品位 0.48%～10.6%，最高品位为 23.72%。Zn 平均品位 0.28%～3.68%，最高品位为 17.59%。矿石矿物以方铅矿、白铅矿为主；脉石矿物主要有方解石、石英、铁质泥、透明矿物。矿石结构构造为泥晶结构、自形-半自形粒状结构，块状构造、细脉浸染状构造。

6.5.3　火烧云铅锌矿床

火烧云铅锌矿位于和田县甜水海东南萨岔口一带，为新疆地矿局第八地质大队发现，矿床资源量已超过 1800 万 t，为超大型原生层控碳酸盐型铅锌矿床（董连慧等，2015）。

火烧云铅锌矿区出露地层有：中侏罗统龙山组灰岩段（J_2l^{ls}）、中侏罗统龙山组砾岩段（J_2l^{cg}）、上三叠统克勒青河组砂岩段（T_3k^{ss}）及第四系。克勒青河组分布于工作区南部。赋矿地层为中侏罗统龙山组，主要为一套浅海相碳酸盐岩沉积，局部夹火山岩、碎屑岩、石膏层。龙山组可划分为上下两个岩性段，第一岩性段为灰紫、褐灰色中厚层状砂砾岩；第二岩性段为灰、深灰、褐红色薄-中厚层状灰岩，局部夹灰紫色杏仁状玄武岩、英安岩。矿区南部发育的上三叠统克勒青河组砂岩层，与中侏罗统为角度不整合接触。矿区断裂构造发育，与铅锌成矿关系密切。矿区内侵入岩不甚发育，火山活动较弱（图 6.13）。

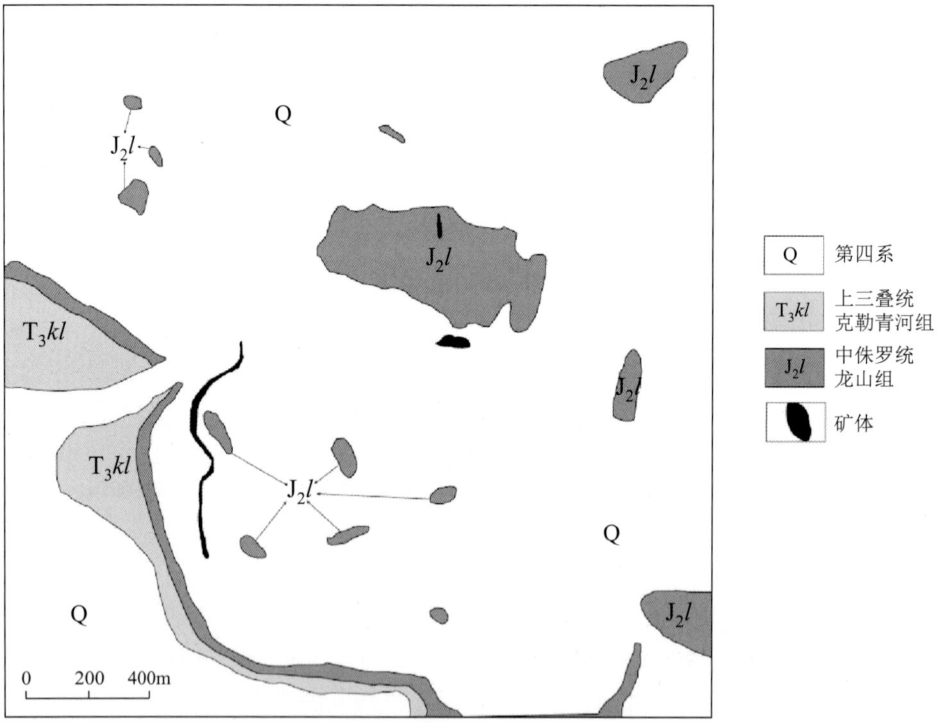

图 6.13　火烧云铅锌矿地质简图（据董连慧等，2015）

矿区内铅锌矿体沿一定层位呈层状产出，呈近于水平膨大减薄或略舒缓波状起伏的板状、层状、饼状体产出。矿区内共圈定6个矿体，地表圈定3个矿体，深部圈定多个盲矿体，最重要的V号矿体南北长大于1400m，东西宽650m，平均厚12.76m，锌平均品位23.58%，铅平均品位5.63%。矿体围岩以白云质灰岩为主，局部矿体分布于角砾岩中，与其顶底板灰岩接触界线截然。围岩蚀变弱且蚀变类型简单，主要为褐铁矿化、碎裂岩化、黄钾铁矾化、方解石化、石膏化、高岭土化（董连慧等，2015）。

火烧云矿区内矿石矿物的岩相学、X衍射矿物成分分析表明，其金属矿物以菱锌矿、白铅矿为主，见少量方铅矿，铅矾，纤锌矿等。脉石矿物见有石英、白云石、方解石、石膏等。灰岩围岩中矿物组成以方解石为主，次为白云石，少量的石英、石膏、菱锌矿。纹层状、角砾状矿石成分则以菱锌矿为主，次为铅矾、白铅矿，少量的方铅矿、石膏、石英。块状氧化铅锌矿石则以白铅矿、菱锌矿为主，可见残留的方铅矿，次为石膏、铅矾、石英。X衍射也可见大量的铅矾、石膏等硫酸盐矿物，尤其是致密块状样品，受其次生氧化不彻底影响，其次生氧化矿物均为铅矾，铅锌矿经历了一次以SO_4为主的交代作用。火烧云矿区的石膏矿层X衍射分析表明，其矿物主要由石膏、硬石膏、方解石组成，部分见少量的闪锌矿、斜长石、伊利石（中国科学院广州地球化学研究所，2017）。

岩相学特征表明矿区内方铅矿多呈交代残余结构，部分矿石内方铅矿几乎全部被白铅矿交代。在部分方铅矿保存较好的样品中，可以见到沿方铅矿的解理被后期碳酸盐物质交代，表明了后期发育一次以碳酸盐为主的交代作用。同时火烧云铅锌矿中石膏、黄铁矿等硫化物，以及方解石等碳酸盐岩脉明显较其他铅锌矿床发育，且方解石的溶蚀构造、铅锌矿石的气孔构造均较发育，可见其含硫酸盐、碳酸盐的成矿流体参与较多。

火烧云铅锌矿的铅锌矿物生成顺序划分为两期，Pb-Zn硫化物期和表生氧化期，又进一步划分为以下五个阶段（表6.3）。

表6.3 火烧云铅锌矿矿物生成顺序表

矿物名称	Pb-Zn 硫化物期	表生氧化期			
		Pb-Zn 硫酸盐阶段	Pb-Zn 碳酸盐阶段	Zn 碳酸盐阶段	黏土化阶段
方铅矿	▬				
闪锌矿	▬				
纤锌矿		▬			
铅矾		▬			
黄铁矿		▬			
黄铜矿		▬			
石膏		▬			▬
白云石			▬		

续表

矿物名称	Pb-Zn 硫化物期	表生氧化期			
		Pb-Zn 硫酸盐阶段	Pb-Zn 碳酸盐阶段	Zn 碳酸盐阶段	黏土化阶段
菱锌矿			▬▬▬	▬▬▬	
白铅矿			▬▬		
方解石				▬▬	
绿泥石				▬▬	
石英	▬▬			▬▬	
石盐					▬▬
高岭石					▬▬
伊利石					▬▬

Pb-Zn 硫化物期：主要形成致密块状、纹层状闪锌矿、方铅矿；

Pb-Zn 硫酸盐阶段：铅锌硫化物形成铅锌硫酸盐矿物，如铅矾等，并形成石膏；

Pb-Zn 碳酸盐阶段：铅锌硫化物与含碳酸盐热液反应形成白铅矿、菱锌矿等碳酸盐矿物，在此过程中气液相的物质逃逸形成大量的气孔，并见有较多的石膏产出；

Zn 碳酸盐阶段：闪锌矿优先发生次生氧化作用形成菱锌矿。

黏土化阶段：铅锌矿物彻底氧化成为碳酸盐矿物等，并形成大量的石盐、伊利石、高岭石等。

初步认为火烧云铅锌矿为一非硫化物型铅锌矿，推测其为 MVT 型铅锌矿经后期氧化作用形成。

6.5.4　和田宝塔山铅锌矿床

宝塔山铅锌矿床区内出露地层主要为上白垩统铁龙滩组，可划分上下两段，4 个岩层。由下而上为：①第一段灰岩碎裂岩层。灰褐-土黄色褐铁矿化灰岩碎裂岩。②第一段灰岩层。黄褐色中厚层状褐铁矿化碎裂化灰岩及含生物碎屑灰岩、砂屑灰岩。③第一段砾岩层。灰色、土黄色中厚层状钙质砂砾岩，局部夹砂岩、泥岩、基性火山岩。基性火山岩岩性以暗紫色气孔状、杏仁状玄武岩为主，出露宽 20～40m，长度大于 1000m。本岩层中有辉绿岩脉侵入。④第二段灰岩层。浅灰-灰黄色块状泥晶灰岩、粒屑灰岩夹含生物碎屑灰岩（图 6.14）。

矿区内断裂构造较发育，可见断层 9 条。断裂主要呈北西向，少数为北东向或近东西向，其与区域上北西向天神达坂断裂近于平行或斜交（图 6.14）。该构造格局有利于深部物质向上运移和热液上涌，与近地表岩石频繁交换，造成热卤水长期以大范围、高强度循环，萃取成矿物质，为热卤水形成及运移循环提供了热源和通道。其中 F_5 与 F_9 断层为控矿断层。F_5 断层走向北西向，倾向南西、南，属平推断层，水平断距 200～300m，为

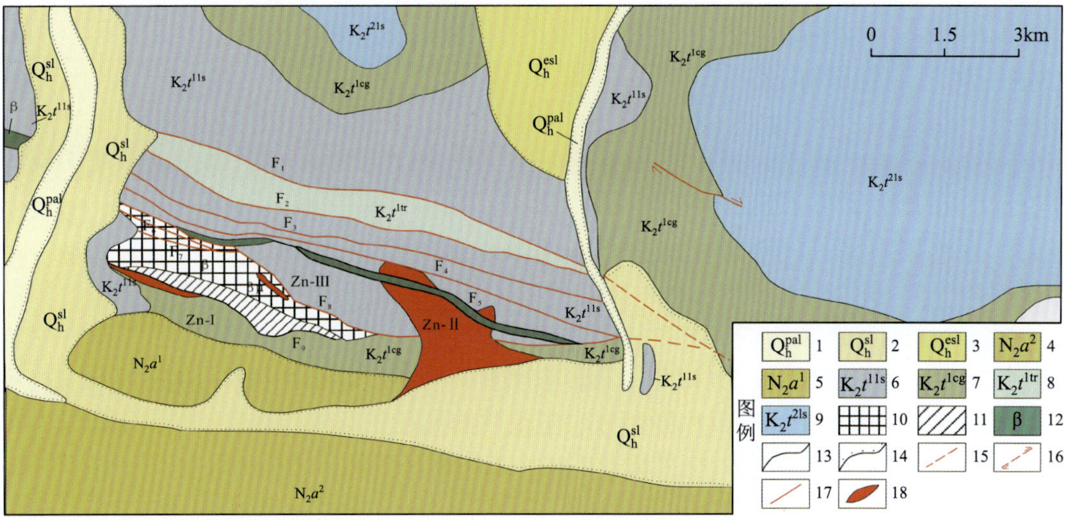

图 6.14 和田宝塔山铅锌矿矿区地质图（据赵晓健等，2014）

1. 第四系冲洪积物；2. 第四系坡积物；3. 第四系残（坡）积物；4. 新近系第二段浅褐色厚层-块状砾岩；5. 新近系第一段紫红色中厚层状复成分砾岩夹砂岩；6. 白垩系铁龙滩组第二段灰岩层：浅灰-灰黄色块状泥晶灰岩、粒屑灰岩夹含生物碎屑灰岩；7. 白垩系铁龙滩组第一段砾岩层：灰色、土黄色中厚层状钙质砂砾岩，局部夹砂岩、泥岩；8. 白垩系铁龙滩组第一段灰岩层：黄褐色中厚层状褐铁矿化碎裂化灰岩及含生物碎屑灰岩、砂屑灰岩；9. 白垩系铁龙滩组第一段灰岩碎裂岩层：灰褐色-土黄色褐铁矿化灰岩碎裂岩；10. 灰绿色玄武岩；11. 灰绿色玄武质火山角砾岩；12. 暗灰绿色辉绿岩；13. 地层界线；14. 不整合界线；15. 推测断层；16. 平移断层；17. 实测断层；18. 铅锌矿化体

Zn-Ⅱ、Zn-Ⅲ号矿化体控矿断层。F_9断层近东西向，属正断层，倾向北，倾角约 80°，断距约 25m，为 Zn-Ⅰ号矿化体控矿断层。

矿区内变质作用主要为动力变质作用，沿断裂带及两侧分布，宽 2～5m，局部达 10m 以上，形成碎裂岩、构造角砾岩、断层泥等。赋矿岩石主要为褐铁矿化灰岩、碎裂化灰岩及灰岩碎裂岩，次为碎裂化强蚀变火山岩。矿体顶板多为灰色细晶灰岩，底板多为碎裂状灰岩，只有 Zn-Ⅰ矿化体底板为基性火山岩，矿区内地表共圈出 3 个矿带：

Zn-Ⅰ矿化带位于矿区西南部，产于南部基性火山岩南侧与围岩断层接触带（F_9），断层面总体朝南，倾角较陡，为 70°～78°。在西部靠近断层的火山岩中青磐岩化明显，局部形成铅锌矿化。沿该断层两侧形成宽 20m 以上，可见长度达 470m 的含铅锌矿化带，矿化带往东端逐渐尖灭，往西被残坡积物覆盖而出露不全。

Zn-Ⅱ矿化带位于矿区中部东段、呈北西向产于铁龙滩组碎裂状灰岩内，矿化带被残坡积碎石严重覆盖，出露宽十余米，断续出露长度大于 500m。该矿化带总体倾向南西，倾角较陡，一般约 70°，矿化带内局部见块状硫化物矿石。

Zn-Ⅲ矿化带处的断裂破碎带中（F_5），含矿岩性为黄褐色褐铁矿化灰岩碎裂岩，局部为碎裂化强蚀变火山岩。地表出露长度约 400m，宽几至十余米，总体倾向南，倾角较陡，在矿化带中段有较富铅锌矿。

矿石中主要金属矿物有方铅矿、闪锌矿、菱锌矿、菱铁矿等。脉石矿物主要有方解石、白云石、水云母及高岭石等。

6.5.5 甜水海铅锌矿床

甜水海铅锌矿床位于羌塘地块西端的甜水海微陆块。矿区的出露地层为白垩系铁龙滩群和侏罗系龙山组，两套地层为角度不整合接触，岩性为泥晶灰岩、复成分砾岩、碳酸质砾岩、碳酸质角砾岩、绿色粉砂岩、绢云母千枚岩及少量石英脉、砂岩夹层等。

矿区内无明显断裂构造，但在绢云母千枚岩与复成分砾岩接触部位，绢云母千枚岩片理化发育，但产状不清，岩石受构造影响严重。在绢云母千枚岩中有泥化、碳化、孔雀石化、褐铁矿化蚀变。灰黑色砂岩夹层中及两侧见孔雀石化、褐铁矿化，碳酸质角砾岩、复成分砾岩、千枚质砾岩中见褐铁矿化、方铅矿化蚀变。

矿区内地表共圈出 4 个铅矿（化）体，总体呈北东向展布。赋矿岩石为含砾不等粒岩屑砂岩、构造角砾岩。矿（化）体形态多呈层状、透镜状。倾向 140°～150°，倾角 24°～71°。矿体长 268～612m，厚度 3.97～50.04m。Pb 矿体平均品位在 0.52%～26.25%，最高 58.5%，Zn 的含量相对稳定，多在 0.2%～0.4%，钻孔中最高 0.78%。其中，工业矿体 2 条，以 L1、L2 号为主要矿体。L1 矿体地表长度约 490m，宽 32～50m，呈层状。Pb 平均品位 0.68%～18.80%，平均品位 7.39%。L2 矿体地表长约 415m，宽 4.25～10.60m；Pb 品位 1.55%～2.74%。

矿石自然类型以氧化矿石为主，矿石中有用矿物主要有：铁砷铅矿、砷铅矿、氧化铅锌矿，其他矿物主要有赤铁矿、褐铁矿、针铁矿、磁铁矿。脉石矿物主要为绢云母、石英、斜长石、方解石、辉石、石榴石、绿帘石、黝帘石、磷灰石等。

矿床产于较大规模白垩系铁隆滩群砂砾岩组中，矿体受地层和断裂构造双重因素控制，主体应属砂砾岩型层控铅锌矿床。

6.5.6 落石沟铅锌矿点

该矿点位于墨玉县乔尔天山，从新藏公路沿国防公路可直接到达矿区，交通十分便利。该矿点由新疆地矿局第一区域地质调查大队在 2007 年 1∶5 万填图中发现。

矿区出露的地层为上白垩统铁龙滩组第一岩性段（K_2t^1）和上新统阿图什组（N_2a），二者为不整合接触。

在矿区自西向东圈出了铅锌矿化体 3 条。I 号矿化体近南北走向，含矿层为灰色岩屑砂岩，矿体在地表出露长约为 80m，宽 2m，铅品位 0.40%，锌品位 0.36%；II 号矿化体含矿岩性为灰色泥晶含陆屑生物屑砂屑灰岩，矿体在地表出露长约为 150m，宽 0.5～9.4m，铅平均品位 1.577%，锌平均品位 0.456%；III号矿化体含矿层为灰色岩屑砂岩，矿体在地表出露长约为 40m，宽 1.9m 左右。

主要金属矿物为方铅矿和闪锌矿，次要金属矿物为黄铁矿。

矿化体产状平缓，受地层和构造控制明显，该矿点成因类型属沉积型层控铅锌矿床。

6.5.7　祥云沟铅锌矿点

该矿点位于宝塔山北沟祥云沟东岸，地理坐标：东经 78°29′，北纬 35°31′。行政区划属新疆维吾尔自治区和田地区墨玉县管辖，从新藏公路沿国防公路可直接到达矿区，交通十分便利。

该矿点由新疆地矿局第一区域地质调查大队在 2007 年地质找矿中发现，并对该矿点进行了预查工作，初步圈定长约 2500m，宽 30～100m 的铅矿化带，化学成果显示铅品位在 0.22%～3.73%，锌品位在 0.02%～0.09%。铅矿以星点状赋存于岩石中，少量为细脉状。求得 334 资源量：铅金属量 18 996.50t、锌金属量 32 526.10t、银金属量 8.96t。

6.6　热液脉型铅锌矿

新疆阿克陶县得克铅锌矿床位于新疆维吾尔自治区阿克陶县境内，地处西昆仑造山带克孜勒塔格—库斯拉甫铜铅锌多金属成矿带。

矿区出露地层为中上古生代拗陷沉积，为一套浅变质的海相或海陆交互相的碳酸岩-碎屑岩建造，主要为白云岩、灰岩、千枚岩、砂岩、页岩等。矿区主要为泥盆系和石炭系，石炭系是本矿区主要的赋矿地层（图 6.15）。石炭系为矿区的主要含矿地层，它与上

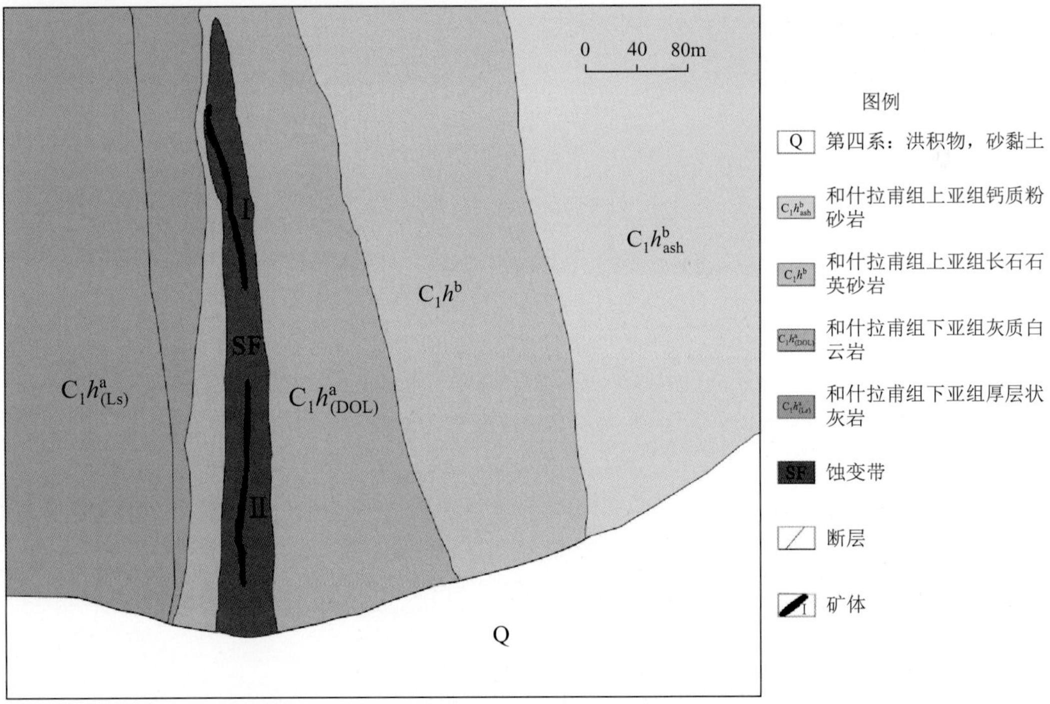

图 6.15　得克铅锌矿床地质简图（据贾涛，2014）

泥盆统呈整合接触。底部为碳酸盐岩建造，主体为薄-中厚层灰质白云岩、白云质灰岩，为矿区的容矿层位碎屑岩建造。上部为碎屑岩建造，岩性为砂质砾岩、钙质砂页岩、砂质灰岩、生物碎屑灰岩，其中钙质砂页岩可作为矿区地层标志层。下部为碳酸盐岩建造，主体为薄-中厚层灰质白云岩、白云质灰岩，为矿区的容矿层位。矿化体位于碎屑岩之上，厚层灰岩的下部。

区内断裂构造发育，主要走向有北北西向，倾角 65°左右，为逆冲断层或正断层。其中较大的断裂为阿拉尔恰断裂，位于矿区西部，断层走向 315°～335°，倾角 65°以上，断层两侧地层受到较强烈的片理化和糜棱岩化。其次是一些小的断层属层间断层。

得克铅锌矿床主要由 2 条矿体组成，总体近南北向展布。Ⅰ号矿体位于矿区北部。产于下石炭统和什拉甫组下亚组之中，含矿围岩为角砾状灰质白云岩、矿化角砾状灰质白云岩。总体呈层状，似层状展布，产状 270°∠60°～85°。矿体长度 160m，平均厚度 2.11m，矿体 Pb 平均品位为 0.53%，Zn 为 3.04%。矿体厚度变化较稳定。Ⅱ号矿体位于矿区南部，产于下石炭统和什拉甫组下亚组之中，含矿围岩为角砾状灰质白云岩、矿化角砾状灰质白云岩。总体呈层状，似层状展布，产状 255°∠63°～85°。矿体长度 120m，平均厚度 1.36m，矿体 Pb 平均品位为 0.49%，Zn 为 3.10%。厚度和品位均较稳定。

矿石中金属矿物主要为方铅矿、闪锌矿、黄铁矿，脉石矿物为白云石、方解石、石英、白云母，个别有石膏。

矿石结构简单，主要为他形不规则粒状及片状，矿石构造为浸染状和脉状，为交代和裂隙充填作用形成。

第7章　稀有金属矿

西昆仑地区中生代花岗伟晶岩相当发育，是中国重要的伟晶岩成矿带，花岗岩类岩体和伟晶岩沿麻扎—康西瓦缝合带广泛分布，花岗伟晶岩中产出白云母和锂铍（铌钽）稀有金属矿床（图7.1）。根据现有的矿床、矿点、矿化点（带）的地质特征、含矿地层的构造属性、大地构造位置、区域物化探特征等进行综合分析、评价，同时也考虑到矿（化）带内已有矿床的规模因素，主要分为2个稀有金属矿化集中区（矿集区）：①木吉—布伦口稀有金属矿化集中区、②大红柳滩—白龙山稀有金属矿化集中区。

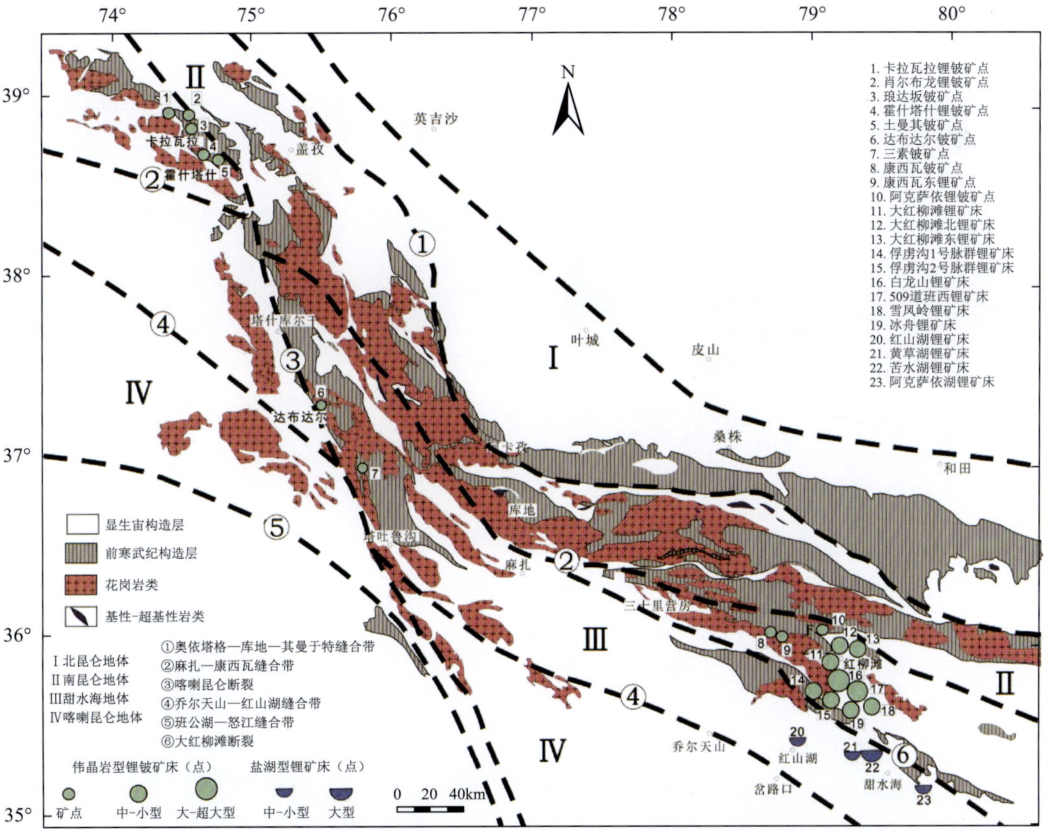

图7.1　西昆仑构造单元划分与稀有金属矿分布图（Wang et al.，2020）

7.1　西昆仑西段木吉—布伦口稀有金属矿化集中区

位于阿克陶县木吉乡东南至塔什库尔干一带。木吉—布伦口一带已发现的矿点有肖尔布龙锂（铍）矿点（王核等，2022）、霍什塔什锂（铍）矿点、卡拉瓦拉锂铍矿点、琅铍矿点，塔什库尔干一带发现有达布达尔绿柱石矿点、牧林场白云母矿床、阿然保泰铍矿化点、卡拉其古钨矿点等。

7.1.1　肖尔布龙 3 号脉锂（铍）矿点

肖尔布龙 3 号脉锂（铍）矿点位于阿克陶县木吉乡东南方 25km，20 世纪 50～60 年代新疆地质局对该地区进行了地质普查工作，圈定出多个成矿伟晶岩脉群。

出露地层为古元古界布伦阔勒群（Pt_1B），岩性主要为黑云母石英片岩、石英岩、（红柱石、夕线石）云母片岩及斜长片岩等。矿集区南部中-酸性岩浆主要为印支期二长花岗岩及英云闪长岩体，西部为卡拉瓦拉二云母花岗岩。

肖尔布龙 3 号脉锂（铍）矿点（图 7.2）曾被小规模民采，含矿伟晶岩脉为透镜状（图 7.3a），产状大致为 65°∠65°～75°，中部膨胀变大（最厚），脉长 42.5m，宽 2.5～8.0m，平均 5.9m，具有典型的伟晶岩内部分带的特征，从外向内可分为四个结构带：黑色电气石细晶岩带、中-粗粒伟晶岩带（图 7.3b）、叶钠长石-白云母-石英带、叶钠长石-石英-锂辉石带（图 7.3c），锂铍矿化体位于中部的叶钠长石-石英-锂辉石带，拣块样分析，Li_2O

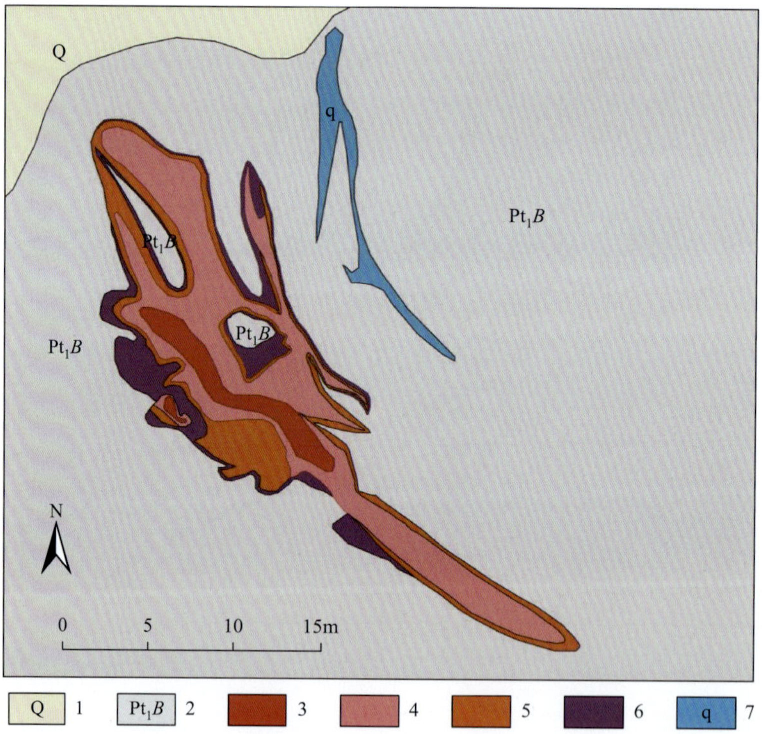

图 7.2　肖尔布龙 3 号脉锂（铍）矿点地质简图（王核等，2022）

1. 第四系；2. 布伦阔勒群黑云母石英片岩；3. 锂铍矿体（叶钠长石-石英-锂辉石带）；4. 叶钠长石-白云母-石英集合体带；5. 中-粗粒伟晶岩带；6. 黑色电气石细晶岩带；7. 石英脉

图 7.3　肖尔布龙 3 号脉野外照片

（a）3 号伟晶岩脉；（b）中-粗粒伟晶岩带与黑色电气石细晶岩带；（c）叶钠长石-石英-锂辉石带中的锂辉石；（d）绿柱石。Ab. 钠长石，Brl. 绿柱石，Qtz. 石英，Spd. 锂辉石

品位 1.58%～2.96%。主要矿石矿物为绿柱石、锂辉石，少量铌钽铁矿、锡石。其中绿柱石呈浅黄色白色（图 7.3d），一般直径 5～8cm，长轴 8～20cm。

研究选取卡拉瓦拉二云母花岗岩（KLWLYT-1）样品中的岩浆锆石和岩浆复合型锆石的边部进行了 U-Pb 定年测定，获得加权平均年龄为（207.5±1.1）Ma，MSWD = 0.58。

选取伟晶岩脉中未发生热液蚀变的黑色锆石进行了 U-Pb 定年测定，获得加权平均年龄为（204.8±0.7）Ma，MSWD = 0.17。

7.1.2　卡拉瓦拉锂铍矿点

位于阿克陶县布伦口乡西北的卡拉瓦拉一带，地理坐标：东经 74°30′，北纬 38°56′，矿区地层有古元古界布伦阔勒群，主要为红柱石黑云母斜长片岩、红柱石黑云母石英片岩、石榴黑云母石英片岩、黑云母石英片岩、石英岩、二云母片岩等（图 7.4）。

伟晶岩脉密程度与红柱石的富集有密切的关系，区内西部因红柱石很少，伟晶岩脉数量亦大为减少。花岗伟晶岩脉大部分均为细粒花岗岩状，长英岩状结构和中粒及中粒准文象结构伟晶岩。膨胀的岩脉中可见到中粗粒准文象结构和巢状的小块体伟晶岩，极个别有不规则的石英核，一般岩脉仅具有 1～2 个带，少数具有 3 个带。后期细-微晶黑

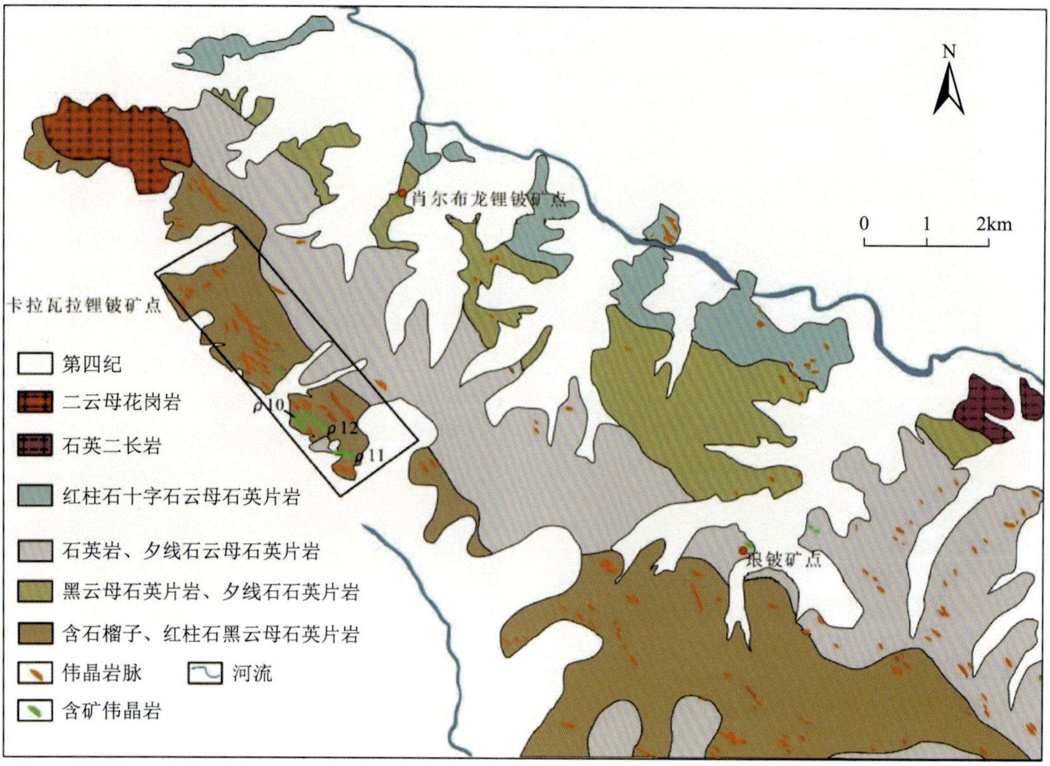

图 7.4　卡拉瓦拉锂铍矿点地质简图（据新疆地矿局第二地质大队，2018）

色电气石化和轻微钠长石化现象较普遍，除 10、11、12、13、2、6 号及其他个别岩脉具有或多或少的稀有金属矿化外，其他均未见矿化。

10 号脉出露宽约 50m，长约 200m，呈不规则脉状，主要分带有细粒和中细粒伟晶岩带、中粒伟晶岩带、中粗粒及中粗粒准文象结构伟晶岩带、小块体伟晶岩带、块体微斜长石带、石英-白云母集合体和叶钠长石-石英-锂辉石-锂云母矿巢。叶钠长石-石英-锂辉石-锂云母矿巢分布于脉体中部，除大矿巢外，尚有 15 处小矿巢。矿巢呈透镜体，中部厚约 5m，长 15～20m 或更大些。组成矿物均为石英、锂辉石、叶钠长石、残余微斜长石、锂云母等，矿物种类繁多，石英有 2～3 期，锂辉石为板状晶体，最大达 60cm×40cm×20cm，有的为肘状，可能系沿裂隙形成。

为进一步评价 10 号伟晶岩脉的成矿潜力，对矿脉进行了连续拣块采样，伟晶岩脉仅有一个样品的 Li_2O 品位为 1.127%，其余样品 Li_2O 品位均小于 0.05%。11 号脉 Li_2O 平均品位 0.194%；12 号脉 Li_2O 平均品位 0.169%；13 号脉 Li_2O 平均品位 0.204%。BeO 均未达到边界品位。

7.1.3　牧林场白云母矿床

牧林场白云母矿床位于巴扎达西提牧林场内，距塔什库尔干塔吉克自治县县城 28km，位于塔什库尔干河东岸，地理坐标：北纬 37°39′，东经 75°22′。

矿体主要分布于古元古界布伦阔勒群黑云斜长石英片岩及绢云石英片岩中的白云母花岗伟晶岩脉中（图 7.5），脉体断续出露长约 400m，宽 2.5～16m，呈不规则脉状，走向 100°～115°，倾向 190°～205°，倾角 60°～80°。伟晶岩呈灰白色脉状、透镜状展布，与围岩片理化产状一致（图 7.6a、b）。共分布有三个矿体，呈近北西西向带状展布，Ⅰ号矿体呈不规则透镜状，长约 80m，宽 4.3～11m，矿体平均厚度 5.49m，沿片理贯入，接触面呈弯曲状；Ⅱ号矿体呈不规则脉状，长约 60m，宽 3～8m，矿体平均厚度 6.89m；Ⅲ号矿体断续长约 350m，宽 5～15m，最宽达 16m。

伟晶岩脉为中-中粗粒结构，块状构造，矿物组成以微斜长石、斜长石、石英为主，次为黑云母，白云母（图 7.6c、d）。白云母呈不均匀全脉矿化，矿石主要由白云母-石英集合体组成，少量黑云母，呈斑杂状构造，白云母为淡茶色，叠板状晶体，厚 0.3～16mm，剥分性好，弹性一般，见少量黑、白云母连晶。白云母轮廓面积 4～20cm^2。

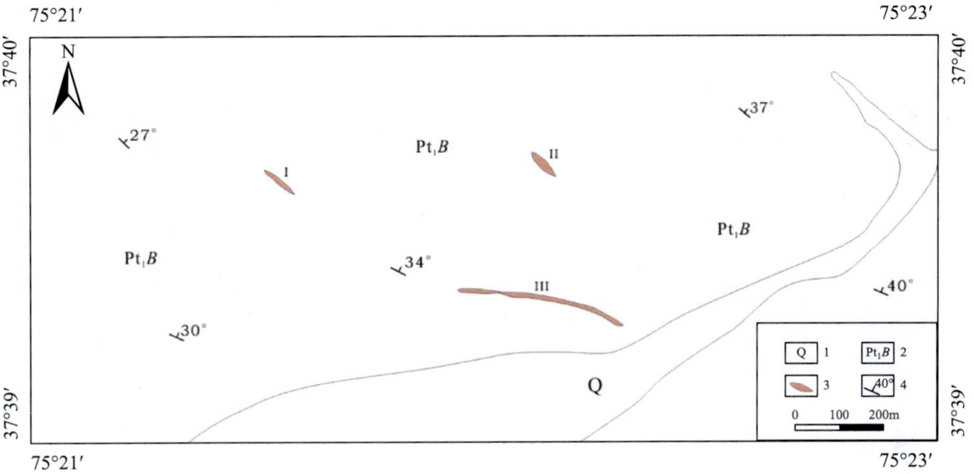

图 7.5　牧林场白云母矿地质图（据新疆地矿局第二地质大队，1967a）

1. 第四系；2. 布伦阔勒群；3. 伟晶岩脉；4. 地层产状

(a)　(b)

(c)

(d)

图 7.6　牧林场白云母矿野外照片

（a）伟晶岩脉野外照片；（b）伟晶岩脉与片岩界限；（c）、（d）伟晶白云母矿

7.2　西昆仑东段大红柳滩—白龙山稀有金属矿化集中区

地理坐标：东经 79°00′～79°20′，北纬 35°46′～36°10′，面积近 1200km^2。赋矿主要地层为三叠系巴颜喀拉山群，该岩群主要为一套厚度巨大的类复理石砂岩、粉砂岩、片岩、板岩组成的浅变质碎屑岩沉积建造。成矿元素以 Li 为主，伴生 Rb、Be、Nb、Ta、Sn 等元素。1∶50 万化探成果在带内也圈定了大面积与锂、铍、铌、钽元素矿化有关的异常，具有强度高、分带清晰的特征，显示了该带良好的找矿前景，也是西昆仑最好的稀有金属产出区。

矿集区锂矿床、矿点围绕大红柳滩花岗岩体、俘虏沟花岗岩体外侧分布，主要可划分 4 个矿化带：大红柳滩北稀有金属矿化伟晶岩脉群带、大红柳滩南稀有金属矿化伟晶岩脉群带、白龙山—雪凤岭锂矿化伟晶岩脉群带、俘虏沟—双牙锂矿化伟晶岩脉群带（图 7.7），其中白龙山—雪凤岭锂矿化伟晶岩脉群带长约 18km，俘虏沟—双牙锂矿化伟晶岩脉群带长约 25km，南北 2 个带呈对称分带，俘虏沟—双牙锂矿化伟晶岩脉群带显示了巨大的找矿潜力，是下一步找矿的重要地段（王核等，2023）。

7.2.1　大红柳滩锂（铌钽）矿床

大红柳滩锂矿床，又称阿克塔斯锂矿床，位于和田县大红柳滩喀拉喀什河南岸，面积 20km^2，新藏公路 219 国道通过矿区北侧喀拉喀什河北岸，交通条件较好。

1958～1962 年，新疆地质局喀什地质大队六分队在康西瓦—大红柳滩一带进行了 1∶1 万～1∶2.5 万比例尺的勘探及路线地质普查工作，发现了大红柳滩锂辉石矿。2002 年 7 月～2003 年 10 月，新疆地矿局第二区域地质调查大队对大红柳滩一带的伟晶岩型铌钽矿进行了专项普查，提交 333＋334 钽铌金属资源量 146.20t。2006 年新疆有色矿业技术有限公司完成《新疆和田县大红柳滩锂辉石矿普查报告》，张新国等（2008）最早在期刊

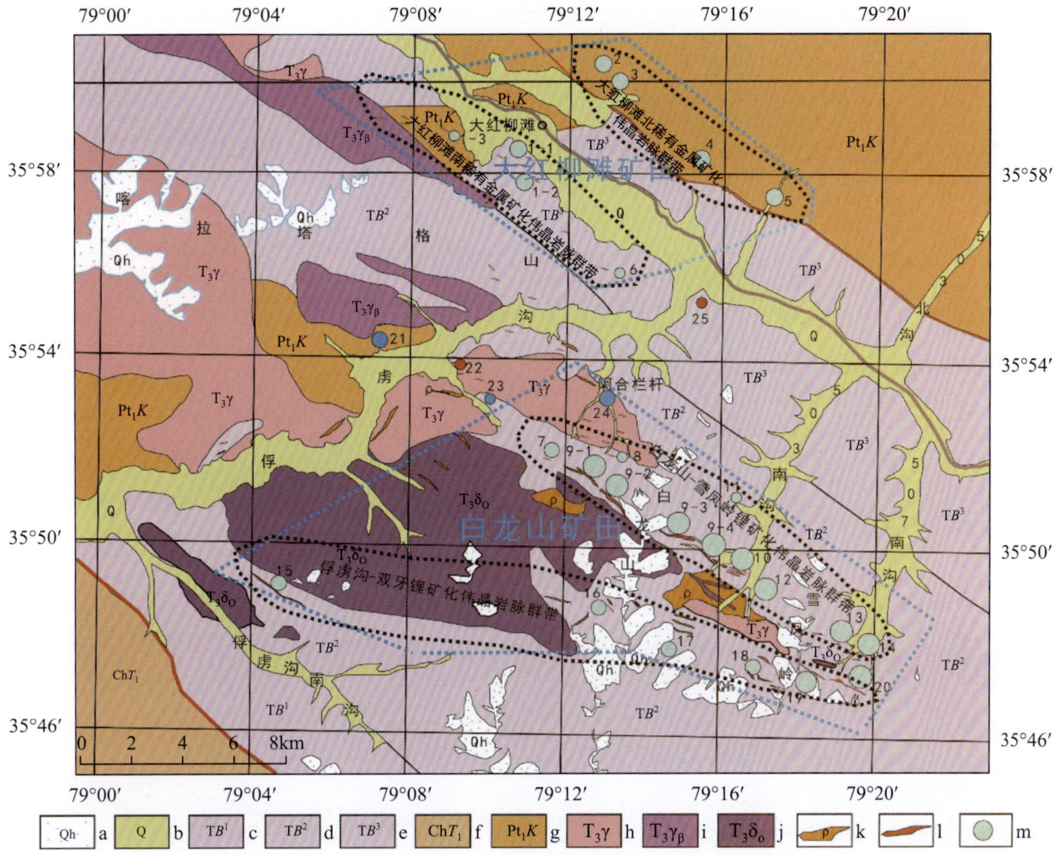

图 7.7　大红柳滩—白龙山矿集区地质及锂矿床分布简图（王核等，2023）

图例：a. 第四系冰川及冰碛物；b. 第四系冲洪积物；c. 三叠系巴颜喀拉山群第一岩性段；d. 三叠系巴颜喀拉山群第二岩性段；e. 三叠系巴颜喀拉山群第三岩性段；f. 新元古界长城系甜水海群；g. 古元古界康西瓦群；h. 二云母花岗岩；i. 黑云母花岗岩；j. 石英闪长岩；k. 伟晶岩；l. 锂铍矿体；m. 锂矿床（点）及编号［1-1. 大红柳滩锂矿 90 号脉群；1-2. 大红柳滩锂矿 91 号脉群；1-3. 大红柳滩锂矿 102 号脉群；2. 阿克萨依东锂矿；3. 阿克塔斯北锂矿；4. 喀什塔格锂矿；5. 大红柳滩东锂矿；6. 俘虏沟北锂矿；7. 阿克塔斯南锂矿；8. 阿合栏杆锂矿；9-1. 白龙山锂矿 1 号脉群；9-2. 白龙山锂矿 2 号脉群；9-3. 白龙山锂矿 3 号脉群；9-4. 白龙山锂矿 4 号脉群；10. 509 道班西锂矿；11. 白龙山北（503）锂矿；12. 505 锂矿；13. 雪凤岭锂矿；14. 龙门山锂矿；15. 俘虏沟 1 号脉锂矿；16. 俘虏沟 2 号脉锂矿；17. 白龙山南锂矿；18. 冰舟锂矿；19. 雪盆锂矿；20. 双牙锂矿；21. 百利铅银矿；22. 俘虏沟铁矿点；23. 四川矿业沟铅银矿；24. 阿合栏杆铅银矿；25. 俘虏沟口铁矿点］

上对大红柳滩锂矿地质特征进行了报道，认为其规模可观。2012 年以来，山东冶金地勘局对大红柳滩（阿克塔斯）锂辉石矿进行勘查工作，认为其达到中型规模（周兵等，2011；Yan et al.，2018）。

矿区矿体主要赋存于上三叠统巴颜喀拉山群中，含矿岩性为花岗伟晶岩，断续分布在斜长黑云石英片岩与二云母片岩中。总体呈北西向展布。根据地表花岗伟晶岩出露分布及含矿情况，在区内分为 90 号与 91 号两个矿脉群。两矿脉群彼此平行，相距约 1000m，地质特征十分相似。其中 90 号矿脉群中分布有 6 条矿体，而 91 号矿脉群中分布有 4 条矿体（图 7.8）。

90 号矿脉群 6 条矿体在平面上分成平行的两列，各矿脉首尾相接呈尖灭再现现象。

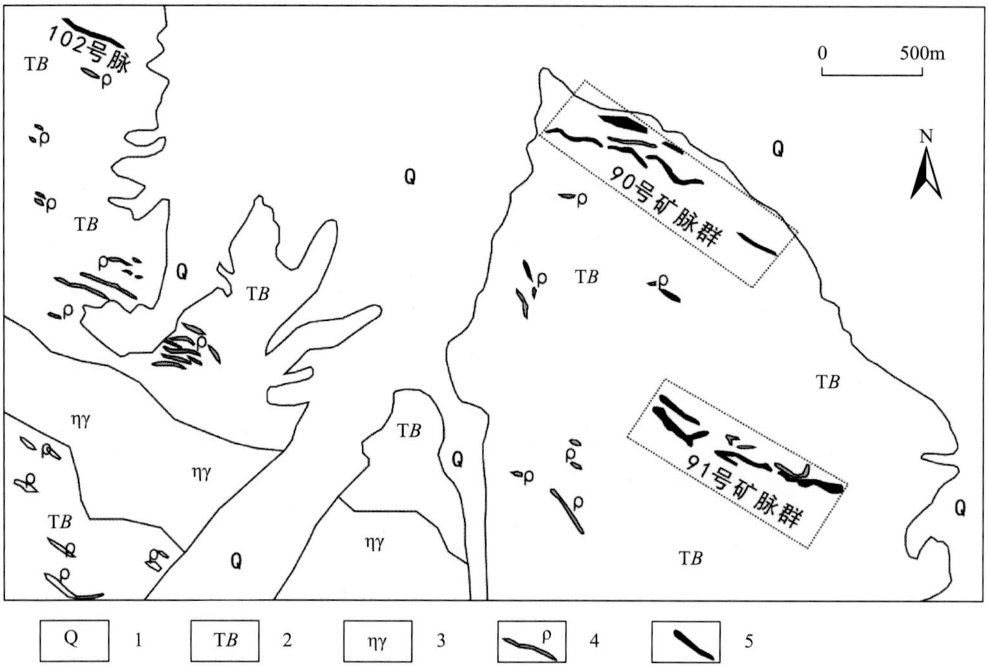

图 7.8　大红柳滩锂矿床地质简图（据王核等，2022）

1. 第四系；2. 三叠系巴颜喀拉山群；3. 二云母花岗岩；4. 伟晶岩；5. 锂铍矿体

矿体地表出露长 113.2～348.8m，厚 4.6～20.9m，呈不规则脉状产出，沿走向呈具膨大缩小现象或舒缓“S”型展布。

91 号矿脉群各单脉均呈不规则脉状或脉状，多沿片理化产出，沿走向有分支复合现象。矿体地表出露长 240.2～378.1m，厚 11.2～20.3m。

矿石矿物主要有锂辉石、锂白云母、磷锂铝石、绿柱石、铌钽铁矿、锡石、氧化锰铁、铁锰磷酸盐、电气石、纤铁矿、氯银矿等。脉石矿物主要由斜长石、石英、钾长石、白云母等组成。

含矿伟晶岩 Li_2O 品位 1.26%～1.83%，BeO 品位 0.041%～0.061%，Ta_2O_5 品位 0.003%～0.009%，Nb_2O_5 品位为 0.01%～0.014%。

通过采集伟晶岩样品，分选出单颗粒锡石及铌钽铁矿，得到的年龄分别为铌钽铁矿 212Ma、锡石 218Ma（Yan et al.，2018）。

7.2.2　白龙山锂多金属矿田

白龙山锂多金属矿田由南北 2 个矿化伟晶岩脉群带组成，北矿带为白龙山—雪凤岭锂矿化带，从西自东由阿克塔斯南锂矿、阿合栏杆锂矿、白龙山锂矿、509 道班西锂矿、白龙山北（503）锂矿、505 锂矿、雪凤岭锂矿、龙门山锂矿组成，矿化伟晶岩脉群带长约 18km。南矿带为俘虏沟—双牙锂矿化带，从西自东由俘虏沟 1 号脉锂矿、俘虏沟 2 号脉锂矿、白龙山南锂矿、冰舟锂矿、雪盆锂矿、双牙锂矿组成，矿化伟晶岩脉群带长约 25km。

1. 白龙山锂矿-509 道班西锂矿-505 锂矿

白龙山锂矿包括 1、2、3、4 号脉群（图 7.9），是 2017 年中国科学院广州地球化学研究所发现的超大型矿床，提交 334 资源量氧化锂 345 万 t（王核等，2017），新疆地矿局第六地质大队、第十地质大队在阿合栏杆发现 3 条锂矿体，在白龙山锂矿 1、2 号脉群发现多条铍矿体；509 道班西锂矿是 2017 年陕西省地质调查院发现（彭海练等，2018）；505 锂矿是西安地质调查中心 2018 年发现（李侃等，2019）；2018 年新疆地矿局第六地质大队对白龙山锂矿 1 号脉群和 2 号脉群西段的部分地段进行评价，2021 年新疆地矿局第三地质大队将白龙山锂矿 2 号脉群东段命名为盘龙山，将白龙山锂矿 3 号脉群命名为雪龙山 1 区，并进行了勘查工作。2018 年陕西省地质调查院对 509 道班西锂矿及白龙山锂矿 4 号脉群部分地段进行评价。2020～2021 年，新疆昆仑蓝钻矿业开发有限责任公司委托新疆有色地勘局矿产勘查研究院分 2 个片区对白龙山一带锂矿开展勘探，一组对白龙山锂矿 4 号脉群和 3 号脉群部分地段、509 道班西锂矿、505 锂矿开展勘探（509 道班西项目）；另一组对白龙山锂矿 1 号脉群和 2 号脉群西段的部分地段进行勘探（大红柳滩南项目）。

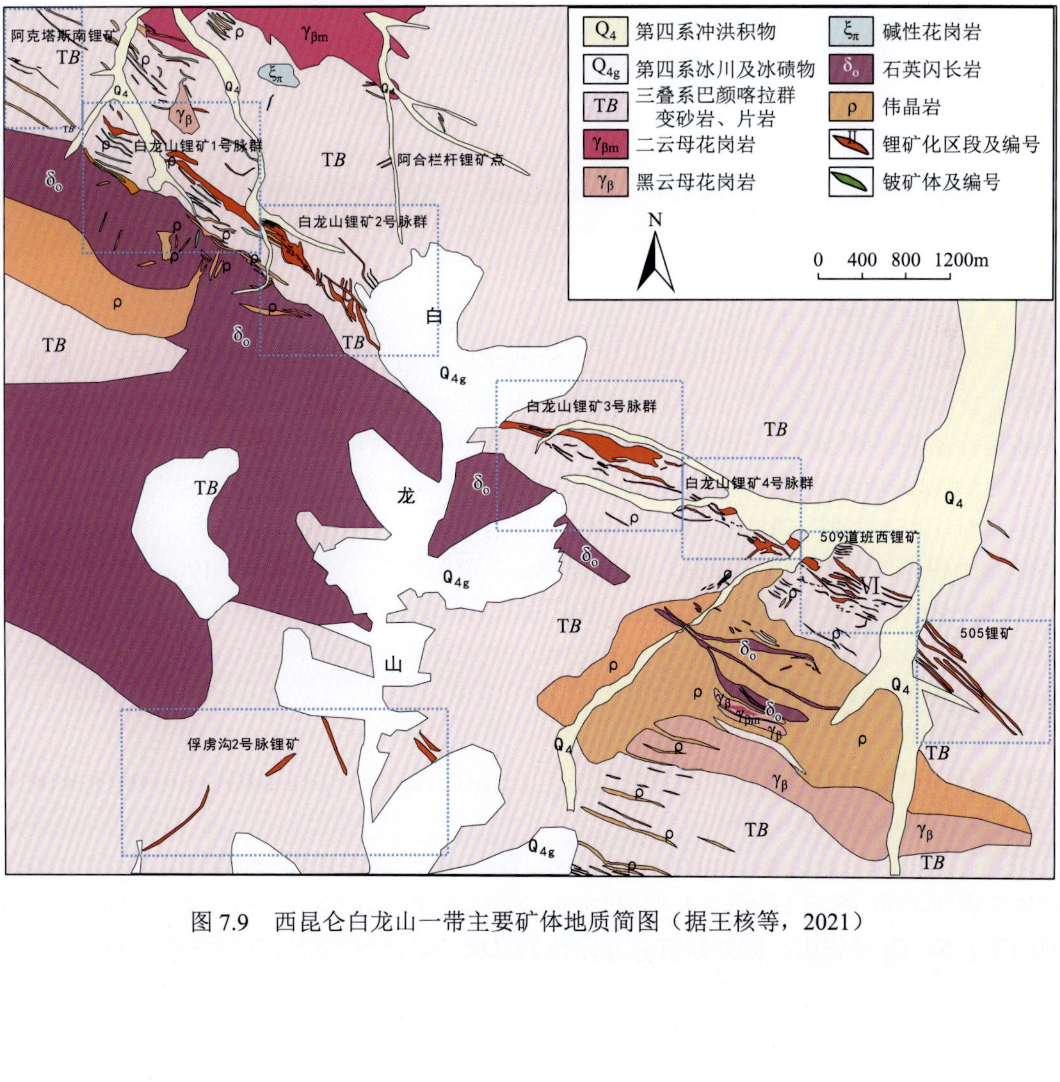

图 7.9　西昆仑白龙山一带主要矿体地质简图（据王核等，2021）

509 道班西项目勘探区由西自东分为 4 个脉群，其中Ⅰ号脉群即白龙山Ⅵ号脉群和白龙山锂矿 3 号脉群东段部分（王核等，2021；王威等，2022），地表残坡积覆盖面积大，矿体总体北东倾，长 160～2300m，平均厚度 1.92～37m，Li_2O 平均品位 0.9%～1.45%，BeO 平均品位 0.036%～0.047%，总体产状北东倾 30～35°∠52～59°，主要呈脉状、枝杈状；Ⅱ号脉群即 509 道班西锂矿（彭海练等，2018），锂铍矿体控制长度 160～960m，矿体平均厚度 0.82～12.45m，Li_2O 平均品位 0.52%～3.27%，BeO 平均品位 0.020%～0.088%。Ⅰ号脉群和Ⅱ号脉群为选定的首采区，共 120 余条锂铍矿体，目前已备案 Li_2O 资源量 68 万 t。Ⅲ号脉群（505 锂矿）（李侃等，2019）残坡积物发育，多为含锂辉石花岗伟晶岩转石，锂铍矿体 10 条，地表露头长 480～960m，厚 3～15m，最厚达 27m，Li_2O 平均品位 0.5%～1.99%，BeO 平均品位 0.048%～0.05%，矿体倾向 15°～45°，矿体倾角 53°～79°；铍矿体规模均较小，长 160m，厚 0.1～0.5m，BeO 平均品位 0.046%～0.087%。主要呈脉状、似层状、枝杈状产出，少数矿体有分支变薄、复合膨胀等现象，矿体与围岩界线清晰。Ⅲ号脉群目前 Li_2O 资源量在 30 万 t 以上，Ⅰ、Ⅱ、Ⅲ号脉群勘探 Li_2O 资源量超过 100 万 t。Ⅵ号脉群为雪凤岭锂矿。

大红柳滩南项目勘探区包括白龙山锂矿 1 号脉群和 2 号脉群西段的部分地段以及阿合栏杆锂矿，目前正在勘探中。

白龙山锂矿 2 号脉群的东段和 3 号脉群西段的大矿体未在昆仑蓝钻的勘探范围。

2. 雪凤岭一带的锂矿

雪凤岭一带主要有雪凤岭锂矿、龙门山锂矿、双牙锂矿、雪盆锂矿（图 7.10）。其中雪凤岭锂矿、龙门山锂矿与白龙山锂矿、509 道班西锂矿、505 锂矿均在白龙山锂多金属矿田的北矿带，即白龙山—雪凤岭锂矿化带。双牙锂矿、雪盆锂矿则属于白龙山锂多金属矿田南矿带。

雪凤岭锂矿是 2017 年中国科学院广州地球化学研究所发现的大型矿床（王核等，2020），2018 年通过进一步的工作，项目组共圈定出锂多金属矿体 47 条，对矿床地质特征进行了初步研究，并开展 EH4 电磁测深工作以期对资源量进行预测，同年西安地质调查中心矿调项目委托新疆地质调查院也对雪凤岭海拔较低的Ⅲ号含矿脉群带进行了调查工作，取名 507 锂矿。雪凤岭锂矿由 3 个含矿伟晶岩脉群共计 47 条锂多金属矿体组成，矿体长 32～360m，厚 0.9～8m，倾向 20°～30°，倾角 49°～78°。矿体一般长 32～360m，宽度 2.80～8.00m。各矿体 Li_2O 品位 0.6%～4.02%。伴生 BeO 品位 0.04%～0.15%，Rb_2O 品位 0.10%～0.23%，Nb_2O_5 品位 0.007%～0.047%，Ta_2O_5 品位 0.003%～0.046%。

双牙锂矿区主矿体，长 850m，厚 12m，出露最宽处近 100m，矿体主要为石英-锂辉石-钠长石伟晶岩脉，Li_2O 品位为 1.96%，伴生 BeO 品位为 0.037%，Nb_2O_5 品位为 0.010%，Ta_2O_5 品位为 0.006%。

雪盆锂矿区 3 条锂矿，长 800～1200m，厚 4～8m，向西合成一个矿体，厚 12～20m，矿体主要为石英-锂辉石-钠长石伟晶岩脉。Li_2O 平均品位为 2.24%，伴生 BeO 品位为 0.036%，Nb_2O_5 品位为 0.009%，Ta_2O_5 品位为 0.004%。

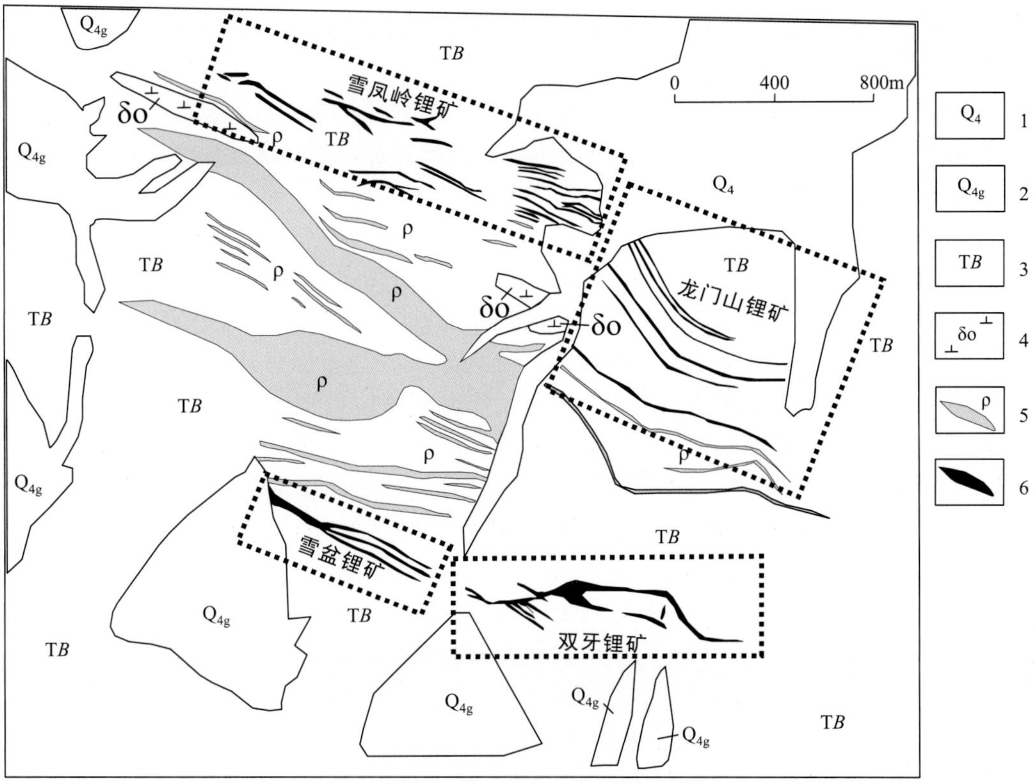

图 7.10　雪凤岭一带锂矿床地质简图（据王核等，2020）

1. 第四系冲洪积物；2. 第四系冰川及冰碛物；3. 三叠系巴颜喀拉山群变砂岩、片岩；4. 石英闪长岩；5. 伟晶岩；6. 锂铍矿体

龙门山锂矿区内圈定含矿伟晶岩脉共 24 条，呈脉状、似层状，走向 111°～141°，倾向北东，倾角 62°～78°，长 90～1170m，含矿伟晶岩脉主要为锂辉石花岗伟晶岩脉，围岩为片状变质砂岩、长石石英砂岩、岩屑砂岩。含锂矿物主要为锂辉石、锂磷铝石、锂云母等，含矿伟晶岩脉中 Li_2O 平均品位 0.574%～1.826%，BeO 平均品位 0.033%～0.051%（冯京等，2021）。

3. 白龙山南一带的锂矿

白龙山南一带的锂矿，主要有西安地质调查中心发现的俘虏沟 1 号、2 号脉锂矿（李侃等，2019）和项目组发现的白龙山南锂矿和冰舟锂矿。

1）俘虏沟 1 号脉锂矿

俘虏沟南 1 号锂矿位于大红柳滩岩体的东南侧，区内出露地层主要为巴颜喀拉山群，岩性主要为浅灰色中-薄层状变质长石石英细砂岩夹灰黑色薄层状粉砂岩、黑云母石英片岩、堇青石红柱石化粉砂岩，少量板岩整体上为一套砂岩夹变质粉砂岩，地层走向延伸北西—南东，倾向北东。

区内露岩浆岩主要为浅灰白色中细粒英云闪长岩，为浅灰白色，中细粒结构，块状构造，未见矿化蚀变。矿区位于大红柳滩南复式背斜北翼，整体为一单斜构造，受郭扎错断裂影响，地层中节理、裂隙发育。

共发现 21 条伟晶岩脉赋存在巴颜喀拉山群中组地层，其中 10 条锂矿体，矿体呈脉状、板状、透镜状，整体走向呈北西—南东向，倾向北东，与地层层理产状基本一致。单矿体地表出露厚度为 0.8～17.8m，长度为 260～2400m，Li_2O 平均品位为 1.19%～3.87%，BeO 平均品位为 0.031%～0.075%，Rb_2O 平均品位为 0.013%～0.177%，$(Nb+Ta)_2O_5$ 平均品位为 0.0085%～0.016%。

矿体主要矿石矿物为锂辉石，含有少量磷锂铝石、锂白云母、绿柱石、铌钽铁矿等。

矿石结构主要为伟晶结构、花岗结构、交代残余结构、似斑状结构。矿石构造常为块状构造、条带状构造、浸染状构造、斑杂状构造、树枝状构造等。

2）俘虏沟 2 号脉锂矿

俘虏沟南 2 号脉锂矿位于四川矿业沟南，俘虏沟岩体南部凹陷部位。矿区海拔 5300～6200m，山脊被永久积雪覆盖。区内出露地层为巴颜喀拉山群。

区内东、西、北部均出露大面积岩体，岩性为浅灰白色中细粒石英闪长岩，其风化面为黄褐色，新鲜呈灰白色，为中粒的粒状结构，块状构造。岩石中可见矿物（黑云母）大致具定向特征，构成似片麻状构造，岩石节理较发育，岩体内部可见暗色捕虏体。

区内共发现伟晶岩 7 条，均为含矿伟晶岩，伟晶岩脉大部分呈北西—南东走向，产状为 40°～85°∠35°～51°，个别脉体呈北东—南西走向。含矿伟晶岩脉延伸长 120～1100m，脉宽 2.2～12m。此外，在矿区西侧石英闪长岩裂隙中发现 1 条含矿伟晶岩脉，脉宽 2.1m，长约 680m，产状为 18°∠60，为区域上少有的以岩体为赋矿的含矿伟晶岩。矿体 Li_2O 平均品位为 0.9%～2.6%，BeO 平均品位为 0.019%～0.046%，Rb_2O 平均品位为 0.042%～0.342%，（Nb＋Ta）O_5 平均品位为 0.009%～0.017%。

矿体主要矿石矿物为锂辉石，含有少量磷锂铝石、锂白云母、绿柱石、铌钽铁矿等。

3）白龙山南锂矿

通过野外调查，追踪白龙山锂矿南部花岗岩体的南部，在 509 道班西锂矿西南 3km 处新发现 1 处锂矿床，见 15 条伟晶岩脉，其中含锂辉石伟晶岩脉 8 条，不含锂辉石伟晶岩脉 7 条，对其中 2 条不含锂辉石伟晶岩脉查证取样为含铍矿化的伟晶岩，另外几条未采样。含矿伟晶岩长 30～400m，地表出露厚 2.6～30m。Li_2O 品位 0.94%～2.59%，BeO 品位 0.47%～0.068%，其他元素 Nb、Ta、Rb、Cs 品位均较低，大多达不到伴生要求。

4）冰舟锂矿

通过地质调查和填图，在 503 南沟的冰舟一带发现 5 条含矿伟晶岩脉，主要是含锂，Li_2O 品位 0.96%～2.46%。

7.3 新生代岩浆热液型钨矿

卡拉其古钨矿位于瓦罕走廊明铁盖的托克满苏岩体的西南部（图 7.11），新疆地矿局第二地质大队早在 20 世纪 80 年代就对该矿点进行了调查，我们对该矿点进行了检查。

矿区出露地层主要有志留系和第四系残坡物及河道冲积物。矿区大面积出露花岗闪长岩，花岗岩曾经受动力变质作用，出现碎裂状花岗闪长岩、闪长质碎斑岩、碎裂石英闪长岩、片理化碎裂闪长岩、黑云母化石英闪长岩、糜棱岩化花岗闪长岩、花岗糜棱岩、糜棱岩、蚀变花岗岩、蚀变闪长岩、蚀变正长闪长岩，以及云母二长片麻岩等。

矿区花岗闪长岩节理及裂隙中石英脉成群出现（图 7.11），脉群总体走向约 80°，出露长约 0.8km，出露宽 500～700m，面积大于 0.5km^2。钨矿化产于石英脉中，个别石英脉的围岩中偶见钨矿化。根据石英脉中钨矿化强弱及品位结果，划分为四个主要钨矿化体（编号Ⅰ、Ⅱ、Ⅲ、Ⅳ）和若干含矿石英脉。

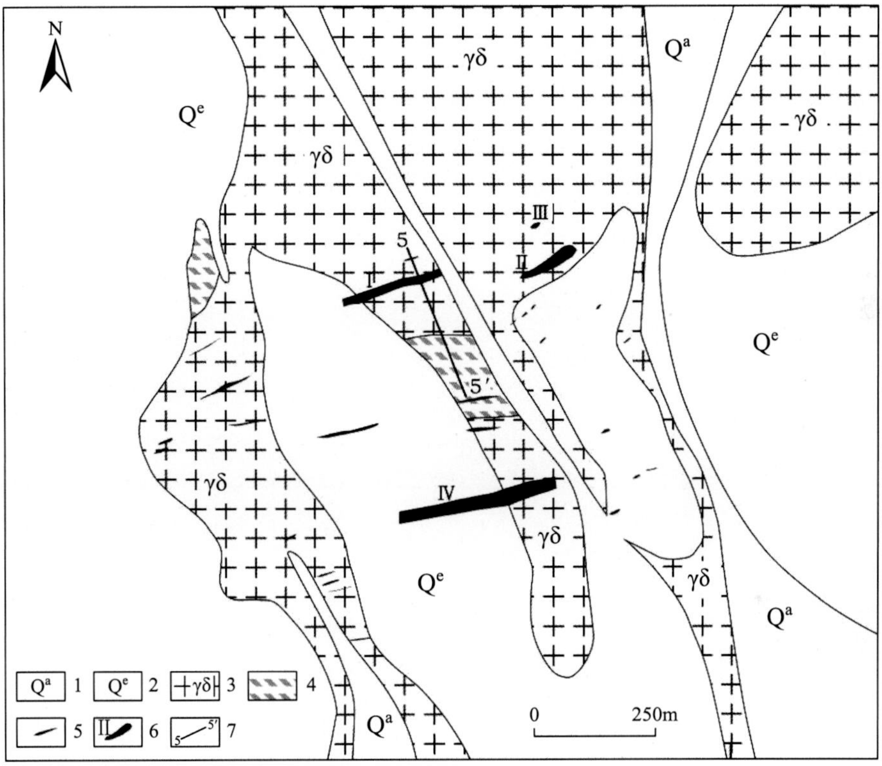

图 7.11　卡拉其古钨矿平面地质图（据新疆地矿局第二地质大队资料）

1. 冲洪积；2. 残坡积；3. 花岗闪长岩；4. 糜棱岩带；5. 矿化体；6. 矿体及编号；7. 勘探线

Ⅰ号矿化体：为矿区的主要钨矿化体，出露于矿区北部中间地段。该矿化体中钨矿化相对矿区其他地段比较集中，矿化体走向北东东—南西西，显示产状 156°～160°∠70°～74°。圈出长 128m，厚度 1.16～2.56m，平均厚度 1.82m 的钨矿体，WO_3 平均品位 0.48%。

Ⅱ号矿化体：位于矿区东部山梁北部，含矿石英脉为黄白色，在矿化体中圈出长 105m，厚度 2.11m 的钨矿体，矿体 WO_3 品位 0.2%～0.35%，平均品位 0.26%。

Ⅲ号矿化体：位于矿区东部山梁最北部，含矿石英脉为白色，山坡上散乱堆积着该脉的坡积物。石英脉长 10m，宽 1m。脉中偶见黑钨矿小团块。探槽中 WO_3 品位为 0.2%。

Ⅳ号矿化体：位于矿区南部，长约 150m，西端被残坡积物覆盖，含矿石英脉宽 5m，单脉宽 1～25cm。脉分布密集处 1m 中有 5 条细脉，石英脉累计厚度占 47%。走向东西，倾向南西，倾角 65°～70°。WO_3 品位＜0.02%。

Ⅲ号、Ⅳ号钨矿化体经地表探槽揭露，局部品位已达到边界品位或工业品位要求，但矿化体规模小，长度最大不超过 10m。

矿石的结构有中粗粒自形-半自形晶结构和交代结构，矿石构造有块状构造、浸染状构造、细脉状构造，其中块状构造是矿体中常见的矿石构造，矿石中结晶程度较高的黑钨矿常呈团块状产于石英脉中，在矿体外围与围岩接触带部位发育少量石英脉型辉钼矿，伴有少量黄铜矿，反射光下黑钨矿呈自形晶，鳞片状辉钼矿具有一定的挠曲现象，伴有浸染状黄铜矿。

矿区围岩蚀变主要有云英岩化及绿帘石化。主要发生在外侧围岩接触带中，云英岩中含少量黄铜矿及辉钼矿等金属矿物，伴随绿帘石化。

第8章 金　矿

8.1 韧性剪切带型金矿

该类型金矿床主要包括木吉乌孜别里山口地区的阔克吉勒嘎金矿床、琼巴额什金矿床、求鲁代金矿点、克孜勒塔什金矿点，以及昆盖山北坡晚古生代陆缘裂谷带双峰态火山岩系中的依迈克—塔西克西金矿床和于田县奥依且克金矿床，矿床形成与韧性剪切断裂有关。本书主要介绍阔克吉勒嘎金矿床、琼巴额什金矿床。

8.1.1 阔克吉勒嘎金矿床

1. *矿区地质特征*

阔克吉勒嘎金矿床是西昆仑最重要、最具代表性的岩金矿床。

阔克吉勒嘎金矿床位于下志留统温泉沟群第三岩性段第三亚段（$S_1W^{3\text{-}3}$）中，主要岩性为灰绿色片理化绢云石英板岩、绿泥绢云石英板岩夹灰黑色片理化炭质板岩和浅灰黑色片理化二云母石英板岩，地层内石英脉带、含菱铁矿石英脉发育。

下志留统温泉沟群第三岩性段夹于两条主干断裂之间，处于断裂带上，构造应力较为强烈。区内岩石破碎，层间褶皱、石英脉等都普遍发育，次级断裂、挤压破碎带广泛发育。这些次级断裂和挤压破碎带是区内最主要的控矿构造。

2. *矿床特征*

阔克吉勒嘎金矿床目前已圈出大小矿体21个（图8.1），金矿体均产于片理化灰黑色炭质板岩和片理化绿泥绢云石英板岩中。矿床总体走向110°～130°，在地表基本呈密集的雁行排列，由西向东大体集中分布在Ⅰ、Ⅱ、Ⅲ三个地段内。该矿床各矿体形态各异，产状变化很大，矿体规模较小，厚度变化不稳定，有用组分很不均匀。该矿床较大矿体为$Ⅰ_5$号矿体、$Ⅰ_{10}$号矿体、$Ⅰ_{11}$号矿体、$Ⅲ_{17}$号矿体、$Ⅲ_{18}$号矿体、$Ⅲ_{19}$号矿体。

$Ⅰ_5$号矿体（图8.2a、b）：地表呈不规则状，中间剧凸，两侧急剧变窄，长70m，平均宽4.53m，Au平均品位5.26×10^{-6}。

$Ⅰ_{10}$号矿体（图8.2c）：地表呈脉状，长137m，平均厚4.40m，Au平均品位5.07×10^{-6}。

$Ⅰ_{11}$号矿体（图8.2d）：地表呈细脉状，长204m，平均厚2.50m，Au平均品位2.77×10^{-6}。

$Ⅲ_{17}$号矿体：地表呈细脉状，最宽4.5m，最窄2.7m，平均厚3.60m，长51m，Au平均品位7.10×10^{-6}。

III_{18}号矿体：地表呈细脉状，长 36m，平均厚 1.10m，Au 平均品位 1.44×10^{-6}。

III_{19}号矿体：地表呈脉状，长 75m，平均厚 6.47m，Au 平均品位 4.50×10^{-6}。

3. 矿石组构

矿石矿物成分主要为黄铜矿、黄铁矿、方铅矿、白铅矿、磁铁矿、钛铁矿、菱铅矿、褐铁矿、自然铜、自然金等；脉石矿物为绢云母、绿泥石、石英、重晶石等。

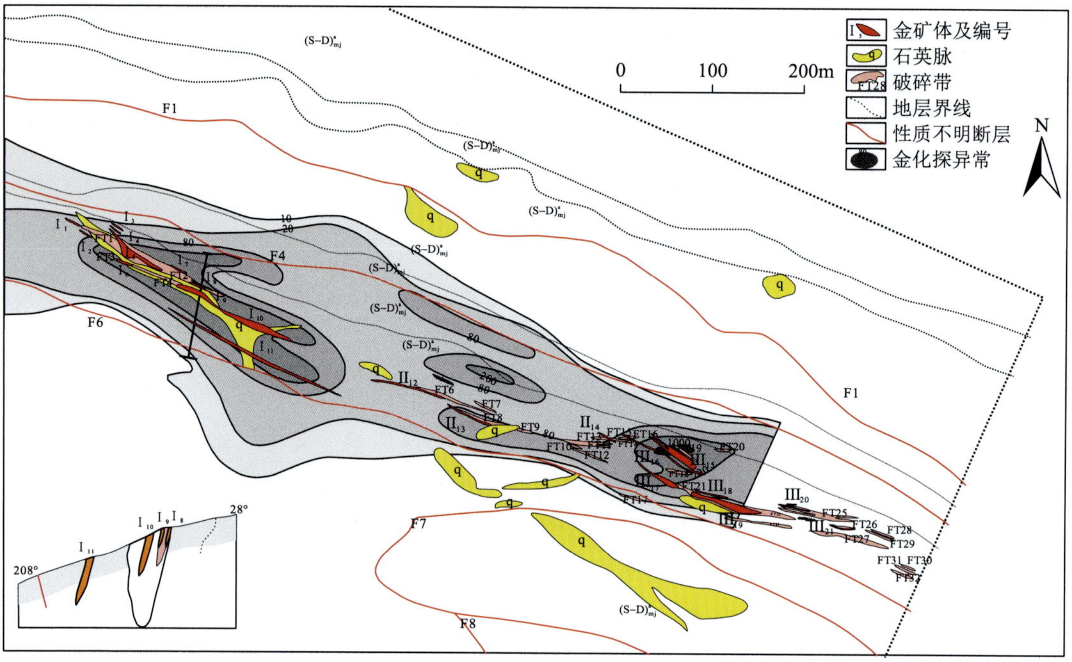

图 8.1　阔克吉勒嘎金矿床简图

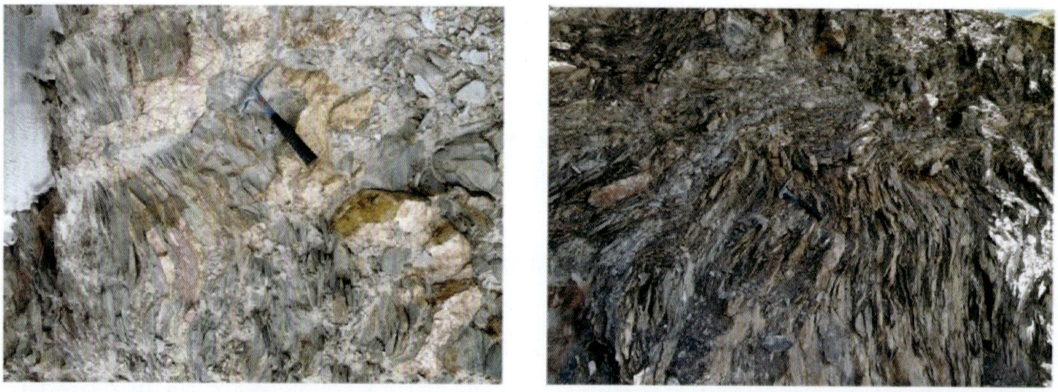

(a)　　(b)

(c)　　　　　　　　(d)

图 8.2　阔克吉勒嘎金矿地质现象

（a）阔克吉勒嘎金矿 I_5 号矿体地表露头（与围岩一同揉皱的多期菱铁矿化石英脉）；（b）阔克吉勒嘎金矿 I_5 号矿体掌子面（强烈揉皱的菱铁矿化石英透镜体）；（c）阔克吉勒嘎金矿 I_{10} 号矿体 3 号平硐（菱铁矿化孔雀石化石英脉）；（d）I_{11} 号矿体网脉状菱铁矿充填的含金石英脉

矿石结构主要为中-粗粒结构、片状变晶结构；矿石构造为角砾状构造、粉末状构造。

围岩蚀变：断裂破碎带及上下盘岩石矿化蚀变强烈，主要为菱铁矿化、黄铁矿化、褐铁矿化、绢云母化、高岭土化、硅化、黄钾铁钒化等。

4. *矿床成因简述*

本矿床为韧性剪切带型金矿床。主要证据为：

（1）阔克吉勒嘎金矿床分布于古生代的浅变质岩区，且明显受含金、含炭的陆源碎屑岩建造的控制。阔克吉勒嘎金矿床虽然不在含炭建造中，但与其也有很大的关系。

（2）木吉乌孜别里地区金矿床明显受构造控制，即变质热液的产生、汇集，直至充填和交代成矿都是在一定的构造条件下实现的，如金矿体主要产于破碎带中。

（3）矿体的产状和形态严格受容矿断裂构造的控制，呈脉状、板状、透镜状、雁行状，沿走向断续出现，产状与破碎带一致。

（4）矿体中普遍出现石英，且褐黄色、破碎成粉末状糖粒状的石英脉含金性最好。

阔克吉勒嘎金矿床较为特殊的是以少硫化物为特征，硅化也很弱。

志留系的陆缘碎屑岩建造在海西期发生了区域变质及韧性变形，原岩由于温度及压力的升高，发生脱水作用，从而形成流体，并由深部高压带向低压区域变质浅的方向移动、迁移。这种流体有较强的溶解能力，在这种流体运动过程中，散布于较老地层及志留系地层中的金及硅被溶解在流体中，形成变质含金溶液，这种含金流体沿构造带形成的断裂向低压区流动，在遇到一定场所时沉淀、富集，从而形成金矿体及含金石英脉。如在本区的有利场所即为绿泥石绢云母千枚岩地层，该类岩石相对硬度较小，脆性较大，在受到构造应力时，容易破碎形成密集的开放裂隙，从而成为容矿构造。而后由于新的构造运动如燕山运动、印度板块与欧亚板块碰撞，在变质分异较强地段使原有矿化物质再次发生破碎、淋滤、迁移、沉淀，进而形成金矿床。

8.1.2 琼巴额什金矿床

位于琼巴额什沟南坡，出现含孔雀石菱铁矿（褐铁矿化）石英脉。我们通过工作圈定 10 条金矿体，具体见第 10 章 10.3 节。

8.2 石英脉型金矿

8.2.1 色汤沟金矿点

位于塔什库尔干县达布达尔乡色汤沟，地理坐标：东经 76°15′，北纬 36°34′。矿点出露地层为未分下古生界黑色绢云千枚岩与变质砂岩互层，矿体顺层产出。共发现 2 个金矿体，均为含金菱铁矿体。Ⅰ号金矿体地表出露长二百六十余米，宽 0.8～2.7m，Au 品位平均 1.95×10^{-6}，Ⅱ号金矿体地表出露长六十余米，宽 0.9～1.7m，Au 品位平均 1.87×10^{-6}（据新疆地矿局第二地质大队，2003）。

8.2.2 喀拉喀什河西金矿化点

位于喀拉喀什河西，地理坐标：东经 78°35′，北纬 35°33′。

该矿化点产于下志留统温泉沟组第一岩性段（S_1w^1）中，岩性为灰色、黑灰色、浅灰绿色薄-中层状变质粉砂岩、粉砂质板岩、千枚岩夹浅砂质微晶灰岩和少量紫红色泥岩和含放射虫硅质岩、硅质板岩。北西向断裂发育，岩石糜棱岩化发育。含矿岩性为粉砂质板岩中，板岩中顺层的次生节理发育，多被白色石英充填，石英脉常呈群产出，脉体呈透镜状，群脉宽度一般在 6～8m，延伸百米以上，多数石英脉具黄铁矿化、孔雀石化。采一试金样，分析成果 Au 品位为 4.81×10^{-6}。新疆地矿局第一区域地质调查大队 2006 年发现该矿化点为石英脉型，经追索，该矿化点具有进一步工作价值。

8.3 碱性岩浆热液型金矿

碱性岩浆热液型金矿床是指与中—新生代碱性岩浆侵入活动有关，矿化产在侵入岩体接触带附近形成的细粒钾长石细脉、网脉内，或产在钾长石化蚀变带内的一种岩金矿床类型。这是我们在西昆仑地区新发现的金矿床类型，已知的阿然保泰金矿化点和明铁盖金矿化点属于此类型金矿化，但矿床的研究程度和认识程度都很低。下面以阿然保泰金矿化点为例阐述矿床特征。

8.3.1　阿然保泰金矿化点

位于塔什库尔干县城以西苦子干岩体内，距县城 14km，东经 75°00′，北纬 37°43′。大地构造环境属阿克赛钦中间地块。

该岩体主体由花岗正长岩构成，全岩 K-Ar 同位素年龄为 94.2Ma（据新疆地矿局第二地质大队，1985），定为燕山晚期侵入岩。岩体内岩石类型比较单一，以花岗正长岩和正长岩为主，二者沿观测剖面看，彼此交替，互相穿插，加之岩石粒度的变化，岩相变化显得复杂，偶见细中粒云辉正岩脉贯入。

矿化见于褐黄色、褐色含黄铁矿细粒正长岩中，成脉群出现，单脉宽 20～110cm，长 2～15m 不等，它们侵入到灰白色中-中粗粒花岗正长岩中，脉壁花岗正长岩轻度蚀变，表现为绿帘石化及黑云母边缘水解同时有铁质析出。4 个拣块样品分析中 3 个样品的结果 Au 品位分别为 0.56×10^{-6}、0.80×10^{-6}、0.58×10^{-6}，表明有金矿化显示。由于矿化体规模小，产状不稳定，未做进一步评价。

该带燕山、喜山期侵入岩十分发育，岩石为偏碱性-碱性花岗岩类，又因该区古生代和中生代裂陷盆地发育，均有利于金元素的富集。与偏碱性-碱性花岗岩类有关的岩浆热液型金矿床，有可能会成为本区重要的金矿类型（孙海田等，2003）。

8.3.2　明铁盖达坂北金矿点

明铁盖达坂北金矿点位于达布达尔西南约 51km 处，隶属于塔什库尔干塔吉克自治县达布达尔乡。矿区坐标：东经 74°56′，北纬 37°06′。金矿化产于喜马拉雅期花岗岩体中，矿化受正长岩脉控制。

第9章 区域成矿规律与找矿预测

9.1 区域控矿条件分析

从西昆仑地区已知主要矿床的分布特征、成矿地质特征可以看出：不同类型矿床是区内地质条件差异性的反映。不同类型的矿床受不同时代、不同性质的岩浆岩、火山作用、热液活动、沉积作用和变质作用的控制，它们在成因上存在着许多内在联系，是在一定构造条件下经历不同的地质作用的不同阶段的产物。通过对区域地质环境、矿床分布规律的总结，本书认为矿产在空间上分布受大地构造单元、构造、地球化学场、岩相古地理环境、岩浆活动等因素的控制。

9.1.1 大地构造单元控矿特征

不同地质构造单元形成的矿床类型、矿种不同，具有一定的成矿专属性，区域上具有成群成带、局部集中的分布特征。

塔里木西南缘北段，主要产出层控碳酸盐有关的铅锌矿床，铁克里克隆起带上以海西期热液型铜矿化、泥盆纪砂岩型铜矿化和石炭纪层控型铅锌矿化为主要矿化特点，目前虽未发现较大规模的矿产地，但找矿前景良好。

西昆仑造山带自北向南具有不同类型的矿床分布，北部主要为砂岩型铜矿，含矿地层为石炭系的以细碎屑岩为主夹中-基性火山岩的沉积岩-火山岩建造；中部为与中新生代中酸性侵入体活动相关的斑岩-夕卡岩型矿床，其岩浆活动主要为加里东期、印支期和燕山期。西昆仑造山带上分布着中元古代玉石矿化。在构造带西缘的麻扎—康西瓦断裂带东侧，分布着古生代石炭系及未分奥陶—志留系，其中发现了3～4层产于变凝灰质砂岩中的铜铅锌矿化体，矿化规模大，连续性好，具层控特征的热液型铜铅锌矿化，矿化规模较大，矿石品位高。石炭纪地层可能为古生代岛弧沉积，其中铅锌铜矿找矿前景较好。

喀喇昆仑构造带被塔阿西断裂—塔什库尔干断裂分为两个部分，东部主要分布的是受布伦阔勒群变质岩系控制的沉积变质型铁矿，其中塔什库尔干陆块上以早古生代沉积变质型铁矿化为主要特征，并有白云母矿化。在大红柳滩产出沉积变质型铁矿、伟晶岩稀有金属矿、层控＋热液改造型铅锌矿等。

喀喇昆仑西部主要分布与燕山期、喜马拉雅期岩浆侵入活动相关的斑岩型、热液改造型铅锌矿床以及石英脉型矿床，如喀拉果如木铜多金属矿床、阿克希腊克铅锌矿点、卡拉其古钨矿点等。在羌塘，明铁盖陆块上以热液型钨、金、铜、铅、锌矿化为主要特征，矿化多与燕山期、喜马拉雅期岩浆热液有关，矿化强度表现较弱，矿化较为分散。

9.1.2　构造控矿特征

矿床寓于其形成的地质环境，不同级序的构造往往控制着不同尺度的矿带、矿段、矿田和矿体的空间展布。西昆仑造山带中，一级构造单元控制着成矿带的分布，次级构造单元控制着成矿亚带（矿段）的分布。

断裂控矿不仅表现在不同构造单元、不同岩浆带的分界，而且表现在沿一定方向的断裂往往直接控制着不同矿种的形成。区内有 3 条大型断裂构造带，将地质体分为 4 个地质单元，各地质单元上都有独特的构造控矿特点，次级断裂影响着矿体的形态及展布，其优越的热液运移通道和储矿空间，为成矿物质的二次富集提供条件。从已发现的矿点及相邻地区的矿（床）点来看，矿（床）点的就位机制和矿体贮集机制多服从于断裂构造空间，断裂构造无疑是成矿过程中的重要制导因素。不同方向断裂交汇部位经常控制着矿体或矿田的分布，特别是岩浆热液矿床和金矿化，构造对矿体的控制作用尤为明显。区内岩浆热液型铁、铜矿床一般产在北东或北西方向断裂与近东西向断裂的交汇部位。褶皱控矿体现在沿不整合面、强弱层界面等构造薄弱带易出现相对滑动作用，在转折部位形成虚脱空间，有利于成矿物质的充填和就位，起到导矿和储矿的双重作用。

明铁盖陆块上的钨、金、铜、铅、锌矿化，多沿近南北向小断裂产出，矿化长度一般小于 20m，宽度 1～2m，规模较小，矿化连续性较差。塔什库尔干陆块上的沉积变质型铁矿，产于宽大的硅铁建造中，铁矿体的产出受褶皱的控制，在褶皱的轴部矿体一般较厚，品位较高。西昆仑造山带上的铜铅锌矿化，层控特征明显，在层间断裂发育处矿化强度高，矿体连续性较好。玉石矿化发育在库浪那古岩群大理岩中的小断层中，矿化强度受制于断裂带，一般不超出断裂影响的范围。铁克里克隆起带上泥盆系中的砂岩型铜矿化层受控于原始沉积建造，在矿化层中发育后期断裂构造时，沿断裂带铜矿化有集中的趋势；石炭系中的铅锌矿化严格受白云岩中的层状角砾状白云岩控制，与白云岩中的层间滑动构造有明显成因关系。

9.1.3　地球化学场控矿特征

在每一个地质单元内都有独特的地球化学场，西昆仑造山带上 Cu、Pb、Mo 等多元素异常十分发育，已有地球化学资料表明，西昆仑地区的矿化集中区通常都是地球化学综合异常发育的地区。石炭系中的铅锌铜矿化与化探异常吻合较好；塔里木西南缘 Cu、Mo、Pb、Zn 等异常发育，与已知的铜铅锌矿点大致吻合，显示仍有较好的找矿前景。塔什库尔干陆块上 Fe、Co、Ni 等铁族元素异常发育，在布伦阔勒群中发现的沉积变质型铁矿显示出在该陆块上有较好的铁矿成矿条件；明铁盖陆块上分布着较强的与岩浆活动有关的 W、Sn、Au、Pb、Zn、Cu 化探异常，已发现的铜、铅、锌、金、钨矿化与化探异常吻合较好；西若 Cu、Mo 等元素综合异常区内，铜金矿化十分发育。

喀喇昆仑东部的塔什库尔干—甜水海地体由西向东阿格勒达坂—岔路口—甜水海一带，

1∶50万化探已圈出以Pb、Zn、Cd、Hg、Cu、Ag为主的综合异常25个。Pb、Zn、Cd、Hg异常呈带状展布，规模大、异常强度高、重合好，已发现火烧云铅锌矿等多处铅锌矿床。

据杨万志等（2008）研究资料，与全国高寒山区水系沉积物中39种元素含量相比，西昆仑地区大多数元素含量高于全国高寒山区元素含量水平。

铜元素的富集区出现在乌孜别里山口、卡拉玛、乌依塔克、恰尔隆、西若、阿克晓、杜瓦、麻扎大拉、岔路口北、阿羌和上其汗等地，以恰尔隆、杜瓦、麻扎大拉和岔路口北规模较大，它们多与构造线方向一致呈带状展布。

金元素的富集区出现在乌孜别里山口、卡拉玛—乌依塔克一带、瓦卡、阿克晓、俘虏沟等地，与铜富集区比较，相对较为分散，最大的富集区位于布伦口—乌依塔克地区。

铅锌元素的富集趋势非常明显，主要集中在黑卡—岔路口一线，单个富集区面积达万余平方千米，是西昆仑、也是新疆最为醒目的铅锌富集区，找矿潜力巨大；此外，铅的富集还出现在塔什库尔干西和大红柳滩一带，其他地段则比较零星。

汞、锑元素的富集特征类似铅，集中大面积强烈富集。汞的大面积富集区有两个：一个位于南部的乔戈里—神仙湾—岔路口一线，与这一地区铅锌的富集区大体一致；一个位于东部的黄羊岭地区，与这一地区锑的富集区基本同位。锑只有一个显著富集区，位于东部的苦牙克断裂东南的黄羊岭地区。汞锑的富集区都具备或接近地球化学省规模，蕴藏着巨大的找矿潜力。

9.1.4　岩相古地理环境控矿特征

不同岩相古地理环境有明显不同的成矿特点，岩相古地理环境对部分矿产地的形成起着至关重要的作用。对矿床的控制体现在两个方面：地层、岩性建造对矿床的控制作用和不同时代其地理环境对矿床的控制作用。

地层和岩性建造对矿床的形成和产出具有重要的控制作用，特别是对于同生沉积和同生层控矿床显得尤为明显，本区主要体现在沉积变质型铁矿、层控砂岩型矿床、层控碳酸盐型矿床、火山岩型块状硫化物矿床。地层、岩性建造控矿主要由于以下两个方面：第一，碳酸盐岩等因具有大有效孔隙率，脆性易碎，易溶（熔），易分解等特点，元素普遍比砂岩、页岩中的活泼，易受外界热及流体的影响，有利于成矿元素的迁移、富集，易被交代有利于成矿的围岩，是区内层控碳酸盐岩矿床的主要围岩。第二，形成有利于成矿构造发育的物性差异面，物性差异面在构造运动中易形成层间断裂带，物性差异面与断裂二者共同构成控矿因素，例如卡拉玛铜矿。第三，火山岩型块状硫化物矿床是西昆仑成矿带重要的矿床类型之一，矿床的形成与不同时期、不同构造环境产出的火山岩系有关。与成矿有关的火山活动主要出现在中—新元古代、晚古生代。所有的矿床都产在火山地层层序中火山熔岩与火山碎屑岩（凝灰岩）过渡层位，并且按容矿主岩岩性可以分成基性火山岩型和酸性火山岩型两种矿床类型。中—新元古代火山岩型块状硫化物矿床主要产在桑株塔格群火山—沉积建造中，以中酸性火山碎屑岩为容矿主岩。晚古生代火山岩型块状硫化物含铜黄铁矿矿床产在北昆仑裂谷优地槽环境双峰态火山岩系之内。基性火山岩型矿床沿着早石炭纪基性火山岩层产出，矿床产在枕状熔岩与凝灰岩过渡层位；酸性火山岩型矿床沿着晚石炭纪火山岩层位产出，矿床产在酸性火山熔岩与晶屑凝灰岩过渡层位。

不同的矿种（产）形成于不同的地质历史发展阶段的不同地理环境。如新元古代—早古生代形成沉积变质型铁矿矿源层，在塔什库尔干陆块上的沉积变质型铁矿，铁矿化范围大，矿体集中，是一条新发现的极有找矿前景的成矿带，含矿岩系为硅铁建造，铁矿石构造主要为纹带状和条带状、块状、浸染状。自下而上岩性为角闪片岩、含磁铁矿石英片岩、磁铁矿层、石英片岩、二云母石英片岩（含石榴石、夕线石）等。铁矿体的产出受沉积环境、海底火山活动强度和海盆沉降速率、区域变质程度、后期构造叠加等多重因素控制。有障蔽的缓慢下降的较深港湾状海盆、较长时期强烈的中基性火山活动有利于形成规模较大的原始富铁沉积层，强烈的区域变质作用有利于铁质重新分配形成再富集，褶皱构造的轴部由于矿质流动有利于形成厚度巨大、品位特高的富铁矿体。

沉积变质 + 热液改造型铁-铜-金矿床主要产在早古生界中-高级变质岩系与中-低级变质岩系过渡层位，含矿岩系限定在志留系温泉沟组一套浅变质的泥质岩和碳酸盐岩建造之内。志留系温泉沟群地层中赋存菱铁矿层，其在麻扎—黑恰一带呈近东西向带状延伸，受层位控制，已构成矿床，区域上已知切列克其菱铁矿（含铜）矿床、卡拉墩菱铁矿（含铜）矿床均产于该套地层。

康西瓦一带发现沉积-改造型银铅矿，矿化受元古界康西瓦群大理岩层控制。在麻扎—康西瓦一带已有数十处铜、金、铜铅多金属矿点成群分布。

泥盆系和石炭系是层控铜、铅、锌、黄铁矿之矿源层主要形成期，如塔木—卡兰古产出的铅锌铜矿化。层控砂岩型铜矿主要产在泥盆—石炭纪红层砂岩建造紫红色与灰白色砂岩层过渡层位。

在下二叠统加温达坂组碎屑岩中已发现铜银矿化角砾岩带，并已初步圈出铜（银）矿体。化探资料显示，加温达坂组相对富集 Ag、Cu、Pb、Zn、As、Mn、Sn 等元素，以 Ag、Cu 含量最高，Pb、Zn 次之，这些元素具有原生富集的特点，可视作 Ag、Cu、Pb、Zn 等元素成矿的原始矿源层，加温达坂组是西昆仑又一重要的含矿层位。

侏罗系是层控铅、锌、铜、等矿床成岩成矿的主要时期，在岔路口—甜水海一带的碳酸盐岩、砂砾岩层中发现了一批重要的铅锌矿，如火烧云铅锌矿已达到超大型。砂金矿和砾石型玉石矿形成于现代河床中或河漫滩中。

9.1.5　岩浆岩控矿特征

在西昆仑造山带，岩浆活动对成矿的控制作用比较明显，表现在超基性岩（包括蛇绿岩）与铬、镍、钴、铂、铜和蛇纹岩的成矿专属性十分明显，已知有柯岗蛇纹石镍矿，库地铬铁矿等。阿巴勒克镁铁质岩型铜矿体赋存于辉长岩体中，岩体呈岩墙状产出，矿化主要集中于岩体下盘，初步认为铜矿化由基性岩浆分异而成，成矿类型应属镁铁质岩型铜矿；还有金伯利岩和钾镁煌斑岩的找矿线索。中酸性岩浆热液活动对热液型、斑岩型和夕卡岩型铜、铁、铅锌矿床，伟晶岩型锂、铍、铌、钽稀有金属矿床的形成有所贡献，矿床的产出与中酸性侵入岩体紧密共生。

研究区内出露的岩浆岩多期活动，对于成矿作用十分有利。早古生代随康西瓦—苏巴什洋向北消减俯冲，在大同到依些克沟一带形成早古生代岛弧。在大同一带发育大量火山弧花岗岩，如大同岩体、雀普河岩体、小同钼矿岩体，伴随大规模中酸性岩浆活动，形成大同一带众多钼矿、铜钼矿点。早古生代中酸性岩浆活动具有多期活动性，早期花岗闪长岩侵入到古元古界布伦阔勒群灰岩时形成夕卡岩型，后期钾长花岗岩侵入形成斑岩型矿化。晚古生代西昆仑进入大陆边缘演化阶段，发育典型的沟弧盆体系，该时期在喀依孜一带，发育二长花岗岩-闪长花岗岩，板片俯冲部分熔融形成的中酸性岩体伴随一期中酸性岩浆岩在上侵就位过程中，形成斑岩、夕卡岩等。中生代—新生代岩浆侵入活动主要分布在喀喇昆仑成矿带，主要为中酸性岩浆岩与斑岩型铜矿、热液型钨锡钼铋锆铪及伟晶岩铍锂铌钽铷铯等成矿关系较为明显，该区出露有喀拉果如木铜多金属矿、卡拉其古钨矿、大红柳滩锂矿、木吉锂铍稀有金属矿、三素白云母稀有金属矿等。

大同—苏盖力特—他龙花岗岩带分布两期花岗岩体，这两期花岗岩类岩浆活动都伴随着斑岩-夕卡岩铜钼矿化和石英脉型铜钼矿化。该带与花岗岩有关的矿化主要发育在岩带北部的喀依孜—大同一带。早在 20 世纪 50 年代开展的 1∶20 万区域地质调查中就发现了大同—布伦木莎一带众多的铜钼、黄铁矿化点，并捡到斑岩型矿化转石，以拉依布拉克铜钼矿点、塔尔铜矿点、布伦木莎铜钼矿点为代表；发现大同岩体东部小岩体中发育的小同钼矿点。该带矿床类型主要为斑岩-夕卡岩岩型铜钼矿床，成矿时代为奥陶纪。对于海西晚期—印支期的成矿，本次研究在也提木苏岩体西北部发现的喀依孜钼矿点，矿床类型为斑岩型，为西昆仑地区斑岩型钼矿找矿和研究提供实例。

布伦口—慕士塔格—黑恰花岗岩带与该花岗岩带有关的花岗岩矿床从布伦口到瓦恰—库地—麻扎一带都有分布。矿种有 Fe、Cu、Pb、Zn 等，矿床类型主要有夕卡岩型矿床和热液脉型矿床。布伦口一带赋存于元古代浅变质细碎屑岩-碳酸盐岩建造的层控碳酸盐岩矿床，受燕山期东大沟岩体侵入的影响，后期岩浆热液改造作用明显，在岩体边部发育脉状铜矿，还有沙子沟铜铁矿床。在下半的—瓦恰一带形成与小岩体有关的夕卡岩型铜铁、铅锌多金属矿床。库地沿新藏公路一带分布多个岩浆热液型铜铁矿床（点），以库地西铜铁矿点为代表。此外，还在麻扎一带发现与辉长岩、闪长岩、石英闪长岩共生的似斑状细粒花岗闪长岩中可见全岩铜矿化，只是含铜较低，仅 0.1%～0.2%。

位于喀喇昆仑的卡拉其古—塔吐鲁沟花岗岩带发育多为燕山—喜山期岩浆侵入体，而该成矿带西侧直接与国外苏尔哈布—西巴达赫尚成矿带、东巴达赫尚—谢瓦铁成矿带（与白垩纪花岗岩二长花岗岩有关）相连，东边可能与西藏班公湖斑岩型铜矿带（其中多不杂斑岩型铜矿含矿年龄为 127.8Ma）相接，成矿条件好。从目前该带发现的矿化现象来看，发育与花岗岩有关矿化为 Cu、Mo、Au、W、Sn 矿种，在该带西段的明铁盖一带、阿然保泰地区分布有石英脉型钨锡矿床、斑岩型铜钼金矿床和岩浆热液型金矿床。我们在阿然保泰一带发现斑岩型的喀拉果如木铜多金属矿、赫勒瓦特铜矿点、干乡吉列铜矿床。

9.2　成矿带划分

研究区成矿区带划分主要根据现有的矿床、矿点、矿化点（带）的地质特征（包括含矿地层岩性、构造、岩浆岩、变质作用、火山作用等）、含矿地层的构造属性、大地构造位置、区域物化探特征（包括异常面积、展布方向、浓集中心、异常强度等）等进行综合分析、评价，同时也考虑到矿（化）带内已有矿床的规模因素。一级成矿带以大地构造单元为基础划分，研究区以奥依塔格—米亚—柯岗—库地断裂和空贝利—瓦恰—康西瓦断裂带为界，区内自北东至南西可分别划分为塔里木成矿带、西昆仑成矿带和喀喇昆仑成矿带，为三个成矿亚带，7 个二级成矿亚带。各成矿亚带其主要特征如下。

9.2.1　塔里木成矿带（Ⅰ）

该带北东以柯岗断裂为界与铁克里克隆起分开，南与西昆仑地体为邻，即以喀斯拉坦河—奥依塔格断裂及他龙—库尔浪断裂、喀什—叶城拗陷为界，北至山前戈壁。带内地层自前寒武系至中新生界均有出露，尤以晚古生代地层令人瞩目。

该带晚古生代的富含碳质的灰岩、白云岩中银铅锌多金属矿化普遍而强烈，是西昆仑地区银铅锌多金属矿床分布最为集中的地区，银铅锌铜多金属矿床星罗棋布，其中已发现具较大规模的矿床有塔木铅锌矿床、卡兰古铅锌矿床、乌苏里克铅锌矿床、铁克里克铅锌矿床、阿尔巴列克铜铅锌矿床等。

1. 卡兰古锌铅多金属成矿亚带（$Ⅰ_1$）

该带南以奥依塔格—米亚—柯岗—库地断裂带为界，北至山前戈壁。带内地层自前寒武系至中新生界均有出露，尤以晚古生代地层为主。该成矿带在塔里木晚古生代早期为板块边缘具有陆间裂谷盆地性质的裂陷盆地，盆地内主要由巨厚层的海西构造层组成。该带晚古生代的富含碳质的灰岩、白云岩中铅锌多金属矿化普遍而强烈，是西昆仑地区铅锌多金属矿床分布最为集中的地区，铅锌铜多金属矿床星罗棋布。

综合地质、矿产、地球化学、地球物理、遥感信息等资料，该带是寻找银铅锌、铜、铁等矿床的有利地带，应加强对该成矿带的研究和普查找矿工作。

2. 铁克里克铜金成矿亚带（$Ⅰ_2$）

该带位于塔里木板块西南缘，其南北均以断层为界，北界为杜瓦—阿卡孜逆冲韧性剪切带，南界为喀拉斯坦河—他龙—库尔浪逆冲剪切带（柯岗断裂），呈北西向展布，前震旦系构成铁克里克构造带地层主体，青白口系—震旦系为盖层沉积。古元古界喀拉卡什群为区内出露的最老地层，主要为黑云石英片岩，片麻岩方解石黑云石英片岩。中元古代蓟县系埃连卡特群为一套逆向演化的双峰式火山岩，青白口系—震旦系沉积盖层岩性为白云质、冰碛岩、硅质碳酸岩和碎屑岩。

带内金、铜矿化信息及化探异常发育，已发现布琼含铜磁铁矿、布琼沟铜矿化点、芒砂铜矿化点、艾德瓦搞铜矿。陕西省地质调查院在该区的化探扫面工作及矿产资源评价成果也显示，该带铜金矿床的找矿潜力巨大。

9.2.2 西昆仑成矿带（Ⅱ）

该带北以奥依塔格—米亚—柯岗—库地断裂为界，南以空贝利—瓦恰—康西瓦断裂带为界。根据其构造单元特征，将其划分为 2 个成矿亚带：

1. 昆盖山—特格里曼苏铜铅锌多金属成矿亚带（$Ⅱ_1$）

该带在西昆仑成矿带北段，空间上位于西昆仑山主脊的北侧，带内泥盆系主要为一套以陆源碎屑岩为主夹灰岩沉积，岩性为浅灰绿色细碎屑岩夹碳酸岩、含砾泥质粉砂岩、砂岩、硅质岩、霏细岩及片岩、千枚岩等变质岩。石炭系主要为一套以细碎屑岩为主夹中-基性火山岩的沉积岩-火山岩建造。带内主要金属矿床分布较广，代表性矿床有特格里曼苏铜矿、萨洛依铜矿、阿克塔什铜矿、乌依塔什含银黄铁矿、果勒都松苏铜矿、皮拉里铜矿等，是区内寻找砂岩型铜矿和火山岩型块状硫化物铜矿较有远景的成矿亚带。

2. 喀依孜—大同—库尔良铜钼铅锌铁多金属及玉石成矿亚带（$Ⅱ_2$）

该带位于西昆仑成矿带南段，主体由前寒武纪变质地层和以加里东、海西期为主的花岗岩类组成，呈向南突出的弧形条带，该带的显著特点是岩浆活动强烈，尤以海西期为最。带内矿化主要有斑岩型-夕卡岩的喀依孜钼矿点、塔尔铜矿点、小同钼矿点、拉依布拉克铜钼矿点、夏麦兹铜钼矿点等一批金属矿床、矿点。在库地—麻扎大板一带发现了铅锌矿。

9.2.3 喀喇昆仑成矿带（Ⅲ）

该带指研究区内以空贝利—瓦恰—康西瓦断裂带为界以南地区，又以塔阿西断裂带为界，划分为 3 个成矿亚带，北为木吉—塔什库尔干—黑恰—大红柳滩铁铜金铅锌锰及稀有金属成矿亚带（$Ⅲ_1$），以南东段为神仙湾—甜水海铅锌银铜汞多金属成矿亚带（$Ⅲ_2$），西段为阿然保泰—西若铜、钼、钨多金属成矿亚带（$Ⅲ_3$）。

1. 木吉—塔什库尔干—大红柳滩铁铜金铅锌锰及稀有金属成矿亚带（$Ⅲ_1$）

该带主要分布在空贝利—瓦恰—康西瓦断裂带以南的广大区域，南界为塔阿西—乔尔天山断裂。出露大面积古元古界布伦阔勒群地层，岩性为一套中-深变质岩系，富含石榴石、夕线石等特征变质矿物（李荣社等，2008），变质程度达高角闪岩相，形成硅铁建造-中基性火山岩建造-碎屑岩建造-碳酸盐岩建造等一系列岩石组合。在该带西段木吉—布伦口地区已发现有木吉北部奥尔托喀讷什锰矿、哈拉墩铁铜（金）矿、切列克其菱铁矿床、布伦口铜矿床、沙子沟铜铁矿、苏巴什钛磁铁矿、208km 铁矿等；在该带中段塔什库尔干一带发现了塔阿西铁矿床、吉尔铁克沟铁矿床、老并铁矿床、叶里克铁矿床、赞坎（乔普卡里莫）铁矿床、果尔德库勒铁矿床、黑黑兹干铁矿床等；在该带东段有阿克萨依铁、铅锌、银矿化集中区和俘虏沟铅锌、银、铜矿化集中区。1∶50 万化探成果在带内也圈定了大量与铜、钼、银、锂、稀土、稀有元素矿化有关的异常，这些异常不仅范围大，而且强度高，分带清晰的特征，显示了该带良好的找矿前景。1∶100 万航磁测量结果表明，成矿亚带西段位于区域性航磁异常带内。此外，该带铜、铅锌、金银、铁矿化信息，特别是尚未引起重视的银矿信息众多。沿麻扎—康西瓦断裂分布的各类矿床中，广泛发育了大量与矿化相关的菱铁矿，这无论在基础理论研究，或在矿床寻找上都具有特别重要的意义，值得深入工作。

2. 神仙湾—甜水海铅锌银铜汞多金属成矿亚带（Ⅲ_2）

位于甜水海—北羌塘微陆块，甜水海微陆块与神仙湾晚古生代残余弧带两者之间以乔尔天山—岔路口断裂分隔，该断裂在区域上归属喀喇昆仑深断裂。古生界北部以碳酸盐岩、碎屑岩建造为主，南部为深水浊积岩沉积，中生界该区处于强烈拉张环境，沉积了巨厚的三叠纪、侏罗纪、白垩纪地层，为碎屑岩和碳酸盐岩建造，具有典型的浊流相沉积（于晓飞，2010）。中生界南北沉积环境趋于统一，侏罗—白垩系下部为陆相碎屑岩、上部为碳酸盐岩建造。区内地层从元古界至新生界均有出露，以白垩纪和侏罗纪地层与成矿关系密切。其中铅锌矿主要集中于上白垩统铁龙滩组（K_2t）的灰岩和中侏罗统龙山组（J_2l）的白云岩。

目前在该成矿带已发现多宝山铅锌矿床、宝塔山铅锌矿床、落石沟铅锌矿点、祥云沟铅锌矿点、火烧云铅锌矿床等多个铅锌矿床（点），矿床主要赋存于侏罗纪、白垩纪地层中，岩性为一套浅海相碳酸盐岩沉积或碳酸盐岩夹碎屑岩，局部夹火山岩、石膏层，地层中断裂、褶皱发育，走向呈北西—南东向延伸，矿床成因类型属层控型。其中仅火烧云铅锌矿床已到超大型，多宝山铅锌矿床达到中型规模。

根据新疆 1∶50 万“叶尔羌河上游地区”、“和田市幅”和“阿克萨依湖幅”区域化探资料显示，乔尔天山—岔路口断裂一带集中了全新疆最大的 Pb 异常（块体）、第二大的 Zn 异常（块体）、第二大的 Hg 异常（块体）及与之对应的 Cd、Sb 异常，该综合异常浓集趋势明显且具有多个浓集中心，富集程度高的区段具三级浓度分带，呈现形成大型、特大型铅锌矿的明显特征。以乔尔天山—岔路口断裂为界，断裂以北富集 Au、Cu、Ag、Mo、As、Sb、Mn、Co、Bi、B 等元素。上述元素高背景与古生代为主地层关系密切；断裂以南富集 Pb、Zn、Hg、Cd、CaO，贫化 Na_2O、Ba，多数元素无明显集散。成矿元素 Pb、Zn、Ag、Cu 在该区富集明显，元素高背景区呈北西向带状展布。上述元素高背景与下二叠统神仙湾组、中侏罗统龙山组及上白垩统铁龙滩组关系密切。

3. 阿然保泰—西若铜、钼、钨多金属成矿亚带（Ⅲ_3）

带内以陆源碎屑岩、中基性火山岩和碳酸盐岩沉积为主，岩浆活动十分强烈。铜铁矿化较普遍。矿化主要与岩浆岩关系密切。已发现有喀拉果如木铜多金属矿点、赫勒瓦特铜矿点、干乡吉列铜矿床、阿然保泰铜矿点、干达迭尔铜矿点、阿克希腊克铅锌矿点、卡拉其古钨铜矿点等一批矿床、矿点。

9.3　找矿远景区

根据现有的矿床、矿点、矿化点（带）的地质特征（包括含矿地层岩性、构造、岩浆岩、变质作用、火山作用等）、含矿地层的构造属性、大地构造位置、区域物化探特征（包括异常面积、展布方向、浓集中心、异常强度等）等进行综合分析、评价，同时也考虑到矿（化）带内已有矿床的规模因素，在研究区内划分出22个找矿远景区。

9.3.1　卡兰古锌铅多金属成矿亚带（I_1）找矿远景区

塔木—卡兰古MVT型铅锌矿找矿远景区（$\mathrm{I}_{1\text{-}1}$）

地理坐标：东经75°58′～76°28′，北纬38°00′～38°42′，面积约1052km^2。

该区在塔里木晚古生代早期为板块边缘具有陆间裂谷盆地性质的裂陷盆地，盆地内主要由巨厚层的海西构造层组成。该带晚古生代的富含碳质的灰岩、白云岩中铅锌多金属矿化普遍而强烈，是西昆仑地区铅锌多金属矿床分布最为集中的地区，铅锌铜多金属矿床星罗棋布。其中已发现具较大规模的矿床有塔木铅锌矿床、卡兰古锌铅矿床、乌苏里克铅锌矿床、铁克里克铅铜矿床、阿尔巴列克铜铅锌矿床、不久克塔克铅锌矿等。区内很多矿床均产在同一层位中，受层位控制明显，标志层清楚，如塔木铅锌矿床和卡兰古铅锌矿床均产于泥盆系—石炭系灰岩中，标志层为一明显的砾岩层。在矿化集中区除Pb、Zn、Fe、Cu及其伴生元素异常成群成带分布外，还发现以Au为主，伴有As、Sb、Hg、Ag元素异常成群成带分布，不少异常经检查发现金矿化及其蚀变现象，并有明显富集趋势。综合地质、矿产、地球化学、地球物理、遥感信息等资料，该区是寻找银、铅、锌、铜、铁等矿床的有利地带，应加强对该成矿带的研究和普查找矿工作。

9.3.2　铁克里克铜金成矿亚带（I_2）找矿远景区

布琼—苏玛兰铜金矿找矿远景区（$\mathrm{I}_{2\text{-}1}$）

地理坐标：东经77°30′～78°15′，北纬36°55′～37°10′，面积约910km^2。

出露的地层有喀拉喀什群和埃连卡特群和少量上古生界，发现布琼铜铁矿、艾德瓦搞铜矿、苏玛兰铜矿点、吉格代勒克砂金矿点、曼达来克磁铁矿等。布琼铜铁矿带受建造部位的制约，铜矿化带均位于滨海相拉斑玄武岩层上下的细碎屑岩和硅质岩中，层状，似层状展布，该区约1∶5万水系沉积物化探扫面，共圈出单元素异常83个，其中Au异常9个、Ag异常9个、Cu异常4个、Pb异常4个、W异常7个、Sn异常13个、Mo异常11个、Bi异常9个、As异常6个、Sb异常11个。其中Cu、Pb、Zn异常分布在布琼和艾德瓦搞一带的基性火山沉积岩系内，形成规模大、衬度高、异常套合很好的综合异常区，Ag、Pb、Zn异常在乌尊亚巴以北地区也有分布。苏玛兰铜矿点露地层为古元古界埃连卡特群，岩性为绿色云母（石英）片岩和变石英砂岩，铜矿化受断裂带控制，呈近东西方向延伸，长约1km，最宽处300m，矿化不连续。

9.3.3　昆盖山—特格里曼苏铜铅锌多金属成矿亚带（Ⅱ$_1$）找矿远景区

1. 昆盖山 VMS 型铜矿找矿远景区（Ⅱ$_{1-1}$）

地理坐标：东经 74°28′～75°13′，北纬 39°06′～39°20′，面积约 900km^2。

主要指在昆盖山北坡石炭系双峰态火山岩系内产出的火山岩型块状硫化物矿床成矿带。其分布在中巴公路以西，范围覆盖了恰尔隆—库尔浪裂谷拗陷带西带的大部分地段。从东部奥依塔克镇，向西经阿克塔什、萨洛依到古鲁滚涅克，大约在 80km 长的范围内，已经发现了十多处火山岩型块状硫化物矿床和矿化点，其中较为重要的有阿克塔什铜矿床、卡拉卡依铜矿床、萨西萨苏铜矿床和萨洛依铜矿床等矿床。该成矿带从古鲁滚涅克向西继续延伸到国境线以外。

块状硫化物矿床在上、下世炭统两个层位产出，分别以酸性和基性火山岩为容矿主岩，明显受地层层位和岩性控制。基性火山岩型块状硫化物矿床主要分布在成矿带北西部的萨洛依—古鲁滚涅克一带，代表性的矿床是萨洛依铜矿床，铜资源量已经达到小型铜矿床的规模。酸性火山岩型块状硫化物矿床分布在阿克塔什—卡拉卡依一带，产出在晚石炭世酸性火山岩层中，已知有阿克塔什铜矿床、卡拉卡依铜矿床和萨西萨苏铜矿床等矿床。

2. 特格里曼苏砂岩型铜多金属矿找矿远景区（Ⅱ$_{1-2}$）

地理坐标：东经 75°17′～75°36′，北纬 38°43′～39°00′，面积约 436km^2。

该区位于盖孜河支流特格里曼河上游地区，出露地层主要为泥盆系、石炭系、侏罗系、第三系，地层产状较简单，以单斜层为主，倾向北东，局部有倒转现象。区内铜银异常分布范围广，强度高，表明成矿地球化学背景良好，石炭系地层成矿元素富集，以 Hg、Cu、Cr 较为明显，铜矿化点也较多，特别是已发现的特格里曼苏铜矿具有典型性，控制矿化带长度大于 5km，矿体主要产在下石炭统库山河群上组的红色砂泥岩所夹的灰白色石英砂岩中，具有确切的层位。该区具有寻找大型 Cu、Ag 矿床的潜力。

9.3.4　喀依孜—大同—康西瓦铜钼铅锌铁玉石成矿亚带（Ⅱ$_2$）找矿远景区

1. 喀依孜—恰尔隆斑岩型铜钼矿找矿远景区（Ⅱ$_{2-1}$）

该区位于库斯拉甫西南，恰尔隆乡一带，位于库斯拉甫西南的米亚—恰尔隆乡一带，地理坐标：东经 75°55′～76°25′，北纬 37°50′～38°20′，面积约 901km^2。

出露地层有古元古界的赫罗斯坦群的一套变质岩系，主要为混合岩、片岩及片麻岩；蓟县系桑株塔格群，中石统的细碎屑岩；上石炭统粉砂岩、细砂岩、灰岩，及侏罗系粗、细碎岩。出露的主要岩体为喀依孜岩体、也提木苏岩体，喀依孜岩体侵入的最新地层为蓟县系，上被侏罗系沉积覆盖，显示该期岩体形成时代的下限为蓟县纪、上限为侏罗纪。1∶25 万区调在喀依孜岩体斜长花岗岩中获得的锆石 U-Pb 年龄为（439.6±1.0）Ma，属晚奥陶世。我们对花岗闪长岩测得锆石 U-Pb 表面年龄为（250.9±4.6）Ma（MSWD = 1.6，

$n=10$），成岩发生在晚二叠世末—早三叠世初，与测得辉钼矿铼-锇年龄［（253±7）Ma］一致，也说明喀依孜岩体多期次的特征。圈定的恰尔隆异常面积为218km²，元素组合以Mo、Cu、Au为主。主要的矿点有：喀依孜钼矿点、马乃克铜矿点、阿孜拜勒迪铜矿点、库斯拉甫南铜矿点、库斯拉甫铜矿点、库斯拉甫砂金矿点、恰尔隆一带铜矿点等。其中喀依孜钼矿点具有良好的斑岩型矿床特征，产于喀依孜复式岩体中。

2. 班迪—瓦恰铜铅锌多金属矿找矿远景区（Ⅱ$_{2\text{-}2}$）

位于塔县班迪乡到库克西里克乡一带，地理坐标：75°29′～75°45′，37°38′～37°56′。面积约 900km²。出露大面积古元古界布伦阔勒群地层，岩性为一套中-深变质岩系，富含石榴石、夕线石等特征变质矿物（李荣社等，2008），变质程度达高角闪岩相，形成硅铁建造-中基性火山岩建造-碎屑岩建造-碳酸盐岩建造等一系列岩石组合；奥陶—志留系的一套经历了低绿片岩相区域变质作用的变质岩系以及未分上石炭统的一套灰色变质砂岩、凝灰质变质砂岩。上石炭统变质砂岩、凝灰质变质砂岩与周围地层、岩体大多为断层接触，仅部分与下伏O-S及上覆下拉夫底群为角度不整合接触。未分奥陶—志留系其受慕士塔格、安大力塔克等岩体影响，接触变质明显，靠近该岩体的岩石变质程度明显变深，结晶颗粒明显较粗，绿帘石、石榴石蚀变普遍。

瓦恰—康西瓦深大断裂北东为西昆仑岩浆弧带形成矿产以夕卡岩型叠加岩浆期后脉状充填（邓晋福等，2004）为主，往北东岩体较发育，逐渐以岩浆热液脉型矿产为主，从其分布来看受区域性深大断裂及其旁侧次级断裂构造控制，尤其是断裂接触部位有碳酸盐岩产出地段，成矿潜力大。

该区圈定了瓦恰金异常，异常呈不规则状，长轴呈北东向展布，面积约522km²。异常组合元素为Au-As-Sb-Ag，伴生Pb、Zn、Ag、Cd主要在Au异常南侧，W、Sn、Bi、V、Th则集中于异常东部。Au最高值达14×10^{-9}，平均值3.34×10^{-9}。在该异常区已发现了瓦恰含Au多金属矿点，同时新疆地矿局第二区域地质调查大队曾在此发现多处金矿化线索，说明该异常为矿致异常。

遥感解译该区见集中出现的铁化和硅化类蚀变，泥化类蚀变也有零星分布。1∶50万水系沉积物化探扫面，铜铅锌多金属组合异常强度高，规模大，元素套和分带清楚。区内已发现了瓦恰铜银铅锌矿床、库科西里克铅锌矿床、看因力达坂铅锌矿点、下半的铜铁矿点、班迪尔铜矿点等，显示了良好的找矿前景。

3. 大同铜钼矿找矿远景区（Ⅱ$_{2\text{-}3}$）

该区位于西昆仑山腹地叶尔羌河上游，地理坐标：东经75°33′～76°20′，北纬37°31′～37°38′，面积约576km²。

构造上属西昆仑岩浆弧带的中南部，出露地层主要为古元古界赫罗斯坦群、布伦阔勒群，中元古界库浪那古岩群、桑株塔格群、奥陶纪玛列兹肯群、上泥盆统奇自拉夫组。柯岗断裂穿过该区北部，南部为麻扎—康西瓦大断裂，区内岩浆活动强烈，花岗岩分布广泛，主要有两期，即加里东期和海西期。前人在该区的大同岩体获得了（480.43±5）Ma的年龄，128岩体获得471Ma的年龄，我们在小同钼矿区测得花岗闪长岩锆石LA-ICPMS

U-Pb 年龄为（466.8±2.3）Ma，辉钼矿 Re-Os 年龄（461.2±4.0）Ma～（477.2±5.5）Ma，表明早中奥陶世发育一期强烈的中酸性岩浆岩活动，并伴随着广泛的铜钼矿化，产出矿化类型主要有斑岩型铜钼矿床，夕卡岩-斑岩型钼矿化，夕卡岩型铜矿点。其中拉依布拉克铜钼矿点、小同钼矿点、夏麦兹铜钼矿点、克克布拉克—开其孜铜矿点规模较大，工作程度也稍高一些。

4. 西合休铅锌多金属矿找矿远景区（$Ⅱ_{2\text{-}4}$）

地理坐标：东经 76°25′～76°58′，北纬 36°52′～37°18′，面积约 876km^2。

位于西合休乡一带，分布有喀阿孜铅锌多金属矿、尤仑踏卡铅锌矿点、西河休铜矿点、帕合堡铅锌矿点、比得考孜金矿点、阿依保龙金铜矿点等，矿点出露地层为元古界库浪那古群的一套浅-中变质碎屑岩，岩性主要为大理岩、夕卡岩化大理岩、白云母化大理岩、变硅质岩等，其中喀阿孜铅锌多金属矿具中型规模。

5. 库地夕卡岩型铁铜矿找矿远景区（$Ⅱ_{2\text{-}5}$）

地理坐标：东经 76°52′～77°06′，北纬 36°54′～36°55′，面积约 476km^2。

该区主要出露花岗岩、石英闪长岩岩株和辉石岩、橄榄辉石岩岩脉或小侵入体。元古代库浪古那群大理岩、变砂岩在矿区范围零星出露，花岗岩与基性-超基性岩的接触带，常形成混染花岗岩、混杂岩、夕卡岩和角岩带。在岩体接触带常产出夕卡岩型铁铜矿。矿集区内分布的主要金属矿床有：库地铁铜矿床、沽目板多金属矿点、库地 138 公里东铬铁矿点等，在一些蚀变破碎带中常有金矿化，如新藏公路 178 公里金矿点。

6. 库尔良铜镍矿找矿远景区（$Ⅱ_{2\text{-}6}$）

地理坐标：东经 78°12′～79°00′，北纬 36°40′～36°55′，面积约 853km^2。

该区的构造位置位于库尔良晚古生代裂谷带和巴颜喀拉晚古生代—中生代边缘裂陷带内，康西瓦—苏巴什蛇绿构造混杂岩带南侧。区内出露地层主要为下石炭统他龙群（海相细碎屑岩夹少量碳酸盐岩和粗碎屑岩及火山碎屑岩沉积建造）、中石炭统库尔良群（碎屑岩夹中基性火山岩及少量碳酸盐岩建造），两者呈断层接触关系。区内主要断裂为柯岗断裂与库尔良—托满南断裂，呈近东西向—北西向展布。沿库尔良—托满南断裂断续发育基性、超基性岩构造透镜体。具规模矿床为皮山县阿巴勒克铜矿点，另外分布皮山县夏河巴斯康铜矿点、托满南铜矿点等。在典型矿床阿巴勒克铜矿点中发现三条含铜辉长岩脉，辉长岩体受构造破碎带控制，岩石较破碎，蚀变较强。结合前人资料分析认为铜矿化体直接赋存于辉长岩脉内，说明成矿物质来源于深部岩浆热液；含矿基性岩脉为大陆裂解期的产物，因此库尔良裂谷控制着带内基性岩脉的生长发育，铜矿化的形成与裂谷活动密切相关；裂谷边界的深大断裂控制着两侧的物质组成及岩浆活动，为成矿物质的迁移提供了良好的通道。铜矿围岩为石炭系库尔良群，富含铜、金、银、铬、镍等成矿元素，是重要的赋矿层位，其特征与新疆喀拉通克铜镍硫化物矿床相似。综上推断该区具备寻找大型铜镍矿床的前景。

9.3.5 木吉—塔什库尔干—大红柳滩铁铜金铅锌锰及稀有金属成矿亚带（Ⅲ$_1$）找矿远景区

1. 奥尔托喀讷什—库木别勒锰矿找矿远景区（Ⅲ$_{1-1}$）

地理坐标：东经 73°46′～74°05′，北纬 39°15′～39°23′，面积约 610km^2。

位于阿克陶县木吉乡北库木别勒沟，有奥尔托喀讷什锰矿以及沿库木别勒沟断续出露数个锰矿点构成了一个长大于 40km 的锰矿带，地层为主要为石炭系地层，锰矿体主要赋存于下石炭统阿克沙克组上部地层中，呈层状、似层状产出，主要地层岩性以碳酸盐为主夹砂页岩、安山岩的建造，区内见 2 层矿，下层矿出露稳定，是寻找大型锰矿的有利地区。

2. 木吉乌孜别里金矿找矿远景区（Ⅲ$_{1-2}$）

地理坐标：东经 73°32′～74°15′，北纬 38°38′～38°43′，面积约 680km^2。

阿克陶县西木吉乡西南的乌孜别里山口—求鲁代一带，是西昆仑地区最具金矿找矿潜力的地区，有阔克吉勒嘎金矿床、克孜勒塔什金矿点、求鲁代金矿点等，项目组发现了琼巴额什金矿点。主要分布在乌孜别里断裂和琼巴额什断裂之间的下志留统温泉沟群第三岩性段（S_1W^3）与第四岩性段（S_1W^4）内。两条断裂之间为韧性剪切带，带内岩石强变形弱变质，多以板岩、片岩为主，部分地段可达千枚岩，变形强烈部位可见糜棱岩，变形标志主要以层间紧闭褶皱、鞘褶皱为主，局部地段膝折现象明显，右旋剪切也较为发育，同时多伴有后期的左行平移，使地层在局部地段横向上呈雁行排列，呈牵引褶皱等微构造，伴有糜棱岩化，矿物方面多以石英矿物的波状消光为主。

2013～2014 年河北省地矿局第五地质大队在该区圈出 Au、As、Ag、Pb、Zn、Cd、Cu、Co、Cr、Ni、Bi 高背景带，分布于琼巴额什沟及南侧乌孜别里山口大沟之间，走向近东西，与区域内整体构造格架及地层走向一致，西侧略窄约 4km，东侧略宽约 6.6km。向西延出国界，向东未封闭。我们与河北省地矿局第五地质大队合作在该带中发现铜金矿化信息点 16 处，显示了非常优越的金矿找矿潜力。

3. 哈拉墩—布伦口铁铜多金属矿找矿远景区（Ⅲ$_{1-3}$）

地理坐标：东经 74°21′～75°00′，北纬 38°29′～39°12′，面积约 1710km^2。

该区出露地层北部为布伦阔勒群（Pt_1B）片麻岩、石榴黑云片岩、混合岩、大理岩等，构成区内前震旦纪结晶基底；下古生界（O-S）为变质凝灰质砂岩、条带状粉砂岩、变质流纹质凝灰岩，夹大理岩，构成区内下古生界褶皱基底。岩浆作用强烈，区内断裂构造发育，北部有空贝利—瓦恰—康西瓦断裂带，呈 NWW 向展布，向北倾，是分割南北昆仑地体的边界断裂，其次级断裂控制着岩体及矿床的分布。区内已发现有哈拉墩铁铜（金）矿床、布伦口铜矿床、切列克其铁矿床、卡里库尔铜矿点等。1∶50 万化探成果在带内也圈定了大量与 Cu、Mo、Ag 矿化有关的异常，这些异常不仅范围大，而且强度高，分带清晰的特征，显示了该带良好的找矿前景。鉴于该区海西期岩浆活动强烈，与赋矿围岩相似的碳酸盐岩分布广泛，北西向控矿断裂发育，矿点、水系沉积物化探异常分布广且具一定的重叠，成矿背景较好，找矿线索清楚，因而该矿化集中区具有寻找大型接触交代型、岩浆热液型铜矿和超大型沉积改造型铁矿的良好前景。

4. 赞坎—老并沉积变质铁矿找矿远景区（$Ⅲ_{1-4}$）

地理坐标：东经75°20′～75°43′，北纬37°11′～37°34′。面积约714km^2。

区内西侧出露下志留统温泉沟群，东侧为古元古界布伦阔勒群，出露岩浆岩主要为燕山期二长花岗岩，次为新生代碱性花岗岩。铁矿产于古元古界布伦阔勒群地层，以含硅铁建造为特点，大型褶皱构造发育。遥感蚀变类型铁化和泥化蚀变强烈，集中成带沿布伦阔勒群分布。已发现有吉尔铁克沟铁矿床、老并铁矿床、塔哈希铁矿床、叶里克铁矿床、赞坎铁矿床、莫喀尔铁矿床、果尔德库勒铁矿床等，1∶50万化探成果在带内也圈定了与Cu、Mo等元素矿化有关的异常。1∶5万航磁测量出现多处航磁异常，新疆地矿局第二地质大队、河南省地质调查院等对部分航磁异常高值点检查基本均找到磁铁矿体，该区铁矿远景资源量巨大，有望寻找到超大型铁矿床。

5. 塔吐鲁沟铁铜多金属矿找矿远景区（$Ⅲ_{1-5}$）

地理坐标：东经75°53′～76°30′，北纬36°22′～36°58′，面积约1250km^2。

区内地层主要为未分下古生界黑色绢云千枚岩、变质砂岩、角岩等。中-酸性岩浆主要为花岗岩及花岗闪长岩体。该矿集区已发现的铁矿有牛角沟含多金属菱铁矿、塔吐鲁沟74km菱铁矿等，铁矿化体规模较大，长一千余米，宽约数十米。另外还有吉木德萨尔喀多金属矿点、临江沟锑矿点、色汤沟金矿点出露。1∶50万化探成果也圈定了较好的与铜、金、银元素矿化有关的异常，显示了该区良好的找矿前景。

6. 黑恰铁铜铅锌多金属矿找矿远景区（$Ⅲ_{1-6}$）

地理坐标：东经77°18′～77°50′，北纬36°22′～36°30′，面积约2010km^2。

该区位于麻扎—康西瓦大断裂及其南侧，地层主要为下志留统温泉沟群，岩性主要为变余砂岩、结晶灰岩、石英岩、含菱铁矿的绢云母片岩、石英质绢云母片岩等。矿集区内中-酸性岩浆主要为印支期二长花岗岩及花岗闪长岩体。区内已发现的矿床有新藏公路273km处铜多金属矿点、库米兆日尔喀阿多金属矿点、黑黑孜站干铁多金属矿、赛拉图北铅锌矿点等。1∶50万化探在区内也圈定了大量与Cu、Mo、Ag元素矿化有关的异常，这些异常不仅范围大，而且具有强度高、分带清晰的特征，显示了该带良好的找矿前景。

7. 大红柳滩伟晶岩型稀有金属、沉积改造型铁铅多金属矿找矿远景区（$Ⅲ_{1-7}$）

地理坐标：东经78°26′～79°20′，北纬35°44′～36°14′，面积约2479km^2。

该区主要出露长元古界康西瓦群、长城系甜水海岩群、三叠系巴颜喀拉山群，区内岩浆岩以大面积的黑云母二长花岗岩为主，侵入时代为印支期。区内断裂构造亦较为发育，在地层中主要表现为走滑性质的层间断层错动，在侵入岩体中有张性及张剪性的小断层。具大中型规模的矿床有白龙山锂矿床、509道班西锂矿床、大红柳滩锂矿床、南屏雪山铁多金属矿床、阿克萨依铁矿床、冰山铜矿床，另外还分布一些小矿点如大红柳滩百利铅矿点、康西瓦南大沟铅锌矿化点、康西瓦南铅矿点等。区内典型矿床大红柳滩西铁铅多金属矿床中铁矿体主要赋存于长城系含碳酸盐层的碎屑变质沉积岩中，岩性为区内分布广泛的黑云母斜长片岩、含云母大理岩等。矿体与地层之间的分布关系显示出具有沉积成矿的特征。含矿层受构造改造，并伴随热液活动（含矿层位于花岗岩等岩体的外侧，且铁矿体附近见有石英脉发育，可能存在岩浆热液活动），致使区内近矿围岩普遍发生硅化、并局部伴随有绢云母化、绿泥石化、夕卡岩化，铅铜矿体多岩裂隙充填，且多与石英脉、方解石脉伴生，热液蚀变和矿物组合均表现出中-低温组合特征，显示出后期热液成矿的特征。矿床成因可能为沉积改造成矿。此外，据 1∶50 万低密度化探扫面资料显示大红柳滩一带出现锂、铅的富集，在各地层中的平均值/地壳克拉克值均大于 1，说明具有丰富的 Li、Pb、Zn 成矿物质来源。在大红柳滩一带发现七千余条伟晶岩脉、近百条铅锌矿脉，该区有可能成为潜力巨大的锂、铅锌多金属矿集区。结合以上地质情况，推断该区具有寻找大型-超大型锂、铁多金属矿床的前景。

9.3.6　神仙湾—甜水海铅锌银铜汞多金属成矿亚带（Ⅲ_2）找矿远景区

1. 天神大阪—甜水海铅锌矿找矿远景区（$\text{Ⅲ}_{2\text{-}1}$）

地理坐标：东经 78°06′～79°25′，北纬 35°00′～35°42′，面积约 2780km²。

区内出露地层主要为下—中二叠统神仙湾群、中侏罗统龙山组、上白垩统铁龙滩群。铅锌矿床主要赋存于侏罗纪龙山组和白垩纪铁龙滩组地层中，岩性为一套浅海相碳酸盐岩沉积或碳酸盐岩夹碎屑岩，局部夹火山岩、石膏层，地层中断裂、褶皱发育，走向呈北西—南东向延伸。具规模矿床为宝塔山铅锌矿（大型）、多宝山铅锌矿（中型）、卡孜勒铜矿（小型），另外还分布祥云沟铅锌矿点等。典型矿床宝塔山铅锌矿主要产于上白垩统铁龙滩组第二岩性段的灰岩破碎带内，矿体受层位控制明显，呈层状、似层状产出。从区域化探资料来看，该套地层的铅锌背景值是克拉克值的 2～3 倍，为成矿提供了较丰富的物质条件。同时宝塔山地区分布有大量基性火山岩（火山角砾岩、玄武岩等），靠近断裂带的基性火山岩中青磐岩化明显，并伴有黄铁矿化、黄铜矿化、铅矿化等现象。在区域应力作用下，产生一系列断裂构造及断层破碎蚀变带，构造热液从围岩中萃取了成矿物质形成含矿热液，并从断裂通道上移到合适地段交代、充填于碎裂状灰岩层内成矿，形成与构造热液有关的层控碳酸盐岩型铅锌矿。西昆仑区域地球化学特征表明黑卡—岔路口一线铅、锌元素的富集趋势非常明显，单个富集区面积达万余平方千米，是西昆仑也是新疆最为醒目的铅、锌富集区，找矿潜力巨大。此外宝塔山铅锌矿区新发现了三条铅锌矿化带，矿化带长度均在 400m 以上、宽度几米至几十米，矿化带内局部分布有富矿体，表明该区具有寻找大型-超大型铅锌矿的前景。

2. 火烧云—温泉铅锌矿找矿远景区（$\text{Ⅲ}_{2\text{-}2}$）

地理坐标：东经 78°20′～79°32′，北纬 34°30′～35°05′，面积约 1780km²。

区内出露地层主要为中侏罗统龙山组、上白垩统铁龙滩群。铅锌矿床主要赋存于侏罗纪龙山组和白垩纪铁龙滩组地层中，岩性为一套浅海相碳酸盐岩沉积或碳酸盐岩夹碎屑岩，局部夹火山岩、石膏层，地层中断裂、褶皱发育，走向呈北西—南东向延伸。目前火烧云铅锌矿控制资源量 1600 万 t，达到超大型矿床，其他矿点如化石山铅锌矿点、萨岔口铅锌矿床、牛郎山铅锌矿床、来贺山铅锌矿床、二里坪铅锌矿床、吉利山铅锌矿床等均具有较好的找矿潜力。

9.3.7　阿然保泰—西若铜、钼、钨多金属成矿亚带（Ⅲ$_3$）找矿远景区

1. 阿然保泰斑岩型铜多金属矿找矿远景区（Ⅲ$_{3\text{-}1}$）

横跨塔什库尔干县提孜那甫乡西的阿然保泰沟到那热马楼沟，地理坐标：东经 74°55′～75°10′，北纬 37°30′～37°45′，面积约 404km^2。

矿集区出露地层有古元古界布伦阔勒群变质地层及二叠系地层、少量第四系残坡物及河道冲积物。阿然保泰一带东边为塔什库尔干断裂，该断裂呈北北西向横切西昆仑、帕米尔、喀喇昆仑，构成西昆仑与帕米尔的构造分界线。该断裂由多条次级断裂组成，如在干达迭尔一带断裂通过处见 100～500m 宽的强片理化带。由于地层零星分布在花岗岩的边部，褶皱构造识别困难，小断层在地层中发育中等，出现充填石英脉。花岗岩接触边界也出现断层接触。区内岩浆岩以大面积的花岗岩为主，侵入时代为燕山期到喜马拉雅期。出露岩体有苦子干碱性岩体、卡英代—卡日巴生岩体、阿然保泰岩体、辛滚沟岩体、布依阿勒岩体、阔克加尔亚温岩体、格林阿勒岩体。远景区内已经发现的主要矿点有阿克希腊克铅锌矿、阿克吉勒嘎铜矿点、赫勒瓦特铜矿点、喀拉果如木铜多金属矿床、阿然保泰铜矿点、干达迭尔铜矿点、干乡吉列铜矿等。其中最具规模的三个矿床点（喀拉果如木铜多金属矿床、赫勒瓦特铜矿点、干乡吉列铜矿床），具有斑岩型找矿潜力，如喀拉果如木铜多金属矿区北矿带，破碎花岗岩中广泛发育孔雀石化，局部发育见富集黄铜矿。岩体铜矿化地段长 1000m，宽 400m，在其外围发育多条脉状铅锌矿。干乡吉列只见较富的铜矿化，可能剥蚀程度较高，综合对比各矿区特征，三个矿区可能为同一矿化系统中不同深度的产物，在深部可能存在具有较富矿体。1∶50 万甚低密度区域化探圈定了阿然保泰多金属元素异常。异常面积 215km^2。元素组合为 Pb-Zn-Cu-Cr-Hg，同时叠加有铁族元素异常，该异常强度较高，规模较大，具有良好的找矿前景。

2. 明铁盖热液型铜钨多金属矿找矿远景区（Ⅲ$_{3\text{-}2}$）

位于塔什库尔干县达布达尔乡的卡拉其古沟，古时称之为瓦汗走廊，地理坐标：东经 74°35′～75°10′，北纬 37°05′～37°15′，面积约 460km^2。该区广泛出露下二叠统加温达坂组含炭岩系和燕山期花岗岩、花岗闪长岩，北西向和近东西向剪切带控制地层的沉积与花岗岩的分布。已知有卡拉其古钨矿点，群沙拉吉里阿铜铅锌矿床、明铁克铜矿点。区内近矿围岩蚀变为云英岩化、硅化、绿泥石化、绢云母化，显示出热液型矿床的围岩蚀变特点。明铁盖地区硅化类遥感蚀变异常信息分布明显，铁化和泥化类蚀变也有一定

的分布，1∶50万水系沉积物化探圈出Au、Cu、Zn组合化探异常。明铁盖地区首选找矿目标为花岗岩内、外接触带受断裂控制的热液矿床，矿化蚀变岩是直接成矿标志。

3. 西若—乃扎塔麻扎斑岩型铜钼矿找矿远景区（$Ⅲ_{3-3}$）

地理坐标：东经75°25′～75°50′，北纬36°55′～37°12′，面积约1200km^2。该远景区横跨木吉—塔什库尔干—大红柳滩铁铜金铅锌锰及稀有金属成矿亚带和阿然保泰—西若铜、钼、钨多金属成矿亚带。主要出露地层为上志留系温泉沟组、石炭系上石炭统恰提尔群及未分中二叠统组成，上志留系温泉沟组主体为笔石相碎屑岩沉积，轻微变质，主要岩性为粉砂质泥（板）岩、钙泥质粉砂岩、石英砂岩、结晶灰岩、少量硅质岩、硅质砾岩等。石炭系上石炭统恰提尔群为一套富含化石的碳酸盐岩沉积，未分中二叠统为一套浅变质沉积层，与石炭系上石炭统恰提尔群为断层接触。侵入岩为燕山期和喜山期花岗岩、碱性花岗岩岩基和石英闪长斑岩小岩株。该区分布着西昆仑规模和强度最大的西若铜钼异常，异常面积1218km^2，元素组合极为复杂。以Cu、Mo、W为主，伴生有Sn、As、Sr、F、B、P及Bi、Ba、La、Y、Nb、Sb、Pb、Cd、Ag、Mn、Co、Ni等，Cu、Mo、W三元素中以Mo的强度最高，规模最大，可分为三个浓度带，而且元素分带性明显，西侧是Cu、东侧是W，二者基本不重叠但极紧密相邻，相邻部位为Mo异常浓集中心，大规模的钼异常将三者连成一个整体，构成了Cu、Mo、W组合异常。视Cu、Mo、W异常为异常中心，则北东两面为大面积高强度的Ba（Sr、F）异常，近半环形，东北尚有Mo异常；西北为Pb、Sr、La、Y异常，As、Sb、Hg、Mn、Co、Ni（Fe、B、P）异常处于西南。即形成以Cu-Mo-W（Sn、Au）为中心（内带）、以Ba、Mn、Pb、As、Sb、Co、Ni（Sr、F、La、Y、Fe、B、P）为外带的组合异常分布格局，这样西若异常便具备斑岩型铜钼矿矿田异常的分带特征。结合异常区的构造背景，推测该异常所在地区是寻找斑岩系列矿产的有利地区。铁化、泥化和硅化类遥感矿化蚀变信息集中分布，呈北西向展布。断裂构造发育，塔阿西断裂从区内通过，北西向的次级断裂占主导地位，环形构造发育，线环构造以网环组合模式为主。矿化现象比较普遍，见到多处铁帽和含铜石英脉和细脉，前人在区域地质调查中发现有斑岩型铜钼矿的转石，但由于该区海拔较高，通行条件差，找矿一直没有突破。因此，应注意在区内寻找斑岩型铜矿床。

9.4　大型矿集区

大型矿集区主要指具有大型以上矿床的矿化集中区，可能包括上述预测的一个或几个找矿远景区，我们预测大型矿集区五个，即塔木—卡兰古铅锌多金属矿化集中区、木吉—布伦口铁铜金锰多金属矿矿化集中区、赞坎—老并沉积变质铁矿矿化集中区、大红柳滩稀有金属、铁、铅、锌矿化集中区、甜水海铅锌银铜多金属矿化集中区。

9.4.1　塔木—卡兰古铅锌多金属矿化集中区

位于塔里木成矿带卡兰古锌铅多金属成矿亚带，矿化集中区地理坐标：东经75°55′～

76°25′，北纬 38°00′～38°45′，面积约 2600km^2。其中已发现具较大规模的矿床有塔木铅锌矿床、卡兰古银锌铅矿床、乌苏里克铅锌矿床、铁克里克铅铜矿床、阿尔巴列克铜铅锌矿床等。区内很多矿床均产在同一层位中，受层位控制明显，标志层清楚，如塔木铅锌矿床和卡兰古铅锌矿床均产于泥盆系—石炭系灰岩中，标志层为一明显的砾岩层。

在矿化集中区除 Pb、Zn、Fe、Cu 及其伴生元素异常成群成带分布外，还发现以 Au 为主，伴有 As、Sb、Hg、Ag 元素异常成群成带分布，不少异常经检查发现金矿化及其蚀变现象，并有明显富集趋势。综合地质、矿产、地球化学、地球物理、遥感信息等资料，该区是寻找银铅锌、铜、铁等矿床的有利地带，应加强对该成矿带的研究和普查找矿工作。

9.4.2　木吉—布伦口铁铜金锰多金属矿矿化集中区

位于喀喇昆仑成矿带（III）木吉—塔什库尔干—大红柳滩铁铜金铅锌锰及稀有金属成矿亚带（III_1）的西段，地理坐标：东经 73°30′～75°00′，北纬 38°30′～39°12′。面积约 3600km^2。出露地层北部为布伦阔勒群（Pt_1B）片麻岩、石榴黑云片岩、混合岩、大理岩等，构成区内前震旦纪结晶基底；下古生界（O-S）为变质凝灰质砂岩、条带状粉砂岩、变质流纹质凝灰岩，夹大理岩，构成区内下古生界褶皱基底。岩浆作用强烈，区内断裂构造发育，北部有空贝利—瓦恰—康西瓦断裂带，呈 NWW 向展布，向北倾，是分割南北昆仑地体的边界断裂，其次级断裂控制着岩体及矿床的分布。区内已发现有切列克其铁矿床、哈拉墩铁铜（金）矿床、卡拉玛铜矿床、东大沟铜矿床、西山头铜矿床、沙子沟铜铁矿床等。近年来发现有木吉北部奥尔托喀讷什锰矿床，锰矿带长大于 20 公里，有二层沉积锰矿层，矿层稳定，品位富，是寻找大型-超大型锰矿的有利地区。同时在木吉一带温泉沟组的韧性剪切带中我们发现多处金矿体。1∶50 万化探成果在带内也圈定了大量与铜、钼、银矿化有关的异常，这些异常不仅范围大，而且强度高，分带清晰的特征，显示了该带良好的找矿前景。鉴于该区海西期岩浆活动强烈，与赋矿围岩相似的碳酸盐岩分布广泛，北西向控矿断裂发育，矿点、水系沉积物化探异常分布广且具一定的重叠，成矿背景较好，找矿线索清楚，因而该矿化集中区具有寻找大型沉积锰矿、韧性剪切带型金矿和超大型沉积变质改造型铁矿的良好前景。

9.4.3　赞坎—老并沉积变质铁矿矿化集中区

位于喀喇昆仑成矿带（III）木吉—塔什库尔干—大红柳滩铁铜金铅锌锰及稀有金属成矿亚带（III_1）的中段，地理坐标：东经 75°25′～75°40′，北纬 37°12′～37°30′。面积约 800km^2。西侧出露下志留统温泉沟群，东侧为古元古界布伦阔勒群，出露岩浆岩主要为燕山期二长花岗岩，次为新生代碱性花岗岩。铁矿产于古元古界布伦阔勒群地层，以含硅铁建造为特点，大型褶皱构造发育。遥感蚀变类型铁化和泥化蚀变强烈，集中成带沿布伦阔勒群分布，极少量硅化类蚀变。已发现有吉尔铁克沟铁矿床、老并铁矿床、塔哈希铁矿床、叶里克铁矿床、赞坎（乔普卡里莫）铁矿床、果尔德库勒铁矿床等，1∶50

万化探成果在带内也圈定了与铜、钼等元素矿化有关的异常。1∶5 万航磁测量出现多处航磁异常，新疆地矿局第二地质大队、河南省地质调查院等对部分航磁异常高值点检查，基本均找到磁铁矿体，该区铁矿远景资源量巨大，有望寻找到超大型铁矿床。

9.4.4　大红柳滩稀有金属、铁、铅、锌矿化集中区

位于喀喇昆仑成矿带（III）木吉—塔什库尔干—大红柳滩铁铜金铅锌锰及稀有金属成矿亚带（III_1）的中段，地理坐标：东经 78°30′～79°20′，北纬 35°40′～36°10′。面积约 2000km^2。我们对南屏雪山铁多金属矿区、俘虏沟百利 Pb、Zn 多金属矿区、冰山铜矿区等进行了地质填图、地球物理测深和典型矿床初步解剖等工作。在大红柳滩到俘虏沟一带，近年来发现了白龙山锂矿床、509 道班西锂矿床、南屏雪山铁多金属矿床、阿克萨依铁矿床、阿合栏杆银铅矿床等。1∶50 万化探成果在带内也圈定了大量与铜、钼、银、锂、稀土、稀有元素矿化有关的异常，这些异常不仅范围大，而且具有强度高，分带清晰的特征，显示了该带良好的找矿前景，是西昆仑地区下一步寻找大型-超大型稀有金属、铁矿的有利找矿远景区。

优选出大红柳滩西稀有金属、铁、铅、锌、铜多金属矿区作为西昆仑地区新的大型-超大型稀有金属、铁、铅、锌、铜多金属矿的重要找矿靶区，其中铁矿远景资源量初步预测超过 1 亿 t。

9.4.5　甜水海铅锌银铜多金属矿化集中区

目前岔路口—神仙湾成矿带已发现的铅锌矿（点）为 23 个，均沿乔尔天山—岔路口断裂分布于上白垩统铁龙滩组（K_2t）及中侏罗统龙山组（J_2l）地层中，其中仅火烧云铅锌矿床已达超大型，多宝山铅锌矿床达到中型规模。该地区是新疆最具铅锌找矿潜力的地区。

第10章　找矿靶区评价

我们在研究区内优选出12个找矿靶区。在阿然保泰斑岩型铜多金属找矿远景区（III_{3-1}）中优选出喀拉果如木铜多金属矿找矿靶区、阿克希腊克铅锌矿找矿靶区、赫勒瓦特铜矿找矿靶区、干乡吉列铜矿找矿靶区；在木吉—布伦口铁铜金锰多金属矿矿化集中区（III_{1-1}）优选出琼巴额什金矿找矿靶区、托喀什吉勒嘎铅锌矿找矿靶区；在大红柳滩铁、铅、锌及稀有金属矿化集中区（III_{1-5}）中优选出南屏雪山铁多金属矿找矿靶区、大红柳滩北铁矿找矿靶区、大红柳滩东锂矿找矿靶区、白龙山锂矿找矿靶区；在喀依孜—恰尔隆铜钼矿找矿远景区（II_{2-1}）优选出喀依孜钼矿找矿靶区、马乃克铜矿找矿靶区。本次工作对喀拉果如木铜多金属矿找矿靶区、南屏雪山铁多金属矿找矿靶区、琼巴额什金矿找矿靶区、喀依孜钼矿找矿靶区、马乃克铜矿找矿靶区、托喀什吉勒嘎铅锌矿找矿靶区和阿克希腊克铅锌矿找矿靶区进行了评价。

10.1　喀拉果如木铜多金属矿找矿靶区

喀拉果如木铜多金属矿床位于塔什库尔干县西南直线距离19km处，交通方便。矿区坐标：东经75°05′～75°08′，北纬37°34′～37°40′，是我们“十一五”期间发现1处斑岩型铜铅锌多金属矿床。2007年5月在喀拉果如木南沟发现铅锌矿化；2007年7月在喀拉果如木北的花岗闪长斑岩体中发现铜矿化；2007年8月布置了7条探槽揭露出较连续的铜矿化；2008～2009年实施大规模剥离，在北矿区揭露出5条铜矿化体和1条铅锌矿体，在南矿区揭露出6条铅锌矿化体和2条铜矿化体。在该区完成1∶1万地质找矿18km^2，1∶1万草测4.8km^2，1∶2000地质简测2.4km^2，地球物理剖面8条共计119点，长3300m，各类样品319件，钻探工程1378m。共圈定7处铜矿（化）体和7个铅锌矿（化）体。对重要矿体地段，开展了地球物理探矿工作。同时开展了深部验证工作，在北矿区铜矿带布置3个孔，南矿区铅锌矿体布置3个孔，布置位置见图10.1。

10.1.1　喀拉果如木铜多金属矿床地质特征

1. 矿区地质特征

1）地层

矿区出露地层主要为古元古界布伦阔勒群和第四系地层。布伦阔勒群分布在矿区东北部，主要由凝灰岩、凝灰质粉砂岩、绢云片岩、黑色片岩、千枚岩、厚层大理岩、厚层灰岩组成，分散分布在岩体边部。岩体中见有大小不等的地层捕虏体，接触带发育有硅化、褐铁矿化。该套地层受到岩体侵入，倾向北东。在岩体边部地段是良好的铅锌矿容矿空间。矿区内铅锌矿都控制在该套地层中。

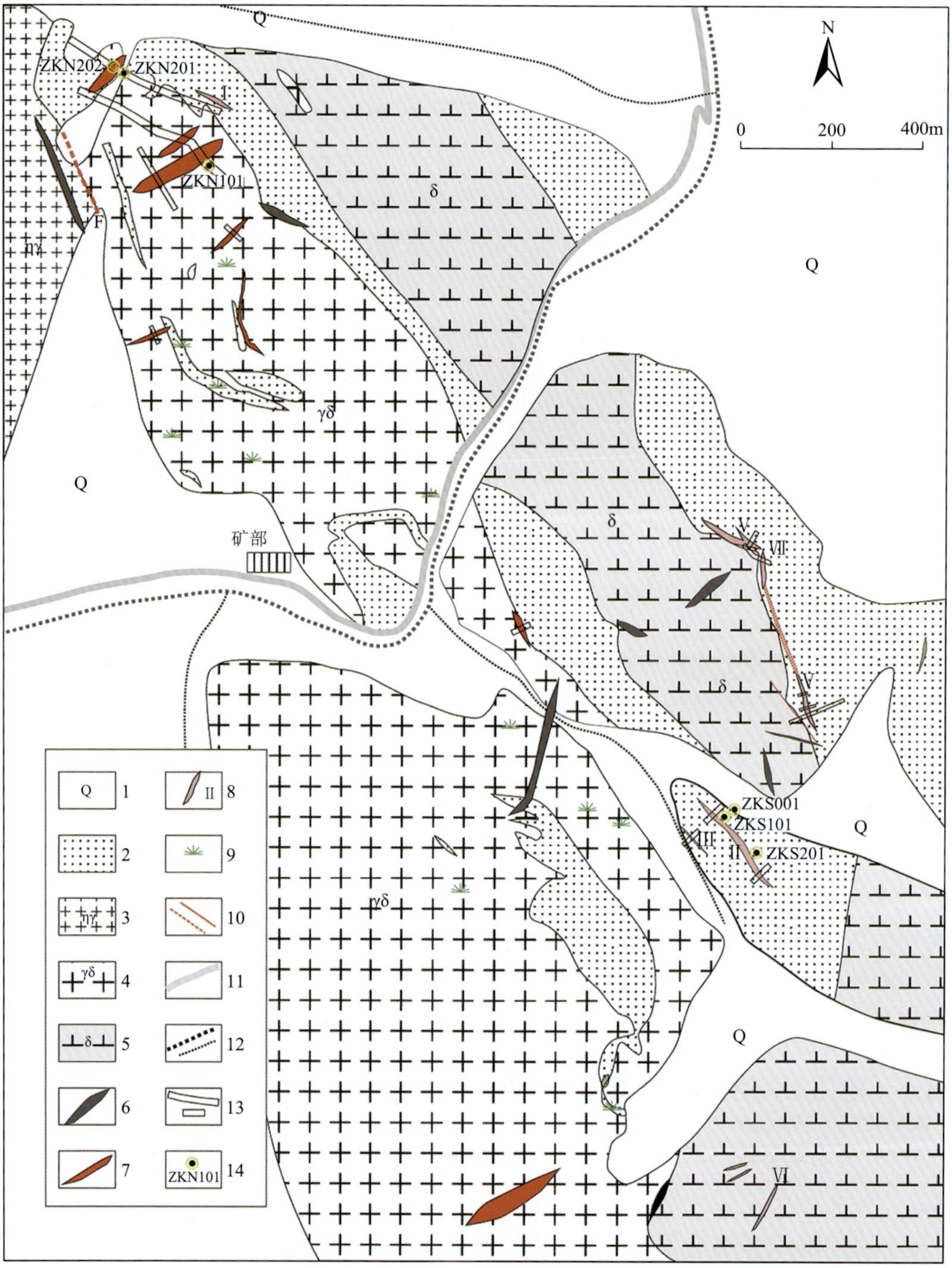

图 10.1　喀拉果如木铜多金属矿区地质简图及钻孔位置图（实测资料）

1. 第四系；2. 布伦阔勒群；3. 二云母花岗岩；4. 二长花岗斑岩；5. 闪长岩；6. 辉绿岩脉；7. 铜矿体；8. 铅锌矿体及编号；9. 孔雀石化；10. 断层及推断断层；11. 国防公路；12. 水系；13. 剥离工程及探槽；14. 钻孔及编号

2）构造

矿区内主要为断裂构造。F1：分布于矿区西北部，走向北北西-南南东，平行于塔什库尔干大断裂，控制了矿区花岗闪长斑岩、闪长岩的侵位，沿断裂带发育褐铁矿化、绢云母化、绿泥石化，局部见角砾岩。F2：分布于矿区南部布伦阔勒群的片岩、大理岩中，为层间断裂，产状 63°∠78°。该断裂控制了 II 号铅锌矿（化）体。

3）岩浆岩

矿区出露侵入岩为闪长岩、二长花岗斑岩、二云母花岗岩。

二长花岗斑岩：为含铜矿化岩体，分布在河流南北两侧。北北西—近南北向，宽 400～900m，长度大于 3km，岩体东部侵入于布伦阔勒群地层，西部大部分被第四系覆盖。岩体普遍发生褐铁矿化，局部地段破碎严重，破碎褐铁矿地段为重要含矿带（图 10.2a、b）。

(g)

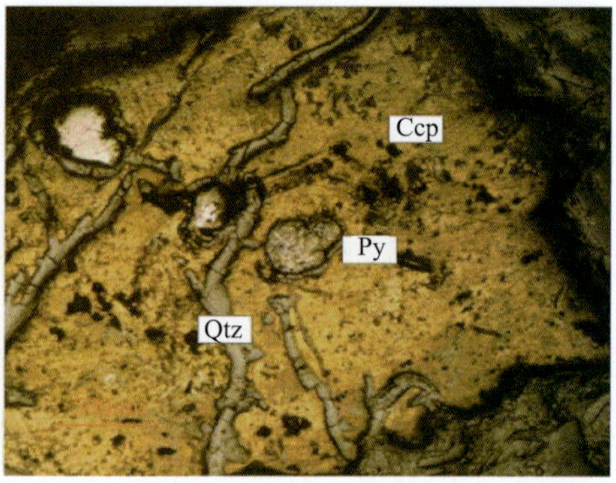

(h)

图 10.2　喀拉果如木铜多金属矿床野外露头及显微照片

（a）地表孔雀石次生氧化富集带；（b）剥离含矿岩体；（c）破碎角砾状铜矿石；（d）细脉浸染状矿石，石英-方解石-黄铁矿-黄铜矿化脉；（e）半自形粒状绢云母化（Ser）钾长石（Kfs）斑晶，正交偏光；（f）微斜长石（Mc）及次生石英，正交偏光；（g）它形粒状黄铜矿，裂隙发育，含少量半自形粒状黄铁矿；（h）黄铜矿交代溶蚀黄铁矿，被石英细脉切穿

二云母花岗岩：为阿然保泰岩体的一部分，区域出露较大。在矿区区内分布于西北部，侵入于布伦阔勒群和二长花岗斑岩，在矿区西北部与二长花岗斑岩断层接触。

岩体侵入顺序为闪长岩—二长花岗斑岩—二云母花岗岩，具多次岩浆活动特征。

2. 矿体特征

喀拉果如木铜多金属矿区发育有铜矿化和铅锌矿化，铜矿化产于二长花岗斑岩体中，成矿岩体为二长花岗斑岩，块状构造，半自形粒状结构。岩石主要由斜长石、钾长石、石英及蚀变的暗色矿物组成，副矿物有磷灰石、锆石、磁铁矿等。其中，斜长石占 34%，半自形粒状，发育格子双晶；钾长石占 28%，半自形，可见碎斑，1～6mm 不等，遭受绢云母化；石英占 32%，它形粒状，分布于斜长石之间；黑云母占 6%，片状，部分绿泥石化，具有一定的定向分布；角闪石少量，绿泥石和绿帘石交代，残余柱状晶形；金属矿物呈浸染状分布，它形粒状。二长花岗斑岩的斜长石多已蚀变成绢云母（图 10.2e），次生石英在长石裂隙中分布（图 10.2f）；钻孔样品可见石英-方解石-黄铁矿-黄铜矿化脉（图 10.2d）。铅锌矿化产于二叠系地层中。

1）铜矿（化）体

地表可见铜矿化呈北西向展布，以孔雀石化为标志，初步圈出矿体范围为 400m×600m，包含多条富铜矿体。Ⅰ号矿体地表高程 4360m 段为铁帽，铁帽长 400m，宽 20m，在高程 4218m 段剥离为厚 15.2m 的铜矿体，Cu 平均品位 0.86%、Au 平均品位 0.35×10^{-6}。Ⅱ号矿体长大于 200m，厚 3.6m，见较富铜矿石，Cu 平均品位 2.63%。Ⅲ号矿体矿化规模最大，长大于 300m，宽 30～50m，Cu 平均品位 0.20%～1.06%。Ⅳ号矿体长大于 200m，厚大于 6m。在矿化岩体以东 500m 的古元古界布伦阔勒群地层中发现长大于 400m，宽 2～3m 的铜矿化体，编号Ⅴ号铜矿体，Cu 平均品位 1.27%。在南矿区二长花岗斑岩中也发现了多处矿化，其中Ⅵ号铜矿化体长 80m，宽 2～6m，Cu 平均品位 0.43%。Ⅶ号铜矿化体长大于 100m，宽 10～15m，Cu 平均品位 0.27%。

矿石构造复杂，有细脉状、浸染状、破碎角砾状（图 10.2c、d）、斑杂状构造；矿石矿物主要是黄铜矿、黄铁矿，少量斑铜矿、毒砂等，矿物多呈它形粒状、浸染状结构。黄铜矿呈它形粒状，粒度较粗，晶内裂纹发育，裂纹处有褐铁矿化（图 10.2g、h）。黄铁矿多为半自形粒状，具有五角十二面体晶型，交代黄铜矿，有些沿裂隙穿入黄铜矿内。氧化矿物有孔雀石和铜蓝。

2）铅锌矿（化）体

矿区共发现 7 处铅锌矿（化）体，其中 I 号矿体位于北矿区，其余在南矿区。

Ⅰ、Ⅱ号矿体都见到相当富的矿体。矿体Ⅴ、Ⅶ、Ⅳ沿着闪长岩的东—东北边缘展布，可能为同一矿体，构成长约 450m，宽 1～3m 的铅锌矿化带。

Ⅱ号铅锌矿（化）体：位于矿区南部，控制长度 320m，厚 2～6.5m，平均 3.95m，Pb 品位 0.4%～34.41%，平均 7.75%，Ag 平均品位 46.2×10^{-6}，在剥离面 BL1 见矿最好（图 10.3）。在该矿化体上进行 2 条 EH-4 剖面测量，矿化异常在 380m 深。重点对矿区Ⅱ号铅锌矿开展了验证，其中 ZKS101 在 64.5～67.2m、104.4～108.6m 见 2 层铅锌矿化。

Ⅶ号铅锌矿体：地表矿化弱，通过剥离面施工，见矿宽约 3m，Pb 品位 1.64%～22.44%，平均 12.04%，Ag 品位 12.7×10^{-6}～285×10^{-6}，平均 148.8×10^{-6}。在该矿体上进行 1 条 EH-4 剖面测量，矿化异常在 300m 深。可能与Ⅳ矿体相连。

富矿体多由块状矿石组成，矿脉连续性较好；多数矿体具有角砾状、网脉状构造。矿石矿物主要为方铅矿、闪锌矿、黄铁矿等。

(a)　(b)

图 10.3　喀拉果如木铜多金属矿南矿区铅锌矿

（a）Ⅱ号铅锌矿体剥离规模；（b）Ⅶ号铅锌矿（化）体

3. 矿石类型及矿物特征

喀拉果如木铜多金属矿区分布有铜矿（化）体和铅锌矿（化）体，二者的产出位置、围岩、矿石品位都不同，现分别对两类矿石做简单叙述。

铜矿主要分布于二长花岗斑岩中，铜矿石呈细脉状、破碎角砾状、斑块状构造；矿石矿物可见黄铜矿、黄铁矿，少量斑铜矿、毒砂等，呈他形粒状、浸染状结构，其中黄铁矿多呈浸染状分布于黄铜矿边缘或交代黄铜矿，氧化矿物有孔雀石、铜蓝。

铅锌矿产在大理岩、灰岩、千枚岩破碎带中，不同地段铅锌矿脉石不同。矿化品位较富的地段，铅锌矿石以块状富铅锌矿石为主，其次为破碎角粒状、细脉状铅锌矿石，矿石矿物可见方铅矿、闪锌矿、黄铁矿等。

4. 围岩蚀变

矿区围岩蚀变主要为：①硅化-褐铁矿化，分布在矿区北部，发育在含矿二长花岗斑岩体中，是与铜矿（化）体紧密共生的蚀变。该带长 1100m，宽 200～400m，发育极密的褐铁矿细网脉，初步统计 160～260 条/m。从钻孔结果显示，在地表 200m 以下，随着氧化作用减弱，转变为硅化-黄铁矿化，黄铁矿沿细脉发育。硅化常被认为是后期的与矿化关系密切的围岩蚀变，矿区内大面积的硅化蚀变出露于矿化岩体上部，表明在其下部有很好的成矿规模。②黄铁矿化，地表氧化成褐铁矿化，在接触带和碎裂花岗斑岩体及花岗片麻岩中均有发育，分布面积较广，网脉状结构，对黄铜矿化有很好的指示作用。其他围岩蚀变类型有：大理岩化、绢云母化、青磐岩化等。大理岩化，主要分布在花岗斑岩体东侧、北侧，与布伦阔勒群地层的接触带上，呈北西向带状连续分布，面积较广，长约 1200m，宽 30～50m。绢云母化，分布于岩体周围的凝灰岩、灰岩、千枚岩内，常伴生有褐铁矿化。青磐岩化，见于矿区东侧接触带上，蚀变较弱。

矿区内硅化、黄铁矿化、大理岩化等围岩蚀变较为普遍，而斑岩型矿床中常见的钾化、绢云岩化则不发育。我们认为这主要由于在斑岩型矿床的蚀变中钾化、绢云母化、硅化、黏土化及青磐岩化，常常有先后交代叠加的关系。先形成的钾化，绢云母化，可能被后期的硅化、黏土化所交代，并可叠加在前者之上。

5. 含矿岩体年代学研究

锆石年代学研究样品采自喀拉果如木二长花岗斑岩岩体中部。测试结果显示，锆石 Th/U 比值为 0.07～0.49，具岩浆锆石特点。14 个测点的锆石 U-Pb 年龄在 196.3～182.6Ma，谐和年龄为（189.3±2.8）Ma（MSWD＝3.2）（图 10.4），表明岩体形成于早侏罗世，属燕山早期。

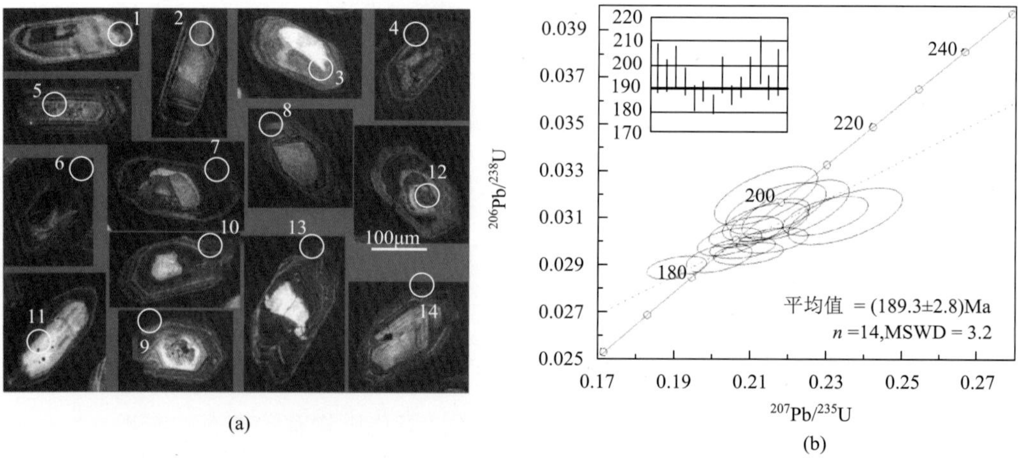

图 10.4　喀拉果如木二长花岗斑岩（样号 KL-I18）锆石阴极发光图像（a）和锆石 U-Pb 谐和图（b）

6. 矿床成因及找矿标志

该矿床含两种矿石，铜矿石产在二长花岗斑岩中，矿化规模大，岩石总体较低，矿床为一斑岩型铜矿床。在岩体外围产出铅锌矿，呈脉状产出，铅锌矿成因可能为热液脉型铅锌矿，因此与美国的宾厄姆斑岩型铜矿的周围有脉型铅锌银矿有类似之处。

找矿标志：铜矿直接找矿标志为黄铜矿、孔雀石，同时褐铁矿化细脉花岗闪长岩是矿化地段良好的指示标志。铅锌矿：断裂带内强烈褐铁矿化是铅锌矿的重要找矿标志。

从目前矿床产出特征、矿化规模及岩石特征来看，喀拉果如木铜多金属矿区具有优越的成矿地质背景，良好的成矿及保存条件，深部具有较大的找矿潜力。该矿床有望形成一比较有前景的斑岩型铜矿床，它的发现将使西昆仑地区斑岩型矿床的寻找有进一步的突破。

10.1.2　喀拉果如木铜多金属矿体深部验证

喀拉果如木铜多金属矿岩体矿化地段长 1000m，宽 400m，在其外围发育多条脉状铅锌矿。矿化系统中，在二长花岗斑岩中存在铜金矿化，外围发育脉状铅锌矿化为特征。对矿区北部硅化褐铁矿化地段剥离和探槽揭露，发现 5 处工业矿体，南矿区发现 2 处铜矿化体。

Ⅰ号铜矿体长 400m，工程控制厚 15.2m，平均品位 Cu0.86%、Au0.35×10^{-6}。Ⅱ号铜矿体长大于 200m，厚 1.8m，平均品位 Cu3.31%，Au1.33×10^{-6}。Ⅲ号铜矿体矿化规模最大，长大于 300m，宽 30～50m，平均品位 Cu0.39%，Au0.31×10^{-6}。Ⅳ号铜矿体长大于 200m，厚大于 6m（图 10.5）。Ⅴ号铜矿体长大于 400m，宽 2～3m，平均品位 Cu1.27%。Ⅵ号铜矿化体长 80m，平均宽 4m，Cu 平均品位 0.43%；Ⅶ号铜矿化体长大于 100m，平均宽 12m，Cu 平均品位 0.27%。

(a)　(b)

图 10.5　喀拉果如木铜多金属矿床Ⅳ号铜矿体照片

（a）Ⅳ号铜矿体景观；（b）Ⅳ号铜矿体的富铜矿石

对硅化褐铁矿化地段开展了 5 条 EH-4 测量电磁测深剖面，一号线剖面显示地表 4 条矿体对应低阻体在 0～200m 深度为小规模的脉状体，在 500～900m 处连在一体大规模的低阻体。二号线显示地表 4 条矿体对应的低阻体在 0～400m 深度为规模较小的脉状体，在 500～700m 处为连在一体大规模的低阻体，反映在深部 500～900m 存在矿致异常，推测为规模大的斑岩型铜金矿化体。

2009 年度在物探一号线布置 ZKN101 孔，二号线布置了 ZKN201 和 ZKN202 两个孔，各钻孔中都见有不同程度的矿化，其中仅 ZKN202 施工 151m 见 7 层铜矿化体共计 36.3m（图 10.6），平均品位 Cu0.38%，Au0.161×10^{-6}。ZKN101 原设计 900m，预计 500～900m 见矿，但于 397m 处断钻，没有完成对 500～900m 处为连为一体大规模的低阻体进行验证，甚为遗憾！但是钻孔 ZKN202 控制的铜矿化在 EH-4 测量电磁测深剖面与浅部 0～200m 小规模的脉状异常体吻合，并与深部 500～900m 的大规模低阻异常相连为同一性质的矿致异常。

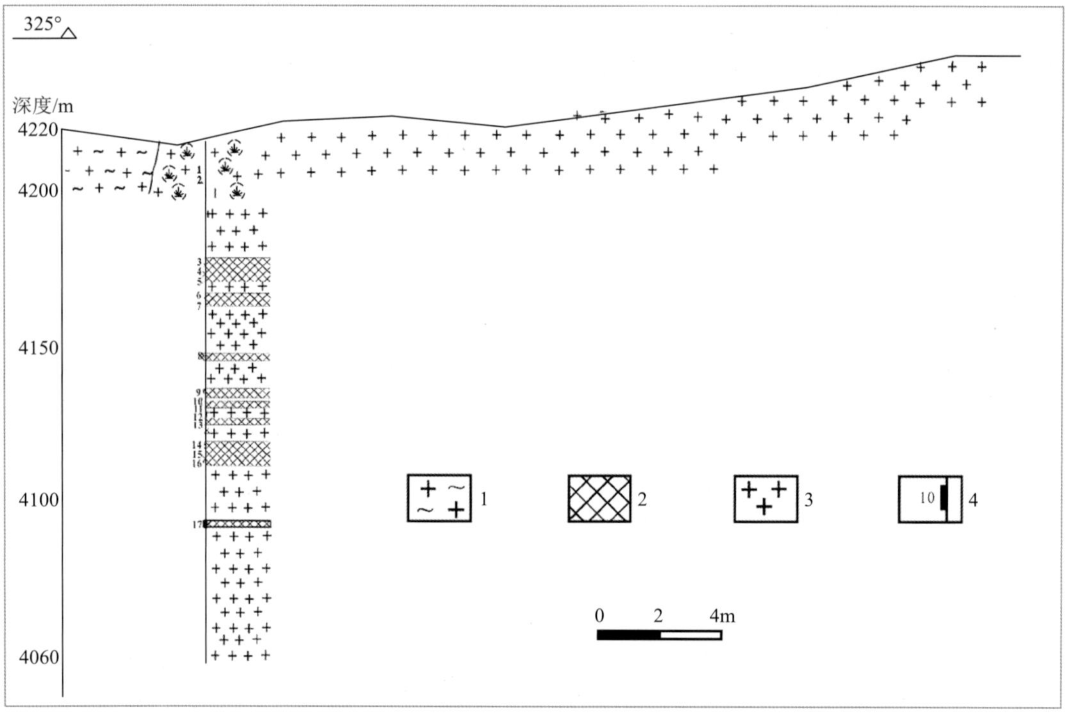

图 10.6　喀拉果如木铜多金属矿床北矿区 ZKN202 钻孔剖面图（实测资料）

1. 片麻状花岗岩；2. 铜矿化体；3. 花岗岩；4. 采样位置及编号

10.1.3　喀拉果如木铜多金属矿床资源量预测

喀拉果如木铜多金属矿床预测资源量为铜 333＋3341＋3342 计 247 305t，金 333＋3341＋3342 计 11.678t，铅锌资源量 333＋3341 计 201 539t。

其中 333 铜资源量为 14 118t、金资源量 0.575t、铅锌资源量 28 303t；3341 铜资源量 69 027t、金资源量 4.148t、铅锌资源量 173 309t；3342 铜资源量 164 160t、金资源量 6.955t。具体如下。

1. 喀拉果如木铜多金属矿床铜资源量预测

1）333 铜资源量预测

对地表已有剥离、槽探控制，深部有个别钻孔 ZKN202 控制的矿体为Ⅰ号铜矿体进行初步预测。Ⅰ号铜矿体按长 300m、厚 15.2m、深 100m、平均品位 Cu0.86%、比重 2.7 进行预测铜 333 资源量为：$400\times15.2\times100\times2.7\times0.86\%=14118$t；金 333 资源量：$400\times100\times15.2\times2.7\times0.35\times10^{-6}=0.575$t。

2）3341 铜金资源量预测

Ⅰ号铜矿体地表出露大于 1400m，厚 15.2m、深度除去 333 资源量以上 100m 再下推 200m 平均品位 Cu0.86%，预测 3341 资源量为：铜：$400\times200\times15.2\times2.7\times0.86\%=28236$t；金：$400\times200\times15.2\times2.7\times0.35\times10^{-6}=1.149$t。

Ⅱ号铜矿体长大于 200m，深度按落差大于 200m，厚 1.8m，品位 Cu3.31%，Au1.33×10^{-6}，预测 3341 资源量为：铜：$200\times200\times1.8\times2.7\times3.31\%=6435$t；金：$200\times200\times1.8\times2.7\times1.33\times10^{-6}=0.259$t。

Ⅲ号铜矿体：铜：$300\times200\times30\times2.7\times0.39\%=18954$t；金：$300\times200\times30\times2.7\times0.31\times10^{-6}=1.507$t。

Ⅳ号铜矿体长大于 200m，深度按落差大于 200m，厚 6m，品位 Cu1.44%，Au1.01×10^{-6}，预测潜在的 3341 资源量为：铜：$200\times200\times6\times2.7\times1.44\%=9331$t；金：$200\times200\times6\times2.7\times1.01\times10^{-6}=0.654$t。

Ⅴ号铜矿体长大于 400m，深度按落差大于 200m，厚 2m，品位 Cu1.27%，预测潜在的 3341 资源量为：$400\times200\times2\times2.7\times1.27\%=5486$t。

Ⅵ号铜矿化体长大于 80m，深度按 40m，厚 4m，品位 Cu0.43%，预测潜在的 3341 资源量为：$80\times40\times4\times2.7\times0.43\%=149$t。

Ⅶ号铜矿化体长大于 100m，深度按 50m，厚 12m，品位 Cu0.27%，预测潜在的 3341 资源量为：$100\times50\times12\times2.7\times0.27\%=437$t。

3）3342 铜金资源量预测

铜矿化岩体地表形成了明显的褐铁矿硅化带，该带长 1100m、宽 400m，发育极密的褐铁矿细网脉，岩石普遍孔雀石化。深部 400～900m 范围 EH-4 异常面积大于 600m×400m，异常厚 100～400m，平均厚 200m，矿化体按矿致异常的三分之一来推。品位参照钻孔平均品位 Cu0.38%，Au0.161×10^{-6}。

深部 EH-4 异常推断铜资源量：$600\times400\times200\times2.7\times0.38\%/3=164160$t

深部 EH-4 异常推断金资源量：$600\times400\times200\times2.7\times0.161\times10^{-6}/3=6.955$t

2. 喀拉果如木铜多金属矿床铅锌资源量预测

矿区共发现 7 处铅锌矿（化）体，其中Ⅰ号矿体位于北矿区，其余在南矿区。

1）333 铅锌资源量预测

Ⅱ号铅锌矿体按工程控制长度 320m、厚 3.9m、钻孔控制深 108m、平均品位 Pb7.75%、比重 2.7 进行预测 333 资源量为：$320\times3.9\times108\times2.7\times7.75\%=28204$t。

2）3341 铅锌资源量预测

Ⅰ号铅锌矿体长 50m，宽 0.3m，预测 3341 铅资源量为：50×0.3×30×3.7×30% = 500t；

Ⅱ号铅锌矿体按 EH4 测量异常深 380m，推算 108m 以下深度 200m 预测，3341 铅资源量为：320×3.9×200×2.7×7.75% = 52229t。

Ⅲ号铅锌矿体按长 120m、宽 1.2m、落差大于 100m、品位 Pb1.6%、比重 2.7 进行预测 3341 铅资源量为：120×1.2×100×2.7×1.6% = 622t。

Ⅴ号铅锌矿体按长 100m、宽 5m、落差大于 60m、品位 Pb3.78%、比重 2.7 进行预测 3341 铅资源量为：100×5×60×2.7×3.78% = 3062t。

Ⅶ铅锌矿体按长 400m、宽 3m、EH4 控制深 300m、单工程品位 Pb12.04%、比重 2.7 进行预测 3341 铅资源量为：400×3×300×2.7×12.04% = 117029t。

10.2 南屏雪山铁多金属矿找矿靶区

近年来我们联合新疆新地地质勘查有限公司对其进行系统的预查工作，完成矿区 1∶1 万地质草测 12km^2，矿带 1∶2000 地质草测 2.5km^2，机械挖掘槽探，剥离工程 5 条，施工验证 2 个钻孔（320m）。新发现了 9 条铁多金属矿化带，目前探明规模已达大型，找矿前景良好，其主要矿体特征、矿床成因等已在第 4 章 4.1.1 节中进行了详细介绍。

10.2.1 南屏雪山铁多金属矿床深部定位预测

我们对南屏雪山铁多金属矿床进行了深部矿体定位预测，在矿区内共布置了 9 条剖面进行 EH4 电磁测深，效果良好，矿区的构造特征、矿体与围岩的关系、矿体深部形态整体认识有重要意义。其中 A—A′剖面长 2100m，方位 0°，贯穿南北矿带，总体垂直主矿体 Fe6（图 10.7）。

整体上表现为“两中高阻夹一中低阻”特征，其中，Ⅲ号低阻异常体位于 1875～1925m，电阻率分布在 200～500Ω·m，地表见铁矿体，电磁测深剖面显示该矿体整体北倾，在地表下约 50m 处（海拔约 4880m）发生转向，向下转为南倾，南倾一直延续到地表下约 260m（海拔约 4670m），逐渐转为北倾，然后变陡立，具有良好的找矿前景，但矿体产状较为复杂。经 Zk1201 验证见矿 2 层，其中 1 层 17m，第二层 6m（图 10.8）。

B—B′剖面长 760m，方位 10°，穿过主矿体 Fe1、Fe2（图 10.9），其中，Ⅰ号低阻异常区位于剖面 170～320m，地表出露含铜铁矿体，自地表至地表下 80m（海拔约 5027m）的浅部异常产状较缓，地表下 150～780m 处（海拔 4957～4327m）异常变陡，推测为矿质异常，深部找矿前景良好。经 Zk0701 验证见矿厚 101m。

我们研究认为，EH4 连续电导率剖面仪对西昆仑塔什库尔干—甜水海地体南屏雪山铁多金属矿区构造特征和深部矿体形态反演效果良好，与区内实际地质条件吻合度高，低阻异常体往往延伸至地表以下 800m 处，深部找矿前景巨大。该方法对高寒地区的赤铁矿床勘探实用性较强，可以在同类型矿床中推广使用。

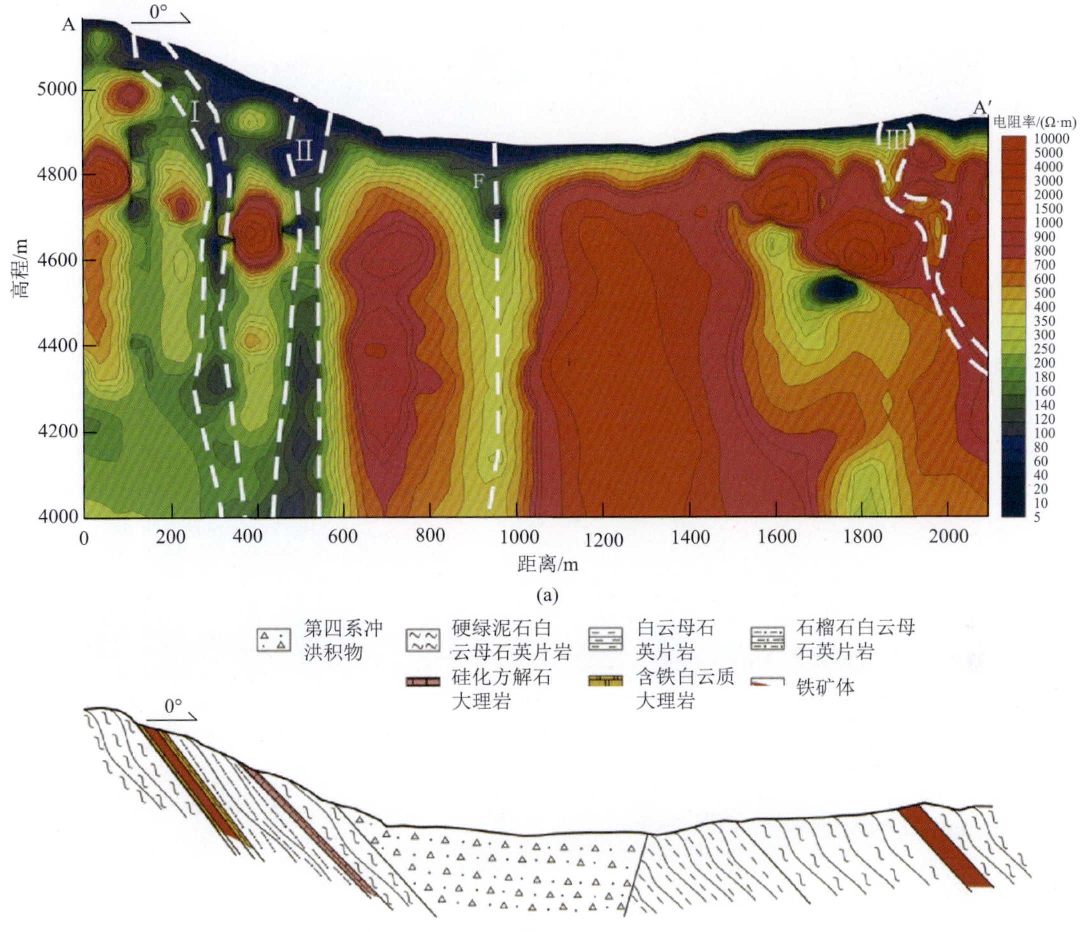

图 10.7　南屏雪山铁多金属矿区 A—A′线 EH4 电磁测深剖面解译图（a）和地质剖面图（b）

图 10.8　钻孔 ZK1201 赤铁矿岩心

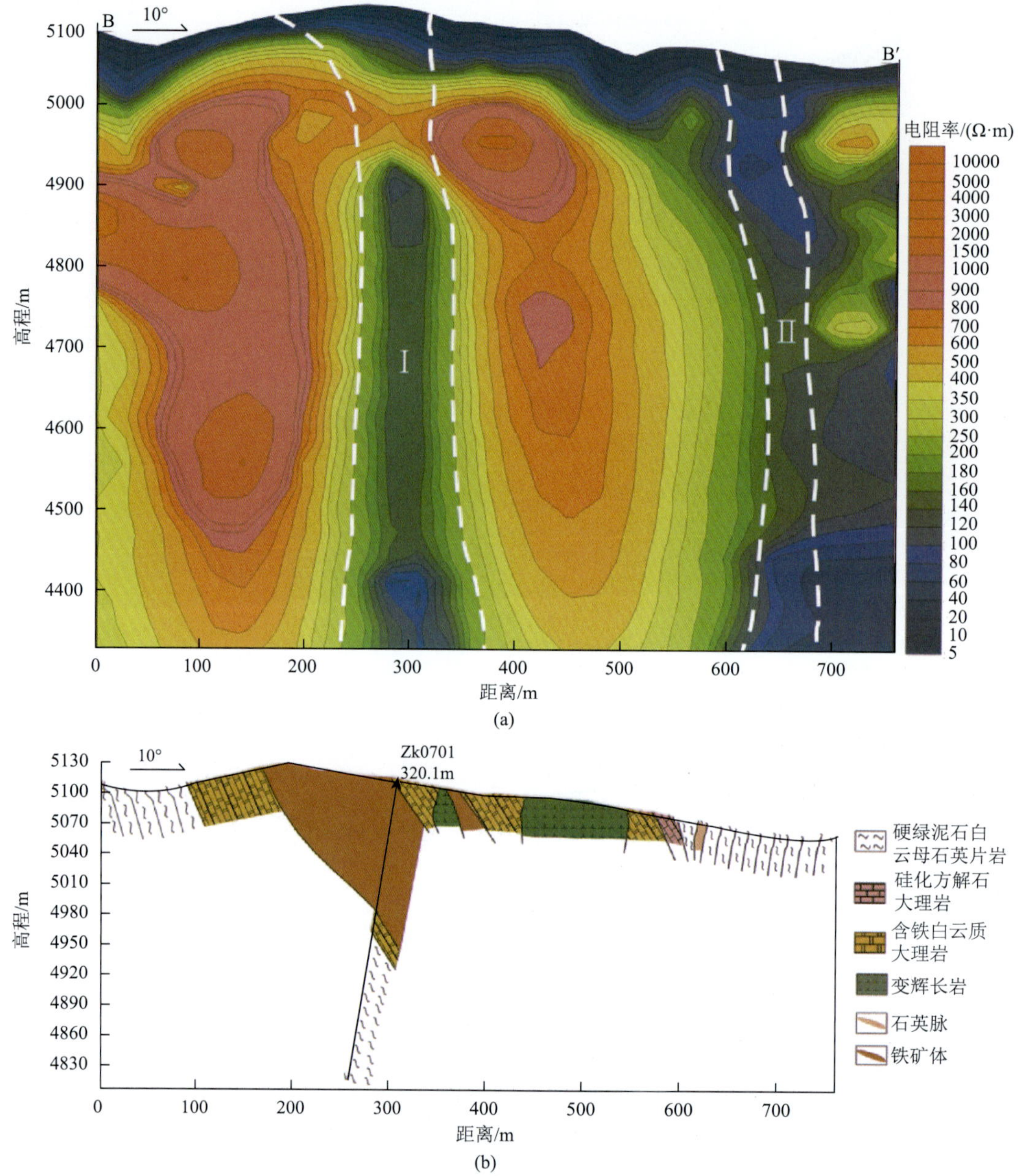

图 10.9　南屏雪山铁多金属矿区 B—B′线 EH4 电磁测深剖面解译图（a）和 07—07′勘探线剖面图（b）

10.2.2　南屏雪山铁多金属矿找矿靶区资源量预测

共求得铁矿石资源量 4530.21 万 t，其中 333 资源量 1268.59 万 t、334 资源量 3261.62 万 t。

（1）Fe13 铁矿体（图 4.2 中的 Fe1）：分布于一区中部，位于北矿化带中，呈拉长透镜状出露，无分支复合现象。根据本次工作结果：矿体出露地表宽 3～20m，长约 340m，近东西走向，北倾。矿体产状 352°～20°∠52°～62°。地表由 2 条探槽控制，分别为一区 TC0301、TC0501。TFe 品位 34.45%～40.46%，平均 37.46%。

该矿体共求得铁矿石 334 资源量 8.03 万 t。

（2）Fe15 铁矿体（图 4.2 中的 Fe2）：分布于一区中部，位于北矿化带中，呈透镜状出露，无分支复合现象。根据本次工作结果：矿体出露地表宽 30～140m，长约 600m，近东西走向，矿体产状变化较大，东段北倾，西段受应力作用发生扭转，向南倾斜。矿体产状 358°～5°∠35°～67°。地表由 5 条探槽控制，分别为一区 TC0901、TC0701、TC0501、TC0301、TC0101，深部由 Zk0701 钻孔控制。TFe 品位 34.94%～43.74%，平均 39.26%。

该矿体共求得铁矿石 334 资源量 257.08t。

（3）Fe25 铁矿体（图 4.2 中的 Fe3）：分布于一区东南部，位于南矿带中，呈带状出露，无分支复合现象。根据本次工作结果：矿体出露地表宽 10～30m，长约 1240m，近东西走向，矿体产状 334°～26°∠43°～71°。地表由 6 条探槽控制，分别为一区 TC10001、TC10301、TC10401、TC10701、TC10801、TC11201，深部由 ZK10001 和 ZK10002 控制。

TFe 品位 43.39%～44.78%，平均 44.14%。

该矿体共求得铁矿石资源量 931.69 万 t，其中 333 资源量 618.26 万 t。334 资源量 1160.57 万 t。

（4）Fe28 铁矿体（图 4.2 中的 Fe6）：分布于一区东南部，位于南矿化带中，呈透镜状出露，无分支复合现象。根据本次工作结果：矿体出露地表地表宽 3～28m，长约 210m，矿体产状 330°～310°∠53°～65°。地表由 2 条探槽控制，分别为一区 TC10201、TC10401。TFe 品位 40.75%～47.82%，平均 44.29%。

共求得铁矿石 334 资源量 25.16 万 t。

（5）Fe29 铁矿体（图 4.2 中的 Fe7）：分布于二区中部，位于南矿化带中，呈带状出露，无分支复合现象。根据本次工作结果：矿体出露地表宽 7～24m，长约 1873m，近东西走向，矿体产状 50°～15°∠25°～68°。地表由 6 条探槽控制，分别为二区 TC0001、TC0301、TC0701、TC1101、TC1501、TC1701，深部由 Zk1101 控制。TFe 品位 31.62%～40.68%，平均 35.25%。

该矿体共求得铁矿石资源量 1789.22 万 t，其中 333 资源量 508.69 万 t，334 资源量 1280.53 万 t。

（6）Fe30 铁矿体（图 4.2 中的 Fe8）：分布于二区中部，位于南矿化带中，呈带状出露，无分支复合现象。根据本次工作结果：矿体出露地表宽 5～16m，长约 755m，近东西走向，矿体产状 50°～15°∠25°～57°。地表由 2 条探槽控制，分别为二区 TC1101、TC1701，深部由 Zk1101 控制。TFe 品位 30.37%～39.51%，平均 32.58%。

该矿体共求得铁矿石资源量 671.89 万 t，其中 333 资源量 141.64 万 t。334 资源量 530.25 万 t。

10.3　琼巴额什金矿找矿靶区

琼巴额什金矿找矿靶区位于阿克陶县木吉乡西南直线距离 61km 处，矿区坐标：东经 73°49′，北纬 38°41′。交通尚属方便。

2014 年我们联合河北省地矿局第五地质大队一起对异常检查，发现金矿化，2015 年完成 1∶1 万地质找矿 18km^2，1∶1 万草测 10km^2，1∶2000 地质简测 1.2km^2，地球物理剖面 2 条共计 52 点，长 1000m，各类样品 109 件，圈出 8 条金矿化体。

10.3.1 琼巴额什金矿床地质特征

1. 矿区地质特征

矿区位于琼巴额什断裂以南的单斜地层上，地层呈平缓单斜状产出，由于处于乌孜别里断裂和琼巴额什断裂两大断裂构造之间，矿区总体地层强烈变形、变质，整体地层均为片岩、板岩，局部变质为千枚岩。变形构造多见，岩石常见有 S 型扭曲褶皱、紧闭的剑鞘褶皱，层间褶皱，膝折现象。由于构造应力的集中，在矿区内次级断裂发育，断裂常呈雁行排列、右旋剪切，层间破碎带等形式发育，石英脉往往充填其中，形成切层、顺层的透镜体或眼球状构造。矿区内的地形为一大沟夹山梁。

矿区出露地层主要为下志留统温泉沟群第三岩性段（S_1W^3），主要岩性为灰绿色片理化绢云石英板岩、绿泥绢云石英板岩夹灰黑色片理化炭质板岩和浅灰黑色片理化二云母石英板岩，地层呈现西厚东薄，地层稳定，北西西向展布。

矿区内断裂构造发育，为整个区域内大断裂的次级断裂，在测区内地形为一大沟，分布于矿区北部，断层走向 105°～130°，倾向北—北东，倾角 60°～85°。区内岩石破碎，层间褶皱、石英脉等普遍出现，次级断裂、挤压破碎带广泛发育。这些次级断裂和挤压破碎带是区内最主要的控矿构造。

F7 和 F10 断裂之间是韧性剪切带，地层变形强烈，次级构造断裂带发育，尤其是 F8 断裂南侧，地层强烈变形，层间紧闭褶皱甚至鞘褶皱发育，牵引褶皱明显，鞘褶皱是典型韧性剪切带标志之一，岩石强烈揉皱，次级构造尤其是小型断裂极为发育，沿断裂发育有不同期次的、规模不等的、密集遍布的石英脉带，破碎带与多期石英脉穿插，异常区蚀变-矿化强烈，主要有绿泥石化、绢云母化、褐铁矿化、黄钾铁钒化、硅化、绿帘石化、碳酸盐岩化等，矿化有菱铁矿化、孔雀石化、黄铁矿化等，成矿地质条件优越。

在测区中未见岩浆岩，仅发育石英脉等脉岩。石英脉呈现密集的条带状产出。单个脉体多呈透镜体、细脉状、眼球状、S 型扭曲状分布。石英脉大多顺层走向分布，局部石英脉的走向斜交穿插地层，并且出现膨胀、收缩、尖灭、时断时续、分支开合等现象，整体的走向限制在 110°～135°，单个石英脉的规模不大，宽 0.1～1.5m。在矿区内主要的石英脉往往为网脉状，规模极大，宽可达 30～40m。在地表呈破碎分散，在山坡上分散坡积。通过探槽对地表的揭露，石英脉由于构造的挤压和剪切应力往往破碎成 0.2～3cm 大小的颗粒状，和岩石的破碎带破碎物混合产出。石英脉未见矿化的部分在地表呈现较纯净的白色，而含金石英脉在地表呈褐黄色、褐色，粒状结构，块状构造；主要的成分为石英，其次为少量的褐铁矿、菱铁矿、黄铁矿、绢云母，偶尔见孔雀石化。石英脉破碎且与围岩和硫化物、黄钾铁矾混合严重，呈褐黄色，糖粒状的石英脉经化验金品位较高。

2. 矿床地质特征

本矿床由多条含矿石英脉及破碎蚀变带组成，均赋存于测区内的温泉沟第三岩性段的第四岩性组合中。主要赋矿围岩为绿泥绢云长石石英板岩，仅有少量的石英脉发育在炭质板岩和黑云母石英千枚岩中。琼巴额什金矿床 10 条金矿体分布见图 10.10。

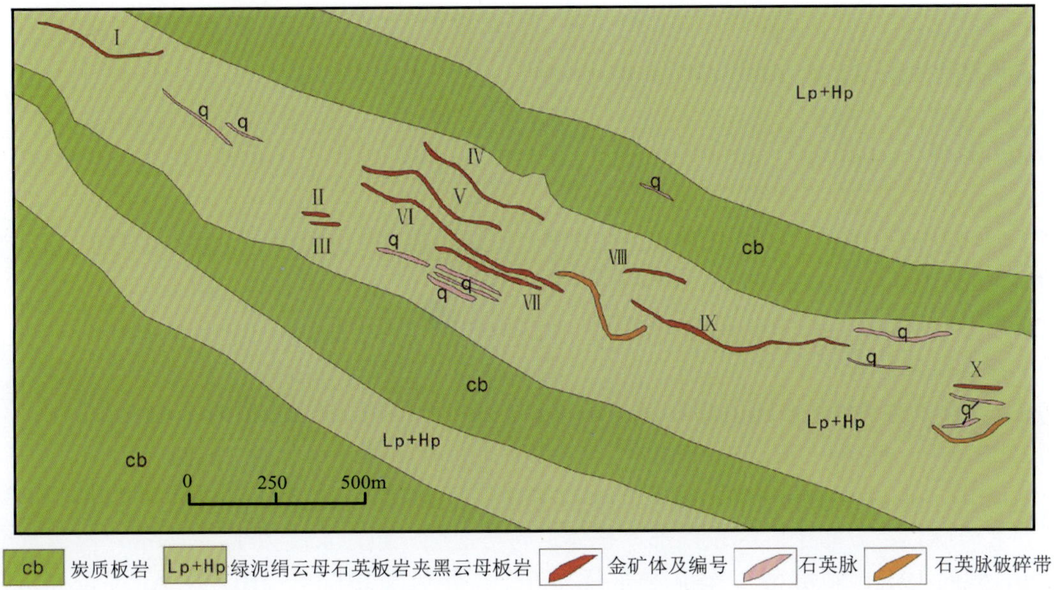

图 10.10　琼巴额什金矿床地质草图

各矿段特征如下：

I 号脉体：脉体分布于矿区西北部，出露形态为反 S 形，长度约为 356m，最大出露宽度 7m，最小 2m，平均宽 4m。走向为 115°～135°，倾角 35°～65°，局部 30°，脉体顺层且呈层状产出，具有扭曲褶皱变化特征，局部变形强烈。整体矿体厚度稳定，矿体施工探槽 WZTC2，6 件样品 Au 品位大于 0.5×10^{-6}，其中 4 件大于 1×10^{-6}，H8～H12 等连续 5 件样品 Au 品位分别为 4.96×10^{-6}、1.60×10^{-6}、0.15×10^{-6}、5.94×10^{-6}、0.61×10^{-6}，该探槽中 Au 品位最高为 H1，达 6.14×10^{-6}。

II 号脉体：分布于矿区南部，出露形态为近东西向，长度约 78m，南北向最大出露宽度 5m，最窄宽度 2m，平均出露厚度 3.5m。走向为 200°～235°，倾角 35°～65°，局部 33°。该矿体取样 JBL38，Au 品位为 1.26×10^{-6}。

III号脉体：分布于矿区南部，紧邻 II 号脉体，出露形态为近长条形，东西向最大展布长度约 94m，南北向最大出露宽度 6m，最窄宽度 4m，平均出露宽度 5m。倾向为 180°～215°，倾角 35°～65°，局部 30°。该矿体取样 JBL37，Au 品位为 1.62×10^{-6}。

IV号脉体：由 TC18 号探槽控制，该脉体近长条形，长度约为 426m，最宽处 10m，最窄处 1m，平均宽度约 5m。倾向为 191°，倾角 39°～65°。TC18 连续 5 个样品 Au 品位超过 0.5×10^{-6}，3 件样品大于 1×10^{-6}，分别为 1.21×10^{-6}、47.61×10^{-6}、7.65×10^{-6}。

Ⅴ号脉体：由TC20号探槽控制，该脉体与Ⅳ号脉体近乎平行，长度约为431m，最宽处13m，最窄处4m，平均宽度约7m。倾向为193°，倾角42°。TC20内连续两件样品Au品位大于1×10^{-6}，分别为2.99×10^{-6}和1.78×10^{-6}。

Ⅵ号脉体：该脉体与Ⅴ号脉体近于平行，长度约为679m，最宽处11m，最窄处2m，平均宽度约5m。倾向183°，倾角41°。该脉体取样JBL9、JBL10、JBL11，Au品位分别为5.29×10^{-6}、2.66×10^{-6}、3.3×10^{-6}。

Ⅶ号脉体：该脉体位于Ⅵ号脉体南部，长度约为371m，最宽处8m，最窄处1m，平均宽度约2.5m。倾向186°～207°，倾角63°～72°。该脉体共取样11个，分别为JBL1～JBL8、JBL18、JBL22、JBL23，Au品位分别为0.15×10^{-6}、0.03×10^{-6}、0.19×10^{-6}、0.06×10^{-6}、3.24×10^{-6}、0.05×10^{-6}、3.64×10^{-6}、1.42×10^{-6}、0.09×10^{-6}、0.52×10^{-6}、0.49×10^{-6}。

Ⅷ号脉体：分布于矿区东南部，长度约182m，最大出露宽度5m，最窄宽度2m，平均出露厚度3m。倾向185°～193°，倾角50°～71°。该矿体取样JBL25，Au品位为1.33×10^{-6}。

Ⅸ号脉体：分布于矿区东南部，整体走向与地层一致，长度约673m，最大出露宽度10m，最窄宽度1m，平均出露厚度5m。倾向195°，倾角50°。该矿体取样共10个，分别为JBL27～JBL34、JBL57、JBL58，Au品位分别为0.84×10^{-6}、0.2×10^{-6}、0.41×10^{-6}、0.14×10^{-6}、1.14×10^{-6}、0.56×10^{-6}、0.12×10^{-6}、0.06×10^{-6}、10.69×10^{-6}、0.08×10^{-6}。

Ⅹ号脉体：分布于矿区东南部，整体走向与地层一致，长度大于约160m，出露宽度12m，倾向195°，倾角69°。该矿体取样共6个，分别为JBL44～JBL49，Au品位分别为32.39×10^{-6}、0.12×10^{-6}、0.94×10^{-6}、3.96×10^{-6}、2.14×10^{-6}、3.03×10^{-6}。

矿石矿物成分：菱铁矿、黄铜矿、黄铁矿、方铅矿、白铅矿、磁铁矿、钛铁矿、菱铅矿、褐铁矿、自然铜、自然金等。

脉石矿物：绢云母、绿泥石、石英、重晶石等。

矿石结构、构造及矿石类型：片状变晶结构、糜棱-千糜结构；角砾状构造、粉末状构造、眼球状构造。

围岩蚀变：断裂破碎带及上下盘岩石矿化蚀变强烈，主要为菱铁矿化、黄铁矿化、褐铁矿化、绢云母化、高岭土化、绿泥石化、硅化、黄钾铁钒化等。

10.3.2　琼巴额什金矿找矿靶区资源量预测

琼巴额什金矿找矿靶区的金预测资源量总计约为17.83t（见表10.1）。

表10.1　琼巴额什金矿区矿体资源量一览表

矿体号	长度/m	推测深度/m	平均宽度/m	倾角/(°)	平均厚度/m	金平均品位/($\times10^{-6}$)	比重	334金资源量/t
Ⅰ	356	89	5	65	4.53	3.85	2.7	1.492
Ⅱ	78	19	3.5	65	3.17	1.26	2.7	0.016
Ⅲ	94	24	5	60	4.33	1.62	2.7	0.043

续表

矿体号	长度/m	推测深度/m	平均宽度/m	倾角/(°)	平均厚度/m	金平均品位/($\times10^{-6}$)	比重	334 金资源量/t
Ⅳ	426	106	5	65	4.53	11.59	2.7	6.401
Ⅴ	431	108	7	52	5.52	2.39	2.7	1.658
Ⅵ	679	170	5	51	3.86	3.76	2.7	4.523
Ⅶ	371	93	5	70	4.70	1.89	2.7	0.827
Ⅷ	182	45	3	71	2.84	1.33	2.7	0.083
Ⅸ	673	168	5	50	3.83	1.75	2.7	2.016
Ⅹ	120	30	12	69	11.20	7.10	2.7	0.772
合计								17.831

10.4　喀依孜钼矿找矿靶区

喀依孜钼矿点位于恰尔隆乡东北向 22km 处，地理坐标：东经 75°06′～76°05′，北纬 38°11′～38°12′。

10.4.1　喀依孜钼矿找矿靶区地质特征

我们在矿区进行了 1∶1 万地质草测图（图 10.11），出露地层为蓟县系桑珠塔格群，主要岩性有变砂岩、板岩、片岩夹大理岩。矿区断层发育，有一大型断层北西—南东向穿过矿区。小断层较多，分布零散。矿区出露有斜长花岗斑岩、石英闪长岩、花岗闪长斑岩。

1. *矿体地质特征*

矿区现在发现两个矿化带（图 10.11），南矿带为钼矿化带，位于矿区中南部，矿化带长约 900m，宽 5～70m，发现了两个矿化集中的地段，其中 I 号矿体位于矿化带北端，为矿区内矿化最强、规模最大的地段，矿化岩体地表出露长约 400m，宽约 140m（图 10.12），岩体大部分发生了矿化，坑道中矿化主要产在黄铁绢云母化带中，但矿化不均匀，富集地段达到了 15%（图 10.13a），我们在矿化岩体进行了系统刻线取样，可圈出 14m 宽的工业矿体，Mo 平均品位 0.46%。II 号矿体位于矿化带南端，受浮土覆盖及地形条件限制，地表仅局部见矿化露头，矿化长约 100m，宽为 0.5～2m。拣块样分析 Mo 品位为 0.13%。

北矿带为铜钼矿化带发育有一铜钼矿化蚀变体，分布于矿区的北部，产于花岗闪长斑岩的边部，走向北东，矿化长约 150m，宽 4～10m。拣块样分析 Mo 品位为 0.081%～0.24%。

2. *矿石类型及矿物特征*

矿区矿化为钼铜矿化，钼矿化是喀依孜钼矿区的主要矿化类型，分布在南北矿带；铜矿化较弱分布在北部矿化蚀变带中，而南矿带中仅见少量黄铜矿和孔雀石。

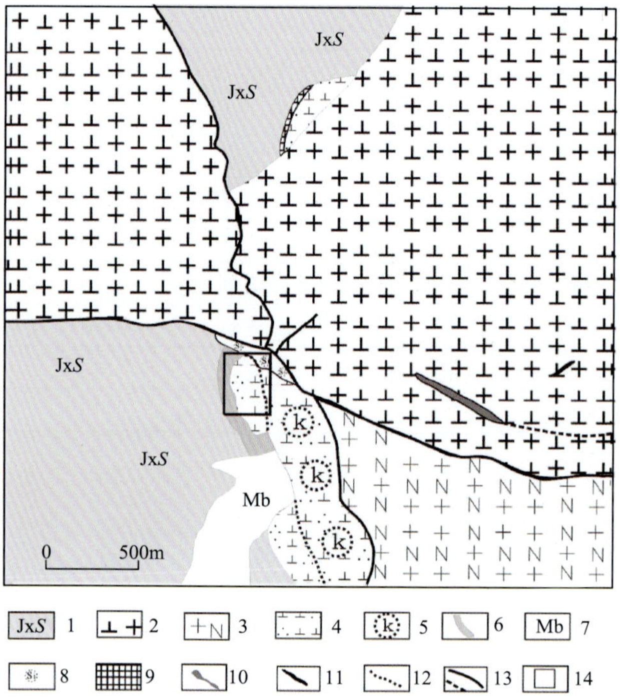

图 10.11　喀依孜钼矿点地质简图（实测资料）

1. 蓟县系桑株塔格群；2. 花岗闪长岩；3. 斜长花岗岩；4. 黄铁绢云岩化石英闪长斑岩；5. 钾化带；6. 绿泥石石英片岩；7. 大理岩；8. 硅化带；9. 铜钼矿化带；10. 褐铁矿化带；11. 辉绿岩脉；12. 岩相界限；13. 断层；14. Ⅰ号矿体位置

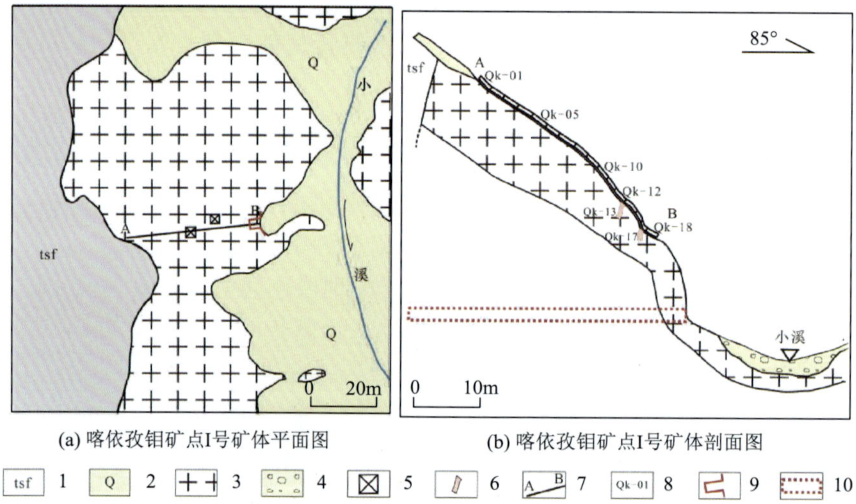

(a) 喀依孜钼矿点I号矿体平面图　　(b) 喀依孜钼矿点I号矿体剖面图

图 10.12　喀依孜钼矿点 Ⅰ 号矿体坑道布置图（实测资料）

1. 凝灰岩；2. 第四系；3. 花岗闪长岩；4. 第四系砂砾沉积；5. 浅井；6. 民采硐；7. 取样位置；8. 取样编号；9. 平硐口；10. 平硐投影

矿石类型简单，为斑点状-浸染状矿石钼矿石，由于产出位置不同，可见黄色的褐铁矿化和浅灰色两种，前者辉钼矿多产于节理中，与褐铁矿化共生，辉钼矿呈斑点状（图 10.14a）；后者多与绢云母化共生，矿石呈浸染状-斑点状（图 10.14b）。

(a) (b) (c) (d)

图 10.13　喀依孜钼矿点矿石类型和蚀变照片

（a）褐铁矿化中斑点状钼矿石；（b）绢云母化钼矿石；（c）岩体斑点状褐铁矿；（d）岩体的钾化带

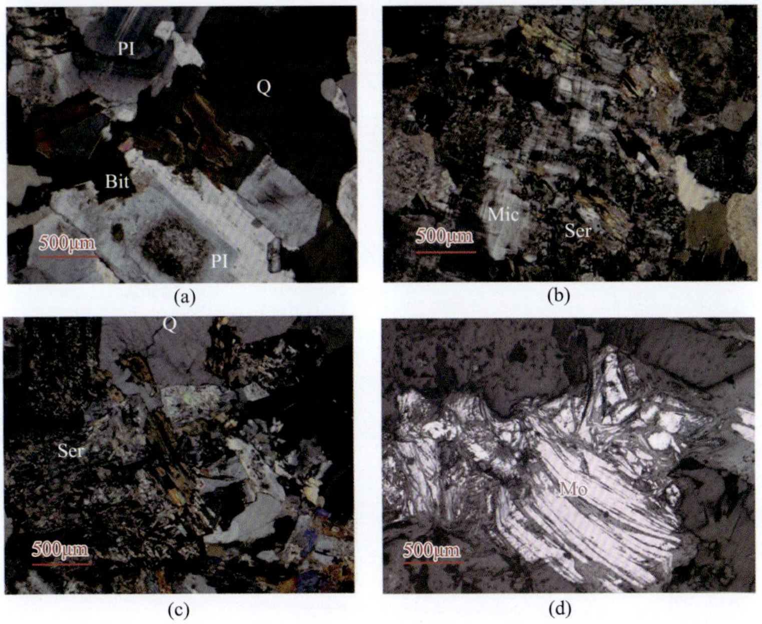

(a) (b) (c) (d)

图 10.14　喀依孜钼矿点岩石矿石镜下显微照片

（a）喀依孜钼矿区含矿花岗闪长岩，花岗结构，斜长石（Pl）环带结构（正交），其中 Bit 为黑云母，Q 为石英；（b）喀依孜钼矿区含矿花岗闪长岩，微斜长石（Mic）格子双晶发生绢云母化（Ser）（正交）；（c）喀依孜钼矿区含矿岩体长石强烈绢云母化（Ser）（正交）；（d）喀依孜钼矿区鳞片状辉钼矿（Mo），略有扰曲（反光）

矿石矿物主要为辉钼矿，鳞片状（图 10.14d），自形到半自形，大者达到 7mm，一般 1～2mm。在镜下观察辉钼矿呈灰白色，反射率低，鳞片略有扰曲，具双反色及强非均质性。

矿石中还有黄铁矿，微少，浅黄色，反射率高，一般呈小于 0.25mm 的微粒，包于方解石内，有的氧化后在矿石中呈斑点状褐铁矿化。

3. 围岩蚀变

矿区围岩蚀变较发育，主要蚀变类型有褐铁矿化、绢云母化、硅化、钾化、绿泥石化，蚀变分带明显。

钾化主要分布在矿区中部，呈南北走向，是矿区内最为明显的蚀变，（图 10.13d）可见长约 1km，宽约 800m，位于矿体的下部。

褐铁矿化：褐铁矿主要分布在南矿带Ⅱ矿体中，岩体含有不等的黄铁矿，氧化后，形成了斑点状-块状褐铁矿化。在Ⅰ矿体中，发育有斑点状褐铁矿化及沿节理发育的强褐铁矿化（图 10.13c），后者与钼矿化相伴生，成因上有密切关系。

绢云母化发育在矿体中，绢云母鳞片状集合体（图 10.14c）分布，发育强度不等，在成因上绢云母化与钼矿化关系密切。从目前矿化发现的情况来看，矿化主要产在褐铁矿化和绢云母化中。

绿泥石化主要发育在矿区南部，在深沟切过的河道中，见到宽约 200m，走向南北。

4. 成岩成矿年代学研究

1）岩体锆石 LA-ICPMS U-Pb 年代学研究

喀依孜钼矿点含矿花岗闪长岩为也提木苏复式岩体的一部分，花岗闪长岩锆石较小，选出的锆石多数不完整，锆石颗粒短柱状，长为 50～120μm，大部分锆石具有环带结构，且多具核边结构，计算出的谐和年龄为（250.7±4.7）Ma（图 10.15a），加权平均年龄为（250.9±4.6）Ma（图 10.15b）。

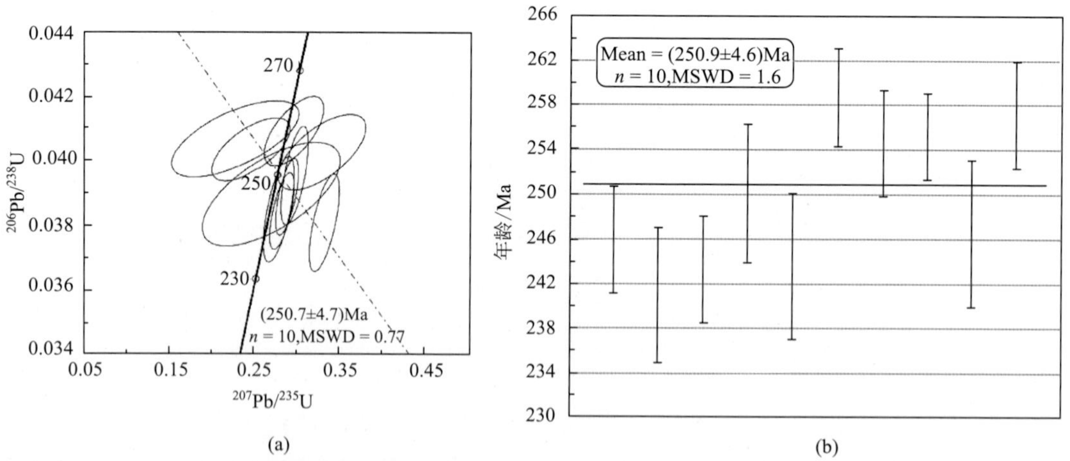

图 10.15　喀依孜矿区含矿岩体的锆石 U-Pb 谐和图（a）和加权平均年龄图（b）

2）辉钼矿 Re-Os 年代学研究

喀依孜矿区 3 件辉钼矿样品 Re 含量分别为 4.1×10^{-6}、6.8×10^{-6}、15.1×10^{-6}，较小同钼矿区低一个数量级，Re 与 Os 含量变化较协调。模式年龄分别为（254.4±1.9）Ma，（257.0±3.4）Ma，（258.5±2.0）Ma，三件辉钼矿年代较接近，富集的钼矿石较坑道内钼矿时代较新，成矿时代晚，利用 ISOPLOT 软件将 3 件数据回归成一条直线，求得 Re-Os 等时线年龄为（253±7）Ma。成矿发生在晚二叠世末期。

5. *矿床成因类型及其找矿意义*

喀依孜钼矿点产于喀依孜复式岩体边部，矿区内矿化蚀变发育，有绢云母化、褐铁矿化、钾化、绿泥石化，呈带分布明显，矿化主要产在岩体的绢云母化和褐铁矿化带中，矿石主要为斑点状-浸染状，矿化简单为辉钼矿化，矿化规模较大。根据这些地质特征，认为该矿床为斑岩型钼矿床。Re-Os 等时线年龄为（253±7）Ma（MSWD = 1.5，成矿发生在晚二叠世末期）。

喀依孜钼矿点发育典型热液蚀变带，蚀变带中钾化发育、黄铁绢云岩化、青磐岩化明显。辉钼矿以星点状、斑点状发育在花岗闪长岩岩体中，成矿元素单一，除见到少量的黄铁矿及微量的黄铜矿外，尚未见到其他金属硫化物，结合花岗闪长岩地球化学为钙碱性特征，该钼矿床类型属于钙碱性斑岩型钼矿床（Westra and Keith，1981）。岩体含浸染状的黄铁矿较高，表明岩体处于高硫环境。辉钼矿多沿裂隙薄膜状、团块状发育，可能存在次生富集作用。在岩浆晚期阶段，发育方解石脉，尚未发育多金属硫化物脉。同时，矿区内缺乏典型网脉状的矿石和角砾岩筒，可能剥蚀到一定的程度，与我国东秦岭和燕辽钼矿带典型的钼矿床有所差别，应属于斑岩型钼矿床（聂凤军等，2002）。

10.4.2　喀依孜钼矿点勘探验证及找矿潜力

在矿区南矿带Ⅰ、Ⅱ号矿体上进行了电磁测深工作和Ⅰ号矿体坑道工程验证坑道布置工程素描图见图 10.16。坑道观察表明连续见到钼矿化 35m，矿化不均匀分布在黄铁绢云岩化带中，在局部地段呈团块状钼矿化，富矿化地段矿石品位大于 5%。

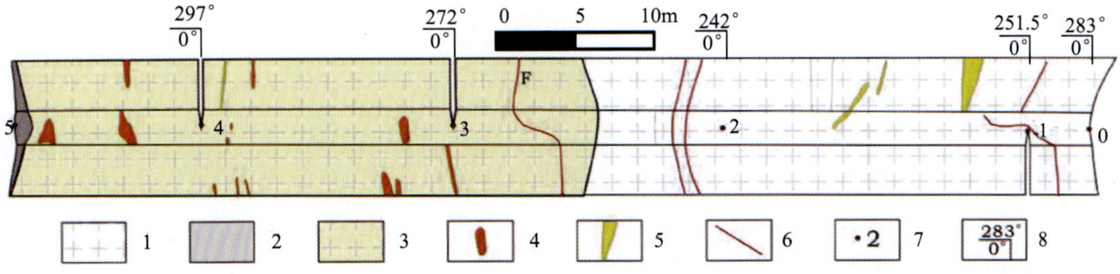

图 10.16　喀依孜钼矿区 1 号坑道素描图（实测资料）

1. 花岗闪长岩；2. 片岩；3. 黄铁绢云岩化带；4. 强烈钼矿化；5. 强烈褐铁矿化；6. 断层；7. 测点号；8. 测线方位及倾角

两条剖面 EH4 电磁测深表明，矿体下面存在很好的低阻体。如Ⅱ号矿体 EH4 剖面水平距 500～600m 为地表矿化地段，深部呈圆形的异常，延深到 120m，同时西部还存在两异常体，形成了在 300m 以上存在多个大异常，300m 以下成为狭窄的异常，可能为矿化呈漏斗状矿化。因此，矿区深部找矿潜力良好。综合看来，喀依孜钼矿点不失为一个良好的斑岩型矿床找矿靶区。

10.5　马乃克铜矿找矿靶区

马乃克铜矿位于新疆英吉沙县南方向 80km 处，隶属新疆维吾尔自治区阿克陶县管辖，地理坐标：东经 76°00′～76°03′，北纬 38°11′～38°15′。矿区中心坐标：东经 76°02′，北纬 38°13′。

10.5.1　马乃克铜矿点矿区地质

1. *矿区地层*

我们在矿区进行了 1∶1 万的地质矿产调查，测制了矿区地质简测图（图 10.17）。矿区主要出露地层有侏罗系下侏罗统莎里塔什组（J_1sh）、康苏组（J_1k）和杨叶组（J_1y）。

莎里塔什组（J_1sh）岩性主要为灰-灰绿色中-厚层状石英岩-砂岩质粗砾岩、灰白色中层状中粒石英砂岩，底部多为粗角砾岩，厚十至数十米，砾岩中砾石以次棱角状为主，少量次圆状和棱角状，一般多在 1～20cm，大小混杂，个别可达 50cm，含量 50%～70%，走向上可相变为砂砾岩或砾质砂岩。填隙物以砂泥质为主。砾石成分为白色石英岩、砂岩、粉砂质板岩等。底部角砾岩，呈次棱角状，大小混杂，一般多在 2～10cm，含量 70%左右。

康苏组（J_1k）在测区西部大面积出露，与下伏莎里塔什组（J_1sh）及上覆杨叶组（J_1y）均为整合接触关系。康苏组基本层序由灰黑色泥质石英粉砂岩与褐灰色薄层细砂岩构成，具向上变粗的粒序特征。区内该组普遍含有工业煤层，并伴有菱铁矿结核或透镜体。中上部见波痕，平行层理、楔状层理和小型槽状层理，其沉积环境为湖泊-沼泽相沉积。

矿区中没有见到煤层（线），不过在区域上见有多层煤（线），煤层厚 50～70cm，局部可达数米，延伸较为稳定，多具工业意义。区内康苏组岩性较为稳定，横向变化不大。受构造影响，层位出露不十分连续，厚度大于 763.7m。以其大量的中碎屑岩组合、褐灰色调和含工业煤层或煤线为主要特征，易于同以粗碎屑组合、灰绿色调为特征的莎里塔什组区分，并以大量页岩的出现作为杨叶组开始的标志。

杨叶组（J_1y）与康苏组出露位置大致相同，呈面状出露于山坡地带。主体岩性下部为灰黑色极薄层状泥质粉砂岩、泥质石英粉砂岩或粉砂质页岩、炭质页岩，炭质页岩往往相变为煤层或煤线，见菱铁矿；中部多为“泛绿”段，以页岩、细砂岩为主；上部以灰色、黄灰色细粒砂岩、钙质石英粉砂岩为主。砂岩中多见平行层理、波状层理，顶部砂岩还见有对称波痕。

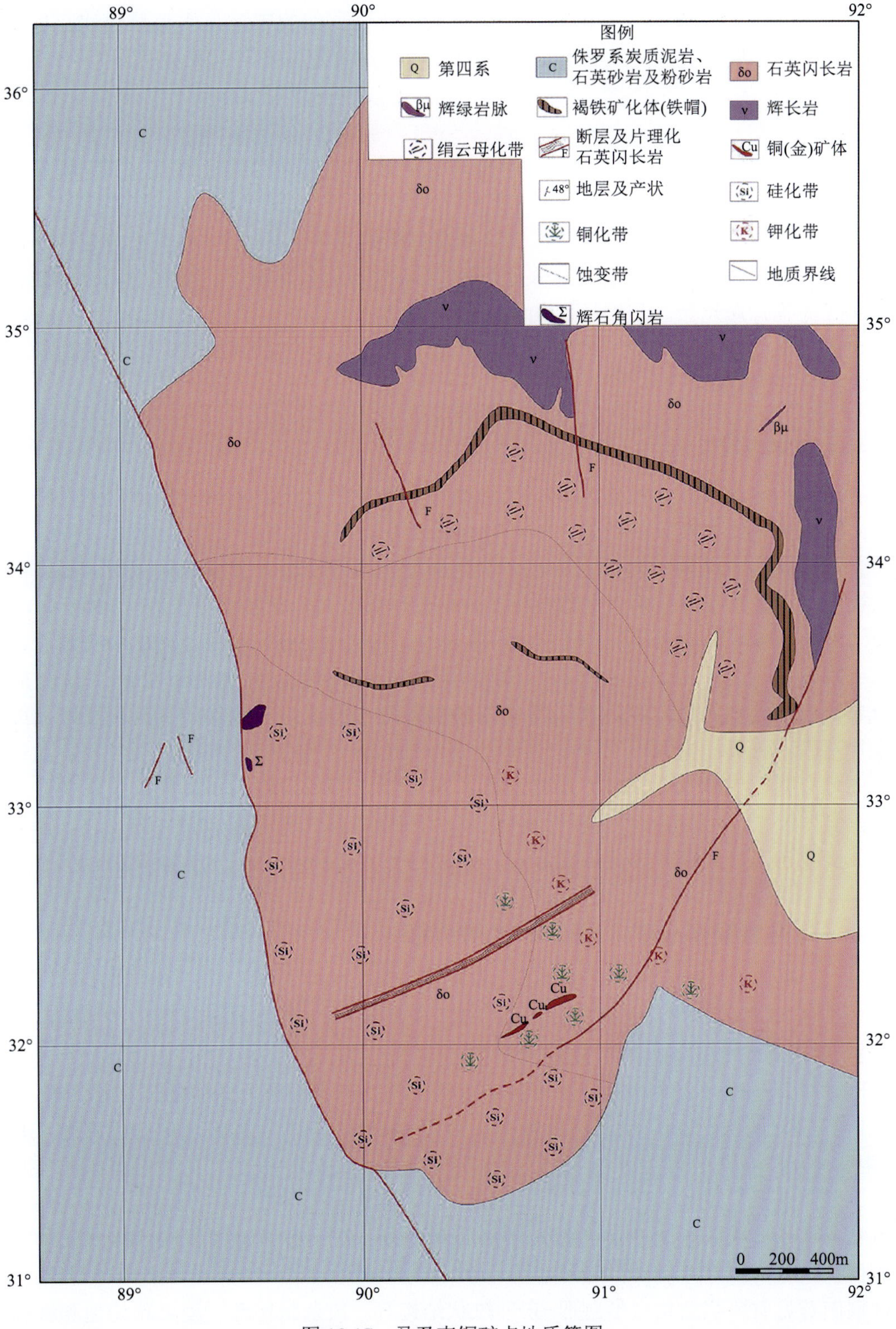

图 10.17　马乃克铜矿点地质简图

区内杨叶组岩性稳定，变化不大。在区域路线上，该组下部见有少量煤线，厚一般几厘米。另在砂岩中见双壳类碎片，炭质页岩中还产有植物及其大量碎片。

2. 矿区构造

矿区内地层属单斜构造，在局部存在层间揉皱，为紧闭的线形褶皱，其翼幅一般不超过 2m，褶皱轴线与地层走向一致。

矿区内断裂构造较发育，以北东向和南北向断裂为主。其中 F1 为南北向断层，地层近直立，西盘为硅化岩体，东盘为侏罗系地层；F2 为北东向断层，横穿岩体，地表为宽 20～30m 的强片理化带，长度大于 800m；F3 亦为北东向断层，平行 F2，长度大于 1000m。同时填图中在图幅北部多见一些近南北向、北西向和北东向的小断层，似呈放射状分布于含矿岩体周围。

3. 矿区侵入岩

岩浆岩为喀依孜岩体的东北部的西南缘，为喀依孜复式岩体的一部分，通过野外调查，矿区出露岩体有石英闪长岩、斜长花岗岩及花岗闪长岩。

含矿岩体为石英闪长岩，浅灰色，块状构造。局部地段含黄铁矿氧化后的褐铁矿，呈灰褐色。岩石具花岗结构，中粗粒结构，蚀变作用较强，矿物由斜长石（30%～40%）、石英（20%～35%）、碱性长石（15%），黑云母（10%～15%）组成，副矿物有锆石，不透明矿物微量（大于 1%）。斜长石：自形-半自形，板柱状，大小 0.5～2mm，无定向密集分布，表面模糊不清，普遍绢云母化，局部有钠长石化。多数晶体具有聚变双晶或残余聚片双晶。石英：半自形-他形，粒状，0.1～2mm，少量大于 3mm，裂纹发育，部分晶体中包有黑云母和长石晶体。碱性长石：见条纹长石和微斜长石，条纹长石条纹结构明显，晶体较大，3～4mm。微斜长石格子双晶清晰。碱性长石多数发生黏土化。黑云母量少，多数自形，大部分蚀变成绢云母。矿物有平行微裂隙发育，充填碳酸盐矿物。

10.5.2　马乃克铜矿点矿（化）体地质特征

1. 铜矿（化）体特征

1）铜矿体的分布、形态、规模及产状

矿区共分布有一个铜矿体（图 10.17）。铜矿体均产于石英闪长岩的弱钾化带中。

1 号矿体地表长 80m，地表出露最高标高为 4413m（矿体东北端），最低标高为 4381m（西南端）。

铜矿体地表出露宽 8～15m，平均 11m，主要表现为细粒的黄铜矿，黄铜矿呈浸染状、星点状分布于石英闪长岩中，孔雀石多沿裂隙分布。对铜矿体进行了连续刻线取样，含铜品位 0.24%～1.17%，平均 0.65%。

矿区铜矿石见有斑状结构、半自形-它形粒状结构等。斑杂状构造、浸染状构造和细脉状构造。浸染状构造是由细粒-不等粒黄铜矿、呈不规则稀疏浸染状分布的黄铁矿构成的。

斑杂状构造：矿石中黄铜矿集合体或黄铁矿的集合体与石英等呈斑杂状分布，偶见团块状分布的。细脉状构造不规则，石英细脉宽 0.5～2cm 不等，细脉长度不稳定，孔雀石沿细脉裂隙产出。

矿区内铜矿矿石的金属矿物主要有黄铜矿、黄铁矿，其次为少量磁铁矿；矿石中脉石矿物主要有石英、长石，其次为黑云母、角闪石、绿泥石、方解石、绿帘石等。

2）其他铜矿化的分布、形态、规模及产状

矿区内还分布多处铜矿化，多呈小面积或零星分布，在 2 号铁帽带的西端，通过浅部揭露见长 4m，宽 0.4～0.5m 的铜矿化，含铜品位 0.34%。在靠近硅化带的弱钾化带中长大于 500m 的范围内均陆续见到小面积分布的低品位铜矿化，拣块样铜品位 0.1%～0.16%。

同时 1 号铁帽带长大于 2500m，宽 20～80m，对 1 号铁帽东端地表进行了单线连续拣块样分析，其中有 2 个样品铜品位 0.2%，控制样长 10m，显示了号铁帽带深部具有非常好的找矿前景。

2. 围岩蚀变组合

矿区内铜矿（化）体的围岩蚀变主要有：硅化、黄铁矿化、绢云母化、钾化等。

硅化：发育于矿区内中酸性岩体的西南部，面积约 2km^2，主要由灰白色强硅质岩组成，形成一个明显的硅核带。岩石中石英含量大于 90%，其次为少量的角闪石等暗色矿物的残留（5%～8%）、少量绢云母。

钾化：紧靠硅化带分布，分布于矿区的中部偏南，地表较弱，表现为黑云母化和少量钾长石化，地表岩石为硅化的浅灰色花岗闪长岩，暗色矿物黑云母、角闪石较硅核变多为特征，目前矿区主要的一条铜矿化体产于该带中。

绢云母化：在矿区的中部偏北分布，表现为石英闪长岩绢云母强烈发育，石英闪长岩呈变闪长岩，局部甚至呈绢云母角闪石英片岩。

黄铁矿化：紧邻绢云母化，在其北部外带，多与绢云母化、硅化及石英脉等相伴产出，黄铁矿多已褐铁矿化，地表呈一个长 2.5km，宽 20～80m 的半环状铁帽带分布，规模宏大壮观，铁帽中的光谱分析显示局部地段铜品位达 0.2%。

绿帘石化：在石英闪长岩的东北边部发育，紧邻铁帽的外带，常和绿泥石化伴生，构成青盘岩化带。

其他蚀变可见高岭土化和碳酸盐岩化等。

通过 1∶10 000 地质简测，对矿区的蚀变组合有了较清楚的认识，矿区从南东到北西，构成了一个比较完整的硅核-钾化带-黄铁绢英岩化-青盘岩化的典型的斑岩型矿床的蚀变组合，是西昆仑北部地区开展斑岩型铜矿研究的突破口和有利的斑岩型铜矿找矿勘探基地。

3. 矿床成因

矿区从南东到北西，构成了一个比较完整的硅核-钾化带-黄铁绢英岩化-青盘岩化的典型的斑岩型矿床的蚀变组合。

铜矿体均产于石英闪长岩的弱钾化带中，铜矿石呈浸染状构造和细脉状构造。

在较大范围的钾化带中地表断续见到低品位的铜矿化。

因此初步认为马乃克铜矿点成因类型属斑岩型。

10.5.3 马乃克铜矿区深部预测

1. 马乃克铜矿 EH4 电磁测深剖面

本次工作共完成 EH-4 电测测深剖面 2 条，测量长度共计 1280m，共计完成 EH-4 电磁测深点 34 个，重复检查测量点 5 个。其中 A—A′剖面长度 1020m，B—B′剖面长度 260m。

1）马乃克矿区 A—A′剖面解译

马乃克矿区 A—A′剖面穿过铁帽带，测线方位北东向，主要对测区内铁帽的深部形态及物性特征进行研究。

马乃克矿区 A—A′线电磁测深剖面，长 1020m，方位 290°，位于测区西部。自北东至南西依次穿过辉长岩、1 号铁帽带、绢云母化石英闪长岩、2 号铁帽带、石英闪长岩。在 1 号铁帽带连续取化探样，其中 2 个样品 Cu 达到 0.2%，推测由深部含铜的硫化物矿化体引起。

剖面Ⅰ号低阻异常区位于剖面 0～100m 处，自地表延伸至 100m 的浅部异常，推测为辉长岩中含磁铁矿角闪石岩引起，100～220m 的中高阻异常为辉长岩引起。

剖面Ⅱ号低阻异常区位于剖面 220～350m 处，自地表延伸至–1000m 以下呈串珠状延伸（图 10.18），向深部未闭合。与两侧地质体电阻率差异明显，显示连续性好的低电阻率特征。结合已知地质资料，认为该处为 1 号铁帽带发育地区，与 1 号铁帽中 Cu 等元素的化探异常区吻合好，推测为矿致异常，具有良好的找矿前景。

剖面 350～640m 浅部为低阻深部为中高阻，为绢云母化带引起，其中 500～600m 较好的浅部低阻异常为剖面穿过河道时由河道积水引起。

剖面Ⅲ号中低阻异常带位于剖面 640～700m 处，自地表延伸至–280m 闭合，在–400 至–650m 又出现中低阻异常。与两侧地质体电阻率差异明显，显示连续性好的中低电阻率特征。结合已知地质资料，认为该处为 2 号铁帽带发育地段，具有良好的找矿前景。

剖面Ⅳ号中低阻异常带位于剖面 960～1000m 处，自地表延伸至–600m 闭合，为高阻体中一条狭窄的中低电阻率特征。结合已知地质资料，推测为一小断层引起。剖面 700～1020m，除Ⅳ号中低阻异常带，均为高阻体，深部为大面积石英闪长岩体。

2）马乃克矿区 B—B′剖面解译

马乃克矿区 B—B′线电磁测深剖面，长 260m，方位 290°，位于测区西部。自北东至南西依次穿过辉长岩、1 号铁帽带、绢云母化石英闪长岩剖面中低阻异常区位于剖面 0～70m 处，自地表延伸至–350m 以下，向东部侧伏，与 1 号铁帽带在该处的产状相一致，推测为矿致异常，具有良好的找矿前景。

2. 马乃克铜矿点资源量预测

马乃克铜矿点资源量预测 334 资源量，合计为 5.52 万 t。具体如下：

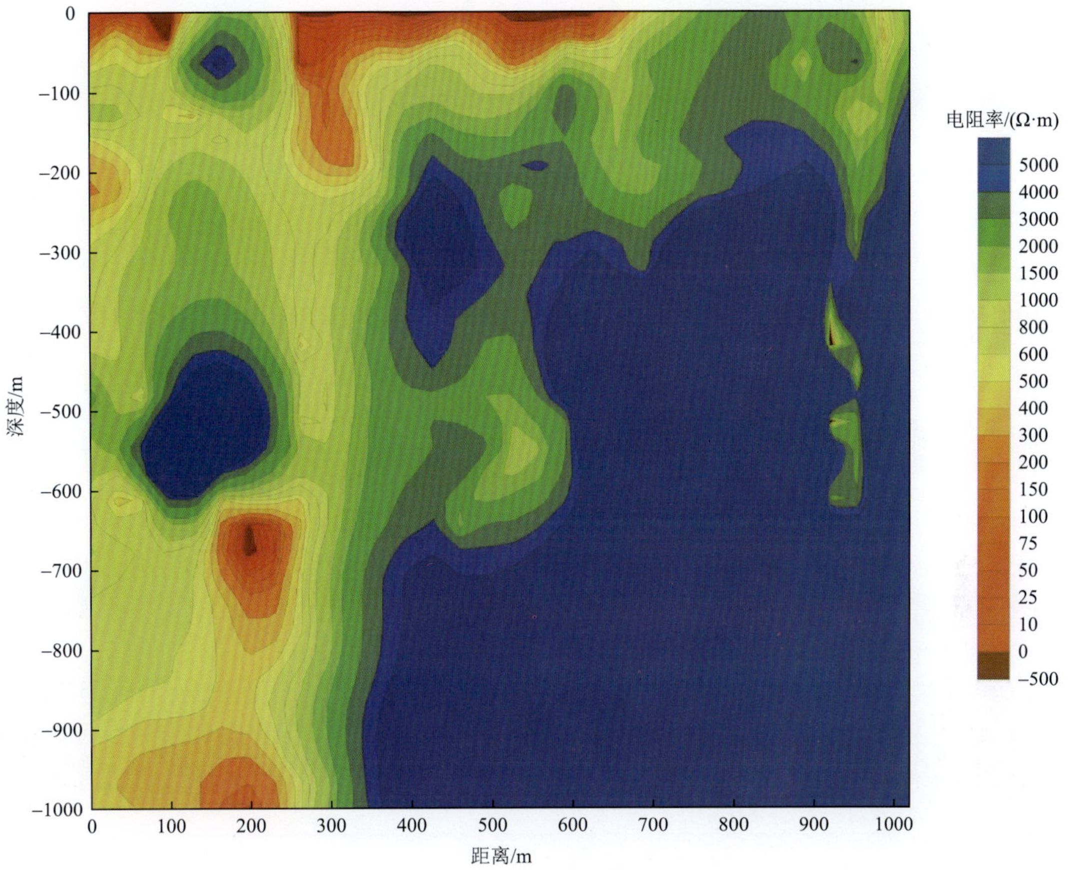

图 10.18　马乃克矿区 A—A′线 EH4 剖面解译

（1）Ⅰ号铜矿体地表出露长大于 80m，厚 11m、深度按 80m，平均品位 Cu0.67%，预测 334 资源量为：80×80×11×2.7×0.67% = 1274t。

（2）Ⅱ号铁帽地表出露长 2500m，拣块样控制厚 10m、深度按 EH4 控制 200m，平均品位 Cu0.2%，预测 3341 资源量为：2500×200×20×2.7×0.2% = 54000t。

共预测铜资源量计 55 273t。

10.6　托喀什吉勒嘎铅锌矿找矿靶区

托喀什吉勒嘎铅锌矿区位于阿克陶县西木吉乡西南的乌孜别里山口—求鲁代一带，矿区坐标：东经 73°54′～73°55′，北纬 37°33′～38°32′。木吉乡南 77km 处，汽车可通行至托喀什吉勒嘎沟口，需步行 9km，交通不便。

通过 2014～2015 年与河北省地矿局第五地质大队联合工作，完成矿区 1∶1 万地质草测 3km^2，矿带 1∶2000 地质草测 1.1km^2（图 10.19），机械挖掘槽探 5 条。

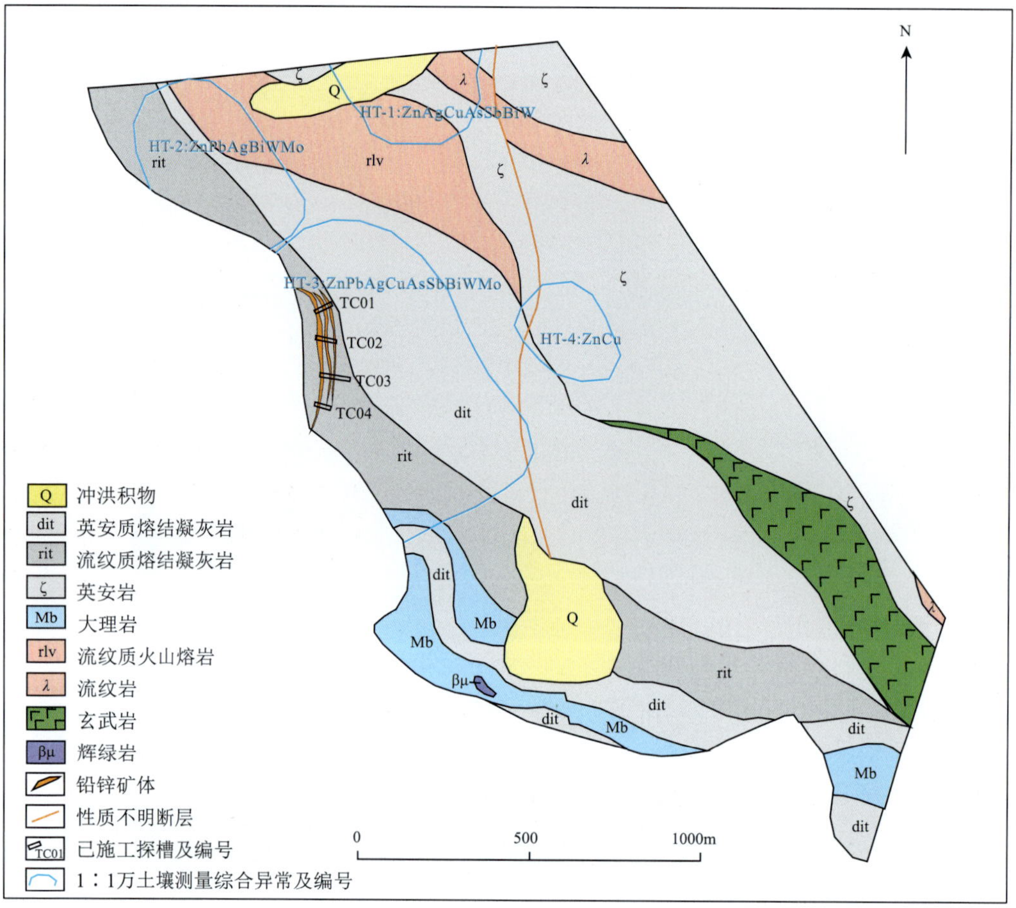

图 10.19　托喀什吉勒嘎铅锌矿床地质草测及土壤测量成果示意图

10.6.1　托喀什吉勒嘎铅锌矿床地质特征

1. 地层

测区整体位于 F12 断裂和国界线之间的区域，出露的岩性为石炭统—下二叠统哈拉米兰群第一岩性段（C_2-P_1H^1），在此岩性段的上部为一套变火山沉积岩和大理岩的互层，下部为一套变火山岩。整体岩石的走向为 110°～115°，与区域内整体岩层的走向一致。

在本区域内岩浆活动较弱，仅在图幅的南侧靠近国界处在大理岩中发育一侵入岩体。岩石类型简单，是一套基性的侵入岩体，为辉绿岩，浅灰绿色，粗粒结构，块状构造，主要由中性斜长石和角闪石组成，含有少量黑云母。发育在断层 F21 的西侧，推测其出露与断层的活动有关。

石炭统—下二叠统哈拉米兰群第一岩性段（C_2-P_1H^1）主要岩石类型如下。

玄武岩：灰绿-暗绿黑色，斑状结构，块状构造，可见气孔构造、杏仁构造和半枕状构造，斑晶成分主要由基性斜长石和辉石组成，次要矿物有橄榄石以及角闪石等，有些矿物已发生诸如绿泥石化、绿帘石化等。基性斜长石呈半自形-它形粒状，含量约为 30%，粒径为 0.1～1mm；辉石呈短柱状半自形-它形粒状，含量约为 30%，粒径为 0.2～0.8mm；橄榄石呈它形粒状，含量约为 5%，粒径为 0.1～0.2mm；角闪石呈它形粒状，含量约为 3%，粒径为 0.2～0.5mm。基质矿物成分主要为斜长石、辉石、角闪石及少量黑云母等，多呈微细粒或隐晶质。由于断裂的作用，玄武岩整体上多呈巨厚块状。

英安质熔结凝灰岩夹薄层大理岩：岩石中，英安质熔结凝灰岩占主体，岩石呈灰绿色，新鲜面呈浅灰绿色，熔结凝灰-隐晶质结构，假流动构造及块状构造。岩石由长英质火山灰和少量的晶屑、玻屑以及暗色矿物绿泥石等组成。火山灰含量大于 80%、晶屑小于 15%。其中所夹的薄层大理岩呈条带状分布于英安质熔结凝灰岩中，大理岩一般厚 0.5～15cm 不等，主要由方解石组成，整体呈浅肉红色-浅黄褐色，每米岩层中夹有 8～10 层大理岩薄层。岩石局部片理化严重，在坡上散落坡积。

变流纹质熔结凝灰岩：风化面呈黄褐色，新鲜面呈灰紫色，熔结凝灰结构，假流动构造及块状构造。火山碎屑物由＜2mm 的凝灰质组成，以晶屑和玻屑为主，成分为长英质，其中岩屑约占 5%，粒径为 0.2～1mm；晶屑约占 40%，粒径为 0.3～0.8mm；玻屑约占 20%，粒径为 0.2～0.5mm；见少量火山角砾，含量约为 10%，粒径为 0.5～1.5mm；填隙物为火山灰，约占 25%。

灰绿色火山角砾岩：灰绿色，角砾结构，块状构造，岩石的主要组成成分为火山角砾（75%）、晶屑（10%～15%）以及火山灰基质（5%）。火山角砾分选性差，多为棱角状-次棱角状，主要成分为英安岩、安山岩和凝灰岩，粒径 0.5～4cm；少量晶屑主要为石英、长石等矿物；胶结填隙物为火山灰。

变英安质熔接凝灰岩：风化面呈浅绿-绿紫色，新鲜面为绿-紫色，岩屑凝灰结构，块状构造。岩石主要由火山灰、岩屑组成，其中火山灰大于 60%，岩屑小于 30%、角砾约 0%～5%。岩屑为粗安岩、安山岩等，灰紫色，常有气孔、杏仁发育；角砾呈次棱角状，角砾常为斑状玄武岩、气孔杏仁状玄武，大小在 2～20mm；火山灰细小难于分辨。

变英安岩：深灰-灰绿色，斑状结构，块状构造，也可见流纹构造。斑晶成分主要为石英、中酸性斜长石，少量碱性长石，偶见辉石、黑云母或角闪石，多被熔蚀，局部可见熔蚀反应边结构。其中石英呈它形粒状，含量约为 25%，粒径为 0.2～1mm；斜长石呈半自形-它形粒晶状，含量约为 30%，粒径为 0.3～0.8mm；碱性长石＜5%，常环绕于斜长石周围构成正边结构；其余辉石等暗色矿物含量＜10%。基质为霏细-交织结构，主要成分为斜长石、碱性长石及石英微晶，少量暗色矿物。

变流纹岩：灰色-淡红色，斑状结构，块状构造，也可见流纹构造，主要矿物组成为石英（40%～50%）、钾长石（20%～25%），黑云母（15%～20%），次要矿物为角闪石（5%），斑晶主要为石英和长石（多为钾长石），呈半自形板柱状，大小 1～2mm；其余为基质，常为隐晶质，由钾长石、黑云母和石英组成。

大理岩：灰白-灰黄色，粒状变晶结构，块状构造。粒度为中、细粒，少见粗粒，岩石中的方解石和白云石颗粒之间成紧密镶嵌结构，方解石，呈半自形-自形，颗粒大小 0.1～0.6mm，含量 80%～90%，白云石，粒状，粒径为 0.1～0.35mm，含量为 10%～15%。

矿化大理岩：整体呈黄褐-褐红色，粒状变晶结构，块状构造。粒度为中粒、细粒颗粒，少见粗晶，岩石主要组成矿物为方解石，褐铁矿等，方解石呈半自形-自形，颗粒大小 0.1～0.6mm，含量约 80%，褐铁矿约占 10%，呈锈状，还有少量的氧化蚀变矿物，为闪锌矿、菱锌矿等，颗粒极细。

2. 构造

矿区内断裂构造欠发育，推测在四区存在一南北向的断层 F21。在区域内长约 2km，断层发育在石炭统-下二叠统哈拉米兰群第一岩性段（C_2-P_1H^1）中，略呈平滑的反 S 型，沿断裂发育碎裂岩和牵引褶皱，将火山岩以及两套大理岩错断，在 1/50 000 的高分辨率遥感解译图像上清晰可见。整体走向为 124°，地貌上为沟谷地形，有一系列泉出露，发育构造角砾岩、碎裂岩和密集节理带，此断层向南一直延伸到国境线外。

10.6.2　托喀什吉勒嘎铅锌矿床矿体地质特征

本次地质调查的过程中，在四区发现两层褐黄色大理岩，在其中有强烈矿化，正好佐证了地球化学调查在此区域内的铅锌异常极高值。此大理岩共为两层，每层宽约 100m。其出露于上石炭统-下二叠统哈拉米兰群第一岩性段（C_3-P_1H^1）的火山岩夹层中。含矿大理岩的走向在 10°～100°，倾角 50°～70°，长约 400m，厚 50～70m，目估品位在 2%～5%。在调查区呈一弧形，从国境线延出境外，在此大理岩中发现强烈的铅锌矿化现象。在大理岩中，有轻微的绿泥石化、绢云母化、硅化，有强烈的褐铁矿化出现，另在东北部的大理岩和火山角砾岩中间有明显的极细的金属矿物晶体，在肉眼下不可辨认，根据地球化学异常和快速 XRF 分析仪的分析，推测其可能为闪锌矿和菱锌矿。在本次地质调查中推测认为，此大理岩和火山沉积岩岩层中极有可能产出铅锌矿。根据以下特点，其可与典型的喷流沉积型（sedex）铅锌矿进行对比：

因为中部及东侧大理岩地段覆盖极厚，且紧邻国境线，岩性为较纯大理岩，蚀变较弱，2014 年仅在西侧熔结凝灰岩所夹的蚀变大理岩地段施工了 5 条探槽，4 条探槽见矿，发现了四层铅锌矿体，整体走向近南北，北侧转向北西，沿走向被坡积物覆盖，再向北西延出国境线，南侧转向南西，并延伸出国境线。出国境线后地势较为平缓，远看蚀变大理岩规模更甚，具有极好的前景。

含矿岩石为蚀变大理岩，围岩为熔结凝灰岩，4 条矿体平行排列，除 Zn2 规模较小外，其他 3 条具有一定规模。各矿体基本特征如下。

Zn1 矿体地表出露长 470m，有四个探槽控制，矿体控制长度约 400m，视厚度 13m，真厚度 6.52m，Zn 品位 0.5%～9.65%，单工程品位 1.77%～2.68%；

Zn2 矿体地表出露长 470m，单工程见矿，控制长度约 100m，视厚度 3m，真厚度 2.21m，品位 1.22%～4.36%，单工程品位 3.22%，矿体产状 86°∠59°；

Zn3 矿体地表出露长 470m，由 3 个探槽控制，控制长度 300m，视厚度 4～7m，真厚度 2.23～4.45m，Zn 品位 0.5%～5.01%，矿体产状由北至南由 65°∠57°变至 112°∠61°；

Zn4 矿体由 3 个探槽控制，地表出露长 470m，控制长度约 300m，视厚度 4～11m，真厚度 1.5～5.5m，Zn 品位 0.5%～12.37%，矿体产状由北至南由 60°∠66°变至 108°∠47°。

1. *矿石矿物成分*

金属矿物为菱锌矿、方铅矿、白铅矿、褐铁矿，局部有一些轻微的孔雀石化，脉石矿物绢云母、方解石，绿泥石等，矿石矿物成分相对简单，除矿物矿石较富集外，其他与围岩成分相似。

2. *矿石结构、构造及矿石类型*

矿石主要为细粒结构，在大理岩中零星偶有发现；蚀变碎裂岩型为片状变晶结构，角砾状、粉末状构造。矿体构造简单，受地层控制，集中在大理岩中，与大理岩相接触的角砾岩局部也存在矿化。

3. *赋矿围岩*

赋矿围岩主要为一套灰黄色大理岩和火山凝灰岩，在区域地质资料显示为上石炭统—下二叠统哈拉米兰群。其中灰黄色大理岩结晶颗粒细，局部有硅化。在灰黄色大理岩中往往夹有薄层凝灰岩、薄层硅质岩，具有典型的层控特点。

4. *围岩蚀变*

蚀变类型不明显，较弱，在大理岩中，层状矿体产出部位较脏。主要为菱铁矿化、褐铁矿化、绢云母化、高岭土化、硅化。

出露地层为片理化灰岩、厚层灰岩（图 10.19）及在矿区西部出露枕状玄武岩。区域地质调查认为属于中二叠系地层。矿区为一背斜构造，核部为玄武岩，翼部为灰岩、片岩。断裂构造发育，构造线为北西向，是重要的容矿构造，多数见矿化或蚀变。铅锌矿化产在背斜的东翼的灰岩中，灰岩发生了强烈的硅化、片理化。厚层灰岩中未见到矿化。

矿化带产在灰岩中，发生了强烈的褐铁矿化，矿化蚀变宽度为 50m，断续长度达 2km 以上。

10.6.3　托喀什吉勒嘎铅锌矿资源量预测

采用垂直纵投影的方法估算矿体 334 资源量，矿体下推工程间距 1/2 即 50m，歼灭外推工程间距 1/2 即 50m，矿石密度参考本次工作磁测物性标本测定的数据，矿化体岩性为蚀变大理岩，密度平均约 2.70t/m^3。

托喀什吉勒嘎铅锌矿资源量预测 334 资源量为 58 245t。具体如下（表 10.2）。

表 10.2　托喀什吉勒嘎铅锌矿区矿体资源量一览表

矿体号	长度/m	推测深度/m	平均宽度/m	倾角	平均厚度/m	锌平均品位/%	比重	334 资源量/t
Ⅰ	400	100	13	60	11.26	2.23	2.7	27 118
Ⅱ	100	50	3	59	2.57	3.22	2.7	1117
Ⅲ	300	100	5.5	59	4.71	2.47	2.7	9423
Ⅳ	300	100	7.5	57	5.87	4.33	2.7	20 587
合计								58 245

10.7　阿克希腊克铅锌矿找矿靶区

通过 2007～2009 年 3 年工作，完成矿区 1：1 万地质草测 7km^2，矿带 1：2000 地质草测 2.5km^2（图 10.20），机械挖掘槽探，剥离工程 5 条，施工验证 1 个钻孔（120m）。

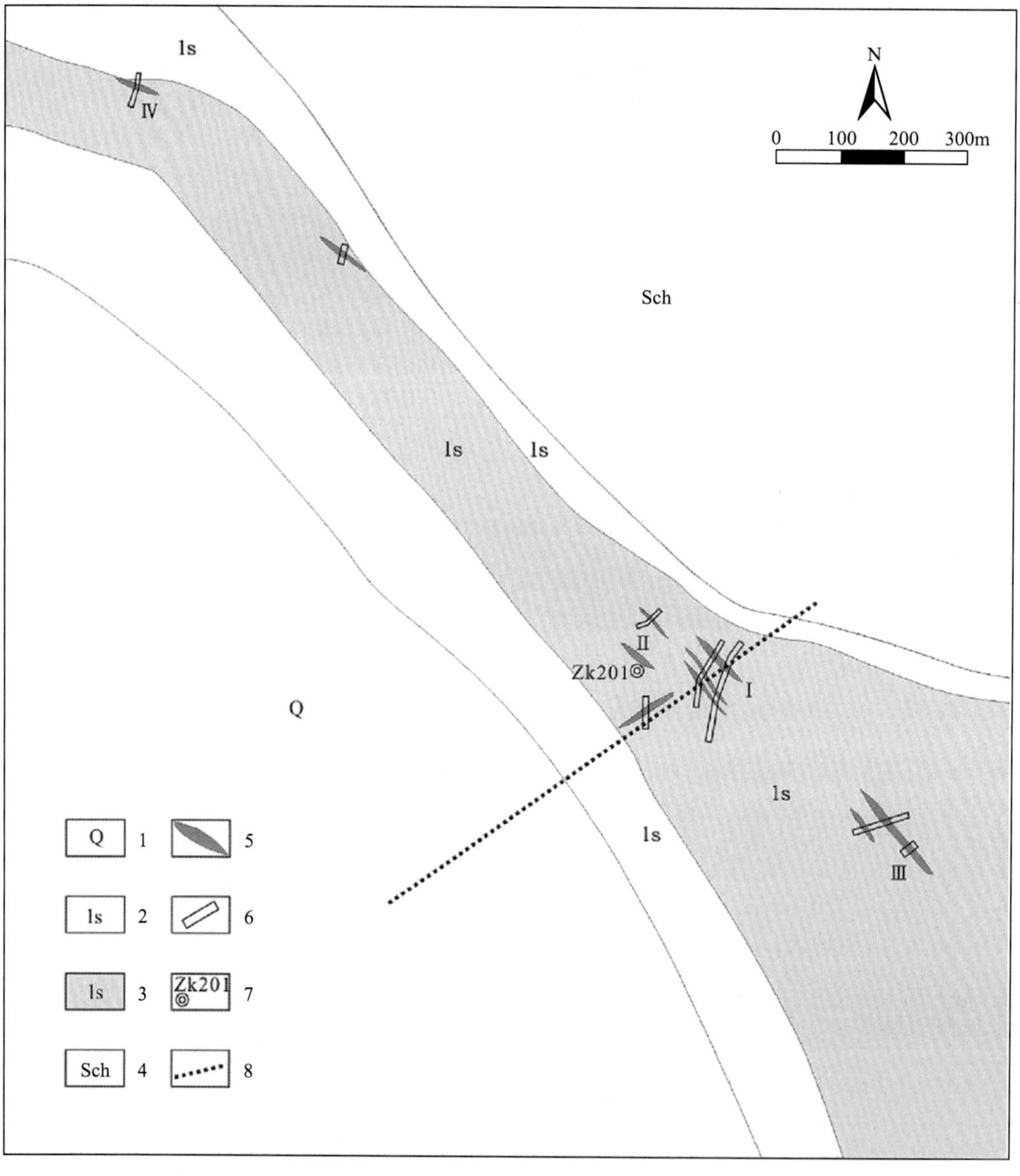

图 10.20　阿克希腊克铅锌矿区地质及工程布置简图（实测资料）

1. 第四系残坡积；2. 片理化灰岩；3. 厚层灰岩；4. 片岩；5. 铅锌矿体；6. 探槽；7. 钻孔及编号；8. EH4 剖面位置

矿区位于塔什库尔干县阿然保泰西北 17km 处，出露地层为片岩、片理化灰岩、厚层灰岩及在矿区西部出露枕状玄武岩。区域地质调查认为其属于中二叠系地层，但从矿区出露地层看，地层应属于古元古界布伦阔勒群。矿区为一背斜构造，核部为玄武岩，翼部为灰岩、片岩。断裂构造发育，构造线为北西向，是重要的容矿构造，多数见矿化或蚀变。铅锌矿化产在背斜的东翼的灰岩中，灰岩发生了强烈的硅化、片理化。厚层灰岩中未见到矿化。

矿化带产在灰岩中，发生了强烈的褐铁矿化，矿化蚀变宽度为 50m，断续长度达 2km 以上。对该矿区Ⅰ号矿体进行的 EH4 电磁测深剖面，地表矿化在异常中有很好的显示，延深 100m，在矿体西部及深部存在良好的异常，其远景非常可观。据矿化出露地段、矿化类型等可分三个矿段，各矿段的矿体特征及品位见表 10.3。三个矿段特征、形态（如倾向）各有不同，反映了复杂的成矿过程。

表 10.3　阿克希腊克铅锌矿区矿体地质特征简表

矿段	矿体编号	含矿围岩及矿化位置	矿化规模	品位	工程控制	物探异常
北段	Ⅳ	片岩断裂中	宽 1.8m，长度未控制	$\bar{w}$(Pb) 4%	1 探槽	—
中矿段	Ⅰ	片理化灰岩断裂中	地表出露长大于 500m，宽 5m，矿化淋滤严重	$\bar{w}$(Pb) 2.38%	2 探槽 1 剥离面	异常在 100m 深尖灭，在西部出现 200m 深异常
	Ⅱ	灰岩断裂及节理中	宽 8.5m，覆盖严重，工程控制长度约 30m	$\bar{w}$(Pb) 4.99%	1 剥离面	—
南矿段	Ⅲ	辉绿岩矿化蚀变体及断裂中	宽 3.7m，长 30m	$\bar{w}$(Pb) 0.96%	1 剥离面	—

10.8　找 矿 模 式

10.8.1　斑岩型铜钼矿找矿模式

研究区斑岩型铜钼矿的找矿地质模型主要体现在以下的找矿标志上。

1. 成矿构造背景

通过研究认为在西昆仑造山带的斑岩型铜钼矿，如喀依孜钼矿点、小同钼矿点、库克西里克钼矿点等大地构造位置处于与俯冲有关的岛弧环境中，斑岩型铜钼矿的含矿岩体通常产于柯岗—米亚—奥依塔格深断裂带的附近，尤其是其南侧，受柯岗—米亚—奥依塔格深断裂带的控制；喀喇昆仑造山带的斑岩型的喀拉果如木铜多金属矿床、干乡吉列铜矿床等形成于大陆边缘弧环境，含矿斑岩主要受塔什库尔干走滑断裂系统控制。

2. 岩浆岩条件

西昆仑地区的斑岩型铜钼矿如喀依孜钼矿、小同钼矿点、库克西里克钼矿点等和喀喇昆仑造山带的斑岩型的喀拉果如木铜多金属矿床、干乡吉列铜矿床等含矿岩石为花岗闪长岩、二长花岗岩、石英闪长岩等，主要为高钾钙碱性系列岩石，轻重稀土分馏强烈，富集轻稀土元素，稀土元素配分模式均为右倾型。同时斑岩型铜钼矿区，总可见到一套超基性岩组合，如喀依孜钼矿点、小同钼矿点的含矿岩体与柯岗蛇绿岩关系密切，喀拉果如木铜多金属矿床、干乡吉列铜矿床等区域有阿然保泰玄武岩、辉长岩、辉绿岩组合。

3. 形成时代

西昆仑斑岩型铜钼矿主要集中三个时期：中奥陶世形成大同一带的斑岩型铜钼矿；晚二叠世末期—晚三叠世形成斑岩型、夕卡岩型铜钼矿，如喀依孜钼矿点、下半的铜铁矿点等；喀喇昆仑早侏罗世形成斑岩型铜矿。

4. 蚀变分带

围岩蚀变特点：自岩体内向外依次为钾化带（钾长石-黑云母化带或黑云母带）、绢英岩化带（硅化带、绢云母化带和绿泥石化带）、泥化带（蒙脱石-高岭石化带）、青盘岩化带（碳酸盐-绿泥石-绿帘石化带）。

5. 表生标志

除了上述的地质标志外，还可以通过矿体或矿体发端经受表生作用后留下的一些特征进行预测找矿。这些表生标志在喀拉果如木铜多金属矿区最明显的有三个方面：①铁帽；②孔雀石化；③铜草植物。

6. 遥感找矿模型

环形构造和线性构造发育，多条主干线性构造控制环形构造，环形构造都是呈复合叠合组合，各种组合相互交叉出现，相交的环形被包容于大的环形构造中，而在这大环中同样存在呈卫星式分布的次级环，表明该区域的岩浆活动频繁发生。蚀变主要为铁矿化类蚀变＋硅化类蚀变组合。蚀变信息一般都集中在线性构造交汇区或沿着环形构造边缘分布，一般铁矿化类蚀变信息比较集中，基本在环形构造周边分布。硅化类蚀变信息沿主干线性构造展布。

7. EH-4 电磁测深

该方法是利用人工电磁场和天然电磁场测量大地电阻率的一种频率域与时间域相结合的电磁法，是 MT 和 CSAMT 两者的有机结合体，其性能优于两者，尤其是该仪器采用人工电磁场（1～100kHz）和天然电磁场（10～100kHz）相结合的工作方式，接收频点丰富，使其分辨率明显提高，可获得低频及高频探测均为高分辨率的视电阻率-深度图像。适用于在地形比较复杂或环境比较恶劣的地区，轻便高效，操作方便，是适应于西昆仑高海拔、深切割高山区自然条件下的地球物理成矿预测方法之一。在喀拉果如木铜多金属矿区，含黄铁矿化碎裂花岗岩因含有较多硫化物，导电性好，加之其裂隙中易富含地下水，其电阻率较低，小于 1000Ω·m，呈中低阻电性特征，块状二云母花岗岩体，呈致密块状构造，抗风化强，表现为高阻特征。其中含黄铁矿、黄铜矿矿化的主要为碎裂花岗岩，呈低阻特征，电阻率小于 200Ω·m，矿体与岩体、围岩电性参数差异显著。利用该方法进行测深研究十分有效。

8. 地球化学标志

应该有规模大的化探异常，其指示了区内有铜的富集，特别重视与岩体相关的 Cu、Mo 异常。其中新疆地矿局第二地质大队 1991～1995 年“西昆仑西部 1∶50 万甚低密度化探报告”圈出一批 Cu、Mo 异常。

10.8.2 沉积变质型铁矿找矿模式

研究区沉积变质型铁矿的找矿地质模型主要体现在以下的找矿标志上。

1. 成矿构造背景

布伦阔勒式铁矿均赋存于布伦阔勒群含铁岩性段中，整体赋矿围岩为黑云母石英片岩与斜长角闪片岩，二者通常互层产出，具有相似的沉积环境，为典型沉积矿床特征，普遍发育 3～4 层磁铁矿矿体，矿体宽从小于一米至几十米，延伸达数千米。

南屏雪山式铁矿赋矿围岩为一套浅海-滨海相绿片岩相变质的碎屑沉积岩，地球化学特征显示其原岩为页岩/泥质岩-碳酸盐岩类，未出现明显的火山岩系列。

2. 变质特征

变质作用分为区域变质作用、动力变质作用、接触交代变质作用。以区域变质作用为主，普遍发育，变质程度达低绿片岩相，变质矿物组合为石英 + 斜长石 + 硬绿泥石 + 白云母 + 黑云母 + 叶绿泥石。动力变质作用体现在塑性变形和脆性变形两种形式，前者多见褶皱变形、拉伸线理、定向构造等，后者可见地层错移、岩石挤压破碎等，局部铁矿体发生褶皱变形，矿体形态和矿石质量受后期改造。接触交代变质作用主要发生在侵入岩体（二长花岗岩和变辉绿岩）与大理岩的接触部位，形成透镜状的夕卡岩矿物，夕卡岩矿物以透辉石、透闪石、石榴子石为主。

3. 形成时代

布伦阔勒式铁矿形成于 510Ma，变质年龄在 463Ma，该带磁铁矿分为铁质沉积阶段、区域变质两个阶段；南屏雪山式铁矿成岩成矿时代为 593～532Ma，变质变形期为 485～440Ma。

4. 矿石类型

矿石类型以氧化物相、硅酸盐相、碳酸盐相为主。布伦阔勒式铁矿，矿石矿物主要以磁铁矿为主，少量黄铁矿及褐铁矿，脉石矿物有石英、斜长石、角闪石、黑云母、石膏等；南屏雪山式铁矿矿石矿物主要为赤铁矿，少量褐铁矿、菱铁矿，少量硫化物，主要为辉铜矿、黄铜矿，脉石矿物石英、白云石、铁白云石、方解石、白云母、硬绿泥石等，多为铁铝硅酸盐和碳酸盐矿物。

5. 表生标志

除了上述的地质标志外，还可以通过矿体或矿体发端经受表生作用后留下的一些特征进行预测找矿。这些表生标志最明显的有 2 个方面：①铁帽；②大理岩化。

6. 遥感找矿标志

蚀变主要为铁矿化类蚀变、硅化蚀变。

7. 地球物理找矿标志

布伦阔勒式铁矿航磁、高精度磁法测量是有效的勘探手段；南屏雪山式铁矿电法如 EH4 连续电导率剖面测量行之有效。

10.8.3　块状硫化物型铜矿找矿模式

研究区块状硫化物型铜矿的找矿地质模型主要体现在以下的找矿标志上。

1. 成矿构造背景

块状硫化物型铜矿主要在昆盖山北坡，均赋存于上古生代（石炭纪—二叠纪）火山岩系中，为一套基性火山岩-酸性火山岩-火山碎屑岩的组合，玄武岩与流纹质岩石交替产出，形成稳定的双峰式火山岩系列。

2. 变质特征

变质程度达到低绿片岩相，基性火山岩和酸性火山岩均发生不同程度的变质，变质矿物的组合为石英 + 斜长石 + 硬绿泥石 + 绿帘石 + 黑云母 + 白云母。蓟县系推覆体仰冲于石炭系地层之上，在其下形成厚达 1～2m 厚的断层泥，动力变质作用主要体现为塑性变形和脆性变性，塑性变形见有褶皱变形、拉伸线理、定向构造，脆性变性见有岩石挤压破碎，岩层矿体错位移动，矿体形态和矿石的质量都受到了后期的改造和剪断。接触变质作用见硫化物矿体与围岩的接触带上，常形成夕卡岩矿物，如透辉石、透闪石、绿泥石、绿帘石、黄铁矿、黄铜矿等。

3. 形成时代

块状硫化物型铜矿形成于石炭纪—二叠纪，阿克塔什铜矿得到年龄 283Ma。

4. 矿石类型

矿石矿物主要为黄铁矿和黄铜矿及少量闪锌矿、含锌砷黝铜矿、斑铜矿，偶见方铅矿和毒砂。脉石矿物为石英、绢云母、方解石、绿泥石、钠长石等。次生矿物为孔雀石、铜蓝、褐铁矿、自然硫、黄钾铁矾等。

5. 表生标志

除了上述的地质标志外，还可以通过矿体或矿体发端经受表生作用后留下的一些特征进行预测找矿。这些表生标志最明显的有两个方面：①铁帽；②孔雀石化。

6. 遥感找矿标志

蚀变主要为铁矿化类蚀变、硅化蚀变。环要素多位于围岩中，且多为相离单环，仅局部为相交复合环，应为环状水系及弧形断裂引起的；含矿层中有两个同心多重环，其中一个与铜矿点套合在一起。

7. 地球物理地球化学找矿标志

航磁异常；地面磁测异常；激电异常；水系沉积物化探异常，Cu、Pb、Zn、Au、Ag、As 元素异常套合好，强度大。

10.8.4　晚古生代 MVT 型铅锌矿找矿模式

MVT 型铅锌矿的找矿地质模型主要体现在以下的找矿标志上。

1. 成矿构造背景

该类型矿床主要产在塔木—卡兰古铅锌多金属成矿亚带，位于西昆仑地区克孜勒陶—库斯拉甫断裂以东，受卡兰古向斜控制，毗邻克孜勒陶—库斯拉甫大断裂东缘，沿着北西—南东方向产出，构造环境属于北昆仑石炭纪裂谷拗陷带，已发现矿点多达三十多处，为西昆仑研究和勘探程度最高的矿床类型之一。典型矿床有塔木、卡兰古中型铅锌矿床；少数为铜铅锌矿床，如阿尔巴列克铜铅锌矿床。矿床产在上泥盆统奇自拉夫组（D_3qz）紫色-灰绿色砂岩夹石英砾岩和下石炭统卡拉巴西塔克组（C_1kl）灰色-灰白色厚层块状中-粉粒白云岩化灰岩及白云岩中，多数矿床产在下石炭统，主要以碳酸盐岩为容矿主岩，明显地受地层层位和岩性控制。

2. 构造条件

塔木—卡兰古铅锌多金属成矿亚带区域主体构造为 NNW 向断裂构造，受中亚塔拉斯—费尔干纳走滑断层的影响，在本区形成 NNW 向克孜勒陶—库拉甫断裂和塔木—卡兰古断裂组成的区域性大断裂带是制约矿带空间展布的主要因素，另外背斜转折段—转折端可为成矿提供有利空间，同时古含水层中角砾岩具全岩铅锌矿化，为找矿开拓了新的思路。

3. 形成时代

形成于石炭纪—二叠纪。

4. *矿石类型*

矿石中主要金属矿物为方铅矿，次为黄铁矿、黄铜矿、闪锌矿，并有微量的砷镍矿，次生矿物有孔雀石、铜蓝、蓝铜矿、辉铜矿、钴华、白铅矿及铁锰氧化物。闪锌矿在地表仅在局部地段见到，但深部有增多的趋势。脉石矿物主要为白云石，次为石英、方解石和少量的重晶石。

5. *表生标志*

除了上述的地质标志外，还可以通过矿体受表生作用后留下的一些特征进行预测找矿。氧化带发育，具铁帽、孔雀石化及白铅矿化。

6. *遥感找矿标志*

蚀变主要为铁矿化类蚀变、硅化蚀变。

7. *地球物理地球化学找矿标志*

原生晕测量、电阻率测量、高精度磁测；地表工程查证（探槽、浅井）结合大比例尺地质填图、钻探、硐探。

10.8.5 中生代层控碳酸盐型铅锌矿找矿模式

中生代层控碳酸盐型铅锌矿的找矿地质模型主要体现在以下的找矿标志上。

1. *成矿构造背景*

西昆仑甜水海一带位于塔里木盆地南缘，构造上处于阿克赛钦古生代陆缘盆地和喀喇昆仑中生代陆缘盆地的结合部位，两者之间以乔尔天山—岔路口深大断裂为界。沿此断裂两侧，发育了全新疆最大的铅异常（块体）、第二大锌异常（块体）、第二大汞异常（块体）及与之对应的镉、锑等元素异常。已发现的多宝山铅锌矿、落石沟铅锌矿、祥云沟铅锌矿、天柱山铅锌矿、长蛇沟铅锌矿等分布于乔尔天山—岔路口断裂两侧，呈 NW 向展布。

侏罗系龙山组（J_2l）和白垩系铁龙滩群（K_2T），是 Pb、Zn 的主要赋矿地层。赋矿岩石主要为褐铁矿化灰岩、碎裂化灰岩及复成分砾岩，矿体多呈囊状、脉状、似层状。

2. *构造条件*

区域断裂构造较发育，与成矿关系密切。区域内乔尔天山—岔路口断裂与矿区北部一个走向北西—南东的较大断裂构造近乎平行，它们为矿区内成矿物质来源提供了通道，为矿体导矿构造。两条主断裂之间的次一级断裂构造极为发育，往往在有利部位富集成矿，为矿体成矿提供了空间，为矿区容矿构造。有迹象表明，与主断裂斜交分布的次级断裂往往比与主断裂平行分布的次级断裂更有利于成矿。

3. 形成时代

形成于侏罗纪—白垩纪。

4. 矿石类型

矿石矿物以菱锌矿、白铅矿为主，并发育少量的铅锌硫化物（以方铅矿为主）等，脉石矿物主要为方解石，偶见凝灰岩。

5. 表生标志

除了上述的地质标志外，还可以通过矿体或矿体发端经受表生作用后留下的一些特征进行预测找矿。主要蚀变类型为褐铁矿化、泥化、硅化、碳酸盐岩化。

6. 遥感找矿标志

蚀变主要为铁矿化类蚀变、泥化蚀变、硅化蚀变。

7. 地球物理地球化学找矿标志

化探测量是最直接的找矿手段；地化剖面测量、土壤测量、原生晕测量、电阻率测量；地表工程查证（探槽、浅井）结合大比例尺地质填图、钻探。

10.8.6　喀喇昆仑伟晶岩型锂矿找矿模式

研究区伟晶岩型锂矿的找矿地质模型主要体现在以下的找矿标志上（表 10.4）。

表 10.4　喀喇昆仑伟晶岩型锂矿找矿模式

地质找矿标志	1.构造背景	伟晶岩产于造山期—造山晚期
	2.相关花岗岩	印支期（218～210Ma）S 型花岗岩及 I 型花岗岩，多为过铝质花岗岩（A/CNK1.5～4.7）
	3.赋矿层位及岩性	锂矿多产于中生代三叠系巴颜喀拉山群变砂岩、二云母石英片岩、黑云石英片岩、含十字石石榴石二云母石英片岩、红柱石黑云石英片岩等中；铍矿为古元古界布伦阔勒群红柱石黑云母斜长片岩、红柱石黑云母石英片岩、石榴石黑云母石英片岩、黑云母石英片岩等岩性
	4.与花岗岩位置	富含锂矿伟晶岩多距离 S 型花岗岩体（多为二云母花岗岩）500～1000m，位于花岗岩中的伟晶岩脉大多含矿较差。含铍矿化伟晶岩多距离 S 型花岗岩体（多为英云闪长岩）1000～2000m
	5.构造标志	片理化带、次级断层、层间断层，尤其是韧性剪切带通过的地段，有利于伟晶岩的贯入和成矿。大多数含锂伟晶岩脉顺片理产出，也有部分含锂伟晶岩脉沿次级断裂和节理产出
	6.成矿时代	伟晶岩型锂、铍矿的形成时代为 218～206Ma
	7.伟晶岩脉分带特征	一般黑色电气石伟晶岩脉群较多且较发育，它们大多距离花岗岩体较近，其中一部分甚至产于花岗岩体中，但含矿性较差。一般石英脉群在最远离岩体处，其次出现锂辉石伟晶岩脉群，其与含白云母伟晶岩脉群距离较近。含锂伟晶岩脉群夹在石英脉群和含白云母伟晶岩脉群之间，如果发现含白云母的石英-钠长石-白云母伟晶岩脉群，就可能在不远处发现含锂辉石伟晶岩脉

续表

地质找矿标志	8.围岩蚀变	硅化、白云母化、绿帘石化、绿泥石化等围岩蚀变是找矿重要的间接标志
遥感找矿标志		蚀变主要为硅化蚀变、绿泥石化蚀变。由于含锂伟晶岩脉群距离含白云母的石英-钠长石-白云母伟晶岩脉群较近，故地表白云母化蚀变较强，如果应用遥感地质寻找锂矿化，应选择白云母（或绢云母）蚀变强烈的地段作为优先蚀变找矿标志
地球化学找矿标志		水系沉积物化探异常，Li、Be、Rb、Sn 元素异常套合好，强度大
地球物理找矿标志		地面磁测异常、激电异常；深部含矿伟晶岩中低电阻率

第 11 章　结论及展望

11.1　取得的主要成果

在国家三〇五项目办公室领导下和相关部门的支持下，在多名专家的指导下，本着科研面向国家需求的精神，经过艰苦努力，克服高原缺氧、交通艰险等各种困难，在典型矿床研究、成矿预测、找矿成果以及基础地质等方面均取得了重要进展，主要成果可概括为以下几个方面。

（1）在科研生产“一体化”思想指导下，我们和合作企业密切配合，对研究区内的矿床（点）、化探异常进行了综合评价，新发现多处矿床（点），提交了矿化集中区、找矿远景区，开展了靶区评价。预测 333＋334 资源量为：金 29.51t，铜 30.25 万 t，铅锌 25.97 万 t，铁 4530.21 万 t。

（2）对矿床成矿条件、矿床类型、典型矿床、成矿规律的研究取得了新进展，为今后进一步找矿提供了科学依据。

①编制了 1∶50 万西昆仑成矿预测图，将研究区划分为塔里木成矿带、西昆仑成矿带和喀喇昆仑成矿带，进一步划分了 7 个成矿亚带，同时在 7 个成矿亚带又划分出 22 找矿远景区；②将西昆仑地区重要矿床类型进行了划分。其中沉积变质型铁矿、层控型铅锌铜矿、伟晶岩型稀有金属矿、沉积型锰矿、韧性剪切带型金矿和斑岩型铜矿具有优越的成矿条件，有成为大型-超大型矿床潜力，此类矿床将成为西昆仑地区主攻的大中型矿床类型；③针对典型矿床研究认为研究区东段的南屏雪山铁多金属矿床成矿时代为新元古代—早寒武纪，具 Rapitan 型 BIF 特性；而研究区西段的塔阿西铁矿、叶里克铁矿、赞坎-莫喀尔铁矿为早古生代海相火山—沉积变质型（Algoma 型 BIF）；④初步建立早古生代沉积变质型磁铁矿成矿模式、新元古代沉积变质型赤铁矿成矿模式、喀喇昆仑斑岩型铜矿成矿模式；⑤将 EH4 连续电导率剖面法应用于西昆仑高海拔地区开展深部找矿预测，效果良好。

（3）基础地质研究取得重要进展，并为成矿地质条件和成矿环境提供了坚实的基础。

①首次对布伦阔勒群含铁岩性段中塔阿西、叶里克、赞坎-莫喀尔矿区中斜长角闪岩和黑云母石英片岩进行锆石 U-Pb 年龄分析；②对布伦阔勒群中斜长角闪片岩及黑云母石英片岩进行原岩恢复；③通过磁铁矿矿石主量、微量元素、硬石膏硫同位素、磁铁矿氧同位素、磁铁矿和黄铁矿电子探针分析布伦阔勒群中磁铁矿成因；④首次对南屏雪山铁多金属矿床赋矿围岩开展精确的 LA-ICP-MS 锆石 U-Pb 定年；⑤在喀喇昆仑明铁盖地区获得两期高精度 LA-ICP-MS 锆石 U-Pb 年龄。

11.2 未来研究需要解决的科学问题

对今后在西昆仑地区大型矿床靶区的预测和隐伏大矿的寻找，未来需要解决的主要科学问题有如下几点。

1. 西昆仑成矿带所处构造环境问题

西昆仑地区已经新发现了许多矿（化）点，其中部分矿产地有望成为大型-超大型的找矿基地，如赞坎铁矿床、老并铁矿床、叶里克铁矿床、塔木铅锌矿床、特格里曼苏铜矿床、俘虏沟铜矿床等。不同矿种的形成和大型-超大型矿床（矿产地）的分布显然是与其所处的大地构造背景密切相关的。目前，西昆仑成矿带的构造环境还存在争议，制约着地质找矿工作。西昆仑构造极其复杂，前人对该区地质构造单元划分、演化进行了大量的研究探讨，先后提出多种划分模式，如任纪舜等（1980）将昆仑山划为海西期地槽褶皱系，分为北昆仑地向斜、中昆仑地背斜、南昆仑地向斜三个构造单元；姜春发等（1992）根据多旋回理论，结合板块构造学说，提出了昆仑山多旋回开合构造学，并将其划为北、中、南 3 个构造带和 2 个离合带以及 2 个扩张带；潘裕生等（1994b）将西昆仑划分为北昆仑地体、奥依塔格—库地—其曼于特缝合带、中昆仑地体、南昆仑缝合带、塔什库尔干—甜水海地体、塔阿西—乔尔天山—红山湖缝合带、喀喇昆仑地体；姚永耘和许靖华（1994）提出昆仑山脉的“弧-弧”，“弧-陆”碰撞模式；马瑞士等（1995）认为西昆仑是早古生代塔里木南缘形成的库地沟-弧-盆体系及晚古生代形成的康西瓦沟—弧体系演化而成的古昆仑造山带；丁道桂等（1996）认为：西昆仑造山带可以划分为西昆仑山北带，西昆仑山中带，西昆仑山南带；李继亮（2000）根据美国西海岸从奥陶纪至今的大洋持续俯冲，造成大陆不断增生的理论模式，提出了昆仑增生楔-陆碰撞造山模型；李荣社等（2008）认为，西昆仑造山带自北向南包括铁克里克断隆带、昆北岩浆弧、库地—其曼于特蛇绿构造混杂岩带、昆中微陆块、柳什塔格蛇绿混杂岩、昆南增生杂岩、康西瓦—木孜塔格蛇绿构造混杂岩带等。但因后期构造叠置在前期的构造上，导致构造划分存在一定的困难。

2. 对多矿种、多成因类型的大型矿集区，如何从成矿系统的角度审视不同矿化类型（沉积变质型、斑岩型、层控型、岩浆热液型、夕卡岩型等）之间的时空及成因联系，构筑西昆仑成矿带的成矿系统

西昆仑成矿带成矿历史长、成矿类型复杂多样，主要矿床类型包括：沉积变质型、层控碳酸盐岩型、层控砂岩型、斑岩型、块状硫化物型（火山岩型）、夕卡岩型、岩浆热液型、构造蚀变岩型、岩浆熔离型、伟晶岩型等。

新元古代—早古生代主要形成沉积变质型铁矿（赞坎铁矿、老并铁矿、阿克萨依铁矿、南屏雪山铁多金属矿床等），早古生代形成层控碳酸盐岩型铁铜矿［切列克其铁矿、哈拉墩铁铜（金）矿、黑黑孜干铁矿等］和与碳酸盐有关的铅锌矿（库科西鲁格铅锌矿、阿克希腊克铅锌矿等），晚古生代形成火山岩型块状硫化物矿床（阿克塔什铜矿、萨洛依

铜矿、大勒大铜矿等)、层控砂岩型铜矿床(特格里曼苏铜矿、克孜勒铜矿等)、层控碳酸盐型铅锌铜矿床(铁克里克铅锌矿床、塔木铅锌矿床、卡拉牙斯卡克铅锌铜多金属矿床、阿尔巴列克铜铅锌矿床、乌苏里克铅锌矿床、卡兰古铅锌矿床等)和夕卡岩型铁矿(库地铁铜矿床、康达达坂铁锌矿床等)等，中新生代岩浆活动形成斑岩型铜、钼矿(喀拉果如木铜多金属矿、干乡吉列铜矿、赫勒瓦特铜矿、西若铜矿、阿特塔木达坂铜矿、玉龙喀什河铜矿、云雾岭铜矿等)和中新生代层控型铅锌铜矿(多宝山铅锌矿、火烧云铅锌矿等)。其中西昆仑塔什库尔干铁铜铅锌矿集区内形成有沉积变质型铁矿(赞坎铁矿、老并铁矿、塔吐鲁沟铁矿、切列克其铁矿、吉尔铁克沟铁矿)、斑岩型铜矿(喀拉果如木铜多金属矿、西若铜矿)、岩浆热液型钨矿(卡拉其古钨矿)、伟晶岩型稀有金属(大红柳滩锂矿、白龙山锂矿)、中新生代层控砂砾岩型铅锌铜矿(阿克希腊克铅锌矿等)等，矿集区中形成如此多矿种多矿床类型必然是一个复杂的成矿系统作用而成，而解决这种复杂成矿系统成矿地球动力学背景，尤其是不同矿种、不同成矿类型的衔接问题，构筑西昆仑成矿带的多矿种、多成因类型成矿系统，对不同成矿带成矿预测具有重要的理论意义和实际效果，也是实现西昆仑地区找矿突破的关键。

3. 西昆仑成矿带斑岩型铜矿成矿前景问题

西昆仑成矿带中酸性侵入岩十分发育，具有南北分带、东西分段和多期演化的特征。前人对研究区中酸性侵入岩开展了一系列的研究工作，但总体上研究程度较低，研究区作为重要成矿带，发育大量与中酸性岩石密切的矿床，但是其成矿机理和成矿背景还不是很清楚，尤其是对与中酸性侵入岩有关的矿床特别是斑岩型铜矿的研究较少，这制约了区域找矿工作。研究区与巴基斯坦的赛因达克(Saindak)和伊朗的萨尔切什梅(Sar Chesmeh)等斑岩型铜矿带相邻，东与藏东斑岩型铜矿带连接。由于萨尔切什梅和赛因达克等斑岩型铜矿的铜金属资源量规模都在 200 万～800 万 t，研究区内的斑岩型铜矿找矿前景不容忽视。我们研究发现有斑岩型的喀依孜钼矿、喀拉果如木铜多金属矿等，但目前由于研究和勘探程度很低，还没有大中型矿床。因此在恰尔隆铜钼铅锌矿化集中区、大同—布不伦木莎铜钼铁矿化集中区、阿然保泰铜铅锌矿化集中区加强斑岩型铜矿的研究是十分必要的。

4. 西昆仑恰尔隆—库尔良基性岩成岩年代学、岩浆源区及成岩动力学

西昆仑地区位于“古亚洲构造域”与“特提斯构造域”接壤、转化地带，在西昆仑北部发育晚古生代裂谷盆地，产有大量的火山岩。最近，在库尔良地区发现长约 40km 的阿巴勒克—托满基性侵入岩带。我们在恰尔隆地区的英吉沙煤矿、加西里、米亚、奥里克等地，发现基性岩侵入岩带，长度大于 45km。更具经济地质学意义的是在这些基性带中发育具重要经济价值的矿床，在库尔良一带发育铜(镍)硫化物矿床，在恰尔隆地区的基性岩体中发育磁铁矿体(加西里岩体)，这些矿床具有大中型规模远景。基性岩往往与深部的地幔活动有关，最近塔里木大火成岩省及地幔柱活动的识别，拓展了整个新疆地区深部地质过程研究的思路，该火成岩省及其地幔柱活动是否影响到西昆仑地区，即恰尔隆—库尔良基性岩是否属于塔里木大火成岩省的组成部分？其成因是否与塔里木地

幔柱有关？与基性岩有关的岩浆硫化物矿床和岩浆氧化型矿床可以形成大型-超大型规模，具重大经济价值，而西昆仑恰尔隆—库尔良地区基性岩已发育矿（化）体，开展基性岩深部地质过程研究，有望指导该区岩浆铜（镍）硫化物矿床和岩浆型磁铁矿床找矿勘探，有助于大型矿床的发现。

5. 甜水海—神仙湾一带的铅锌矿的成因类型

全球 MVT 型铅锌矿主要产于“泥盆纪—三叠纪”和“白垩纪—第三纪”，发育在侏罗纪、白垩纪地层的甜水海—神仙湾一带铅锌矿在时代上的对应，是否反映了全球事件在喀喇昆仑的响应？

目前在该成矿带已发现多宝山铅锌矿床、宝塔山铅锌矿床、落石沟铅锌矿点、祥云沟铅锌矿点、火烧云铅锌矿床等多个铅锌矿床（点），其中仅火烧云铅锌矿床已达超大型，多宝山铅锌矿床达到中型规模。矿床主要赋存于侏罗纪、白垩纪地层中，岩性为一套浅海相碳酸盐岩沉积或碳酸盐岩夹碎屑岩，局部夹火山岩、石膏层，地层中断裂、褶皱发育，走向呈北西—南东向延伸，矿床成因类型一直有争议。

6. 西昆仑锂铍稀有金属矿床的找矿方向

近年来西昆仑锂铍稀有金属矿床找矿取得重大突破，先后发现了白龙山锂矿床、509 道班西锂矿床、雪凤岭锂矿床等多个超大型及大中型矿床，目前主要集中在大红柳滩地区，下一步在西昆仑地区寻找大中型锂铍矿床的有利地段在哪里，还须进一步研究。

主要参考文献

毕华, 王中刚, 王元龙, 1999. 西昆仑造山带构造岩浆演化史[J]. 中国科学(D 辑: 地球科学), 29(5): 398-406.

蔡土赐, 1999. 新疆维吾尔自治区岩石地层[M]. 武汉: 中国地质大学出版社.

陈曹军, 2012. 新疆塔什库尔干地区铁矿床成矿规律及找矿方向研究[D]. 武汉: 中国地质大学.

陈登辉, 伍跃中, 李文明, 等, 2013. 西昆仑塔什库尔干地区磁铁矿矿床特征及其成因[J]. 大地构造与成矿学, 37(4): 671-684.

陈光远, 1987. 成因矿物学与找矿矿物学[M]. 重庆: 重庆出版社.

陈谋, 2022. 西昆仑康西瓦—大红柳滩地区典型铅银矿床特征及成矿模式[D]. 广州: 中国科学院广州地球化学研究所.

陈谋, 王核, 张晓宇, 等, 2022. 新疆康西瓦伟晶岩的成矿潜力判断: 来自锆石 U-Pb 年代学、地球化学与 Hf 同位素的证据[J]. 岩石学报, 38(7): 2095-2112.

陈勇, 吴亮, 张春江, 等, 2013. 新疆西昆仑塔什库尔干赞坎铁矿矿床地质特征初探[J]. 山东国土资源, 29(2): 18-22.

陈哲夫, 成守德, 梁云海, 等, 1997. 新疆开合构造与成矿[M]. 乌鲁木齐: 新疆科技卫生出版社.

储雪蕾, 陈锦石, 王守信, 1986. 罗河铁矿的硫同位素分馏机制和矿床形成的物理化学条件的研究[J]. 地质科学, 1(3): 276-289.

崔建堂, 边小卫, 王根宝, 2006. 西昆仑地质组成与演化[J]. 陕西地质, 24(1): 1-11.

崔建堂, 王炬川, 边小卫, 等, 2005. 新疆喀喇昆仑地区甜水海岩群发现青白口纪叠层石[J]. 沉积与特提斯地质, 25(1-2): 194-197.

崔培龙, 2014. 鞍山-本溪地区铁建造型铁矿成矿构造环境与成矿、找矿模式研究[D]. 吉林: 吉林大学.

邓晋福, 罗照华, 苏尚国, 等, 2004. 岩石成因、构造环境与成矿作用[M]. 北京: 地质出版社.

邓万明, 1989. 喀喇昆仑—西昆仑地区基性—超基性岩初步考察[J]. 自然资源学报, 4(3): 204-211.

丁道桂, 王道轩, 刘伟新, 等, 1996. 西昆仑造山带与盆地[M]. 北京: 地质出版社.

董连慧, 冯京, 刘德权, 等, 2010. 新疆成矿单元划分方案研究[J]. 新疆地质, 28(1): 1-15.

董连慧, 徐兴旺, 范廷宾, 等, 2015. 喀喇昆仑火烧云超大型喷流-沉积成因碳酸盐型 Pb-Zn 矿的发现及区域成矿学意义[J]. 新疆地质, 33(1): 41-50.

董永观, 郭坤一, 廖圣兵, 等, 2006. 新疆西昆仑科库西里克铅锌矿床地质及元素地球化学特征[J]. 地质学报, 80(11): 1730-1738.

董永观, 郭坤一, 肖惠良, 等, 2013. 西昆仑地区成矿远景[J]. 中国地质, (2): 173-178.

都卫东, 2012. 新疆叶城县塔卡提铅锌矿地质特征及成矿预测[D]. 兰州: 西北师范大学.

杜红星, 魏永峰, 薛春纪, 等, 2012. 多宝山铅锌矿床地质特征及地球化学研究[J]. 新疆地质, 30(1): 52-57.

杜红星, 魏永峰, 薛春纪, 等, 2013. 和田宝塔山铅锌矿地质特征与流体包裹体研究[J]. 新疆地质, 30(1): 16-20.

方爱民, 李继亮, 刘小汉, 等, 2003. 新疆西昆仑库地混杂带中基性火山岩构造环境分析[J]. 岩石学报, 19(3): 409-417.

冯京, 贾红旭, 徐仕琪, 等, 2021. 西昆仑大红柳滩矿集区伟晶岩型锂铍矿床找矿模型及意义[J]. 新疆地质, 39(3): 410-417.
高峰, 2020. 新疆和田县河尾滩地区铅锌矿矿床成因与资源潜力[D]. 西安: 长安大学.
高晓峰, 校培喜, 康磊, 等, 2013. 西昆仑大同西岩体成因: 矿物学, 地球化学和锆石 U-Pb 年代学制约[J]. 岩石学报, 29(9): 3065-3079.
高永宝, 滕家欣, 陈登辉, 等, 2017. 新疆西昆仑玛尔坎苏锰矿带成矿地质特征及找矿方向[J]. 西北地质, 50(1): 261-269.
高永宝, 滕家欣, 李文渊, 等, 2018. 新疆西昆仑奥尔托喀讷什锰矿地质、地球化学及成因[J]. 岩石学报, 34(8): 2341-2358.
广东省地质局719地质大队, 2012. 新疆塔什库尔干县塔吐鲁沟铁矿2012年地质详查报告[R]. 乌鲁木齐: 新疆地质资料馆.
郭坤一, 张传林, 沈家林, 等, 2004. 西昆仑山中元古代长城系火山岩地球化学[J]. 地质通报, 23(2): 130-135.
韩芳林, 2006. 西昆仑增生造山带演化及成矿背景[D]. 北京: 中国地质大学.
韩芳林, 崔建堂, 计文化, 等, 2002. 西昆仑其曼于特蛇绿混杂岩的发现及其地质意义[J]. 地质通报, 21(8): 573-578.
郝延海, 张征, 任毓军, 2013. 利用磁法估算铁矿石远景资源量在新疆西昆仑塔什库尔干地区航磁异常查证中的重要性[J]. 新疆有色金属, 36(3): 31-34.
何立东, 买买提明, 2013. 莫拉赫铁矿床地质特征及其成因的初步探讨[J]. 新疆有色金属, 36(S1): 19-22.
河南省地质调查院, 2004a. 叶城县幅 1∶25 万区域地质调查成果报告[R]. 北京: 全国地质资料馆.
河南省地质调查院, 2004b. 克克吐鲁克幅、塔什库尔干塔吉克自治县幅 1∶25 万区域地质调查报告[R]. 北京: 全国地质资料馆.
河南省地质调查院, 2005. 库尔干幅、艾提开尔丁萨依幅、英吉沙县幅 1∶25 万区域地质调查报告[R]. 北京: 全国地质资料馆.
河南省地质调查院, 2009. 新疆塔什库尔干—莎车铁铅锌多金属矿评价报告[R]. 乌鲁木齐: 新疆地质资料馆.
胡军, 王核, 黄朝阳, 等, 2015. EH4 连续电导率法在西昆仑大红柳滩赤铁矿床勘查中的应用[J]. 新疆地质, 33(4): 556-561.
黄朝阳, 2014. 西昆仑布伦阔勒群铁矿床地质特征及成因研究[D]. 广州: 中国科学院广州地球化学研究所.
黄建国, 崔春龙, 李文杰, 等, 2009. 新疆西昆仑库科西鲁克多金属矿集区地质特征[J]. 矿床地质, 28(2): 218-223.
黄建国, 杨瑞东, 杨剑, 等, 2013. 西昆仑北缘库斯拉甫一带寒武纪中酸性岩浆活动及地质意义[J]. 地球化学, 42(5): 454-466.
计文化, 2005. 西昆仑-喀喇昆仑晚古生代-早中生代构造格局[D]. 北京: 中国地质大学.
计文化, 陈守建, 李荣社, 等, 2009. 西昆仑昆盖山北坡铜矿化点的地质特征及其找矿意义[J]. 地质通报, 28(9): 1361-1367.
计文化, 韩芳林, 王炬川, 等, 2004. 西昆仑于田南部苏巴什蛇绿混杂岩的组成、地球化学特征及地质意义[J]. 地质通报, 23(12): 1196-1201.
计文化, 李荣社, 陈守建, 等, 2011. 甜水海地块古元古代火山岩的发现及其地质意义[J]. 中国科学: 地球科学, 41(9): 1268-1280.
计文化, 周辉, 李荣社, 等, 2007. 西昆仑新藏公路北段古-中生代多期次构造-热事件年龄确定[J]. 地球科学, 32(5): 671-680.
贾群子, 李文明, 于甫生, 等, 1999. 西昆仑块状硫化物矿床成矿条件和成矿预测[M]. 北京: 地质出版社.
贾涛, 2014. 新疆阿克陶县得克铅锌矿成矿地质特征及成因浅析[J]. 新疆有色金属, 37(6): 4-6.

姜春发, 2002. 中央造山带几个重要地质问题及其研究进展(代序)[J]. 地质通报, 21(8): 453-455.
姜春发, 杨经绥, 冯秉贵, 等, 1992. 昆仑开合构造[M]. 北京: 地质出版社.
喀什西凯矿业有限责任公司, 2008. 新疆和田县阿克沙依铁矿详查报告[R]. 北京: 全国地质资料馆.
康磊, 校培喜, 高晓峰, 等, 2012. 西昆仑康西瓦断裂西段斜长片麻岩 LA-ICP-MS 锆石 U-Pb 定年及其构造意义[J]. 地质通报, 31(8): 1244-1250.
柯珊, 2006, 塔什库尔干新生代碱性杂岩带的成因及构造意义[D]. 北京: 中国地质大学.
匡文龙, 刘继顺, 朱自强, 等, 2002. 西昆仑地区卡兰古 MVT 型铅锌矿床成矿作用和成矿物质来源探讨[J]. 大地构造与成矿学, 26(4): 423-428.
李博秦, 计文化, 边小卫, 等, 2007. 西昆仑麻扎构造混杂岩的组成及其地质意义[J]. 现代地质, 21(1): 78-86.
李博秦, 姚建新, 计文化, 等, 2006. 西昆仑叶城南部麻扎地区弧火成岩的特征及其锆石 SHRIMP U-Pb 测年[J]. 地质通报, 25(1): 124-132.
李凤鸣, 彭湘萍, 张勤军, 2010. 西昆仑切列克其菱铁矿床特征及成矿模式[J]. 新疆地质, 28(3): 274-279.
李广伟, 方爱民, 吴福元, 等, 2009. 塔里木西部奥依塔克斜长花岗岩锆石 U-Pb 年龄和 Hf 同位素研究[J]. 岩石学报, 25(1): 166-172.
李继亮, 2000. 新疆昆仑—阿尔金山地区大地构造格局, 蛇绿岩及其与成矿的关系[R]. 北京: 中国科学院地质研究所.
李洁, 甄保生, 孙革, 1991. 新疆昆仑山乌斯腾塔格—喀拉米兰晚三叠世植物化石的首次发现[J]. 新疆地质, 9(1): 50-58, 98-99.
李侃, 高永宝, 滕家欣, 等, 2019. 新疆和田县大红柳滩一带花岗伟晶岩型稀有金属矿成矿地质特征、成矿时代及找矿方向[J]. 西北地质, 52(4): 206-221.
李荣社, 计文化, 杨永成, 等, 2008. 昆仑山及邻区地质[M]. 北京: 地质出版社.
李延河, 侯可军, 万德芳, 等, 2012. Algoma 型和 Superior 型硅铁建造地球化学对比研究[J]. 岩石学报, 28(11): 3513-3519.
李永安, 高振家, 王景河. 1984. 古塔里木地块晚前寒武纪古地磁特征的初步探讨[J]. 新疆地质, 2(2), 81-93.
林清茶, 夏斌, 张玉泉, 2006. 西昆仑-喀喇昆仑地区钾质碱性岩 Ar-Ar 年龄: 以羊湖、昝坎和苦子干岩体为例[J]. 矿物岩石, 26(2): 66-70.
林师整, 1982. 磁铁矿矿物化学、成因及演化的探讨[J]. 矿物学报, (3): 166-174.
刘建, 曹子健, 赵建忠, 等, 2019. 新疆和田县黄草湖钾硼锂矿矿床地质特征及矿床成因[J]. 西部探矿工程, 31(12): 125-127.
刘建平, 王核, 李社宏, 等, 2010. 西昆仑北带喀依孜斑岩型钼矿床地质地球化学特征及年代学研究[J]. 岩石学报, 26(10): 3095-3105.
刘建平, 王核, 任广利, 等, 2009. 西昆仑铁矿矿床类型及勘探前景[J]. 矿物学报, 29(S1): 439-441.
刘文平, 王核, 仝来喜, 等, 2013. 西昆仑塔什库尔干布伦阔勒群的岩石地球化学特征及变质 P-T 轨迹[J]. 岩石学报, 29(3): 923-937.
罗照华, 莫宣学, 柯珊, 等, 2003. 塔什库尔干碱性杂岩体形成时代及其地质意义[J]. 新疆地质, 21(1): 46-50.
马瑞士, 舒良树, 孙家齐, 1995. 天山东段大型推覆构造及与成矿关系研究[R]. 北京: 全国地质资料馆.
马世鹏, 汪玉珍, 方锡廉. 1989. 西昆仑山北坡的震旦系[J]. 新疆地质, (4): 68-79, 94.
马世鹏, 汪玉珍, 方锡廉. 1991. 西昆仑山北坡陆台盖层型元古宇的基本特征[J]. 新疆地质, (1): 59-71.
梅建明, 2000. 浙江遂昌治岭头金矿床黄铁矿的化学成分标型研究[J]. 现代地质, (1): 51-55.
南京地质矿产研究所, 2004. 西昆仑成矿带成矿规律及找矿方向综合研究成果报告[R]. 北京: 全国地质资料馆.
聂凤军, 江思宏, 赵省民, 等, 2002. 内蒙古流沙山金(钼)矿床地质特征及矿床类型的划分[J]. 地质地球化学, 30(1): 1-7.
聂新坤, 石光辉, 谢月桥, 2014. 新疆叶城县帕合堡—西河休一带多金属矿地质特征与矿床成因浅析[J]. 西部探矿工程, 26(8): 120-124.
潘桂棠, 李兴振, 王立全, 2002. 青藏高原及邻区大地构造单元初步划分[J]. 地质通报, 21(11): 701-707.
潘桂棠, 朱弟成, 王立全, 等, 2004. 班公湖—怒江缝合带作为冈瓦纳大陆北界的地质地球物理证据[J]. 地学前缘, 11(4): 372-382.
潘裕生, 1989. 昆仑山区构造区划初探[J]. 自然资源学报, 4(3): 196-203.
潘裕生, 1990. 西昆仑山构造特征与演化[J]. 地质科学, 25(3): 224-232.
潘裕生, 1994a. 青藏高原第五缝合带的发现与论证[J]. 地球物理学报, 37(2): 184-192.
潘裕生, 王毅, Ph. Matte, 等, 1994b. 青藏高原叶城-狮泉河路线地质特征及区域构造演化[J]. 地质学报, 68(4): 295-307.
潘裕生, 文世宣, 孙东立, 等, 2000. 喀喇昆仑山-昆仑山地区地质演化[M]. 北京: 科学出版社.
潘裕生, 周伟明, 许荣华, 1996. 昆仑山早古生代地质特征与演化[J]. 中国科学(D 辑: 地球科学), 26(4): 302-307.
彭昌文, 高振家. 1984. 西昆仑山北坡铁克里克一带晚前寒武纪的微古植物和叠层石及其地层意义[J]. 新疆地质, 2(1): 17-28.
彭海练, 贺宁强, 王满仓, 等, 2018. 新疆和田县大红柳滩地区 509 道班西稀有多金属矿地质特征与成矿规律探讨[J]. 西北地质, 51(3): 146-154.
钱祥麟, 崔文元, 王时麒, 等, 1985. 冀东前寒武纪铁矿地质[M]. 石家庄: 河北科学技术出版社.
覃英, 温官国, 李代平, 2014. 新疆西昆仑阿克陶地区优质富锰矿的发现及意义[J]. 西部探矿工程, 26(8): 112-115.
饶东平, 曹新志, 张旺生, 等, 2013. 塔什库尔干地区老并铁矿床地质特征及成因分析[J]. 新疆地质, 31(3): 190-195.
任广利, 李健强, 王核, 等, 2013. 西昆仑西段布伦口-赞坎一带铁矿成矿系列[J]. 新疆地质, 31(4): 318-323.
任广利, 王核, 刘建平, 等, 2010. 新疆喀喇昆仑阿然保泰二叠纪 OIB 型玄武岩地球化学特征及其地质意义[J]. 岩石学报, 26(10): 3085-3094.
任纪舜, 姜春发, 张正坤, 等, 1980. 中国大地构造及其演化[M]. 北京: 科学出版社.
陕西省地质调查院, 2003. 新疆西昆仑叶尔羌河地区矿产资源综合评价成果报告[R]. 北京: 全国地质资料馆.
陕西省地质调查院, 2004. 麻扎幅、神仙湾幅 1∶25 万区域地质调查成果报告[R]. 北京: 全国地质资料馆.
陕西省地质调查院, 2006a. 岔路口幅 1∶25 万区域地质调查成果报告[R]. 北京: 全国地质资料馆.
陕西省地质调查院, 2006b. 康西瓦幅 1∶25 万区域地质调查成果报告[R]. 北京: 全国地质资料馆.
陕西省地质调查院, 2006c. 恰哈幅 1∶25 万区域地质调查成果报告[R]. 北京: 全国地质资料馆.
陕西省地质调查院, 2009. 新疆阿克陶县木吉西南一带 1∶5 万区域地质矿产调查区域矿产调查报告[R]. 乌鲁木齐: 新疆维吾尔自治区自然资源档案馆.
沈其韩, 宋会侠, 杨崇辉, 等, 2011. 山西五台山和冀东迁安地区条带状铁矿的岩石化学特征及其地质意义[J]. 岩石矿物学杂志, 30(2): 161-171.
沈其韩, 宋会侠, 赵子然, 2009. 山东韩旺新太古代条带状铁矿的稀土和微量元素特征[J]. 地球学报, 30(6): 693-699.
石光辉, 2015. 胜利桥一带铅锌矿床的地质与地球化学特征[J]. 西部探矿工, 27(4): 121-125.

孙海田, 李纯杰, 李锦荣, 等, 1996. 西昆仑布伦口地区发现铁铜共生矿床成矿带[J]. 地球学报, 17(3): 340.

孙海田, 李纯杰, 吴海, 等, 2003. 西昆仑金属成矿省概论[M]. 北京: 地质出版社.

谭克彬, 邓刚, 刘建, 等, 2016. 西昆仑新发现盐湖型卤水硼锂矿床[J]. 新疆地质, 33(4): 488-503.

汪玉会, 冷成彪, 张兴春, 2013. 新疆叶城县库喀阿孜铅-锌-(铜-钨)多金属矿区中-酸性侵入岩元素地球化学和年代学初步研究[J]. 矿物岩石地球化学通报, 32(6): 736-745.

汪玉珍, 1983. 西昆仑山依沙克群的时代及其构造意义[J]. 新疆地质, 1(1): 1-8.

汪玉珍, 方锡廉, 1987. 西昆仑山、喀喇昆仑山花岗岩类时空分布规律的初步探讨[J]. 新疆地质, 5(1): 9-24.

王超, 2011. 塔里木盆地南缘前寒武纪地质演化[D]. 西安: 西北大学.

王核, 高昊, 马华东, 等, 2020. 新疆和田县雪凤岭锂矿床、雪盆锂矿床和双牙锂矿床地质特征及伟晶岩脉群分带初步研究[J]. 大地构造与成矿学, 44(1): 57-68.

王核, 高昊, 王赛蒙, 等, 2022. 新疆西昆仑木吉地区锂铍稀有金属伟晶岩锆石及铌钽铁矿 U-Pb 年代学、Hf 同位素组成及其地质意义[J]. 岩石学报, 38(7): 1937-1951.

王核, 黄亮, 马华东, 等, 2023.西昆仑大红柳滩-白龙山矿集区锂矿成矿特征与成矿规律初探[J]. 岩石学报, 39(7): 1931-1949.

王核, 李沛, 马华东, 等, 2017. 新疆和田县白龙山超大型伟晶岩型锂铷多金属矿床的发现及其意义[J]. 大地构造与成矿学, 41(6): 1053-1062.

王核, 刘建平, 李社宏, 等, 2008. 西昆仑喀依孜斑岩钼矿的发现及意义[J].大地构造与成矿学, 32(2): 179-184.

王核, 丘增旺, 刘建平, 等, 2014. 西昆仑恰尔隆—大同一带与花岗岩有关的成岩成矿作用初探[J]. 矿床地质, 33(S1): 267-268.

王核, 任广利, 刘建平, 等, 2010. 西昆仑喀拉果如木铜矿床地质特征及发现意义[J].新疆地质, 28(4): 365-369.

王核, 吴玉峰, 刘建平, 等, 2011. 西昆仑恰尔隆—大同一带斑岩铜钼矿找矿前景分析[J]. 矿物学报, 31(S1): 845-846.

王核, 徐义刚, 闫庆贺, 等, 2021. 新疆白龙山伟晶岩型锂矿床研究进展[J]. 地质学报, 95(10): 3085-3098.

王奎仁, 1989. 地球与宇宙成因矿物学[M]. 合肥: 安徽教育出版社.

王世炎, 姚建新, 肖序常, 等, 2003. 新疆塔什库尔干县达布达尔志留纪笔石动物群的新发现[J]. 地质通报, 22(10): 839-840.

王威, 杜晓飞, 刘伟, 2022. 西昆仑 509 道班西锂铍稀有金属矿地质特征与成矿时代探讨[J]. 岩石学报, 38(7): 1967-1980.

魏菊英, 王关玉, 强德美, 1986. 鞍山弓长岭铁矿床的氧同位素组成特征[C]//矿物岩石地球化学会议文集. 宜昌: 中国矿物岩石地球化学学会同位素地球化学委员会: 34-35.

魏小鹏, 2018. 西昆仑造山带三叠纪花岗岩类时空分布、岩石成因及其构造背景[D]. 广州: 中国科学院广州地球化学研究所.

吴玉峰, 王核, 黄朝阳, 等, 2013. 新疆喀喇昆仑喀拉果如木铜矿成矿岩体地球化学和锆石年代学[J]. 岩石学报, 29(1): 205-216.

西安地质矿产研究所, 2006. 西北地区矿产资源找矿潜力[M]. 北京: 地质出版社.

肖文交, 侯泉林, 李继亮, 等, 2000. 西昆仑大地构造相解剖及其多岛增生过程[J]. 中国科学(D 辑: 地球科学), 30(S1): 22-28.

肖文交, 李继亮, 侯泉林, 等, 1998. 西昆仑东南构造样式及其对增生弧造山作用的意义[J]. 地球物理学报, 41(S1): 133-141.

肖文交, 周辉, Windley B F, 等, 2003. 西昆仑造山带复式增生楔的构造特征与演化[J]. 新疆地质, 21(1): 31-36.
肖序常, 李廷栋, 李光岑, 等, 1990. 青藏高原的构造演化[J]. 中国地质科学院院报, 20(1): 123-125.
肖序常, 王军, 苏梨, 等, 2005. 青藏高原西北西昆仑山早期蛇绿岩及其构造演化[J]. 地质学报, 79(6): 756.
谢渝, 陶玲, 朱相北, 等, 2014. 西昆仑甜水海地区铅锌矿成矿特征与找矿潜力[J]. 西北地质, 47(4): 237-244.
新疆地矿局第二地质大队，1960. 新疆黑黑孜站干乡金属矿一九五九年普查检查年终总结[R]. 乌鲁木齐：新疆维吾尔自治区自然资源档案馆.
新疆地矿局第二地质大队, 1967a. 新疆叶城县三素—塔什库尔干县热土坎白云母普查、踏勘地质报告[R]. 乌鲁木齐: 新疆维吾尔自治区自然资源档案馆.
新疆地矿局第二地质大队, 1967b. 新疆皮山县康西瓦白云母矿区一号矿脉初步勘探地质报告[R]. 北京: 全国地质资料馆.
新疆地矿局第二地质大队, 1985. 新疆南疆西部地质图、矿产图说明书[R]. 乌鲁木齐: 新疆维吾尔自治区自然资源档案馆.
新疆地矿局第二地质大队, 2003. 新疆叶城县塔吐鲁沟—黑卡一带化探异常查证报告[R]. 北京: 全国地质资料馆.
新疆地矿局第二地质大队, 2006a. 新疆塔什库尔干县卡拉其古黑钨矿普查报告[R]. 北京: 全国地质资料馆.
新疆地矿局第二地质大队, 2006b. 新疆塔什库尔干县翁吉勒铁矿普查地质报告[R]. 北京: 全国地质资料馆.
新疆地矿局第二地质大队, 2008. 新疆塔什库尔干县阿孜尕拉一带铁矿普查报告[R]. 北京: 全国地质资料馆.
新疆地矿局第二地质大队, 2009a. 新疆塔什库尔干县瓦恰铅锌矿详查报告[R]. 北京: 全国地质资料馆.
新疆地矿局第二地质大队, 2009b. 新疆塔什库尔干县皮斯岭铜矿普查报告[R]. 北京: 全国地质资料馆.
新疆地矿局第二地质大队, 2012. 新疆塔什库尔干县柯五拉克铅锌矿普查报告[R]. 北京: 全国地质资料馆.
新疆地矿局第二地质大队, 2017a. 新疆塔什库尔干县其克尔克一带铁矿预查报告[R]. 北京: 全国地质资料馆.
新疆地矿局第二地质大队, 2017b. 新疆塔什库尔干县罗布盖子一带铅锌矿调查评价报告[R]. 乌鲁木齐: 新疆维吾尔自治区自然资源档案馆.
新疆地矿局第二地质大队, 2018. 新疆阿克陶县布伦口北铜、金、稀有金属矿调查评价报告[R]. 北京: 全国地质资料馆.
新疆地矿局第二区域地质调查大队, 1999. 新疆乌恰县波斯坦铁列克一带 1/5 万区域地质调查报告[R]. 北京: 全国地质资料馆.
新疆地矿局第六地质大队, 2015. 新疆叶城县锟扬金铜矿预查报告[R]. 北京: 全国地质资料馆.
新疆地质调查院, 2000. 新疆塔什库尔干县矿产资源综合调查及靶区优级报告[R]. 乌鲁木齐: 新疆维吾尔自治区自然资源档案馆.
新疆地质调查院, 2014. 新疆西昆仑甜水海地区 1∶5 万地球化学普查报告[R]. 乌鲁木齐: 新疆维吾尔自治区自然资源档案馆.
新疆地质调查院, 2015. 新疆和田地区康西瓦—大红柳滩地区地质矿产调查报告[R]. 乌鲁木齐: 新疆维吾尔自治区自然资源档案馆.
新疆有色地质勘查局地球物理探矿队, 2004. 新疆叶城县黑黑孜站干线铁矿浅部地质普查报告[R]. 北京: 全国地质资料馆.
熊盛青, 周伏洪, 姚正煦, 等, 2001. 青藏高原中西部航磁调查[M]. 北京: 地质出版社.
许德如, 肖勇, 夏斌, 等, 2008. 海南石碌铁矿成矿模式与找矿预测[M]. 北京: 地质出版社.
许荣华, 张玉泉, 谢应雯, 等, 1994. 西昆仑山北部早古生代构造-岩浆带的发现[J]. 地质科学, 29(4): 313-328.
许志琴, 戚学祥, 杨经绥, 等, 2007. 西昆仑康西瓦韧性走滑剪切带的两类剪切指向、形成时限及其构造意义[J]. 地质通报, 26(10): 1252-1261.
燕长海, 陈曹军, 曹新志, 等, 2012. 新疆塔什库尔干地区“帕米尔式” 铁矿床的发现及其地质意义[J]. 地质通报, 31(4): 549-557.
杨克明. 1994. 论西昆仑大陆边缘构造演化及塔里木西南盆地类型[J]. 地质论评, 40(1): 9-18.
杨万志, 姜云辉, 周军, 等, 2008. 新疆区域地球化学参数特征及其研究意义[J]. 新疆地质, 26(3): 236-239.
姚永耘, 许靖华, 1994. 昆仑山脉的成因: “弧-弧”, “弧-陆”碰撞[J]. 国外地质科技, (3): 37-50.
殷晓兵, 2015. 新疆阿克陶县孜洛依北磁铁矿地质特征[J]. 新疆有色金属, 38(2): 39-43.
于换涛, 刘继顺, 刘文恒, 等, 2013. 西昆仑卡拉牙斯卡克 Pb-Zn-Cu 多金属矿床控矿构造及成矿模式[J]. 世界地质, 32(4): 733-739, 746.
于晓飞, 2010. 西昆仑造山带区域成矿规律研究[D]. 吉林: 吉林大学.
袁超, 孙敏, 杨经绥, 等, 2005. 西昆仑阿卡孜达坂绿片岩: 受大陆地壳混染的板内玄武岩[J]. 岩石学报, 21(1): 65-78.
张传林, 陆松年, 于海峰, 等, 2007. 青藏高原北缘西昆仑造山带构造演化: 来自锆石 SHRIMP 及 LA-ICP-MS 测年的证据[J]. 中国科学(D 辑: 地球科学), 37(2): 145-154.
张传林, 杨淳, 沈加林, 等, 2003. 西昆仑北缘新元古代片麻状花岗岩锆石 SHRIMP 年龄及其意义[J]. 地质论评, 49(3): 239-244.
张传林, 于海锋, 沈家林, 等, 2004. 西昆仑库地伟晶辉长岩和玄武岩锆石 SHRIMP 年龄: 库地蛇绿岩的解体[J]. 地质论评, 50(6): 639-643.
张传林, 于海峰, 王爱国, 等, 2005. 西昆仑西段三叠纪两类花岗岩年龄测定及其构造意义[J]. 地质学报, 79(5): 645-652.
张传林, 于海峰, 叶海敏, 等, 2006. 塔里木西部奥依塔克斜长花岗岩: 年龄、地球化学特征、成岩作用及其构造意义[J]. 中国科学(D 辑: 地球科学), 26(10): 881-893.
张晗, 2009. 西昆仑阿克塔什、萨落依 VMS 矿床地质特征及成因[D]. 长春: 吉林大学.
张良臣, 刘德权, 唐延龄, 等, 1990. 新疆的宝藏[M]. 乌鲁木齐: 新疆人民出版社.
张同钢, 储雪蕾, 冯连君, 等, 2003. 新元古代"雪球"事件对海水碳、硫同位素组成的影响[J]. 地球学报, 24(6): 487-493.
张文璟, 汪浩, 杨延峰, 等, 2018. 新疆和田县红黄岭铅锌矿成矿特征[J]. 地质与勘探, 54(S1): 1365-1372.
张新国, 肖北西, 杨本忠, 2008. 新疆大红柳滩锂辉石矿床的地质特征及成因[J]. 新疆有色金属, 31(B08): 18-20, 23.
张玉泉, 谢应雯, 1989. 三十里营房地区花岗岩类 Rb-Sr 等时线年龄研究[J]. 自然资源学报, 4(3): 222-227 .
张玉泉, 谢应雯, 1994. 青藏高原及邻区富碱侵入岩: 以苦干子和太和二岩体为例[J]. 中国科学: 化学, 24(10): 1102-1108.
张玉泉, 朱炳泉, 谢应雯, 等, 1998. 青藏高原西部的抬升速率: 叶城一狮泉河花岗岩 ^{40}Ar-^{39}Ar 年龄的地质解释[J]. 岩石学报, 14(1): 12-22.
张占武, 崔建堂, 朱海平, 等, 2007. 喀喇昆仑康西瓦南部向阳峰一带发现石炭纪沉积型铁矿层[J]. 地质通报, 26(4): 502.
张正伟, 彭建堂, 沈能平, 等, 2011. 西昆仑碳酸盐岩层控: 改造型铅锌矿床成矿模式与找矿评价[M]. 合肥: 中国科学技术大学出版社.
张志德, 李嵩龄, 杨德朴. 1987. 康西瓦断裂的地质特征及形成和发展[J]. 新疆地质, 5(3): 50-57.
赵晓健, 伍跃中, 王泰山, 等, 2014. 西昆仑乔尔天山: 岔路口地区铅锌矿成矿特征及找矿标志[J]. 西北地质, 47(4): 245-255.
郑永飞, 陈江峰, 2000. 稳定同位素地球化学[M]. 北京: 科学出版社.
中国地质调查局西安调查中心, 2017. 岔路口-神仙湾铅锌成矿带成矿地质背景及靶区优选成果报告(2015BAB05B03-01)[R]. 乌鲁木齐: 新疆维吾尔自治区国家三〇五项目办公室资料室.
中国科学院广州地球化学研究所, 2010. 西昆仑恰耳隆—大同一带斑岩型铜钼矿成矿条件研究和大型矿床靶区评价技术与应用研究[R]. 乌鲁木齐: 新疆维吾尔自治区国家三〇五项目办公室资料室.
中国科学院广州地球化学研究所, 2015. 西昆仑-帕米尔优势矿产资源预测和靶区评价[R]. 乌鲁木齐: 新疆维吾尔自治区国家三〇五项目办公室资料室.
中国科学院广州地球化学研究所, 2017. 喀喇昆仑优势矿产成矿规律与预测评价研究[R]. 乌鲁木齐: 新疆维吾尔自治区国家三〇五项目办公室资料室.
中国科学院青藏高原综合科学考察队, 2000. 喀喇昆仑山-昆仑山地区地质演化[M]. 北京: 科学出版社.
中国冶金地质总局新疆地质勘查院, 2007. 新疆西昆仑拉依布拉克—西若以斑岩型铜矿为主的矿产资源调查评价报告[R]. 乌鲁木齐: 新疆地质资料馆.
周兵, 孙义选, 孔德懿, 2011. 新疆大红柳滩地区稀有金属矿成矿地质特征及找矿前景[J]. 四川地质学报, 31(3): 288-292.
朱炳泉, 1998. 地球科学中同位素体系理论与应用: 兼论中国大陆壳幔演化[M]. 北京: 科学出版社.
Alexander B W, Bau M, Andersson P, et al., 2008. Continentally-derived solutes in shallow Archean seawater: rare earth element and Nd isotope evidence in iron formation from the 2.9 Ga Pongola Supergroup, South Africa[J]. Geochimica et Cosmochimica Acta, 72(12): 378-394.
Bai H Y, Wang H, Zhang X Y, et al., 2023. The origin of Xuefengling rare metal pegmatites and implications for ore prospecting in West Kunlun Orogen, China[J]. Ore Geology Reviews, 163: 105784.
Basta F F, Maurice A E, Fontboté L, et al., 2011. Petrology and geochemistry of the banded iron formation(BIF) of Wadi Karim and Um Anab, Eastern Desert, Egypt: Implications for the origin of Neoproterozoic BIF[J]. Precambrian Research, 187(3-4): 277-292.
Bau M, Dulski P, 1996. Distribution of yttrium and rare-earth elements in the Penge and Kuruman iron-formations, Transvaal Supergroup, South Africa[J]. Precambrian Research, 79(1-2): 37-55.
Bau M, Dulski P, 1999. Comparing yttrium and rare earths in hydrothermal fluids from the Mid-Atlantic Ridge: implications for Y and REE behaviour during near-vent mixing and for the Y/Ho ratio of Proterozoic seawater[J]. Chemical Geology, 155(1-2): 77-90.
Bekker A, Slack J F, Planavsky N, et al., 2010. Iron formation: The sedimentary product of a complex interplay among mantle, tectonic, oceanic, and biospheric processes[J]. Economic Geology, 105(3): 467-508.
Bershaw J, Garzione C N, Schoenbohm L, et al., 2012. Cenozoic evolution of the Pamir plateau based on stratigraphy, zircon provenance, and stable isotopes of foreland basin sediments at Oytag(Wuyitake)in the Tarim Basin(west China)[J]. Journal of Asian Earth Sciences, 44: 136-148.
Beukes N J, Klein C, Kaufman A J, et al., 1990. Carbonate petrography, kerogen distribution, and carbon and oxygen isotope variations in an early Proterozoic transition from limestone to iron-formation deposition,

Transvaal Supergroup, South Africa[J]. Economic Geology, 85(4): 663-690.

Bolhar R, Kamber B S, Moorbath S, et al., 2004. Characterisation of early Archaean chemical sediments by trace element signatures[J]. Earth and Planetary Science Letters, 222(1): 43-60.

Boström K, 1973. The origin and fate of ferromanganese active ridge sediments[M]. Stockholm: Almquist & Weskell, 149-243.

Bralia A, Sabatini G, Troja F, 1979. A revaluation of the Co/Ni ratio in pyrite as geochemical tool in ore genesis problems: Evidences from southern Tuscany pyritic deposits[J]. Mineralium Deposita, 14: 353-374.

Burtman V S, 2010. Tien Shan, Pamir, and Tibet: History and geodynamics of Phanerozoic oceanic basins[J]. Geotectonics, 44(5): 388-404.

Chu X L, Zhang Q R, Zhang T G, et al., 2003. Sulfur and carbon isotopic variations in Neoproterozoic sedimentary rocks from southern China[J]. Progress in Natural Science, 13(11): 875-880.

Claypool G E, Holser W T, Kaplan I R, et al., 1980. The age curves of sulfur and oxygen isotopes in marine sulfate and their mutual interpretation[J]. Chemical Geology, 28, 199-260.

Clayton R N，O'Neil J R, Mayeda T K. 1972. Oxygen isotope exchange between quartz and water[J]. Journal of Geophysical Research, 77(17): 3057-3067.

Danielson A, Möller P, Dulski P, 1992. The europium anomalies in banded iron formations and the thermal history of the oceanic crust[J]. Chemical Geology, 97(1-2): 89-100.

Dong Y G, Guo K Y, Xiao H L, et al., 2004. Ore-forming Conditions and Prospecting in the West Kunlun Area, Xinjiang, China[J]. Acta Geologica Sinica: English Edition, 78(2): 345-351.

Frei R, Polat A, 2007. Source heterogeneity for the major components of ~3.7 Ga Banded Iron Formations(Isua Greenstone Belt, Western Greenland): Tracing the nature of interacting water masses in BIF formation[J]. Earth and Planetary Science Letters, 253(1-2): 266-281.

Gross G A, 1980. A classification of iron formations based on depositional environments[J]. The Canadian Mineralogist, 18(2): 215-222

Hedenquist J W, Lowenstern J B, 1994. The role of magmas in the formation of hydrothermal ore deposits[J]. Nature, 370: 519-527.

Hu J, Wang H, Huang C Y, et al., 2016. Geological characteristics and age of the Dahongliutan Fe-ore deposit in the Western Kunlun orogenic belt, Xinjiang, northwestern China[J]. Journal of Asian Earth Sciences, 116: 1-25.

Huston D L, Logan G A, 2004. Barite, BIFs and bugs: Evidence for the evolution of the Earth's early hydrosphere[J]. Earth and Planetary Science Letters, 220(1-2): 41-55.

Ikeda Y, Yuasa M, 1989. Volcanism in nascent back-arc basins behind the Shichito Ridge and adjacent areas in the Izu-Ogasawara arc, northwest Pacific: evidence for mixing between E-type MORB and island arc magmas at the initiation of back-arc rifting[J]. Contributions to Mineralogy and Petrology, 101(4): 377-393.

Jia R Y, Jiang Y H, Liu Z, et al., 2013. Petrogenesis and tectonic implications of early Silurian high-K calc-alkaline granites and their potassic microgranular enclaves, western Kunlun orogen, NW Tibetan Plateau[J]. International Geology Review, 55(8): 958-975.

Jiang Y H, Jia R Y, Liu Z, et al., 2013. Origin of Middle Triassic high-K calc-alkaline granitoids and their potassic microgranular enclaves from the western Kunlun orogen, northwest China: A record of the closure of Paleo-Tethys[J]. Lithos, 156: 13-30.

Jiang Y H, Jiang S Y, Ling H F, et al., 2002. Petrology and geochemistry of shoshonitic plutons from the western Kunlun orogenic belt, Xinjiang, northwestern China: implications for granitoid geneses[J]. Lithos,

63(3-4): 165-187.

Klein C, 2005. Some Precambrian banded iron-formations(BIFs)from around the world: Their age, geologic setting, mineralogy, metamorphism, geochemistry, and origins[J]. American Mineralogist, 90(10): 1473-1499.

Klein C, Beukes N J, 1993. Sedimentology and geochemistry of the glaciogenic late Proterozoic Rapitan iron-formation in Canada[J]. Economic Geology, 88(3): 542-565.

Liao S Y, Jiang Y H, Zhou Q, et al., 2012, Zhao P. Geochemistry and geodynamic implications of the Triassic bimodal magmatism from Western Kunlun Orogen, northwest China[J]. International Journal of Earth Sciences, 101(2): 555-577.

Liu Z, Jiang Y H, Jia R Y, et al., 2015. Origin of Late Triassic high-K calc-alkaline granitoids and their potassic microgranular enclaves from the western Tibet Plateau, northwest China: Implications for Paleo-Tethys evolution[J]. Gondwana Research, 27(1): 326-341.

Matte P, Tapponnier P, Arnaud N, et al., 1996. Tectonics of Western Tibet, between the Tarim and the Indus[J]. Earth and Planetary Science Letters, 142(3-4): 311-330.

Matte P, Tapponnier P, Bourjot L. et al., 1992. Tectonics of western Tibet, from the Kunlun to the Karakorum[C]. Kashi: International Symposium on the Karakorum and Kunlun Mountains, Abstracts.

Mattern F, Schneider W, 2000. Suturing of the Proto-and Paleo-Tethys oceans in the western Kunlun(Xinjiang, China)[J]. Journal of Asian Earth Sciences, 18(6): 637-650.

Mukherjee S K, 2008. Petrography, Age(U-Pb Zircon), Geochemical and Isotopic Studies of the Sawawin Banded Iron Formation(BIF), Northwestern Saudi Arabia: Implications for Understanding Neoproterozoic Climate Change[D]. Richardson: University of Texas at Dallas.

Nyström J O, Billström K, Henríquez F, et al., 2008. Oxygen isotope composition of magnetite in iron ores of the Kiruna type in Chile and Sweden[J]. GFF, 130(4): 177-188.

Pearce J A, Harris N B W, Tindle A G, 1984. Trace element discrimination diagrams for the tectonic interpretation of granitic rocks[J].Journal of Petrology, 25(4): 956-983.

Pirajno F, 2013. The geology and tectonic settings of China's mineral deposits[M]. Dordrecht: Springer Dordrecht.

Shaw D M, 1980. Development of the early continental crust. Part Ⅲ. Depletion of incompatible elements in the mantle[J]. Precambrian Research, 10(3-4): 281-299.

Spier C A, De Oliveira S M B, Sial A N, et al., 2007. Geochemistry and genesis of the banded iron formations of the Cauê Formation, Quadrilátero Ferrífero, Minas Gerais, Brazil[J]. Precambrian Research, 152(3-4): 170-206.

Stern R J, Mukherjee S K, Miller N R, et al., 2013. 750 Ma banded iron formation from the Arabian-Nubian Shield: Implications for understanding neoproterozoic tectonics, volcanism, and climate change[J]. Precambrian Research, 239: 79-94.

Strauss H, 1993. The sulfur isotopic record of Precambrian sulfates: new data and a critical evaluation of the existing record[J]. Precambrian Research, 63(3-4): 225-246.

Sugitani K, 1992. Geochemical characteristics of Archean cherts and other sedimentary rocks in the Pilbara Block, Western Australia: evidence for Archean seawater enriched in hydrothermally-derived iron and silica[J].Precambrian Research, 57(1-2): 21-47.

Sun S S, McDonough W F, 1989. Chemical and isotopic systematics of ocean basalt: implications for mantle composition and processes[J]. Geological Society London Special Publications, 42: 315-345.

Taylor B E, O'Neil J R, 1977. Stable isotope studies of metasomatic Ca-Fe-Al-Si skarns and associated metamorphic and igneous rocks, Osgood Mountains, Nevada[J]. Contributions to Mineralogy and Petrology, 63(1): 1-49.Taylor H P, 1974. The application of oxygen and hydrogen isotope studies to problems of hydrothermal alteration and ore deposition[J]. Economic Geology, 69(6): 843-883.

Taylor H P, 1997. Oxygen and hydrogen isotope relationships in hydrothermal mineral deposits[J]. Geochemistry of Hydrothermal Ore Deposits, 229-302.

Volkert R A, Monteverde D H, Friehauf K C, et al., 2010. Geochemistry and origin of Neoproterozoic ironstone deposits in the New Jersey Highlands and implications for the eastern Laurentian rifted margin in the north-central Appalachians, USA[J]. Geological Society of America Memoirs, 206: 283-306.

Walter M R, Veevers J J, Calver C R, et al., 2000. Dating the 840-544 Ma Neoproterozoic interval by isotopes of strontium, carbon, and sulfur in seawater, and some interpretative models[J]. Precambrian Research, 100(1-3): 371-433.

Wang H, Gao H, Zhang X Y, et al., 2020. Geology and geochronology of the super-large Bailongshan Li-Rb-(Be)rare-metal pegmatite deposit, West Kunlun orogenic belt, NW China[J]. Lithos, 360-361: 105449.

Westra G, Keith S B, 1981. Classification and genesis of stockwork molybdenum deposits[J]. Economic Geology, 76(4): 844-873.

Wilson M, 1989. Igneous Petrogenesis[M]. Dordrecht: Springer Dordrecht.

Windley B F, Alexeiev D, Xiao W J, et al., 2007 . Tectonic models for accretion of the Central Asian Orogenic Belt[J]. Journal of the Geological Society, 164(1): 31-47.

Xiao W J, Han F L, Windley B F, et al., 2003. Multiple accretionary orogenesis and episodic growth of continents: Insights from the Western Kunlun Range, central Asia[J]. International Geology Review, 45(4): 303-328.

Xiao W J, Huang B C, Han C M, et al., 2010. A review of the western part of the Altaids: a key to understanding the architecture of accretionary orogens[J]. Gondwana Research, 18(2-3): 253-273.

Xiao W J, Windley B F, Chen H L, et al., 2002. Carboniferous-Triassic subduction and accretion in the western Kunlun, China: Implications for the collisional and accretionary tectonics of the northern Tibetan Plateau[J]. Geology, 30(4): 295-298.

Xiao W J, Windley B F, Fang A M, et al., 2001. Palaeozoic-Early Mesozoic accretionary tectonics of the western Kunlun range, NW China[J]. Gondwana Research, 4(4): 826-827.

Xiao W J, Windley B F, Liu D Y, et al., 2005. Accretionary tectonics of the Western Kunlun Orogen, China: A Paleozoic-Early Mesozoic, long-lived active continental margin with implications for the growth of Southern Eurasia[J]. The Journal of Geology, 113(6): 687-705.

Xiao W J, Windley B F, Yong Y, et al., 2009. Early Paleozoic to Devonian multiple-accretionary model for the Qilian Shan, NW China[J]. Journal of Asian Earth Sciences, 35(3-4): 323-333.

Xu D R, Wang Z L, Chen H Y, et al., 2014. Petrography and geochemistry of the Shilu Fe-Co-Cu ore district, South China: Implications for the origin of a Neoproterozoic BIF system[J]. Ore Geology Reviews, 57: 322-350.

Yan Q H, Qiu Z W, Wang H, et al., 2018. Age of the Dahongliutan rare metal pegmatite deposit, West Kunlun, Xinjiang(NW China): Constraints from LA-ICP-MS U-Pb dating of columbite-(Fe) and cassiterite[J]. Ore Geology Reviews, 100: 561-573.

Ye H M, Li X H, Li Z X, et al., 2008. Age and origin of high Ba-Sr appinite-granites at the northwestern margin of the Tibet Plateau: implications for early Paleozoic tectonic evolution of the Western Kunlun orogenic belt[J]. Gondwana Research, 13(1): 126-138.

Yuan C, Sun M, Zhou M F, et al., 2002. Tectonic evolution of the West Kunlun: geochronologic and geochemical constraints from Kudi Granitoids[J]. International Geology Review, 44(7): 653-669.

Yuan C, Sun M, Zhou M F, et al., 2003. Absence of Archean basement in the South Kunlun Block: Nd-Sr-O isotopic evidence from granitoids[J]. Island Arc, 12(1): 13-21.

Zartman R E, Doe B R, 1981. Plumbotectonics: The model[J]. Tectonophysics, 75(1-2): 135-162.

Zhang Z J, Klemperer S, Bai Z M, et al., 2011. Crustal structure of the Paleozoic Kunlun orogeny from an active-source seismic profile between Moba and Guide in East Tibet, China[J]. Gondwana Research, 19(4): 994-1007.

附　　录

西昆仑地区矿床（点）登记表

编号	矿产名称	大致地理位置	地质特征	成因类型，规模	资料来源
1	奥尔托喀讷什锰矿床	东经 73°35′ 北纬 39°21′	出露的地层主要为石炭系地层。锰矿体呈层状、似层状顺层产出，见 2 层矿，以下层矿为主，上层矿厚度薄，品位较低，下层矿厚度一般 3～5m，矿层地表断续出露长大于 5000m，锰品位平均 35.2%	沉积型，中型	检查，高永宝等，2018
2	博托彦锰矿床	东经 73°52′ 北纬 39°21′	2 层锰矿体，锰矿体延长 350～700m，矿化体厚度 0.5～3m，锰矿品位一般为 15%～30%	沉积型，小型	检查，高永宝等，2017
3	穆呼—玛尔坎土锰矿床	东经 74°00′ 北纬 39°21′	出露的地层主要为晚石炭世喀拉阿特河组，矿区含锰岩系长近 3000m，共 4 层矿，圈定锰矿体 8 条，其中Ⅳ号矿体为矿区主矿体，长度大于 1800m，平均厚为 1.74m，品位平均为 29.4%	沉积型，中型	检查，高永宝等，2017
4	阔克吉勒嘎金矿床	东经 73°49′ 北纬 38°41′	产于下志留统温泉沟群片理化灰黑色炭质板岩和片理化绿泥绢云石英板岩中。已圈出矿体 21 个，矿床总体走向 110°～130°，在地表呈密集的雁行排列。矿体长 36～204m，宽 1.1～6.47m，Au 平均品位 1.44×10^{-6}～7.10×10^{-6}	韧性剪切带型，小型	检查，孙海田，2003
5	琼巴额什金矿床	东经 73°49′ 北纬 38°41′	出露下志留统温泉沟群绿泥绢云石英板岩夹片理化炭质板岩和二云母石英板岩，可圈出 10 条金矿体，单工程控制金矿体长 78～679m，厚 2.84～11.2m。Au 品位 0.5×10^{-6}～47.61×10^{-6}	韧性剪切带型，小型	自测
6	琼巴额什沟砂金矿点	东经 73°55′ 北纬 38°39′	砂金矿体赋存于第四系中更新统或全新统河床松散堆积物中，出露长 2.7km，宽 30～120m 不等，在靠近基岩底座面上含金量较高	沉积型，小型	检查
7	乌孜别里山口铜矿点	东经 73°49′ 北纬 38°38′	石英脉中含少量黄铜矿、孔雀石	热液型，矿化点	自测
8	求鲁代金矿点	东经 74°04′ 北纬 38°39′	圈出一个金矿体，长度 40m，宽 1m，似脉状，最高品位 8.74×10^{-6}，平均品位 5.02×10^{-6}。矿体围岩为硬绿泥石绢云母千枚岩，有益组分以自然金为主，赋于千枚岩破碎物中	构造-热液型，矿点	检查，陕西省地质调查院，2009
9	克孜勒塔什金矿点	东经 74°04′ 北纬 38°37′	矿体围岩为含炭绢云枚岩、绢云石英千枚岩、菱铁矿化绢云千枚岩。由 2 个金矿体组成。一个矿体长 28m，平均宽 1.05m，呈似层状，平均品位 2.9×10^{-6}；另一个矿体位于长 108m，平均宽 1.07m，似层状，平均品位 3.57×10^{-6}。主要金属组分为自然金，还有毒砂、黄铁矿	构造-热液型，矿点	检查，陕西省地质调查院，2009
10	托喀什吉勒嘎铅锌矿床	东经 73°55′ 北纬 38°32′	出露地层主要为哈拉米兰群第一岩性段，一套火山岩夹碳酸盐岩建造，矿体有四个探槽控制，矿体控制长度约 470m，地表最宽 13～53.8m，平均 40.9m，锌平均品位 2.64%	层控碳酸盐型，小型	自测
11	博多布拉克铜金矿点	东经 74°03′ 北纬 38°35′	出露地层为石炭—二叠系恰提尔群的一套海相碎屑岩和碳酸盐岩建造。见 2 条铜矿体和 1 条锌矿体。Cu1 铜矿体厚度 1.8m，长度 50m，Cu 平均品位 0.726%。KCu2 铜矿体厚度 0.7m，长度 50m，呈似层状产出，Cu 品位 7.11%。KZn1 锌矿体厚度 0.8m，长度 50m，Zn 品位 2.11%	构造-热液型，矿点	陕西省地质调查院，2009
12	玉奇吉勒嘎铜锌矿点	东经 74°04′ 北纬 38°33′	出露地层为恰提尔群第一岩性段浅灰色片理化砂岩、灰岩、千枚岩。矿体形态为透镜状，长约 30m，宽约 8.5m，铜平均品位为 1.05%，并伴生金、锌等有益元素，金最高品位为 9.27×10^{-6}，锌最高品位为 0.68%	构造-热液型，矿点	陕西省地质调查院，2009

续表

编号	矿产名称	大致地理位置	地质特征	成因类型，规模	资料来源
13	克孜勒塔什吉勒嘎砂金矿点	东经 74°04′ 北纬 38°38′	矿体赋存于第四系冲积物中，泥砂层和矿砂层无明显界线，埋藏浅，下挖约 1m 厚，即可见到黑色炭板岩基岩。延展规模：长约 1000m，宽约 50m。混合砂金品位约为 0.1g/m^3	矿点	陕西省地质调查院，2009
14	托果洛克敦铅矿化点	东经 74°17′ 北纬 38°49′	出露长城系甜水海岩群（Ch*T*），岩性为深灰色白云岩。矿化体呈似层状产出，厚度 1.1～2.5m，最厚达 4m，长 20～50m。铅平均品位 2.25%	构造-热液型，矿点	陕西省地质调查院，2009
15	加朗阿依热克铅矿点	东经 74°28′ 北纬 38°47′	出露长城系甜水海岩群（Ch*T*），为浅灰色变质石英砂岩、变石英粉砂岩、石英岩，绢云千枚状板岩。铅锌矿化带东西长约 1500m，南北宽 80～400m，发现 3 个铅锌矿化体，长 30～160m，宽 1.5～2m，铅品位 0.3%～0.64%	构造-热液型，矿化点	陕西省地质调查院，2009
16	古鲁滚涅克沟含金铜矿床	东经 74°30′ 北纬 39°18′	出露地层为乌鲁阿特组（C_1w），含矿围岩为石英霏细斑岩。共见有 7 条矿脉，呈脉状、凸镜状，产状与地层基本一致。长 10～250m，宽 2.5～10m，铜品位偏低，最高 1.73%，最低 0.06%；金品位 1.11×10^{-6}	火山-热液型，小型	河南省地质调查院，2005
17	果勒多孙铜矿化点	东经 74°32′ 北纬 39°18′	乌鲁阿组中基性火山岩	火山-热液型	河南省地质调查院，2005
18	哈拉墩铁铜（金）矿床	东经 74°31′ 北纬 39°10′	产于志留系大理岩中或大理岩与钙质千枚岩过渡部位，与围岩产状基本一致。矿体长 300～1100m，宽 10～30m，矿石中全铁品位平均 42.2%，下部含铜达 8.5%～15.34%，并含有 Au 为 5×10^{-6}～6×10^{-6}，局部高达 13.9×10^{-6}	层控碳酸盐岩型，大型	检查，1∶25 万区调；孙海田，2003
19	塔合勒克铁矿化点	东经 74°49′ 北纬 39°16′	乌鲁阿特组火山岩中	火山硫化物型，矿化点	河南省地质调查院，2005
20	乌恰卡拉斯卡铜矿化点	东经 74°50′ 北纬 39°17′	乌鲁阿特组中强碳酸盐岩化的火山碎屑岩内的裂隙中	火山-热液型，矿化点	河南省地质调查院，2005
21	春提姆根铜矿化点	东经 74°51′ 北纬 39°14′	乌鲁阿特组安山玢岩石的裂隙内	火山-热液型，矿化点	河南省地质调查院，2005
22	大勒大铜矿点	东经 74°54′ 北纬 39°15′	矿区出露地层为下石炭统乌鲁阿特组火山岩系。M1 矿体赋存在枕状细碧岩与上覆绿泥石化块状细碧岩之间，矿体长 270m，宽 100m；北面 M2 矿体赋存在块状细碧岩与上覆基性凝灰岩之间，矿体长 330m，宽约 92m	火山-热液型，矿点	据新疆地矿局第二区域地质调查大队 1997 年调查
23	契姆根铜矿化点	东经 74°56′ 北纬 39°17′	乌鲁阿特组安山玢岩石的裂隙内	火山-热液型，矿化点	河南省地质调查院，2005
24	萨洛依铜矿床	东经 74°56′ 北纬 39°15′	产于下石炭统乌鲁阿特组火山岩中细碧角斑岩系。有 4 个铜矿体、7 个褐铁矿化体。矿石类型以原生硫化物矿石为主，主要包括黄铁矿矿石、黄铁矿-黄铜矿矿石和黄铁矿-黄铜矿-闪锌矿矿石	VMS 型，中型	检查，1∶25 万区调；张晗，2009
25	阿克塔什铜矿床	东经 75°07′ 北纬 39°08′	矿区有 6 个矿体或矿化蚀变体，矿体呈层状或板状赋存在克孜里奇曼组第三岩性段顶部的石英角斑质凝灰岩或石英角斑岩中，厚度变化不大。累计查明资源量为：（332＋333）铜金属量 10 206.80t	热液充填型，小型点	野外检查
26	依迈克金矿点	东经 75°09′ 北纬 39°09′	矿化体产于上石炭统克孜里奇曼组火山-沉积岩系，一条近东西向的断裂带在此地通过。Au、Cu、Ag、Pb、Zn 地球化学综合异常有一定显示	热液型，矿点	孙海田等，1996

续表

编号	矿产名称	大致地理位置	地质特征	成因类型，规模	资料来源
27	切木根萨拉塔西铜铅锌矿点	东经 74°55′ 北纬 39°01′	克孜勒陶组	层控碳酸盐岩型，矿点	河南省地质调查院，2005
28	恰特铜矿点	东经 74°38′ 北纬 38°46′	圈出了三条铜化体及 5 处土壤（岩屑）异常。Cu 品位 0.2%～0.72%	热液型，矿点	新疆地矿局第二地质大队，2018
29	卡拉瓦拉锂铍矿点	东经 74°30′ 北纬 38°56′	由 10 号、11 号、12 号、13 号、2 号、6 号等矿脉组成，矿化弱，其中 2 号脉已开采	伟晶岩型，矿点	野外检查
30	肖尔布龙锂铍矿点	东经 74°30′ 北纬 38°58′	3 号含矿伟晶岩脉形状为透镜状，中部膨胀变大，脉长 42.5m，宽 2.5～8.0m，平均 5.9m，Li_2O 品位一般均在 1.58%～2.96%	伟晶岩型，矿点	野外检查
31	霍什塔什锂铍矿点	东经 74°39′ 北纬 38°49′	含矿伟晶岩脉长约 64m，平均约 6m，矿化主要为白云母、绿柱石、锂辉石等，BeO 平均品位 0.053%	伟晶岩型，矿点	野外检查
32	布伦口铜矿床	东经 74°44′ 北纬 38°43′	含矿地层为温泉沟群（S_1W）的片岩、片麻岩、铁白云岩等，矿化带断续延伸超过 6000m。西山头铜矿化带长约 1000m，由 2 个长 45～75m，厚 1～3.3m 的铜矿体组成，铜平均品位 2.9%。卡拉玛铜矿床由 5 个矿体组成，IA1 号矿体规模最大，长 360m，厚 2.36m，铜品位 3.27%。其他矿体长 40～120m，厚度 0.7～2.26m，铜平均品位 2.09%～3.39%。东大沟铜矿床分布三个小透镜状矿体，长 70～120m，厚 2.7m，铜平均品位 4.36%	层控＋岩浆热液改造型，小型	检查，孙海田，2003
33	沙子沟铜铁矿床	东经 74°49′ 北纬 38°30′	矿区出露地层为温泉沟群（S_1W）黑云母石英片岩及大理岩等。含矿建造为一套碳酸盐岩沉积，铜矿体和容矿碳酸盐岩主岩呈层状、透镜状产出在钙泥质片岩中。矿体多呈似层状、透镜状，规模不等，单个厚度 1～7.7m，延长 45～120m。铜品位一般较高，平均 2.09%～3.39%	层控＋岩浆热液改造型，小型	检查，孙海田，2003
34	孜洛依铁矿床	东经 74°53′ 北纬 38°22′	含矿岩性为黑云母斜长片麻岩，共发现铁矿体 23 条，主要矿体有 3 条，Ⅱ号矿体长 924m，平均厚度 10.01m，全铁平均品位 37.18%；Ⅲ号矿体长 440m，平均真厚度 34.24m，矿体全铁平均品位 36.28%；Ⅳ矿体长 144m，厚度 5.99m，控制矿体斜深 282m。矿体全铁平均品位 34.12%	沉积变质＋热液改造型，中型	殷晓兵，2015
35	苏巴什钛磁铁矿床	东经 74°53′ 北纬 38°18′	赋矿岩体为角闪辉石岩，矿体呈似层状、透镜状、囊状不稳定延伸，宽 0.1～5m，横向上具分支复合现象。铁矿石矿物组合主要为磁铁矿-石英，全铁平均品位为 68.9%，伴生有 Ni、Co、Ag、Zn	岩浆型，小型	检查，孙海田，2003
36	208 公里铁矿床	东经 74°58′ 北纬 38°22′	产于布伦阔勒群（Pt_1B），矿体底部为黑云角闪石英片岩、片麻岩，顶部大理岩，矿区 2 层矿顺层断续延长 2km，最大厚度 3.5m，矿石品位全铁品位 38%～42%	沉积变质型，小型	2003
37	巴什克勒铜矿化点	东经 75°01′ 北纬 38°28′	产于闪长质碎斑岩中的石英脉内	热液型，矿化点	河南省地质调查院，2005
38	切列克其铁矿床	东经 74°57′ 北纬 38°32′	矿区出露地层为志留系温泉沟群黑云石英片岩、条带状大理岩，北侧有海西期岩体侵入。矿体多分布在条带状大理岩或钙质片岩中，由多个矿体构成，单矿体延伸长度 180～300m，矿体厚 10～70m，铁品位 30.85%～52.25%，平均品位为 45.07%	沉积变质＋热液改造型，大型	检查，孙海田，2003
39	卡里库尔铜矿点	东经 75°00′ 北纬 38°34′	含矿地层为未分志留系。矿体上盘为含炭千枚岩，下盘为绢云母石英片岩与绿泥石片岩互层，矿化不均匀，宽约 0.5m，坑道中矿化较弱	热液型，矿点	检查，河南省地质调查院，2005

续表

编号	矿产名称	大致地理位置	地质特征	成因类型，规模	资料来源
40	布伦口东喀拉果如木沟铅锌矿化点	东经 75°01′ 北纬 38°41′	不详	热液型，矿化点	河南省地质调查院，2005
41	布伦库里孜羊得铁矿化点	东经 75°02′ 北纬 38°40′	产于未分志留系大理岩中	沉积变质＋热液改造型，矿化点	河南省地质调查院，2005
42	色拉姆基洛克铜矿化点	东经 75°06′ 北纬 38°37′	产于二长花岗岩中的裂隙中，围岩为中泥盆统的灰岩、石英岩，见黄铜矿、孔雀石、铜蓝	热液型，矿化点	河南省地质调查院，2005
43	6583 高地南东铜矿化点	东经 75°11′ 北纬 38°46′	产于中泥盆统的石英砂岩和玉其卡帕正长花岗岩内的裂隙中，仅见孔雀石	热液型，矿化点	河南省地质调查院，2005
44	皮拉里铜矿化点	东经 75°18′ 北纬 38°55′	产于乌鲁阿特组（C_1w）变玄武岩、绿片岩中的石英脉，规模小	石英脉型，矿化点	河南省地质调查院，2005
45	塔西克西金矿点	阿克陶水泥厂以西 30 公里	金矿化见于下石炭统乌鲁阿特组含黄铁矿绿泥石片岩中，宽 2～10cm 的透镜状石英脉沿片理发育	石英脉型，矿点	河南省地质调查院，2005
46	阿克吐孜沟砂金矿床	东经 75°22′ 北纬 38°55′～38°57′	矿区周围出露的基岩为乌鲁阿特组中基性火山岩，矿体赋存于第四系中更新统或全新统松散沉积物中	沉积型，小型	河南省地质调查院，2005
47	肖尔布尔克铁矿化点	东经 75°23′ 北纬 38°58′	矿体产于石炭系乌鲁阿特组（C_1w）和奥依塔克斜长花岗岩的接触带上，少数分布于岩体内部。呈透镜状或巢状，一般规模不大，长轴 7～17m，短轴 0.5～10m。矿石品位全铁平均品位 30%～45%，最高 60.58%	夕卡岩型，矿化点	河南省地质调查院，2005
48	吉安布拉克铜矿化点	东经 75°25′ 北纬 38°58′	赋矿地层为石炭系乌鲁阿特组（C_1w），容矿围岩为灰绿色变质玄武岩，由于覆盖较多，规模不详，可见出露长度约 500m。单样品品位为 4.5%（Cu），系河南省地质调查院发现	火山岩型，矿化点	河南省地质调查院，2005
49	克于西力克铁矿化点	东经 75°26′ 北纬 38°52′	产于乌鲁阿特组（C_1w）	热液型，矿化点	河南省地质调查院，2005
50	吉安布拉克铜矿点	东经 75°25′ 北纬 38°58′	赋矿地层为石炭系乌鲁阿特组（C_1w）变质玄武岩，含矿岩石多具角砾状构造，矿化呈团块状或浸染状，地表表现为孔雀石化，未见原生露头，由于覆盖较多，规模不详，可见出露长度约 500m。Cu 单样品位为 4.5%	火山岩型，矿点	河南省地质调查院，2005
51	特格里曼苏铜矿床	东经 75°28′ 北纬 38°44′	矿体主要赋存于奇自拉夫组（D_3qz）砂岩中，矿层总长 5km。呈似层状、透镜状，横向上断续延伸，与围岩整合接触。单矿体厚度 1.65～10.54m，延伸长 50～305m。铜平均品位 0.62%～1.90%	砂岩型，小型	检查，孙海田，2003
52	阿克其依含硫菱铁矿化点	东经 75°34′ 北纬 38°41′	罕铁热克组（C_1ht）	沉积型，矿化点	河南省地质调查院，2005
53	项德里克镜铁矿化点	东经 75°38′ 北纬 38°41′	克孜勒陶组（D_2kz）中的石英脉	热液型，矿化点	河南省地质调查院，2005

续表

编号	矿产名称	大致地理位置	地质特征	成因类型，规模	资料来源
54	项德里克西菱铁矿化点	东经 75°40′ 北纬 38°47′	产于塔尔尕组（J_2t）砂页岩中	沉积型，矿化点	河南省地质调查院，2005
55	36 号铜矿点	东经 75°34′ 北纬 38°22′	产于未分奥陶系中的大理岩、夕卡岩中，矿化体长 16m，宽约 0.7m，铜品位 0.62%	夕卡岩型，矿点	河南省地质调查院，2005
56	伊美能吉勒嘎菱铁矿点	东经 75°52′ 北纬 38°44′	含矿地层为康苏组（J_1k）	沉积型，矿点	河南省地质调查院，2005
57	贴日克其克菱铁矿化点	东经 75°53′ 北纬 38°41′	产于塔尔尕组（J_2t）砂页岩中	沉积型，矿化点	河南省地质调查院，2005
58	卡拉巴西铅锌矿床	东经 76°02′ 北纬 38°39′	产于克孜勒陶组（D_2kz）	层控碳酸盐岩型，小型	河南省地质调查院，2005
59	克拉西塔克镜铁矿化点	东经 76°03′ 北纬 38°40′	奇自拉夫组（D_3qz）中的石英脉内	热液型，矿化点	河南省地质调查院，2005
60	铁克列克铜铅矿床	东经 76°04′ 北纬 38°37′	克孜勒陶组（D_2kz）粉砂岩、灰岩，奇自拉夫组（D_3qz）石英岩，3 条矿体，呈似层状、透镜状产出，第一条长约 200m，厚 10m，铅品位平均 2.17%，第二条长约 1000m，平均厚 8m，铅品位 1.3%～3%，铜最高品位 0.75%，一般小于 0.5%	中低温热液型砂岩型，小型	检查，河南省地质调查院，2005
61	色拉巴西塔克铅锌矿床	东经 76°02′ 北纬 38°35′	产于克孜勒陶组（D_2kz）	层控碳酸盐岩型，小型	河南省地质调查院，2005
62	卡尔马里菱铁矿点	东经 76°06′ 北纬 38°35′	含矿地层为康苏组（J_1k）	沉积型，矿点	河南省地质调查院，2005
63	依格孜亚菱铁矿点	东经 76°10′ 北纬 38°34′	含矿地层为杨叶组（J_2y）	沉积型，矿点	河南省地质调查院，2005
64	加牙阿里德铁矿点	东经 76°07′ 北纬 38°32′	含矿地层为康苏组（J_1k）	沉积型，矿点	河南省地质调查院，2005
65	同由路克铜矿化点	东经 76°15′ 北纬 38°31′	赋矿地层为白垩系上白垩统英吉沙群（K_2Y），岩性为紫红色粉砂质页岩，中部夹有绿色薄层状钙质细粒长石砂岩，孔雀石化就见于夹层中，呈浸染状不均匀分布，单样品 Cu 品位为 0.41%	砂岩型，矿化点	河南省地质调查院，2005
66	赛拉因铜矿化点	东经 76°10′ 北纬 38°28′	克孜勒陶组（D_2kz）中的石英砂岩	砂岩型，矿化点	河南省地质调查院，2005
67	不久克塔克铅锌矿床	东经 76°08′ 北纬 38°27′	赋矿地层为下石炭统克里塔格组（C_1kl）	层控碳酸盐岩型，小型	河南省地质调查院，2005
68	塔木铅锌矿床	东经 76°10′ 北纬 38°25′	赋矿地层为下石炭统克里塔格组（C_1kl），岩性为深灰－灰黑色白云岩。矿体与围岩产状基本一致，呈似层状，多分支现象，厚度 1.5～18m，最厚达 35m，延长 50～110m。铅平均品位 2.94%，最高达 36.65%，矿化不均匀；锌平均品位 4.11%，最高达 38.23%，矿化较为均匀	层控碳酸盐岩型，中型	检查，河南省地质调查院，2005

续表

编号	矿产名称	大致地理位置	地质特征	成因类型，规模	资料来源
69	卡拉牙斯卡克铅锌铜多金属矿床	东经 76°12′ 北纬 38°25′	赋矿地层为下石炭统克里塔格组（C_1kl），岩性为钙质砂岩、页岩、白云岩。矿体与围岩产状基本一致，呈透镜状，长 110m，厚度 20m，铅平均品位 3.34%	层控碳酸盐岩型，小型	检查，河南省地质调查院，2005
70	阿拉尔铅锌矿床	东经 76°09′ 北纬 38°23′	赋矿地层为下石炭统克里塔格组（C_1kl）	层控碳盐岩型，小型	河南省地质调查院，2005
71	塔木菱铁矿化点	东经 76°11′ 北纬 38°23′	产于塔尔尕组（J_2t）砂页岩中	沉积型，矿化点	河南省地质调查院，2005
72	塔木铁矿化点	东经 76°13′ 北纬 38°23′	产于克里塔格组（C_1kl）灰岩中	沉积型，矿化点	河南省地质调查院，2005
73	乌尤克铅锌矿床	东经 76°11″ 北纬 38°21′	赋矿地层为下石炭统克里塔格组（C_1kl）	层控碳酸盐岩型，小型	河南省地质调查院，2005
74	卡拉巴西阿格孜铅锌矿床	阿克陶县克孜勒陶乡	赋矿地层为下石炭统克里塔格组（C_1kl）	层控碳酸盐岩型，小型	河南省地质调查院，2005
75	卡其卡拉铅锌矿床	阿克陶县克孜勒陶乡	赋矿地层为下石炭统克里塔格组（C_1kl）	层控碳酸盐岩型，小型	河南省地质调查院，2005
76	苏盖特铅锌矿床	阿克陶县克孜勒陶乡	产于克里塔格组（C_1kl）灰岩中	层控碳酸盐岩型，小型	河南省地质调查院，2005
77	赛斯特盖铁矿点	东经 76°01′ 北纬 38°19′	产于杨叶组（J_2y）砂页岩中	沉积型，矿点	河南省地质调查院，2005
78	克斯麻克南铅锌银矿化点	东经 75°47′ 北纬 38°03′	出露石炭系下石炭统他龙群（C_1T）灰黑色泥板岩，矿体呈透镜状产出在板岩强烈劈理化带中，透镜体不连续延伸。其厚 5～10cm，长 10～30cm，展布方向与劈理一致，Pb 品位 13.39%，Zn 品位 3.45%，Ag 品位 1046×10^{-6}	构造蚀变岩型，矿化点	河南省地质调查院，2005
79	克斯麻克铅锌矿点	东经 75°48′ 北纬 38°02′	产于石炭系下石炭统他龙群（C_1T）灰黑色泥板岩	构造蚀变岩型，矿点	河南省地质调查院，2005
80	恰克马克含铜黄铁矿点	东经 75°16′ 北纬 37°57′	产于元古界麻粒岩中，矿体呈透镜状、似层状产出，矿石表面见孔雀石化蚀变，局部岩石见有较强的褐铁矿化蚀变。长 500m，宽 15～20m，矿体厚 2～3m。致密块状含铜黄铁矿，Cu 品位 1.54%	热液型，矿点	河南省地质调查院，2004b
81	71 号铜矿点	东经 75°34′ 北纬 38°22′	未分奥陶系中的大理岩、夕卡岩中，矿化体长 16m，宽约 0.7m，铜品位 0.62%	夕卡岩型，矿点	河南省地质调查院，2005
82	72 号铜矿化点	东经 75°38′ 北纬 38°15′	未分奥陶系中的黑云石英片岩中，南部有片麻状花岗岩出露，矿化体长 16m，宽约 0.6m，铜品位 1.33%	热液型，矿化点	河南省地质调查院，2005
83	马乃克铜矿点	东经 76°02′ 北纬 38°13′	铜矿体均产于石英闪长岩的弱钾化带中长大于 500m 的范围内，均陆续见到小面积分布的低品位铜矿化。铜矿体地表出露宽 8～15m，平均 11m。铜品位 0.24%～1.17%，平均 0.65%。1 号铁帽带长大于 2500m，宽 20～80m，其中 2 个样品铜品位 0.2%，显示了非常好的找矿前景	斑岩型，矿点	自测

续表

编号	矿产名称	大致地理位置	地质特征	成因类型，规模	资料来源
84	喀依孜钼矿点	东经76°05′ 北纬38°11′	矿区现在发现两个矿化带，南矿化带长约900m，宽5～70m不等，现发现了两个矿化集中的地段，其中Ⅰ号矿化体长约100m，宽约14m，Mo品位0.46%。Ⅱ号矿体，宽为0.5～2m，拣块样Mo品位为0.13%。北矿化带长约150m，宽约4m，拣块样分析Mo品位为0.081%～0.24%	斑岩型，矿点	自测
85	喀依孜南铁矿床	东经76°05′ 北纬38°12′	产于超基性体内的铁角闪石岩，矿化长大于500m，宽地表大于50m，岩石中普遍发生了孔雀石化，磁铁矿化，评价了5个铁矿体、资源量矿石量819万t，TFe平均品位26.18%，mFe平均品位21.07%	超基性岩型，小型	自测
86	库达曼特磁铁矿点	东经76°06′ 北纬38°04′	桑株塔格群（Jx*S*）	热液型，矿点	河南省地质调查院，2005
87	沙黑孜阿勒克铅锌矿化点	东经76°12′ 北纬38°03′	赋矿地层为下石炭统克里塔格组（C_1kl）	热液型，矿化点	河南省地质调查院，2005
88	阿尔巴力克铁矿化点	东经76°11′ 北纬38°07′	桑株塔格群（Jx*S*）浅变质岩系中	热液交代型，矿化点	河南省地质调查院，2005
89	卡不卡铅锌矿床	东经76°17′ 北纬38°10′	产于克里塔格组（C_1kl）灰岩中	层控碳酸盐岩型，小型	河南省地质调查院，2005
90	阿帕里克铁矿化点	东经76°17′ 北纬38°11′	产于克里塔格组（C_1kl）硅化灰岩中	沉积型，矿化点	河南省地质调查院，2005
91	阿尔巴列克铜铅锌矿床	东经76°19′ 北纬38°10′	出露地层奇自拉夫组（D_3qz）及克里塔格组（C_1kl），容矿岩性为克里塔格组浅灰黄色厚层白云质灰岩。铜矿体产状与地层一致，长约250m，厚1～22m，铜品位最高为9.91%，平均为1.52%。铅矿体位于铜矿体上盘，亦呈透镜状，地表延长约300m，厚2～15m，铅品位平均1.49%	层控碳酸盐岩型，小型	检查，河南省地质调查院，2005
92	卡兰古铅锌矿床	东经76°24′ 北纬38°02′	铅锌矿体主要赋存于克里塔格组的白云岩中，矿体与角砾岩体共生。多呈似层状、透镜状，与岩层产状基本一致。厚度一般为2～6m，断续延伸长约657m，铅品位变化较大，平均0.2%～2%，最高达36.41%，锌平均品位为0.12%，个别达5.33%；伴生有Cu、Co、Ag、Ga等组分	层控碳酸盐岩型，中型	检查，河南省地质调查院，2005
93	托洪木列克铅锌矿床	东经76°19′ 北纬38°04′	产于克里塔格组（C_1kl）灰岩中	层控碳酸盐岩型，小型	河南省地质调查院，2005
94	乌苏里克铅锌矿床	东经76°19′ 北纬38°02′	铅锌矿体主要赋存于克里塔格组的白云岩中。矿化带长约800m，共发现7条矿脉，单个长20～60m，厚1.7～2.6m。铅品位2.6%～8%，锌品位为2.6%～14.3%	层控碳酸盐岩型，小型	新疆地矿局第二地质大队，1985
95	卡拉塔什铅锌矿床	东经76°20′ 北纬38°01′	产于克里塔格组（C_1kl）灰岩中	层控碳酸盐岩型，小型	河南省地质调查院，2005
96	库斯拉甫铜矿点	东经76°19′ 北纬37°58′	矿区出露地层为上泥盆统奇自拉夫组，岩性为一套红色砂岩夹灰绿色细粒含铜长石砂岩，共有3层含铜长石砂岩，单层厚度2.5～30m，化学分析结果：Cu品位0.08%～0.35%，Ag品位1×10^{-6}～3.7×10^{-6}	沉积型，矿点	河南省地质调查院，2004b

续表

编号	矿产名称	大致地理位置	地质特征	成因类型，规模	资料来源
97	七美干萨依铜矿点	东经 76°21′ 北纬 38°23′	棋盘组（P_2q）中的砂岩	砂岩型，矿点	河南省地质调查院，2005
98	库斯拉甫砂金矿点	东经 76°16′ 北纬 37°59′	砂金分布于河床、河漫滩阶地的砂砾层中	沉积型，矿点	河南省地质调查院，2004b
99	阿孜拜勒迪铜矿点	东经 76°16′ 北纬 37°58′	出露地层为奥陶系玛列兹肯群，岩性以灰绿色泥质板岩为主，已发现 1 条矿体，受北西西向断裂控制。矿体长 180m，宽度 1.5～14.5m。矿石矿物可见黄铜矿、孔雀石、蓝铜矿等。矿石品位：Cu 0.12%～0.97%	热液型，矿点	河南省地质调查院，2004b
100	阿尔他西砂金矿点	东经 76°18′ 北纬 37°58′	砂金分布在河床、河漫滩及阶地的砂砾层中	沉积型，矿点	河南省地质调查院，2004b
101	库斯拉甫南铜矿点	东经 76°18′ 北纬 37°56′	矿区出露地层为奥陶系玛列兹肯群的灰绿色、灰色变砂岩，砂岩中发育一条近东西向断裂，断裂带中见一条长 20m，宽 1m 的铜矿化体，矿石矿物主要为孔雀石，少量蓝铜矿。Cu 品位 0.18%～2.14%，Ag 品位 2.6×10^{-6}	热液型，矿点	河南省地质调查院，2004b
102	丘帕拉克铜矿化点	东经 76°12′ 北纬 38°01′	蓟县系桑株塔格群（Jx*S*）千枚岩、变质砂岩中，长被覆盖，宽约 9m，主要为孔雀石，拣块样 Cu 品位 1.00%	热液型，矿化点	河南省地质调查院，2004b
103	阿依布隆硫铁矿点	莎车县达木斯乡	下—中奥陶统玛列兹肯群灰白色大理岩中见一层硫铁矿，长度大于 300m，厚度 4m，黄铁矿品位 30%～50%，硫品位 19.20%，银品位为 2.3×10^{-6}	沉积型，矿点	河南省地质调查院，2004b
104	拉依勒克阿格孜铅矿点	东经 76°23′ 北纬 37°46′	出露地层为石炭系，岩性为深灰色长石砂岩，砂岩中发育一条近南北向断裂，宽度 2m。构造角砾岩中有不连续的铅矿化，矿化呈细脉状，单脉长 0.6～1m，宽 1～5cm。矿脉中样品分析结果：Pb 品位 37.91%，Ag 品位为 84.6×10^{-6}	热液型，矿点	河南省地质调查院，2004b
105	卡兰乌依铜矿点	东经 76°26′ 北纬 37°52′	含矿岩石为上泥盆统奇自拉夫组夹于红色砂岩建造中的灰绿色长石砂岩，见三层含铜砂岩，厚 0.2～5m，长度 50～280m。呈断续出现的透镜状和豆荚状。含矿岩石中可见斑状孔雀石、赤铜矿等。Cu 品位 0.13%～0.2%	砂岩型，矿点	河南省地质调查院，2004b
106	阿克乔喀铅锌矿点	东经 76°22′ 北纬 37°49′	出露地层为石炭系灰-灰黑色白云岩。沿两条断裂交汇部位有 2 条铅锌矿化体产出，在交叉处矿石较富，Pb 品位 33.13%，Zn 品位 21.8%，Ag 品位 169×10^{-6}	热液型，矿点	河南省地质调查院，2004b
107	柯岗铬铁矿点	东经 76°15′ 北纬 37°42′	产于柯岗超镁铁岩体内，已发现 39 个矿体，矿体呈长条状、不规则状、透镜状，延深不大，均在几米之内。单矿体长度 0.3～4m，宽 0.02～1m。Cr_2O_3 品位 30.25%～40.18%，Ni 品位 0.11%～0.32%，以硅酸镍为主，硫化镍次之	岩浆型，矿点	检查，河南省地质调查院，2004b
108	米洛河钼矿点	东经 76°11′ 北纬 37°38′	矿化产于中元古界库浪那古岩群与正长岩的接触处。含矿岩石为石英脉，石英脉中含大量蜂窝状褐铁矿，褐铁矿中见少量钼华和辉钼矿鳞片	热液型，矿点	新疆地矿局第二地质大队，1985
109	小同钼矿点	东经 76°14′ 北纬 37°32′	钼矿化主要产于花岗闪长岩体边部的钾长花岗岩及内夕卡岩带中，钼矿化地表出露断续长大于 350 余米，宽 2～8m 不等，钼品位 0.02%～0.3%	斑岩-夕卡岩复合型，矿点	自测

续表

编号	矿产名称	大致地理位置	地质特征	成因类型，规模	资料来源
110	恰帕科脯铜钼矿点	东经 76°08′ 北纬 37°36′	产在大同西侧岩体与古元古界拉斯克姆群接触带附近，矿化围岩岩性为石英黑云母闪长岩和含石榴石花岗岩。岩石普遍遭受轻微热液蚀变，主要为绢云母化、绿泥石化。矿（化）体为含铜、钼石英脉，共见矿脉 2 条。其中矿（化）体长 22m，宽 20～50cm，矿化不均匀	热液型，矿点	中国冶金地质勘查工程总局新疆地质勘查院
111	叶尔羌西铜矿点	东经 76°11′ 北纬 37°52′	出露地层为奥陶系玛列兹肯群，沿地层走向发育多条层间断裂，于断裂带中见一条铜矿体，长度 10m，宽度 1m，含矿岩石为碎裂变砂岩。矿石矿物为黄铜矿、孔雀石。Cu 品位 1.27%	热液型，矿点	河南省地质调查院，2004b
112	亚尔肯特河砂金矿点	东经 76°14′ 北纬 37°54′	砂金分布于河床、河漫滩和河流阶地的砂砾层中，每盘砂含金 5～8 粒，最大金粒直径 0.4～0.6mm	沉积型，矿点	河南省地质调查院，2004b
113	塔尔铜矿点	东经 76°01′ 北纬 37°54′	出露地层为石炭系，岩浆岩为塔尔花岗岩岩体。含矿岩石为夕卡岩化大理岩，矿化带长 140m，宽 5～7m，矿石矿物为黄铜矿、辉铜矿、黄铁矿。矿石品位 Cu 1.4%	夕卡岩型，矿点	检查，河南省地质调查院，2004b
114	库玛铜铅矿化点	东经 75°49′ 北纬 37°57′	位于角闪花岗岩中的含铜石英脉中，石英脉长 25m，宽 10～15m，含矿带宽 0.3～0.4m，见黄铜矿、黄铁矿、孔雀石、方铅矿等	热液型，矿化点	新疆地矿局第二地质大队，1985
115	巴尔达隆铜矿点	东经 75°38′ 北纬 37°55′	产于花岗岩与绿泥石片岩接触带石榴子石辉石夕卡岩中，在宽约 12m 范围内见孔雀石岩裂隙和石英细脉不均匀分布。东经 75°41′，北纬 37°55′处，花岗岩中见辉钼矿化，出露仅 0.1m×0.2m，目估 Mo 品位 0.2%	夕卡岩及热液型，矿点	自测
116	恰尔隆乡 4 大队西铜矿点	东经 75°44′ 北纬 37°53′	产于大理岩中，长 60 余米，宽 1～3m，为一铁帽，见大量黄铁矿，在大理岩的一些石英细脉中见零星孔雀石化。矿点以硫铁矿为主	热液型，矿点	自测
117	库克西里科乡 2 大队西铜矿点	东经 75°44′ 北纬 37°53′	铜矿化体产于片岩、石英砂岩的硅质岩裂隙中，出露宽约 2.5m，长约 30m，走向 115°	热液型，矿点	自测
118	库科西里科钼矿点	东经 75°44′ 北纬 37°51′	矿体赋存在长城系赛图拉岩群下岩组（ChST^1）透辉石夕卡岩中。由 3 个矿体组成，最大者长 50～70m，宽约 10m，厚度为 3～5m。呈透镜状、扁豆状和似层状，钼品位为 0.017%～1.79%	夕卡岩型，矿点	检查
119	库克西里科铅锌矿床	东经 75°42′ 北纬 37°45′	产于未分奥陶－志留系地层的大理岩层面间。1 号矿体长约 108m，厚 1.41m，Pb 品位平均 19.6%；Zn 品位平均 20.43%。Pb＋Zn 金属量 2.24 万 t，伴生 Ag3685kg，Cu231t	层控＋热液改造型，小型	检查，河南省地质调查院，2004b
120	苏斯含铜锡铁矿点	东经 75°42′ 北纬 37°44′	共发现 3 条矿体，均产于夕卡岩中，III号矿体最具规模，地表出露长 600 余米，宽 1～3m，最宽达 7m，矿体产状 90°～137°∠47°～57°，Cu 品位 0.01%～0.82%、Sn 品位 0.04%～0.23%、Fe 品位 15.1%～66.6%	夕卡岩型，矿点	河南省地质调查院，2004b
121	看因力达坂铅锌矿点	东经 75°44′ 北纬 37°44′	产于未分奥陶—志留系的砂岩夹大理岩的大理岩中，Ⅰ号矿体为铜矿化体，出露长约 280m，宽 0.8～1.6m，Cu 平均品位 1.28%；Ⅱ号矿体为一铅锌矿化带，见 3 条小矿体，长 3～45m，宽 0.3～5m，Zn 品位 1.13%～2.61%，Pb 品位 0.38%～2.70%，Cu 品位约 1%	层控碳酸盐＋热液改造型，矿点	检查，河南省地质调查院，2004b
122	塔县小水电站北东铁铜矿点	东经 75°24′ 北纬 37°52′	出露古元古界布伦阔勒群，为铁铜矿化	夕卡岩型，矿点	检查

续表

编号	矿产名称	大致地理位置	地质特征	成因类型，规模	资料来源
123	下半的（司热洪）铜铁矿点	东经 75°29′ 北纬 37°47′	出露古元古界布伦阔勒群。1 号矿体产于夕卡岩中，地表出露长 60m，宽 1.5～2m，Cu 品位 3.79%，Zn 品位 2.65%。石英闪长岩体中发现铜矿化，出露面积 50m×35m，Cu 品位 0.15%～0.64%。在矿区以东见一条长大于 300m，宽 2～8m 厚的铁矿，Fe 品位 20.72%～63.14%	铜矿夕卡岩-斑岩型，铁矿沉积变质型，矿点	自测及河南省地质调查院，2004b 综合
124	班迪尔铜矿点	东经 75°35′ 北纬 37°46′	产于黑云母长石石英片岩的断裂带中，断裂带宽约 5m，铜矿化宽约 2m	热液型，矿点	检查及河南省地质调查院，2004b 综合
125	瓦恰（欠孜拉夫）铅锌铜矿床	东经 75°42′ 北纬 37°39′	共发现了 5 条矿体，各矿体均产于中石炭统大理岩与长英质角岩接触带附近。单矿体长度 80～2700m，厚度 0.8～11m。矿石矿物为方铅矿、闪锌矿、黄铜矿、孔雀石、蓝铜矿等。矿石品位：Cu 0.28%～4.41%，Pb 0.54%～19.40%，Zn 2.16%～7.60%，Ag 5.8×10^{-6}～897×10^{-6}	夕卡岩及热液型，小型	检查，新疆地矿局第二地质大队，2009a
126	康达达坂铁锌矿床	东经 75°53′ 北纬 37°34′	加里东期黑云母斜长花岗岩侵入于大理岩内，形成夕卡岩化大理岩，见 4 个铁锌矿体，单矿体长 25～150m，厚 10～50m。TFe 品位 20.14%～65.75%，平均 46.9%，Zn 平均品位 1.51%。估算铁矿石资源量 100 万 t，Zn 1.5 万 t	夕卡岩型，小型	检查，据新疆地矿局第二地质大队及 1：25 万区调
127	干豆尔那汗达坂铜矿点	东经 75°53′ 北纬 37°35′	矿化产于安大力塔克岩体周围的上石炭统夕卡岩化大理岩中，矿化带长 28m，宽 1m，矿石矿物为黄铜矿、斑铜矿。矿石品位：Cu 0.8%～2.64%	夕卡岩型，矿点	检查，河南省地质调查院，2004b
128	欠孜拉夫磁铁矿点	东经 75°46′ 北纬 37°37′	地层以大理岩、变质砂岩及灰岩为主。矿石为磁铁矿，含少量黄铜矿，矿体长度达 1km 左右	夕卡岩型，矿点	检查
129	大黑沟磁铁矿点	东经 75°51′ 北纬 37°38′	发育大理岩、变质砂岩、灰岩等部分遭受褐铁矿化，岩浆岩发育钾长花岗岩。矿体产于大理岩与肉红色黑云母钾长花岗岩接触带上。矿体宽 5～10m，长 80m 左右	夕卡岩型，矿点	检查
130	大同南磁铁矿点	东经 76°09′ 北纬 37°39′	围岩为灰色-灰黑色云母石英片岩夹大理岩，靠近大理岩的部位，发育纹层状磁铁石英岩及磁铁矿层。纹层状磁铁石英岩厚度约 300m，磁铁矿体最宽达 1m，单层或多层产出。局部地段磁铁矿呈透镜状、扁豆状、囊状	夕卡岩型，矿点	检查
131	依里发磁铁矿点	东经 76°10′ 北纬 37°38′	围岩为灰色-灰黑色云母石英片岩夹大理岩，发育纹层状磁铁石英岩及磁铁矿层	夕卡岩型，矿点	检查
132	拉依布拉克铜钼矿点	东经 75°54′ 北纬 37°33′	地层主要为灰岩、大理岩、石英角岩、夕卡岩。铜矿体赋存于海西晚期蚀变二长花岗岩及钾化花岗岩中，矿体中心硅化、钾化强烈，往两侧发育硅化-绢云母化、绿泥石化、青盘岩化等。已圈定 3 个矿段 10 条铜矿脉，矿脉长 169～633m，宽 1.52～10.04m。Cu 品位 0.73%～0.89%	斑岩型，矿点	据中国冶金地质勘查工程总局新疆地质勘查院
133	拉依布拉克铜钼矿点	东经 75°55′ 北纬 37°32′	矿区石英脉发育，铜矿化沿裂隙面发育，孔雀石化强烈，辉钼矿位于石英脉中呈脉状浸染状分布，岩体为灰色块状黑云母钾长花岗岩	斑岩型，矿点	检查
134	拉依布拉克达坂铜矿点	东经 75°55′ 北纬 37°32′	产于石英闪长玢岩与花岗岩接触附近的闪长玢岩硅化带内，矿化集中于宽 2～3m，长约 20m，呈北东 25°方向展布的矿化带中。矿化不均匀，以铜、钼矿化为主，Cu 品位 0.24%	斑岩型，矿点	检查，据中国冶金地质勘查工程总局新疆地质勘查院

续表

编号	矿产名称	大致地理位置	地质特征	成因类型，规模	资料来源
135	其磅旗拉乌铜矿点	东经 75°57′ 北纬 37°33′	矿体产于夏麦兹岩体与围岩接触带附近，含矿围岩为花岗闪长岩、二长花岗岩。普遍绿泥石化、绿帘石化、硅化、绢英岩化、高岭土化等蚀变。2 处铜矿化，其一产于构造裂隙中，出露宽 7.48m，Cu 品位 0.31%，其二产于花岗岩中，岩体局部地段整体矿化，矿化面积较大，全岩矿化，铜矿化主要呈细脉状、星点状产出，矿化宽 12.36m，Cu 品位 0.33%	斑岩型，矿点	据中国冶金地质勘查工程总局新疆地质勘查院
136	克克布拉克铜矿点	东经 75°58′ 北纬 37°32′	该点由克克布拉克和开其孜矿点组成，矿体产于大同西岩体与夏麦兹岩体接触带附近，含矿围岩石英二长闪长岩、花岗闪长岩。矿化以大脉型和细脉型及浸染型为主。含铜长英岩脉可见 5 条以上，围岩孔雀石化较普遍，但品位较低，个别样 Cu 品位 0.48%。开其孜矿点矿化较好，在石英二长闪长岩、长英岩脉拣块样 Cu 品位 0.32%～2.66%、Au 品位个别可到 6.09×10^{-6}。岩石蚀变，可分青磐岩化带、钾化带、硅化带	热液型，矿点	中国冶金地质勘查工程总局新疆地质勘查院
137	开其孜铜矿点	东经 75°59′ 北纬 37°32′	开其孜铜矿产于大同西侧细粒花岗闪长岩岩体（元古代）中，北西向碎裂岩带中见矿脉一条，有微弱铜矿化，星散浸染状黄铜矿，黄铁矿。虽铜、金品位高，但规模小，不足以开发利用	热液脉型，矿化点	检查，新疆地矿局第二地质大队，1985
138	夏麦兹铜钼矿点	东经 76°00′ 北纬 37°32′	矿化产于加里东期中酸性岩浆岩内，铜矿化带地表出露约 40m，宽 1～3m，最宽处约 4m，呈透镜状分布于破碎花岗岩岩体裂隙中，Cu 品位 2.6%，金属矿物有黄铜矿、黄铁矿、斑铜矿、辉铜矿、辉钼矿、孔雀石、赤铜矿等	热液型，矿点	检查，新疆地矿局第二地质大队，1985
139	叶尔羌河砂金矿点	东经 76°10′ 北纬 37°22′	砂金分布于阿斯干—萨尔河口—冬古兹—玛特村一带的河床相砂砾层中，矿化范围长达 15m，宽 2～3km	沉积型，矿点	河南省地质调查院，2004b
140	塔合曼铁矿点	东经：75°01′ 北纬：37°53′	矿区出露地层为古元古界布伦阔勒群，含矿岩性为硅铁建造。初步查明 7 个矿体，单矿体长 17.5～300m，厚度 0.96～6.28m。矿体平均品位：Fe 37.3%～58.69%。矿石资源量 52.4 万 t	沉积变质型，矿点	河南省地质调查院，2004b
141	翁吉勒铁矿点	东经 75°01′ 北纬 37°53′	该点有铅锌矿，矿化产于花岗闪长岩的断裂带中，宽约 0.5m，近东西向分布	热液型，矿点	检查，新疆地矿局第二地质大队，2006b
142	阿克希腊克铅锌矿点	东经：74°57′ 北纬：37°39′	赋存于片理化灰岩、白云岩、凝灰质片岩中，含矿蚀变带宽度为 50m，长度达到 2km 以上，见 3 条 PbZn 矿化体，其中北 1 矿体矿化宽 1.65m，Pb 品位 5.56%～29.11%；北 2 矿体产在凝灰质片岩中的一条硅化褐铁矿化破碎带中，宽 2.1m，Pb 品位 6.36%；南矿带宽 6m，Pb 平均品位 4.7%	层控碳酸盐＋热液改造型，小型	自测
143	阿克吉勒嘎铜矿点	东经：75°01′ 北纬：37°38′	发现 2 条铜矿化带。北部铜矿带顺层产于变凝灰岩中，地表出露长大于 600m、宽 2～3m，拣块样含铜 1.32%；南部铜矿体为石英脉，地表出露长 80m，厚 70～90cm，拣块样含铜 2.67%	热液改造型，矿点	自测
144	赫勒瓦特铜矿点	东经 75°04′ 北纬 37°42′	主要矿化体Ⅰ号铜矿化体产于片麻状花岗岩中，Ⅱ号铜矿化体产于辉石闪长岩中，但多与后期花岗质脉岩关系密切	斑岩型，矿点	自测
145	斯如依迭尔铅锌矿化点	塔什库尔干县城关镇辛滚沟	矿区大面积出露喜马拉雅期钾长花岗岩。岩体中发育 1 条近南北向断裂构造，宽约 5m。断裂带近上盘处有宽 20～30cm 的蚀变带，可见细粒黄铁矿化、褐铁矿化、硅化、碳酸盐岩化、萤石化等蚀变。样品分析结果：Pb 品位 0.55%，Zn 品位 0.48%，Ag 品位 3.4×10^{-6}，Au 品位 0.11×10^{-6}	热液型，矿化点	检查，河南省地质调查院，2004b

续表

编号	矿产名称	大致地理位置	地质特征	成因类型，规模	资料来源
146	阿然保泰金矿化点	塔什库尔干县城关镇辛滚沟	矿区内燕山期、喜马拉雅期碱性岩、碱性花岗岩类发育。金矿化见于褐黄色、褐色含黄铁矿细粒正长岩脉中，岩脉侵入于灰白色中粗粒花岗正长岩中，岩石蚀变有黄铁矿化、绿帘石化、绿泥石化	热液型，矿化点	检查，河南省地质调查院，2004b
147	喀拉果如木铜多金属矿床	东经：75°06′ 北纬：37°37′	铜矿化产在花岗闪长岩中，在 600m×2000m 范围普遍见孔雀石化，可圈出 4 处矿化体，矿化体长 200～400m，厚 3.6～15.2m，Cu 平均品位 0.86%～2.63%。7 处铅锌矿（化）体，其中Ⅱ号铅锌矿体长 320m，宽 2～6.5m，Pb 平均品位 7.75%	斑岩型，小型	自测
148	干乡吉列铜矿床	东经 75°06′ 北纬 37°37′	铜矿化体产于片麻状花岗岩与白云母花岗岩接触带靠片麻状花岗岩中，矿体走向 315°，宽 20 余米，长大于 100m 延入雪山，检查时该矿正在开采，矿石品位较富，铜品位 2%～5%	斑岩型，小型	自测
149	阿然保泰铜矿点	东经 75°05′ 北纬 37°35′	矿区出露地层二叠系千枚岩、变砂岩等。矿化体产于闪长岩与变砂岩接触带中，菱铁矿带地表出露长约 15m，宽 2m，其中见长约 10m，宽 0.2～0.5m 的富铜矿体，Cu 品位 20.62%，检查时在闪长岩中见多处铜矿化，Cu 品位 0.52%	热液型，矿点	自测及河南省地质调查院，2004b
150	干达迭尔铜矿点	东经 75°05′ 北纬 37°32′	铜矿化体产于黑色凝灰质片岩中的破碎带中的石英脉、石英网脉，Ⅰ号铜矿化体长约 300m，宽 1～5m，走向 118°；Ⅱ号铜矿化体在Ⅰ号铜矿化体东约 600m，宽约 1m，长大于 20m	热液型，矿点	自测
151	牧林场白云母矿床	东经 75°22′ 北纬 37°39′	矿体主要分布于古元古界布伦阔勒群黑云斜长石英片岩及绢云石英片岩中的白云母花岗伟晶岩脉中，脉体断续出露长约 400m，宽 2.5～16m，共有三个矿体，长 60～350m，厚 5.5～7m。见白云母、黑云母	伟晶岩型，小型	野外检查
152	达布达尔绿柱石矿	东经 75°27′ 北纬 37°20′	产于志留系地层中，含矿脉达 12 处，一般较小。含绿柱石的矿脉地表出露长为 3～28m，厚为 0.2～1.6m，最厚者 2m，长 30m	热液交代型，小型	野外检查
153	塔阿西铁矿床	东经 75°25′ 北纬 37°28′	矿区出露地层为古元古界布伦阔勒群硅铁建造，3 个矿化带，单矿体一般长 20～280m，宽 0.1～6m，矿体 Fe 平均品位 42.86%	沉积变质型，小型	检查，据新疆地矿局第二地质大队
154	协尔波力铁矿点	东经 75°29′ 北纬 37°26′	产于古元古界布伦阔勒群	沉积变质型，矿点	据新疆地矿局第二地质大队
155	叶里克铁矿床	东经 75°31′ 北纬 37°23′	矿区出露地层为古元古界布伦阔勒群，5 条矿化蚀变带，长大于 1850m，东段其品位变富，在海拔 5300 地表宽度出露大于 60m。矿石矿物主要为磁铁矿，以条带状磁铁矿、块状矿石和致密浸染状矿石为主	沉积变质型，中型	检查，据新疆地矿局第二地质大队
156	吉尔铁克沟铁矿床	东经 75°31′ 北纬 37°18′	矿区出露地层为古元古界布伦阔勒群，在含磁铁石英片岩中发现 1 条磁铁矿体。矿体长度大于 1000m，厚度 60m。矿石矿物主要为磁铁矿，以块状矿石和致密浸染状矿石为主。矿石品位：TFe 26.10%～69.00%	沉积变质型，小型	检查，河南省地质调查院，2009
157	老并—走克本铁矿床	东经 75°37′ 北纬 37°22′	矿区出露地层为古元古界布伦阔勒群，北为走本克矿区，南为老并矿区。至少有 4 层矿化。矿体长度 600～1800m，厚度 5～9m，矿石矿物主要为磁铁矿，以条带状、块状矿石和致密浸染状矿石为主	沉积变质型，大型	检查，河南省地质调查院，2009
158	莫拉赫（喀来子）铁矿床	塔什库尔干县马尔洋乡北东约 7.0km	位于老并铁矿床向东的延伸带上，区内地层主要为古元古界布伦阔勒群，发现 27 条磁铁矿体、7 条重晶石矿体、3 条硫铁矿体等，TFe 品位 15.6%～48.10%	沉积变质型，中型	检查，据新疆地矿局第二地质大队

续表

编号	矿产名称	大致地理位置	地质特征	成因类型，规模	资料来源
159	阿依里西铁矿床	塔什库尔干县达布达尔乡	共发现 9 条磁铁矿体，长 420～1900m，厚度 2.17～22.09m，mFe 品位 11.98%～35.82%。铁矿资源量 13 018 万 t	沉积变质型，大型	据喀什西凯矿业有限责任公司
160	维来勒铁矿床	塔什库尔干县马尔洋乡	矿体赋存于古元古界布伦阔勒群中，见 3 条磁铁矿体，TFe 品位 23.17%～48.50%。其中 Fe3 号矿体铁矿石资源量 1 450 万 t，资源潜力和找矿远景非常大	沉积变质型，中型	据新疆地矿局第二地质大队 2012 年调查
161	杏子沟铁矿床	塔什库尔干县马尔洋乡	含磁铁矿地层为古元古界布伦阔勒群，主要有磁铁矿 5 处，其中Ⅱ号磁铁矿矿体在平面上呈透镜状、似层状沿北西向构造破碎带产出，磁铁矿石的全铁品位 44%～63.4%	沉积变质型，小型	据新疆地矿局第二地质大队 2012 年调查
162	热拉其铜矿点	塔什库尔干塔吉克自治县马尔洋乡	铜矿化产于古元古界布伦阔勒群黑云石英片岩中的构造破碎带中，走向北西—南东，长约 5m，宽约 0.5m。岩石中见孔雀石、蓝铜矿等金属矿物。样品分析结果：Cu 品位 0.64%	热液型，矿点	河南省地质调查院，2004b
163	果尔德库勒磁铁矿床	东经 75°30′ 北纬 37°16′	产于布伦阔勒群的片岩中的破碎带，褐铁矿化、硅化强烈，其中见 5m 厚的磁铁矿体，长大于 120m，走向 235°	沉积变质型，普查，小型	新疆地矿局第二地质大队，2006b
164	赞坎（乔普卡里莫）铁矿床	东经 75°37′ 北纬 37°15′	矿区出露地层为古元古界布伦阔勒群，共发现大小二十余处磁铁矿（化）体，其中规模较大的有七个矿体。矿体出露长 30～560m，宽 6～84m，矿体 TFe 品位 22.42%～40.40%，平均 TFe 品位 29.65%	沉积变质型，普查，大型	检查，新疆地矿局第二地质大队，2006a
165	莫喀尔（赞坎东）铁矿床	东经 75°37′ 北纬 37°18′	该矿区与赞坎磁铁矿区属于同一成矿带，主矿体Ⅳ号矿体，与赞坎Ⅱ号矿体相连，宽 1～34m，延伸约 3km，平均品位约 26%；在Ⅳ号矿体南部，发育与矿体整合接触的黄铁矿层，推测为沉积型黄铁矿，厚度约 5m	沉积变质型，普查，大型	检查，新疆地矿局第二地质大队，2006a
166	其克尔克铁矿床	东经 75°50′ 北纬 37°14′	由 6 条矿带 24 条矿体组成，其中 Fe3-5 号矿体出露长约 1650m，平均厚度 6.29m，TFe 平均品位 28.09%。Fe5-1 号矿体地表出露长约 412m，平均厚度 6.56m，TFe 平均品位 38.74%，共求得矿石资源量 1132.13 万 t	中型	据新疆地矿局第二地质大队，2017a
167	种羊场铜矿化点	塔什库尔干县达布达尔乡	矿区出露岩石为灰绿色辉绿辉长岩，岩石中构造裂隙发育，沿裂隙密集处见孔雀石沿小裂隙充填。矿化体长 2m，宽 0.5m。样品分析结果：Cu 品位 0.11%，Ag 品位 2.3×10^{-6}	热液型，矿化点	检查，河南省地质调查院，2004b
168	麻扎西铜金矿化点	东经 75°21′ 北纬 37°06′	矿化点石英脉中见有黄铁矿、黄铜矿化，品位低，规模小。石英脉有较强的褐铁矿化，矿化体产状 250°∠50°，推测含金矿化，暂定为铜矿化点	热液型，矿化点	检查
169	卡拉吉力干含铜菱铁矿点	塔什库尔干县达布达尔乡	矿区出露地层二叠系千枚岩、变砂岩、石英片岩等。矿化体产于破碎蚀变带中，菱铁矿地表出露长约 225m，宽 0.5～1m，Cu 品位 0.47%，该点铜矿化分散、不均匀，仅局部形成一定规模的铜矿体	热液型，矿点	据新疆地质调查院，2000
170	皮斯岭铜矿化点	东经 75°19′ 北纬 37°19′	矿区出露地层二叠系变石英粉砂岩、硅质灰岩等。见 4 条小铜矿化体，产于变石英粉砂岩中的菱铁矿中，长 5～20m 不等，宽 0.1～1.8m，Cu 品位 0.2%～1.52%	热液型，矿化点	据新疆地矿局第二地质大队，2009b

续表

编号	矿产名称	大致地理位置	地质特征	成因类型，规模	资料来源
171	明铁盖河铜矿点	塔什库尔干县达布达尔乡	矿区出露地层为侏罗系，岩性为黑色石英砂岩，其中发育一条北东向断裂，构造角砾岩中见铜矿化。铜矿化体长 5m，宽 0.3m，可见矿石矿物有黄铜矿、黄铁矿、孔雀石等。样品分析结果：Cu 品位 0.21%，Ag 品位 2.2×10^{-6}	热液型，矿点	河南省地质调查院，2004b
172	群沙拉吉里阿铅锌矿床	东经 75°7′ 北纬 37°7′	矿体沿东西向展布约 3.4km，底板为侏罗系灰色凝灰质粉砂岩，顶板为燕山期灰-灰黑色花岗闪长岩，为夕卡岩型矿床。单个矿体长 50～200m，厚 0.5～10m。Pb 品位为 0.5%～1.5%，Zn 品位为 0.5%～4%	夕卡岩型，小型	野外检查及新疆地矿局第二地质大队交流资料
173	罗布盖子铅锌矿床	东经 74°58′ 北纬 37°02′	赋矿主要岩性为志留系温泉沟组粉砂质板岩夹硅泥质板岩。共圈定 9 条铅锌矿体，其中 L1、L2、L3 号为主矿体。L1 达到中型矿床规模，L2、L3 达到大型矿床规模。主矿体长 2424～2496m，厚度 2.93m。锌平均品位 3.07%，铅平均品位 1.93%，铅＋锌金属资源量 148.22 万 t	热液改造型，大型	检查，新疆地矿局第二地质大队，2017b
174	柯五拉克铅锌矿床	东经 75°14′ 北纬 37°00′	333＋334 资源量铅金属量 971.39t，锌金属量 1 360.46t	热液型，小型	新疆地矿局第二地质大队，2012
175	明铁盖达坂北金矿点	达布达尔乡	金矿化产于喜马拉雅期花岗岩体中，矿化受正长岩脉控制	热液型，矿点	河南省地质调查院，2004b
176	明铁克铜矿点	东经 74°52′ 北纬 37°	含铜石英脉产于下二叠统片岩中，石英脉长 10～20m，见黄铜矿、孔雀石，热液型	热液型，矿点	河南省地质调查院，2004b
177	谢并喀拉基尔干铜矿化点	东经 74°44′ 北纬 37°06′	含铜石英脉产于下二叠统片岩中，石英脉长 30m，宽 10～30cm，铜呈浸染状、星点状分布。热液型	热液型，矿化点	河南省地质调查院，2004b
178	卡拉其古钨矿点	东经 74°42′ 北纬 37°11′	燕山期花岗岩发育，于花岗岩体内见一条长度 8000m，宽度约 100m 的断裂破碎带，其中有多条石英脉，部分含钨和金。拣块化分样分析结果：钨品位 0.1%～3.0%，Au 品位 0.1×10^{-6}～0.5×10^{-6}	热液型，矿点	野外检查及新疆地矿局第二地质大队，2006b
179	热士坎白云母矿床	东经 76°05′ 北纬 36°00′	位于马尔洋乡东南约 51km 处，古元古界布伦阔勒群变质岩中发现 6 条花岗伟晶岩脉，5 条含矿。单矿脉长 20～100m，宽 1～5m。云母面积 6～20cm^2，最大 350cm^2。含矿率 50～150kg/m^3。资源量 202t	伟晶岩型，中型	河南省地质调查院，2004b
180	穹图卡依云母矿点	东经 76°11′ 北纬 36°40′	含矿伟晶岩脉主要分布于古元古界布伦阔勒群黑云石英片岩、角闪石英片岩中。伟晶岩脉多分布于黑云母或二云母花岗岩外接触带。发现 38 条伟晶岩脉，长 30～60m，宽 1～2m，最大长 680m，宽 8m。伴生绿柱石	伟晶岩型，矿点	据非金属公司 201 队 1964 年调查
181	三素云母矿床	东经 76°10′ 北纬 36°56′	伟晶岩脉侵入于古元古界布伦阔勒群黑云石英片岩中。白云母矿脉 14 条，长 25～200m，宽 1～10m，绿柱石矿脉 3 条，其他与白云母伴生，最大长 680m，宽 8m。伴生绿柱石。资源量白云母 7662t，氧化铍 13.73t	伟晶岩型，小型	据喀什地质大队 1960～1961 年调查
182	昆仑结晶带多金属矿点	东经 76°06′ 北纬 37°01′	矿点产于古元古界深变质岩中，矿石致密块状，金属矿物为方铅矿。热液型	热液型，矿点	据 J-431：100 万矿产分布图及其一览表

续表

编号	矿产名称	大致地理位置	地质特征	成因类型，规模	资料来源
183	阿拉姚施塔格硫铁矿点	塔什库尔干塔吉克自治县马尔洋乡	黄铁矿化产于中元古界库浪那古岩群大理岩、石英岩与片岩接触带中。见露头二十余处，最大的露头长270m，平均厚5m。矿石含硫20.52%～24.80%，铜品位0.15%～0.17%，估算资源量：硫铁矿石27万t，铜432t	热液型，矿点	河南省地质调查院，2004b
184	尤仑踏卡铅锌矿点	东经76°34′ 北纬37°12′	铅锌矿化产于花岗闪长岩与库浪那古岩群变质岩地层接触带附近的夕卡岩化大理岩中。矿体长约45m，最宽处约10m。富矿体呈透镜状，北西向延伸，长17m，平均厚度1.8m，Pb品位3.82%～33.61%；Zn品位6.55%～8.49%	夕卡岩型，矿点	河南省地质调查院，2004b
185	西河休铜矿点	东经76°46′ 北纬37°07′	不详	热液型，矿点	河南省地质调查院，2004b
186	喀阿孜铅锌多金属矿点	东经76°47′ 北纬37°09′	铅-锌-（铜-钨）多金属矿体主要以透镜状、似层状发育在灰白色条纹状大理岩与变硅质岩之间、白色粗晶大理岩中，或灰白色变硅质岩中，以铅锌矿化为主，伴生有铜、钨、银、镉、铋、铁等多金属矿化	块状硫化物矿床，矿点	汪玉会等，2013
187	帕合堡铅锌矿床	新疆叶城县西河休乡	地层为元古界库浪那古群的一套浅-中变质碎屑岩。含矿岩性主要为大理岩、夕卡岩化大理岩、白云母化大理岩；矿石矿物主要由方铅矿、闪锌矿组成，其他有黄铁矿、磁黄铁矿。脉石矿物主要为方解石和白云石	沉积变质＋热液改造型，小型	聂新坤等，2014
188	塔卡提铅锌矿床	新疆叶城县西河休乡	赋存在下石炭统卡拉巴西塔克组地层中，已圈定三个铅锌矿体。Ⅰ号矿体长65m，厚2～7m，平均品位铅8.52%，锌8.00%	层控型，小型	都卫东，2012
189	比得考孜金矿点	新疆叶城县西河休乡	不详	岩浆热液型，矿点	检查
190	阿依保龙金铜矿点	新疆叶城县西河休乡	为石英脉，围岩为斜长角闪片岩，矿（化）体与围岩接触界线清晰，随石英脉的形态展布。矿石矿物主要由黄铁矿（部分被氧化成褐铁矿）、毒砂、黄铜矿组成，局部地段可见少量方铅矿，矿石矿物呈集合体状分布	岩浆热液型，矿点	聂新坤等，2014
191	吉木德萨尔喀多金属矿点	东经76°07′ 北纬36°48′	矿点产于古元古界深变质岩中的石英脉，3条脉长3～10m，宽0.15～0.3m。见黄铁矿、孔雀石、菱铁矿	热液型，矿点	河南省地质调查院，2004b
192	色汤沟金矿点	东经76°15′ 北纬36°34′	矿点出露地层为未分下古生界黑色绢云千枚岩与变质砂岩互层，矿体顺层产出。见2个金矿体，均为含金菱铁矿体。Ⅰ号金矿体出露长260余米，宽0.8～2.0m，Au品位平均1.95×10^{-6}，Ⅱ号金矿体地表出露长60余米，宽0.9～1.7m，Au品位平均1.87×10^{-6}	热液型，矿点	据新疆地矿局第二地质大队，2003
193	临江沟锑矿点	东经76°18′ 北纬36°31′	出露地层为未分下古生界变质砂岩、千枚岩、角岩等，有8条黄铁矿化、黄钾铁矾矿化蚀变带，蚀变带出露长25～800m不等，宽2～70m，Sb品位0.17%～6.91%，其中1号和8号蚀变带中部分样品达到工业品位	热液型，矿点	据新疆地矿局第二地质大队，2003
194	阿孜尕拉铁矿床	东经76°26′ 北纬36°30′	矿体赋存于未分下古生界变质岩中。透镜状矿体，受构造控制，共9个矿（化）体，长56～1000m，宽4～46m，全铁品位17%～50%。求得（333＋334）铁矿石资源量432.5万t	热液型，小型	据新疆地矿局第二地质大队2008年调查
195	牛角沟多金属菱铁矿点	东经76°25′ 北纬36°28′	菱铁矿化体出露长1000余米，宽约8.25m，最宽处60余米，目估TFe品位10%～30%，拣块样Cu品位0.1%、Pb品位0.1%、Zn品位2%	沉积变质型，矿点	据新疆地矿局第二地质大队，2003

续表

编号	矿产名称	大致地理位置	地质特征	成因类型，规模	资料来源
196	塔吐鲁沟 74 公里菱铁矿点	东经 76°26′ 北纬 36°27′	分布于下古生界变质砂岩与花岗岩接触部位，Ⅰ号矿体长 600 余米，宽 30～40m，近东西向分布，目估 TFe 品位 15%～30%；Ⅱ号矿体位于Ⅰ号矿体南侧约 500m 处，长 700 余米，宽 30～98m，TFe 品位 17%～52%	沉积变质型，矿点	据新疆地矿局第二地质大队，2003
197	塔吐鲁沟金锑矿化点	东经 76°12′ 北纬 36°28′	产于变质砂岩、变泥岩、千枚岩中，褐铁矿化含金石英-方解石脉断续出露长约 1000m，宽 1～3m，拣块样 Au 品位 1.5×10^{-6}。锑矿体为一条黄铁矿化斜长角闪-角闪岩脉，长约 290 m，宽约 33m，Sb 品位 1.78%～1.98%	热液型，矿化点	据新疆地矿局第二地质大队 2004 年调查
198	克勒青河上游砂金矿点	东经 76°35′ 北纬 36°07′	砂金分布于河床、河漫滩阶地的砂砾层中	砂金	1∶25 万区调
199	伊力克砂金矿点	东经 76°40′ 北纬 36°20′	砂金分布于河床、河漫滩阶地的砂砾层中	砂金	1∶25 万区调
200	库地铁铜矿床	东经 76°55″ 北纬 36°53′	出露晚古生代花岗岩，石英闪长岩及辉石岩与大理岩、变砂岩接触部位；分布 6 个矿体，多呈不规则状、豆荚状、透镜状。矿体长 10～65m，厚度 2.5～18m。矿石主要为含铜磁铁矿和磁铁矿两类，Fe0 品位 35%～63%	夕卡岩型，小型	检查，新疆地矿局第二地质大队，1985
201	克英勒克铁铜矿点	叶城县库地一带	矿点赋存在与二叠纪—三叠纪闪长岩接触的长城系赛图拉岩群中岩组大理岩中。地表见 2 个矿体，较大者长近 3m，宽 0.6～1.74m。矿体呈鸡窝状、似层状等。铁品位为 41.83%～45.78%，铜品位 0.7%～1.53%	夕卡岩型矿点	J-431∶100 万矿产分布图
202	沽目板多金属矿点	东经 76°53′ 北纬 36°48′	产于蓟县系塔昔达坂变质岩与二长花岗岩的接触带，矿体呈脉状，长 20m，厚 1m	热液型，矿点	J-431∶100 万矿产分布图
203	新藏公路 178 公里布孜湾南金矿点	东经 77°01′ 北纬 36°41′	闪长岩中见褐铁矿化蚀变破碎带，共圈出金多金属矿体 18 条。控制矿体断续延长 80～1600m，厚度 0.81～17.89m，平均品位：Au 4.63×10^{-6}，Ag 37.30×10^{-6}，Pb 1.67%	蚀变破碎型，矿点	检查
204	库地 138 公里东铬铁矿点	东经 77°04′ 北纬 36°52′	辉长岩体侵入绿泥石英斜长片岩中，辉长岩中见长约 80m，宽 5～8m 的褐铁矿化带中夹有 1m×2m 的豆荚状铬铁矿	岩浆型，矿点	检查
205	新藏公路 188km 处铜矿化点	东经 77°09′ 北纬 36°36′	矿体产于印支期黑云母闪长岩体与石炭系碎屑岩外接触带。矿体为孔雀石化细砂岩。宽度 20～30cm，长度不清	岩浆热液型	陕西省地质调查院，2006b
206	锟扬金铜矿床	东经 77°07′ 北纬 36°38′	出露三叠纪黑云母花岗闪长斑岩，金、铜矿体主要产在黄铁绢英岩化带和硅化带，铅锌矿体产出在夕卡岩化带。低品位金矿（1×10^{-6}～2.5×10^{-6}）资源量 271kg，铜金属资源量 12 463t，铅金属资源量 16 177t，锌金属资源量 20 038t	斑岩型，小型	新疆地矿局第六地质大队，2015
207	徐结艾矮力铅锌矿床	东经 77°11′ 北纬 36°36′	出露地层为上石炭统提热艾力岩组，岩性为变岩屑砂岩及蚀变长石砂岩，局部夹含生物碎屑结晶灰岩、凝灰岩。以铅矿化为主，伴生银。由Ⅰ号、Ⅱ号两个矿点组成，相距约 1000m，其中Ⅰ号矿区内共圈定矿体 10 条	构造-热液型；小型	石光辉，2015
208	提热艾力铅锌矿点	新藏公路的 193km 西侧约 1km 处	矿化产于上石炭统提热艾力岩组地层长石砂岩及夕卡岩化大理岩的裂隙破碎带中，矿体中见菱铁矿、方铅矿及闪锌矿呈细脉状、团块状沿裂隙充填，沿走向上矿化不稳定，目估铅品位 0.5%～3.5%、锌品位 0.2%～1.2%	构造-热液型；矿点	石光辉，2015

续表

编号	矿产名称	大致地理位置	地质特征	成因类型，规模	资料来源
209	190 铅锌铜矿点	新藏公路 190km 的西侧约 1.5km 处	矿化产于上石炭统提热艾力岩组地层与印支期中粒斑状黑云母花岗闪长岩的接触部位，矿体长约 60m、宽约 35m。矿化岩性为碎裂状含砾砂岩，矿体顶部为黄铁矿，向下依次为铅锌矿、黄铜矿，伴生有银	构造-热液型；矿点	石光辉，2015
210	库浪阿土提铅锌矿点	新藏公路 193km 胜利桥东南直距约 12km 处	矿化产于节理裂隙破碎带中，含矿岩性为碎裂岩或碎裂状长石砂岩，矿体为脉状菱铁矿，在菱铁矿中方铅矿及闪锌矿呈粒状、脉状、团块状分布，铅品位 0.5%～16.2%、锌品位 0.8%～8.6%，伴生银品位 $16×10^{-6}$～$55×10^{-6}$	构造-热液型；矿点	石光辉，2015
211	麻扎赤铁矿矿点	东经 77°06′ 北纬 36°23′	产于下志留统温泉沟群（S_1W）浅变质砂板岩中。赤铁矿-菱铁矿-褐铁矿类型。TFe 品位 17.5%，P 品位 0.05%	沉积变质型，矿点	1982 年新疆地矿局第一区域地质调查大队发现
212	塔吐鲁沟铁矿床	东经 76°08′ 北纬 36°31′	含矿层位为志留系下志留统的温泉沟群。含矿岩层主要为凝灰质板岩和片岩。共圈定出 2 个矿体（Fe1、Fe2 号），矿体长度一般约为 1000m，宽度在 15～180m，全铁矿石品位变化一般在 20%～57%，平均品位为 39%	沉积变质型，小型	广东省地质局 719 地质大队，2012
213	新藏公路 273km 北沟铜矿点	东经 77°19′ 北纬 36°27′	Ⅰ号铜矿（化）体出露在糜棱岩带中，出露宽度约 40m，长度 1000m，铜品位 0.13%，铅品位 0.35%，锌品位 0.24%。Ⅱ号铜矿（化）体出露在中细粒花岗岩内，出露宽度 5m，长度大于 120m，铜品位 0.19%，金品位 $0.179×10^{-6}$	热液型，矿点	陕西省地质调查院，2004
214	新藏公路 273 公里铜矿点	东经 77°19′ 北纬 36°27′	矿体赋存在麻扎—康西瓦断裂带南侧岩浆弧中，矿体分布在中细粒花岗岩内，岩石破碎，次级断裂发育。矿化主要表现为孔雀石化、黄铁矿化，呈星点状、浸染状分布。含铜 0.19%。出露宽度 50m，长度大于 1200m	热液型，矿点	陕西省地质调查院，2004
215	库米兆日尔喀阿多金属矿点	东经 77°20′ 北纬 36°22′	矿点产于志留纪温泉群（S_1W）的浅变质岩中的黝铜矿石英-黄铁矿脉	热液型，矿点	J-431：100 万矿产分布图及一览表
216	黑恰道班南西含铜黄铁矿点	东经 77°20′ 北纬 36°22′	含铜黄铁矿产于下志留统温泉沟群与印支期白岗岩侵入体的接触带上	热液型，矿点	新疆第二地质大队 1：50 万
217	黑黑孜铜矿化点	东经 77°36′ 北纬 36°23′	含铜方解石-石英脉产于志留纪温泉群（S_1W）的浅变质岩中，三条石英脉：①长 40m，宽 2～55cm；②长 2m，宽 5～15cm；③长度不明，宽约 1.5m，见黄铜矿、斑铜矿	热液型，矿化点	叶城幅 1：50 万矿产登记卡片
218	黑黑孜站干铁多金属矿床	东经 77°37′ 北纬 36°26′	含矿地层为奥陶—志留系，含矿围岩碳酸盐岩、碎屑岩，矿石矿物以菱铁矿为主，少量方铅矿、闪锌矿。TFe 品位 31.8%	沉积变质型，中型	野外检查
219	新藏公路324公里铜多金属矿化点	东经 77°43′ 北纬 36°25′	矿（化）体出露在长城系糜棱岩化二云母石英片岩中。表现为硅化蚀变、孔雀石化、黄铁矿化等，铜、铅、锌品位分别为 0.13%、0.18%、0.36%	热液型，矿化点	陕西省地质调查院，2004
220	和平桥区金铜多金属矿点	东经 77°46′ 北纬 36°25′	矿体产于破碎蚀变带内，呈透镜状，探槽控制真厚度 3.6m，可见长度约 8.6m。赋矿岩石为赤褐铁矿化硅质蚀变岩，Au 品位 $6.02×10^{-6}$～$23.9×10^{-6}$，Cu 品位 0.14%～0.19%	热液型，矿点	内蒙古自治区第九地质矿产勘查开发院
221	新藏公路赛拉图北铅锌矿点	东经 77°49′ 北纬 36°24′	产于片岩中的断层破碎带中，地表为褐铁矿化强烈，长大于 60m，宽 0.2～0.8m，地表铅锌分析品位较低，浅井中局部见较富的铅锌矿	热液型，矿点	检查

续表

编号	矿产名称	大致地理位置	地质特征	成因类型，规模	资料来源
222	苏玛兰铜矿点	东经 77°37′ 北纬 37°05′	出露地层为古元古界埃连卡特群，岩性为绿色云母（石英）片岩和变石英砂岩，铜矿化受断裂带控制，呈近东西方向延伸，长约 1km，最宽处 300m，矿化不连续。Cu 品位一般小于 0.1%，最高品位 1%	热液型，矿点	陕西省地质调查院，2004
223	汗也依拉克含铜磁铁矿矿床	和田地区于田县普鲁村	产于晚古生代花岗闪长岩岩体与蓟县系塔西达坂群上亚段石英岩夹大理岩的内、外接触带中。见 5 个小矿体，单个矿体长 10～150m，厚 1～1.5m。铁品位在 16.33%～56.99%，铜品位为 0.03%～1.06%	夕卡岩型，小型	陕西省地质调查院，2006c
224	布琼铜铁矿点	东经 78°04′ 北纬 37°01′	有布琼铜铁矿和艾德瓦搞铜矿点，出露的地层有喀拉喀什群和埃连卡特群和少量上古生界。矿化体共 3～8 层，厚度 0.5～2.0mm，间隔 5～10m，其中 Cu1、Cu2、Cu3，规模较大，控制长度皆在 500m 以上，Cu3 长达 2000m。据 1962 年铁矿普查资料尚有 3km 的延伸。矿化以铜为主	硅质岩型，矿点	据南京地质矿产研究所，2004
225	吉格代勒克砂金矿点	东经 77°45′ 北纬 37°10′	砂金矿产于塔孜洪河上游，含矿层位为现代河床及河漫滩相砂砾石，砂金品位不详	砂金	陕西省地质调查院，2006c
226	岔路口铜矿点	东经 77°41′ 北纬 35°41′	矿体产于二叠系神仙湾岩群砂板岩之硅化砂岩中，脆韧性变形强烈，石英细脉发育。矿石类型为硅化细砂岩，具孔雀石化。矿石矿物为黄铜矿、黄铁矿。含铜 1.93%。矿体长度大于 500m，宽度 2～3m	沉积-热液型，矿点	陕西省地质调查院，2006a
227	鱼跃石铜金矿点	东经 77°54′ 北纬 35°44′	矿体位于泥盆系天神达坂砂砾岩底部。矿石类型为孔雀石化砂砾岩，矿化主要表现为孔雀石化，矿化均匀。铜品位 1.08%。金品位 0.35×10^{-6}。矿体长度大于 1000m，厚度 1.5～2m	沉积-热液型，矿点	陕西省地质调查院，2006a
228	向阳峰南褐铁矿点	东经 78°06′ 北纬 35°54′	赋矿岩石主要为灰色粉晶灰岩，矿体受层位控制明显，呈带状展布，走向与地层产状一致，矿化带断续延长可达 5～8km，最大宽度达 100m，厚度一般 50～85m，TFe 平均品位 21.37%	热接触交代型，矿点	陕西省地质调查院，2006a
229	夏河巴斯康铜矿点	位于皮山县杜瓦镇南夏河巴斯康	矿点产于蚀变辉绿岩中，初步圈出矿体 3 个，辉绿岩呈脉状，走向北西，矿体地表长 300m，宽约 8m，铜品位 0.61%～4.27%，平均品位 1.83%	岩浆熔离型，矿点	陕西省地质调查院，2006b
230	康西瓦白云母稀有金属矿床	东经 78°45′ 北纬 36°09′	含矿伟晶岩脉主要分布于古元古界康西瓦群含石榴子石二云母石英片岩、角闪斜长片麻岩。发现 676 条伟晶岩脉，其中白云母矿脉 3 条，脉中见绿柱石，另有 6 条绿柱石矿化脉	伟晶岩型；中型	检查，新疆地矿局第二地质大队，1967b
231	卡皮达兰沟稀有金属矿点	东经 78°45′ 北纬 36°06′	伟晶岩脉，走向约 300°，长约 30m，宽约 2m，矿体围岩为中寒武世片麻状中粒二云二长花岗岩，局部见有少量深灰色绢云千枚岩。矿脉主要由斜长石、石英、锂云母（15%～20%）、云母、电气石及少量其他矿物组成	伟晶岩型，矿点	新疆地质调查院，2015
232	康西瓦南大沟含银多金属矿点	东经 78°54′ 北纬 36°07′	围岩为康西瓦群，岩性为片麻岩、片岩。伟晶岩脉广泛发育，矿体伴随伟晶岩脉沿断层分布，共见五条矿脉，矿脉长 10～100m，宽 0.5～2m，产状 320°∠60°。Ag 品位 102.94×10^{-6}，Pb 品位 5.29%，Cu 品位 0.37%，Zn 品位 0.1%，Sb 品位 0.018%	热液交代型，矿点	检查，陕西省地质调查院，2006b
233	康西瓦南铅锌矿点	东经 78°41′ 北纬 36°08′	围岩为长城系赛图拉岩群片岩、大理岩，含矿石英脉长数十米，宽一般 0.2m，呈透镜状产出。矿石矿物主要为方铅矿，品位不祥	热液型，矿点	陕西省地质调查院，2006b
234	康西瓦南大沟铅矿化点	东经 78°40′ 北纬 36°05′	矿体产于燕山期花岗岩体于康西瓦群内外接触带中	热液交代型，矿点	陕西省地质调查院，2006b

续表

编号	矿产名称	大致地理位置	地质特征	成因类型，规模	资料来源
235	康西瓦南大沟铅矿化点	东经 78°42′ 北纬 36°05′	矿体产于康西瓦群与伟晶岩脉的接触带上；矿化带长约 600m，宽约 1m	热液型，矿点	陕西省地质调查院，2006b
236	托满南铜矿点	东经 78°56′ 北纬 36°39′	铜矿产于辉石角闪岩中，围岩为西河休组变质岩，矿化体平均长度大于 1000m，宽约 17m，呈北西向带状延伸。矿石矿物主要为黄铁矿、斑铜矿及黄铜矿，品位 1%～2%，铜矿体呈北西西向延伸，倾向北东	岩浆熔离型，矿点	陕西省地质调查院，2006b
237	皮山县夏河巴斯扛铜矿点	东经 78°41′ 北纬 36°08′	出露地层主要为中石炭统库尔良群，矿点产于蚀变辉绿岩中，发现铜矿体 3 条，走向北西，矿体地表长 300m、宽约 8m。铜品位 0.61%～4.27%，平均品位 1.83%	岩浆熔离型，矿点	陕西省地质调查院，2006b
238	皮山县阿巴勒克铜矿点	东经 78°32′ 北纬 36°51′	出露地层为中石炭统库尔良群，铜矿产于辉长、辉绿岩脉中。3 条主要铜矿体长 20～1200m，宽约 1～27m，主要为黄铜矿、斑铜矿、黄铁矿，黄铜矿次生蚀变为孔雀石、蓝铜矿。伴生金、银、铬、镍、铂、钯	岩浆熔离型，矿点	陕西省地质调查院，2006b
239	芒沙铜矿点	东经 78°40′ 北纬 36°49′	出露地层为下二叠统杜瓦组，矿化见于灰绿色薄层粉砂岩中。较密集矿化有两处，两处矿体规模分别为 40m×0.7m 和 1m×0.6m。Cu 品位 0.1%～1.1%	沉积砂岩型，矿点矿	和田地质大队
240	杜瓦锰矿点	东经 78°59′ 北纬 36°59′	矿体产于石炭系塔哈奇组底部钙质砂岩与生物灰岩接触面及生物灰岩中，矿体呈扁豆状、透镜状，长 2～9m，宽 0.45～0.9m。锰品位 50%	沉积型，小型	新疆地矿局第二地质大队
241	普基砂金矿点	东经 79°24′ 北纬 36°55′	砂金产于河谷Ⅵ阶地中，发现 2 条矿化体，Ⅰ号矿化体长 3400m，宽 40～280m，厚 0.50～0.93m，平均品位 0.0629g/m^3，Ⅱ号矿体长 3370m，宽 40～60m，厚 0.50～2.00m，品位 0.0129～0.2252g/m^3	砂金，矿点	陕西省地质调查院，2006b
242	秃斯阿克砂金矿点	东经 79°40′ 北纬 36°59′	两个含金层，厚度 0.5～1.0m，埋深 3～9m，砂金品位 0.15～0.21g/m^3，预测资源量 117.94kg	砂金，矿点	陕西省地质调查院，2006c
243	奥米沙铜矿点	东经 79°52′ 北纬 36°10′	产于库地其曼于特蛇绿混杂岩带北侧的硅化钠长岩、绿泥石英岩中。矿化体三条，长度 30～80m、厚度 0.5～1.2m，矿石矿物为黝铜矿、孔雀石。Cu 品位 0.35%～5.2%	构造蚀变岩型	陕西省地质调查院，2006c
244	408 道班铜矿点	东经 78°28′ 北纬 36°17′	含矿岩石主要为黑云母石英片岩及石英闪长岩，长约 430m，厚度 3.36～5.6m。呈条带状展布。矿体蚀变主要为团块状、星点状孔雀石化和少量颗粒状黄铜矿。在 BTC05 探槽中，铜矿体品位 0.71%～2.13%	热液型，矿点	新疆地矿局第二区域地质调查大队
245	红旗桥东铅锌矿点	东经 79°00′ 北纬 36°10′	Ⅰ-1 矿体由北西向南东延伸约 250m，厚 1.4～9.8m，铅＋锌最大品位 17.34%，平均品位 5.3%	热液型，矿点	新疆地矿局第二区域地质调查大队
246	阿克萨依锂矿点	东经 79°05′ 北纬 36°08′	含矿伟晶岩脉主要分布于古元古界康西瓦群含石榴子石二云母石英片岩、角闪斜长片麻岩。合计见 12 条锂辉石矿脉、1 条白云母锂辉石矿脉及 12 条锂辉石矿化脉、1 条白云母绿柱石矿化脉、35 条白云母矿化脉	矿点，伟晶岩型	野外检查
247	南屏雪山铁多金属矿床	东经 78°46′ 北纬 35°53	含矿岩石为中元古界长城系甜水海岩群的黑云斜长石英片岩、灰白色大理岩。北矿带铁矿体长 1.2km，宽 20～210m。南矿带铁矿长度近 8km，宽 20～220m。矿石矿物以赤铁矿、菱铁矿为主，Fe 品位 28%～42%。另见铅锌矿体 6 条，铜矿体 3 条	沉积改造型，中-大型	自测，联合新疆国源矿业发展集团有限公司

续表

编号	矿产名称	大致地理位置	地质特征	成因类型，规模	资料来源
248	俘虏沟百利2号铅矿点	东经78°56′ 北纬35°50′	主要岩性是灰黑色黑云母石英片岩、绢云母石英片岩、灰白色含铁大理岩。矿脉方位总体在50°～60°，宽度一般为5～50cm，长度数米至几十米不等，主要见方铅矿，品位较富	热液型，矿点	检查，山东百利矿业公司
249	冰山铜矿床	东经79°26′ 北纬35°46′	矿区内地层主要为长城系甜水海岩群，岩性主要为黑云母石英片岩，共圈出铜矿体23个，III0-1为主要矿体，长约580m，平均厚度4.44m，铜平均品位0.81%	沉积改造型，小型	陕西省地质调查院，2006a
250	南屏雪山东铁矿床	东经78°56′ 北纬35°50′	出露地层为长城系甜水海岩群，主要岩性为黑云母石英片岩、绢云母石英片岩、含铁大理岩。矿体长1300m，厚5～14m。TFe品位45.4%～55.90%，见褐铁矿化、赤铁矿化、菱铁矿化、局部见孔雀石矿化等	沉积改造型，小型	自测
251	冰山北铁矿床	东经79°26′ 北纬35°46′	矿区内地层主要为长城系甜水海岩群，矿化带长600m，地表出露厚22～32m。TFe品位38.60%～48.45%，平均品位42.12%	沉积改造型，小型	自测
252	大红柳滩百利1号铅矿点	东经79°07′ 北纬35°54′	赋矿围岩主要是大理岩，矿体呈细脉状穿插其中，矿脉方位总体在50°～60°，宽度一般为0.5～3.5m，铅矿脉附近有含锰菱铁矿产出，见有少量铜矿化，Pb品位1.60%～5.5%	热液型，矿点	检查，山东百利矿业公司交流资料
253	大红柳滩（阿克塔斯）锂矿床	东经79°10′ 北纬35°57′	矿体主要赋存于三叠系巴颜喀拉山群的花岗伟晶岩脉中，分为90号与91号两个矿脉群。其中90号脉群中分布有6条矿体，而91号脉群中分布有4条矿体，大部分样品Li_2O品位>1%，单样最高品位可达3.20%	伟晶岩型，中型	野外检查
254	阿克塔斯北锂矿床	东经79°13′ 北纬36°00′	含矿伟晶岩脉主要分布于古元古界康西瓦群含石榴子石红柱石二云母石英片岩。见锂铍矿体4条，矿体长100～1200m，厚1.02～7.44m，Li_2O平均品位1.05%～2.16%，BeO平均品位0.044%～0.062%	伟晶岩型，中型	野外检查
255	大红柳滩东（496北）锂矿床	东经79°17′ 北纬35°57′	见5条锂矿体赋存于花岗伟晶岩中，其顶底板围岩皆为含十字石、石榴子石二云母石英片岩，长90～420m，矿体厚度4～14m。Li_2O品位0.55%～2.02%	伟晶岩型，中型	自测，2016年发现
256	白龙山（喀拉卡、大红柳滩南）锂矿床	东经79°13′ 北纬35°50′	出露一条长约8250m，宽度46～165m的含锂辉石伟晶岩脉带，可划分出5个矿化区段共计锂多金属矿体47条，铍矿体5条。主矿体Ⅰ-1号出露长约1230m，厚度61.86m，平均Li_2O品位为1.26%，Ⅱ-1号矿体地表出露长约730m，宽度81，平均Li_2O品位为1.47%，其中Ⅲ-2号矿体出露长约990m，地表最宽157m，钻孔控制厚度39m，平均Li_2O品位为1.60%	伟晶岩型，超大型	2017年发现
257	509道班西锂矿床	东经79°16′ 北纬35°49′	地表出露13条矿体及数量众多的伟晶岩透镜体，钻孔圈定隐伏矿体锂（铷）矿体45条，铍矿体4条。矿体长160～750m，斜深37.4～335m，平均厚度1.07～11.26m，Li_2O平均品位0.85%～2.93%	伟晶岩型，大型	野外检查
258	505锂矿床	东经79°17′ 北纬35°49′	锂辉石花岗伟晶岩脉矿体10条，长196～672m，控制锂（铷）矿体长81～160m，厚1.03～24.28m，品位1.09%～4.67%，平均品位2.29%；铍矿体2条，长160m，厚2.98～4.47m，BeO平均品位0.089%～0.090%	伟晶岩型大型，	野外检查
259	雪凤岭（507）锂矿床	东经79°18′ 北纬35°47′	由3个含矿伟晶岩脉群共计47条锂多金属矿体组成，矿体长32～360m，厚0.9～8m，走向110°～120°，倾角49°～78°，Li_2O品位为0.8%～4.02%	伟晶岩型，大型	2017年发现
260	龙门山锂矿床	东经79°20′ 北纬35°47′	含矿伟晶岩脉18条，呈脉状、似层状，长90～1170m，Li_2O平均品位0.57%～1.83%，BeO平均品位0.033%～0.051%	伟晶岩型，大型	检查，冯京等，2021

续表

编号	矿产名称	大致地理位置	地质特征	成因类型，规模	资料来源
261	俘虏沟1号脉（俘虏沟南、九龙）锂矿床	东经 79°04′ 北纬 35°49′	见10条含锂伟晶岩脉，单矿体地表出露厚度为0.8～17.8m，长度为260～2400m，Li_2O 平均品位为1.19%～3.87%	伟晶岩型，中型	野外检查
262	俘虏沟2号脉（谷顶雪山、雪龙山）锂矿床	东经 79°11′ 北纬 35°46′	见7条含锂伟晶岩脉，产于巴颜喀拉山群长石石英细粒变砂岩夹含石榴子石长石石英砂岩中。含矿伟晶岩脉长120～1100m，宽2.2～12m。矿体 Li_2O 平均品位为0.9%～2.6%	伟晶岩型小型	野外检查
263	白龙山锂矿床	东经 79°14′ 北纬 35°47′	见8条含矿伟晶岩脉，长30～300m，宽2～25m，Li_2O 品位0.94%～3.41%	伟晶岩型，中型	2017年新发现
264	冰舟锂矿床	东经 79°16′ 北纬 35°47′	发现5条含矿伟晶岩脉，主要是含锂，Li_2O 品位0.96%～2.46%	伟晶岩型，中型	2018年新发现
265	雪盆锂矿床	东经 79°18′ 北纬 35°46′	雪盆矿区3条锂矿，长800～1200m，厚4～8m，向西合成一个矿体，厚12～20m。Li_2O 平均品位为2.24%	伟晶岩型，大型	2018年新发现
266	双牙（龙门山）锂矿床	东经 79°19′ 北纬 35°46′	主矿体，长850m，厚12m，出露最宽处近100m；Li_2O 品位为1.96%，伴生BeO品位为0.037%	伟晶岩型，大型	2018年新发现
267	苦水湖锂硼矿床	东经 79°22′ 北纬 35°40′	盐湖面积290km^2，全新统湖积化学沉积石盐层及新盐湖沉积面积94km^2，厚度一般12～30m，平均厚度31.52m，卤水 B_2O_3 平均品位659mg/L，LiCl平均品位889mg/L，K_2SO_4 品位0.49%	检查，盐湖卤水型，大型	检查，谭克彬等，2016
268	黄草湖钾硼锂矿床	东经 79°18′ 北纬 35°38′	盐湖面积120km^2，在盆地下部圈定了W1、W2两个卤水钾硼锂矿层，矿层面积均为20.37km^2，2个矿层平均厚度分别为17.10m和50.13m，LiCl平均品位675～681mg/L；LiCl资源量10.59万t	检查，盐湖卤水型，中型	检查，刘建等，2019
269	红山湖锂矿点	东经 78°57′ 北纬 35°29′	见全新统湖积化学沉积石盐层及新盐湖沉积	检查，盐湖卤水型，矿点	检查
270	阿克萨依铁矿床	东经 78°58′ 北纬 36°07′	地层为古元古界布伦阔勒群，共计已发现91条铁矿（化）体，其中Ⅰ号铁矿目前控制长度1000m，厚度1～25m，平均厚度13m。铁矿体平均品位54.06%。锰矿体地表控制长度80m，矿体走向65°，围岩上盘为伟晶岩，下盘为黑云石英片岩，多沿小断层产出，锰目估品位为30%～40%	沉积改造型，中型	据新疆地矿局第二地质大队2013年检查
271	大红柳滩北铁多金属矿床	东经 79°06′ 北纬 36°08′	矿体顺层产于布伦阔勒群绿泥石石英片岩中，见3个褐铁矿化蚀变带，其中南部1号蚀变带矿化较好，可圈定1处铁矿体，长大于370m，平均厚度6.80m，铁品位36.55%，铅品位0.89%，锌品位0.42%，银品位 35.06×10^{-6}	小型	自测
272	大红柳滩铅（锌）矿化点	东经 79°02′ 北纬 36°05′	矿脉充填于长城系康西瓦群内，岩性主要为片岩、片麻岩，含矿岩脉沿构造裂分布	不详	1∶25万区调
273	阿克萨依湖磁铁矿点	东经 79°47′ 北纬 35°20′	产于含铁石英脉岩的下部。矿化体长度100m，厚度30m，铁品位51.2%。矿石主要为磁铁矿	热液型，矿点	1∶25万区调
274	阿克萨依湖南铜矿点	东经 79°56′ 北纬 35°05′	铜矿产于硅质岩的石英脉中。矿化体厚度2～5m，长度500m，Cu品位0.5%～2%，最高14.56%，主要为黄铜矿	构造蚀变岩型，矿点	1∶25万区调
275	阿克萨依湖锂矿床	东经 79°58′ 北纬 35°10′	位于甜水海东南，为工业品级中型卤水锂矿，主要以湖表水形式分布，面积160km^2，平均深度5m，卤水中LiCl平均品位430mg/L，卤水锂矿（LiCl）资源量32万t	盐湖卤水型，中型	陕西省地质调查院，2006a

续表

编号	矿产名称	大致地理位置	地质特征	成因类型，规模	资料来源
276	鸡冠石铅锌矿点	东经 78°02′ 北纬 35°38′	赋矿地层为中侏罗统龙山组第二岩性段，赋矿岩石为薄-中层状灰岩。地表见 6 条铅锌矿化体，长 30～80m，宽 2～20m，Pb 品位 0.5%～3%	层控型，矿点	赵晓健等，2014
277	木鱼岭铅锌矿点	东经 78°03′ 北纬 35°38′	赋矿地层为中侏罗统龙山组第二岩性段，赋矿岩石为白云岩。见 2 条蚀变带，长 420～600m，宽 2～20m，Pb 品位 0.1%～0.85%	层控型，矿点	赵晓健等，2014
278	驼峰岭铅锌矿点	东经 78°02′ 北纬 35°36′	赋矿地层为中侏罗统龙山组	层控型，矿点	赵晓健等，2014
279	天神北铅锌矿点	东经 78°07′ 北纬 35°36′	赋矿地层为中侏罗统龙山组	层控型，矿点	赵晓健等，2014
280	天神铅锌矿点	东经 78°09′ 北纬 35°36′	赋矿地层为中侏罗统龙山组第二岩性段，赋矿岩石为白云岩。见 5 条铅锌矿化体，长 410～1080m，Pb 品位 0.43%～1.85%	层控型，矿点	赵晓健等，2014
281	宝塔山铅锌矿床	东经 78°16′ 北纬 35°36′	产于上白垩统铁龙滩组第二岩性段的灰岩破碎带内。矿区三条铅锌矿化带，长 250～260m，平均厚 2.07～6.70m。铅锌矿以锌为主，Zn 最高品位 11.39%～29.64%，Pb 最高品位 0.78%～12.50%	层控碳酸盐岩型，大型	杜红星，2013
282	白岩岭铅锌矿床	东经 78°22′ 北纬 35°35′	赋矿地层为中侏罗统龙山组	层控型，小型	赵晓健等，2014
283	祥云沟铅锌矿点	东经 78°24′ 北纬 35°31′	区内出露地层为中侏罗统龙山组，赋矿岩性为一套浅海相碳酸盐岩沉积（灰岩破碎带），主要金属矿物有菱铁-菱锌矿、方铅矿等	层控碳酸盐岩型，矿点	1∶25 万区调（岔路口幅）
284	落石沟铅锌矿点	东经 78°23′ 北纬 35°33′	赋矿地层为中侏罗统龙山组第二岩性段，赋矿岩石为灰岩，长 60m，Pb 品位 0.5%～1.79%；Zn 品位 0.32%～1.96%	层控型，矿点	赵晓健等，2014
285	红顶山铅锌矿床	东经 78°25′ 北纬 35°30′	赋矿地层为侏罗统龙山组第一岩性段，赋矿岩石为泥灰岩、灰绿色玄武岩、灰色白云岩。见 2 条蚀变带，长 1150～1500m，宽 2～30m，Pb 品位 1.33%	层控型，小型	赵晓健等，2014
286	白泥滩铅锌矿点	东经 78°26′ 北纬 35°28′	赋矿地层为中侏罗统龙山组第二岩性段，赋矿岩石为白云岩。见 2 条铅锌矿化体，长 280m，宽 6～26m，Pb 品位 1.88%～4.05%	层控型，矿点	赵晓健等，2014
287	长山岭铅锌矿点	东经 78°30′ 北纬 35°29′	赋矿地层为中侏罗统龙山组	层控型，矿点	赵晓健等，2014
288	虎形山铅锌矿点	东经 78°29′ 北纬 35°22′	赋矿地层为中侏罗统龙山组第二岩性段，赋矿岩石为厚层白云岩。见 3 条蚀变带，长 1500～2000m，宽 20～50m，Pb 品位 0.1%～2%	层控型，矿点	赵晓健等，2014
289	虎形山东铅锌矿点	东经 78°31′ 北纬 35°20′	赋矿地层为中侏罗统龙山组第二岩性段，赋矿岩石为厚层白云岩。见 3 条蚀变带，长 500～1200m，宽 20～60m，Pb 品位 0.1%～4.3%	层控型，矿点	赵晓健等，2014
290	团结峰铅锌矿床	东经 78°35′ 北纬 35°23′	产于中侏罗统龙山组灰岩中。矿体长 212m，控制斜深为 81m，平均厚度为 4.43m，矿体 Pb 品位 0.23%～30.58%，平均品位 5.1%；Zn 品位 0.34%～20.72%，平均品位 7.15%。伴生 Ag 平均品位 92.28×10^{-6}	层控型，小型	赵晓健等，2014
291	团结峰北铅锌矿床	东经 78°21′ 北纬 35°14′	产于中侏罗统龙山组灰岩中。地表共圈定铅锌矿体 5 条，深部圈定盲矿体 2 条。矿体长度 80～315m，厚度 0.48～3.08m，以 K4 矿体规模最大，长度 780m，平均厚度 5.95m，Zn 平均品位 2.90%，Pb 平均品位 2.78%	热液交代型，小型	高峰，2020
292	豹子山铅锌矿点	东经 78°10′ 北纬 35°06′	圈定铅锌矿化带 1 条，长度大于 2200m，带宽 20～50m，主矿体赋存于断裂带中，Ⅰ-1 号矿体地表控制长度 1540m，似层状产出，平均厚度 4.17m。Zn 平均品位 12.59%，Pb 平均品位 4.0%	热液交代型，矿点	高峰，2020

续表

编号	矿产名称	大致地理位置	地质特征	成因类型，规模	资料来源
293	龙山岭铅锌矿点	东经 78°25′ 北纬 35°02′	赋存于侏罗系龙山组灰岩中，圈定铅锌矿体 3 条，K1 矿体长度 400m，平均厚度 6.96～12.41m，Pb 平均品位 1.08%，Zn 平均品位 0.84%～4.79%	热液交代型，矿点	高峰，2020
294	化石山铅锌矿点	东经 78°30′ 北纬 35°01′	赋矿地层为中侏罗统龙山组。地表圈定铅锌（铁）矿体 3 条，矿体长 100～500m，厚度 1.30～25.9m，Zn 平均品位 0.91%～2.5%，Pb 平均品位 0.048%～0.23%，TFe 品位 36.37%～52.14%。隐伏矿体 1 条	热液交代型，矿点	赵晓健等，2014
295	长蛇沟铅锌矿点	东经 78°44′ 北纬 35°19′	产于中侏罗统龙山组灰岩中	层控型，矿点	赵晓健等，2014
296	河岔口南含银铜矿点	东经 78°47′ 北纬 35°16′	铜矿产于神仙湾构造角砾岩中。矿化主要为黄铜矿和黄铁矿、孔雀石等，铜品位 0.35%～6.92%，平均品位 3.07%，银品位 53.7×10^{-6}～306×10^{-6}，平均品位 136.93×10^{-6}。矿体长 520m，平均厚度 3.88m，总体走向 60°～70°	构造角砾岩型，矿点	陕西省地质调查院 1∶50 万化探
297	冠状沟南铜矿化点	东经 78°36′ 北纬 35°20′	产于乔尔天山蛇绿混杂岩火山岩中，含矿岩性为灰紫色杏仁状玄武岩和玄武安山岩，蚀变以碳酸盐岩化、绿帘石化为主，矿化体宽 5～10m，长度不详，拣块样分析：Au 品位 0.08×10^{-6}～0.17×10^{-6}、Cu 品位 3.32%～7.26%	火山热液型，矿化点	1∶25 万区调（岔路口幅）
298	岔路口团结峰铜矿化点	东经 78°38′ 北纬 35°15′	出露地层为神仙湾组，铜矿化产于玄武岩中，后期石英脉沿裂隙面浸入。主要矿物为黄铜矿，次生蚀变为孔雀石，次为黄铁矿，矿化呈浸染状，颗粒细小。矿化体宽约 25m，延伸不详，走向北西—南东，倾向北	火山热液型，矿化点	1∶25 万区调（岔路口幅）
299	河尾滩北赤铁矿化点	东经 78°43′ 北纬 35°04	矿体围岩为二叠系神仙湾组碎屑岩，矿体呈网脉状，北西向断层发育。矿化范围 $60m^2$，矿化网脉长 20m，宽 3m，矿石呈碎裂结构，块状构造	低温热液型，矿化点	1∶25 万区调（岔路口幅）
300	羚羊滩铅锌矿点	东经 78°50′ 北纬 35°10′	含矿岩性为白垩系铁龙滩群	层控型，矿点	赵晓健等，2014
301	卡孜勒铜矿床	东经 79°10′ 北纬 35°06′	产于中侏罗统龙山组的砂岩段中。矿化位于碳酸盐岩中的破碎带中，宽 15～30m、长约 150m。在矿化带中辉铜矿化、蓝铜矿化、孔雀石矿化转石普遍，矿化强度高，矿区铜矿石的拣块样铜品位最高达 46%，富矿体已采空	砂岩型，小型	检查，1∶25 万区调（岔路口幅）
302	多宝山铅锌矿床	东经 79°18′ 北纬 35°05′	区内出露地层主要为上白垩统铁龙滩群，地表以氧化矿为主，共圈定 6 个矿带，其中Ⅰ号矿带圈定 3 个矿体，12 个盲矿体。铅、锌共生矿体长 225m，厚 2.13～13.40m，主要金属矿物有菱铁-菱锌矿、方铅矿等	层控碳酸盐岩型，中型	检查，谢渝等，2014
303	天柱山铅锌矿床	东经 79°20′ 北纬 35°04′	含矿岩性为白垩系铁龙滩群灰黑色灰岩，地表矿体长 200m，宽 64～76m，Pb 平均品位 0.48%～10.6%，最高品位 23.72%。Zn 平均品位 0.28%～3.68%，Zn 最高品位：17.59%。矿石矿物以方铅矿、白铅矿为主	层控碳酸盐岩型，小型	谢渝等，2014
304	长宝山铅锌矿	东经 79°20′ 北纬 35°09′	赋矿地层为中侏罗统龙山组	层控碳酸盐岩型，矿点	赵晓健等，2014
305	甜水海铅锌矿点	东经 79°29′ 北纬 35°13′	矿床产于白垩系铁隆滩群砂砾岩组中。圈出 4 个铅矿（化）体，矿体长 268～612m，厚 3.97～50.04m。Pb 矿体平均品位在 0.52%～26.25%，最高 58.5%，Zn 的品位相对稳定，多在 0.2%～0.4%，钻孔中最高 0.78%	层控碳酸盐岩型，中型	谢渝等，2014

续表

编号	矿产名称	大致地理位置	地质特征	成因类型，规模	资料来源
306	萨岔口铅锌矿床	东经 78°58′ 北纬 34°41′	赋矿地层为中侏罗统龙山组，容矿岩石为碎裂状硅质灰岩、构造角砾岩，初步圈出 21 条铅锌矿体，1 条锑矿体，矿体长 150～400m，最大的Ⅲ-3-1 号铅锌矿体长 620m，最大厚达 38.86m，锌平均品位 4.61%，铅平均品位 0.58%；锑矿体长 1200m，平均厚 6m，锑平均品位 4.85%	层控碳酸盐岩型，大型	野外检查
307	火烧云北铅锌矿点	东经 79°06′ 北纬 34°40′	赋矿地层为中侏罗统龙山组。见 2 处铁帽，钻孔见铅锌矿化	层控碳酸盐岩型，矿点	野外检查
308	火烧云铅锌矿床	东经 79°08′ 北纬 34°39′	产于中侏罗统龙山组灰岩中。矿体呈层状产出，与地层产状一致，主要由菱锌矿与白铅矿组成，矿石类型以纹层状、块状、角砾状及交代蚀变成因为主	喷流-沉积型、超大型	检查，董连慧等，2015
309	马鞍山铅锌矿床	东经 79°06′ 北纬 34°38′	火烧云矿区西部马鞍山一带，发现两处铅锌矿转石带，转石带走向 153°，长 20～100m，宽 3～31m，转石类型为次生氧化铅锌矿。铅品位 0.15%～2.43%，锌品位 4.43%～11.08%，最高达 27.86%	层控型，小型	检查
310	五峰山铅锌矿床	东经 79°17′ 北纬 34°29′	产于龙山组灰岩中，地表圈定锌矿体 4 条，长 185～190m，呈似层状，视厚度 6.3～18.80m，Zn 平均品位 2.47%～8.60%，Pb 平均品位 0.76%～1.02%	层控型，小型	检查
311	猎马沟铅锌矿床	东经 79°31′ 北纬 34°32′	矿化带位于上三叠统克勒青河组地层内，圈定铅锌矿体 2 条：Ⅰ-1 号矿体长约 80m，视厚度 2.4m，Pb 品位平均 9.86%；Zn 品位平均 4.7m；Ⅰ-2 号矿体长约 80m，视厚度 0.6m，Pb 品位 11.36%。Zn 品位 17.95%	层控型，小型	中国地质调查局西安调查中心，2017
312	红黄岭铅锌银多金属矿床	东经 79°41′ 北纬 34°32′	位于上三叠统克勒青河组构造角砾岩带，圈定矿体 6 条，Ⅰ-1 铅锌矿体长约 630m，厚度 8～40m，铅品位平均 2.30%，锌平均 9.46%。Ⅰ-2 锌矿体钻孔中见矿，厚度 5m，锌品位 1%～7.6%	层控型，小型	张文璟等，2018
313	牛郎山铅锌矿床	东经 79°11′ 北纬 34°36′	赋矿地层为中侏罗统龙山组	层控型，小型	中国地质调查局西安调查中心，2017
314	来贺山铅锌矿床	东经 79°24′ 北纬 34°33′	赋矿地层为中侏罗统龙山组	层控型，小型	中国地质调查局西安调查中心，2017
315	二里坪铅锌矿床	东经 79°26′ 北纬 34°33′	赋矿地层为中侏罗统龙山组	层控型，小型	中国地质调查局西安调查中心，2017
316	吉利山铅锌矿床	东经 79°30′ 北纬 34°32′	赋矿地层为中侏罗统龙山组	层控型，小型	赵晓健等，2014